Gerd Heinen

AV-Medientechnik

VERLAG EUROPA-LEHRMITTEL • Nourney, Vollmer GmbH & Co. KG
Düsselberger Straße 23 • 42781 Haan-Gruiten

Europa-Nr.: 37418

Autor:
StD Dipl.-Ing. Gerd Heinen

Verlagslektorat:
Dipl.-Ing. Alexander Barth

Der besondere Dank des Autors gilt

Herrn Dipl.-Phys. Michael Hoock von der Hochschule Bonn-Rhein-Sieg für die große Zahl an Fotografien in diesem Buch,

Herrn René Steinbusch und der nobeo GmbH für die Einblicke in die nobeo Studiowelt und die dabei entstandenen Fotos,

Herrn Dipl.-Ing. Konstantin Knauf und der Wellen + Nöthen GmbH für die Unterstützung bei der Herstellung der Abbildungen,

Herrn StD Axel Tecklenburg und der gesamten Medienabteilung des Georg-Simon-Ohm Berufskollegs in Köln für die freundliche Unterstützung

und

Herrn Jürgen Charalampidis, ohne dessen Initiative dieses Buch nie entstanden wäre.

Fotos: Michael Hoock, Troisdorf-Sieglar
Illustrationen: Gerd Heinen
Bildbearbeitung: Daniela Schreuer, Limburg

Das vorliegende Buch wurde auf der Grundlage der aktuellen amtlichen Rechtschreibung erstellt.

1. Auflage 2012
Druck 5 4 3 2 1
Alle Drucke derselben Auflage sind parallel einsetzbar, da bis auf die Behebung von Druckfehlern untereinander unverändert.

ISBN 978-3-8085-3741-1

http://www.europa-lehrmittel.de
Umschlaggestaltung: Taff Stuff Media, 26629 Großefehn, Gerd Heinen
Satz & Layout: Daniela Schreuer, 65549 Limburg
Druck: Konrad Triltsch, Print und digitale Medien GmbH, 97199 Ochsenfurt-Hohestadt

Vorwort

Dieses Lehrbuch ist ein systematischer und leicht zu verstehender Begleiter für die Ausbildung, das Studium und die berufliche Praxis. Es orientiert sich an den Vorgaben des Rahmenlehrplans und der Lehrpläne der Bundesländer für den Ausbildungsberuf zum/zur **Mediengestalter/in Bild und Ton**. Im Fokus dieses Buchs steht die AV-Produktionstechnik und deren Handhabung in der Praxis, wie sie sich in den Fächern **Lichttechnik, Kameratechnik, Bildtechnik** und **Tontechnik** wiederfinden.

Aus dieser inhaltlichen Bandbreite ergibt sich ein weites Spektrum an weiteren Berufs- und Tätigkeitsfeldern, an die sich dieses Buch ebenfalls richtet:

zum Beispiel
- **Mediengestalter Digital und Print,**
- **Fachkraft für Veranstaltungstechnik,**
- **Medienassistenten,**
- **Redakteure,**
- **Redaktionsvolontäre,**
- **Videojournalisten**

oder Studierende und Absolventen der Fachrichtungen
- **Journalistik,**
- **Medientechnik,**
- **Mediendesign,**
- **Medieninformatik.**

Basierend auf den jeweiligen technischen und physiologischen Grundlagen vermittelt dieses Buch sehr praxisnah die wesentlichen technischen Inhalte der Film- und Fernsehproduktion:
- **Lichttechnik und die praktische Lichtgestaltung im TV-Studio und am Filmset,**
- **Kameratechnik und das praktische Arbeiten mit Kamera und Objektiv,**
- **Displaytechnik, Bildwiedergabe und Videomesstechnik in der Praxis,**
- **Audiotechnik und das praktische Arbeiten mit Mikrofonen und Lautsprechern.**

Die AV-Medientechnik liefert die Werkzeuge, die kreative Ideen zu medialer Realität werden lassen. Erst die sichere Beherrschung der Medientechnik gibt den Medienschaffenden die Freiheit, Neues auszuprobieren und ihre Kreativität frei zu entfalten. Genau deshalb ist Praxisnähe einer der wichtigsten Aspekte, der sich als roter Faden durch das gesamte Buch zieht.

Neben einer Vielzahl von Anleitungen und Tipps für die Kameraarbeit sowie die Tonaufnahme liefert dieses Buch eine ausführliche, fundierte Einführung in die Praxis der Lichttechnik und des Lichtsetzens, eine der größten Herausforderungen der Medientechnik. Das Arbeiten mit natürlichen Lichtquellen und Scheinwerfern wird anhand einer Fülle von realen Beleuchtungssituationen, ausgestattet mit vielen Beispielbildern, konkreten „Best Practice"-Tipps und exakten Anleitungen erklärt.

Die AV-Medientechnik lässt sich weniger durch bloßes Lesen oder Zuschauen, als vielmehr „Hands on" erlernen. Dieses Buch versteht sich mit seinen über 300 Abbildungen daher als Praxisbegleiter zum Selbermachen und Experimentieren. Jedes Thema wird stets anhand einer konkreten Problemstellung aus dem medialen Berufsalltag eingeführt und erklärt, sodass das Buch insgesamt mehr als 80 solcher ausführlichen Praxisbeispiele enthält. Jedes Hauptkapitel beginnt mit einem kurzen Steckbrief relevanter Tätigkeitsfelder und endet mit Aufgaben und Übungen, um das Gelernte zu vertiefen.

Herbst 2012

Autor und Verlag

Die Verwendung nur eines grammatischen Geschlechts bei Berufs- und Gruppenbezeichnungen wurde im Hinblick auf den Lesefluss gewählt. Sie stellt keine Meinungsäußerung zur Geschlechterrolle dar.

Inhalt

1 Technisches Basiswissen

Die Welt der Medien ist eine Hightech-Welt und genau das macht sie interessant und ihre Weiterentwicklung so rasant (Abb. 1). Es gibt kaum Arbeitsfelder, in denen sich die Technik in so atemberaubender Geschwindigkeit weiterentwickelt wie in den Medien. Nahezu jeder neue Trend in der **Unterhaltungselektronik** verändert bereits nach kurzer Zeit das Gesicht der Medientechnik.

Unterhaltungselektronik

Abb. 1 Aktueller Medientrend: Mobile Media

Jede neue Technologie in der Medientechnik, wie beispielsweise **3D-TV**, eröffnen nicht nur Medienmachern, sondern auch Mediennutzern neue kommunikative Möglichkeiten. Andererseits erzeugt die Einführung einer neuen Technologie einen zusätzlichen Bedarf an hoch qualifizierten Spezialisten, die aufgrund ihres technischen Know-hows in der Lage sind, neue Technologien in bestehende Mediensysteme zu integrieren und diese Systeme einzurichten und zu betreiben (Tabelle 1).

3D-TV erweitert das herkömmliche Fernsehen um die dritte Dimension, die Bildtiefe.

Tabelle 1 Arbeitsbereiche in der Medientechnik

Bezeichnung	Tätigkeitsfelder
Medieningenieur • Electronics Engineer • Broadcast Engineer	• Plant medientechnische Anlagen • Baut und betreibt Produktions- und Sendeanlagen
Technischer Leiter (TL) • 1st Technician • Technical Director	• Leitet medientechnische Anlagen • Stellt den technischen Produktionsbetrieb sicher
Studiotechniker • Broadcast Technician • Set Technician	• Wartet die Produktionstechnik • Pflegt bzw. wartet technische Systeme und löst technische Probleme
IT-Spezialist • IT Specialist • Network Administrator	• Administriert Mediensysteme • Plant, programmiert und pflegt die vernetzte Medientechnik

An vielen Hochschulstandorten in Deutschland gibt es Medientechnikstudiengänge mit unterschiedlichen Ausrichtungen.

1.1 Grundbegriffe der Elektrotechnik

IC: Integrated Circuit, miniaturisierter Schaltkreis aus elektronischen Bauteilen.

Geräte der Medientechnik haben in ihrem Inneren Platinen mit elektronischen Bauteilen wie beispielsweise Widerstände, Kondensatoren, Spulen und **ICs**, die in komplexen Schaltungen miteinander verbunden sind (Abb. 1). Die Energieversorgung erfolgt dann entweder über Batterien, Akkus oder das Stromnetz. Diese Geräte können dann über ihre Signalleitungen, beispielsweise zu einer Fernsehregie oder einem Ü-Wagen, zusammengeschaltet werden.

Abb. 1 Computerplatine mit elektronischen Bauteilen

1.1.1 Elektrische Grundgrößen

Wenn ein Gerät nicht mehr korrekt funktioniert oder die Schnittsoftware eines Videoschnittplatzes abgestürzt ist, hilft oftmals nur noch das Drücken der Reset-Taste, wodurch dann ein Neustart des Gesamtsystems durchgeführt wird. Die in den ICs gespeicherten Systemzustände müssen dabei vollständig gelöscht werden. Die Faustregel für den Reset lautet dabei: Die Reset-Taste drücken und mindestens 3 Sekunden gedrückt halten.

- Wieso soll die Reset-Taste so lange gedrückt werden?

Energieversorgung

In der Medientechnik werden fast alle Geräte mit elektrischer Energie versorgt. Daher ist es wichtig, die elektrotechnischen Grundbegriffe in Tabelle 1 zu kennen, die in der Medientechnik Verwendung finden.

Tabelle 1 Grundbegriffe der Elektrotechnik

Eigenschaft	Formelzeichen	Maßeinheit
Stromstärke	I	A (Ampere)
Spannung	U	V (Volt)
Leistung	P	W (Watt)
Energie	W	Ws (Wattsekunden)
Widerstand	R	Ω (Ohm)
Induktivität	L	H (Henry)
Kapazität	C	F (Farad)

Einige Stoffe, die in der Medientechnik verwendet werden, sind in der Lage, elektrischen Strom zu leiten. Der Grund für diese **Leitfähigkeit** liegt darin, dass diese Stoffe in ihrer molekularen Struktur bewegliche Ladungsträger aufweisen. Aufgrund dieser Leitfähigkeit werden diese Materialien Leiter genannt.

Leitfähigkeit

Dagegen sind Stoffe, die nicht über bewegliche Ladungsträger verfügen, auch nicht leitfähig. Diese Stoffe werden deshalb Nichtleiter oder Isolatoren genannt. In Tabelle 1 sind exemplarisch einige Materialien und ihre elektrischen Eigenschaften aufgelistet.

Bewegliche Ladungsträger sind z. B. frei bewegliche Elektronen bzw. Valenzelektronen im Material.

Tabelle 1 Elektrische Materialeigenschaften

Gegenstand	Material	Typ
Stromkabel, elektrische Leitungen	Kupfer	Leiter
Steckkontakte in Steckern	Gold	Leiter
Gerätegehäuse	Alu, Blech	Leiter
Kabelmantel	PVC	Isolator
Studioboden, Kulisse	Beton, Holz	Isolator
Gerätetaschen	Textilien	Isolator

Stromstärke I

Stromstärke, Ampere

Ein elektrischer Strom fließt dann, wenn sich die Ladungsträger in einem Leiter bewegen (Abb. 1). Die Stromstärke (Formelzeichen I) beschreibt, wie viele Ladungsträger in einer bestimmten Zeit an einem Ort vorbeifließen.

Stromstärke I = Ladung / Zeit

Einheit der Stromstärke: A = Ampere

➜ **Elektrischer Strom ist eine gerichtete Ladungsträgerbewegung.**

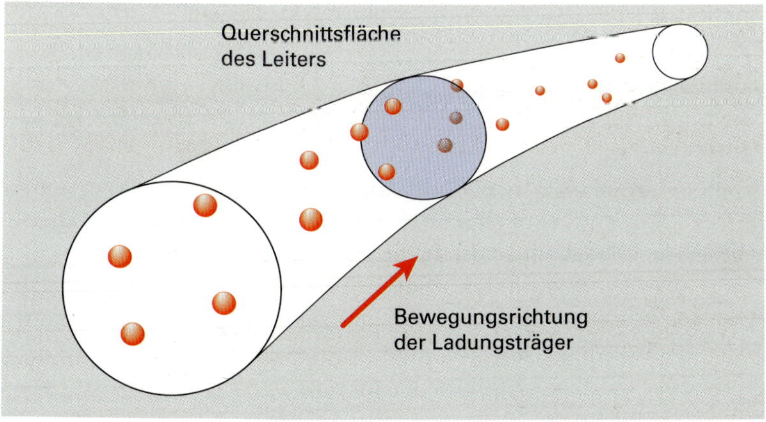

Abb. 1 Stromfluss in einem Leiter

Hohe Stromstärken bzw. starke elektrische Ströme entstehen immer dann, wenn sich viele Ladungsträger bewegen.

➜ **Hohe Stromstärke ist die Bewegung vieler Ladungsträger.**

Die Bandbreite der in der Medientechnik üblichen Stromstärke reicht dabei von winzig kleinen Stromstärken von einigen tausendstel Ampere in Mikrofonen bis hin zu sehr hohen Stromstärken in der Lichttechnik. Um solche sehr kleine oder sehr große Zahlen darzustellen, werden häufig die in Tabelle 1 dargestellten Abkürzungen verwendet.

μ: Mikros, griechisch für „klein"

Zur Erinnerung: $\text{Zahl}^0 = 1$

G: Gigas, griechisch für „Riese"

T: Teras, griechisch für „Ungeheuer"

Tabelle 1 Abkürzungen für Vor- und Nachkommastellen

Größe	Zahl	Zehnerpotenz	Abkürzung
ein Milliardstel	0,000 000 001	$1 \cdot 10^{-9}$	1 n („nano")
ein Millionstel	0,000 001	$1 \cdot 10^{-6}$	1 μ („mikro")
ein Tausendstel	0,001	$1 \cdot 10^{-3}$	1 m („milli")
ein Hundertstel	0,01	$1 \cdot 10^{-2}$	1 c („zenti")
ein Zehntel	0,1	$1 \cdot 10^{-1}$	1 d („dezi")
eins	1	$1 \cdot 10^{0}$	1
zehn	10	$1 \cdot 10^{+1}$	1 da („deka")
Einhundert	100	$1 \cdot 10^{+2}$	1 h („hekto")
Eintausend	1 000	$1 \cdot 10^{+3}$	1 k („kilo")
eine Million	1 000 000	$1 \cdot 10^{+6}$	1 M („mega")
eine Milliarde	1 000 000 000	$1 \cdot 10^{+9}$	1 G („giga")
eine Billion	1 000 000 000 000	$1 \cdot 10^{+12}$	1 T („tera")

Tabelle 2 zeigt typische Stromstärkebereiche, wie sie in den verschiedenen Bereichen der Medientechnik anzutreffen sind.

Tabelle 2 Typische Stromstärkebereiche in der Medientechnik

Geräte	Stromstärkebereich
Messgeräte und Aufnahmetechnik wie Mikrofone oder Lichtmesser	Kleinste Stromstärken im μA-Bereich
Produktionsgeräte wie Kameras und Tonmischer	Mittlere Stromstärken im mA-Bereich
Produktionsanlagen wie Lichttechnik, Kühlung und Klimaanlagen	Große Stromstärken im A-Bereich

Spannung U

Spannung, Volt

Damit sich die Ladungsträger im Leiter bewegen, muss eine Kraft auf sie wirken. Diese Kraft wird **Spannung** genannt und die Ladungsträger bewegen sich in Richtung dieser Kraftwirkung.

Eine hohe Spannung übt auf die Ladungsträger eine starke Kraft aus, eine kleine Spannung eine schwache Kraft.

Spannung U
Einheit der Spannung: V = Volt

→ **Elektrische Spannung ist die Kraftwirkung auf Ladungsträger.**

Eine Spannung verursacht in einem Leiter einen Stromfluss, wobei die Stromstärke direkt von der Spannungshöhe abhängt. Durch eine höhere

Spannung kommen mehr Ladungsträger pro Zeit an einem Ort vorbei, wodurch die Stromstärke steigt (Abb. 1).

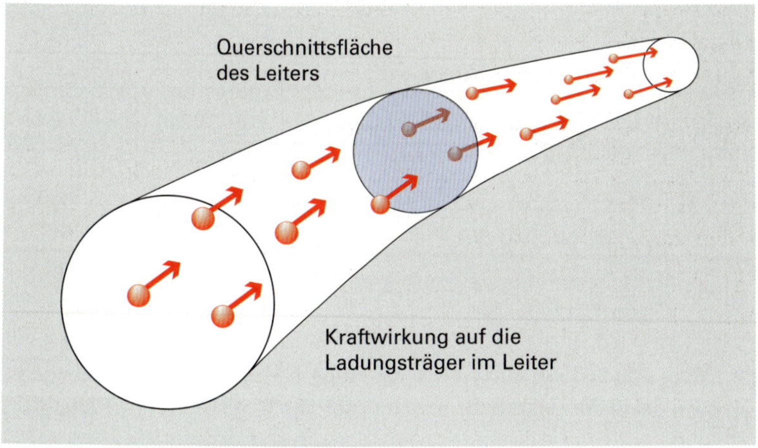

Abb. 1 Stromfluss aufgrund einer Spannung

➜ **Eine hohe Spannung verursacht im Leiter eine hohe Stromstärke.**

Tabelle 1 zeigt, dass die Spannungen, die in der Medientechnik verwendet werden, von µV bis hin zu mehreren tausend Volt reichen können.

Tabelle 1 Typische Spannungen in der Medientechnik

Geräte	Typische Spannungen
Mikrofone, Messgeräte, Mikroelektronik	Kleinste Spannungen im µV-Bereich
Elektronik in Computern, Kameras, Tonmischern	Kleine Spannungen im mV-Bereich
Akkus, Batterien und Ladegeräte	Mittlere Spannungen im V-Bereich
Scheinwerfernetzgeräte, Röhrenbildschirme	Große Spannungen im kV-Bereich

Leistung *P*

Bei der Bewegung der Ladungsträger durch die Spannung wird eine Transportleistung erbracht: die elektrische **Leistung** *P*. Diese Leistung ist dann besonders hoch, wenn viele Ladungsträger (hohe Stromstärke) mit großer Kraft (hohe Spannung) transportiert werden.

Leistung, Watt

Leistung *P*
Einheit der Leistung: W = Watt, Watt = Volt · Ampere
Formel der Leistung: $P = U \cdot I$

P: Power, engl. für Kraft

➜ **Wenn durch eine Spannung *U* eine Stromstärke *I* entsteht, wird eine elektrische Leistung *P* erbracht.**

Bei Isolatoren kann keine elektrische Leistung erbracht werden, da trotz Spannung keine Stromstärke entsteht. Der Grund dafür sind die fehlenden beweglichen Ladungsträger im Inneren des Isolators.

Energie *W*

Energie, Wattstunde, Wattsekunde

Während der gesamten Zeit, in der Ladungsträger transportiert werden, wird elektrische **Energie** für den Transport benötigt. Wenn eine hohe Leistung über einen längeren Zeitraum erbracht werden muss, ist dafür viel elektrische Energie erforderlich.

W: Work, engl. für Arbeit

Elektrische Energie wird bei ihrer Verwendung in andere Energieformen wie z. B. Wärme umgewandelt, sie wird also nicht verbraucht!

Energie W
Einheit der Energie: Ws = Wattsekunde
Formel der Energie: $W = P \cdot t$ (t = Dauer in Sekunden)

➜ **Wenn sich bedingt durch eine Spannung U eine Stromstärke I einstellt, wird dabei die elektrische Arbeit (Energie) W verrichtet (umgesetzt).**

Widerstand *R*

Widerstand, Ohm

Abschlusswiderstände werden auch Terminatoren genannt.

Widerstände werden in Geräten der Medientechnik benutzt, um beispielsweise die Stromstärke oder die Spannung zu reduzieren. Passende **Abschlusswiderstände** am Ende von Signalleitungen verhindern störende Signalreflexionen (Abb. 1)

Abb. 1 Abschlusswiderstände für Signalleitungen

Ladungsträgerbeweglichkeit

Der elektrische Widerstand, gemessen in der Größeneinheit Ohm, beschreibt, wie stark ein Material die Bewegung von Ladungsträgern erschwert oder behindert. Leiter haben eine hohe **Ladungsträgerbeweglichkeit** und damit einen geringen Widerstand. Eine Spannung führt deshalb bei Leitern in jedem Fall zu einem Stromfluss.

➜ **Der Widerstand von Leitern ist klein, der von Isolatoren groß.**

Im Gegensatz zu Leitern haben Isolatoren einen extrem hohen Widerstand. Auch dann, wenn eine hohe Spannung an einen Isolator angelegt wird, entsteht deshalb kein nennenswerter Stromfluss.

Widerstand R
Einheit des Widerstands: Ω = Ohm

R: Resistor, engl. für Widerstand

Der Widerstand einer Leitung hängt neben dem Leitermaterial auch von der Länge der Leitung und dem **Leitungsquerschnitt** ab. Der Widerstand einer Leitung wird umso größer, je länger sie ist und je kleiner ihr Leitungsquerschnitt ist.

Leitungsquerschnitt

➜ **Der Widerstand einer Leitung wird kleiner, wenn der Leitungsquerschnitt vergrößert bzw. die Leitungslänge verkürzt wird.**

Beispiel: Damit mehr Leistung am Lautsprecher ankommt, werden dünne, lange Lautsprecherkabel oft durch möglichst kurze, dickere mit größerem Querschnitt ersetzt, da ihr Widerstand kleiner ist (Abb. 1).

Abb. 1 Unterschiedliche Leitungsquerschnitte von Lautsprecherkabeln

Das Ohm'sche Gesetz

Ohm'sches Gesetz

Der Physiker Georg Simon Ohm hat das Zusammenspiel von Stromstärke und Spannung an Widerständen untersucht. Seine Erkenntnisse zum Verhalten von Widerständen formulierte er im sogenannten **Ohm'schen Gesetz**:

$R = U / I$ Einheit Ω = Ohm

Ohm: benannt nach Georg Simon Ohm (1789–1854).

Aus dem Ohm'schen Gesetz ergibt sich ein direkter Zusammenhang zwischen Spannung, Widerstand und Stromstärke:

- ➜ **Wenn eine Spannung am Widerstand anliegt, so fließt normalerweise auch ein Strom durch den Widerstand. Ist das nicht der Fall, so ist Widerstand ein Isolator ($R \to \infty\,\Omega$).**
- ➜ **Sobald ein Strom fließt, fällt am Widerstand eine Spannung ab.**
- ➜ **Fließt bereits bei einer kleinen Spannung am Widerstand ein sehr hoher Strom, dann ist der Widerstand sehr klein (z. B. ein Stück Leitung, $R \to 0\,\Omega$).**

Wenn sich die Spannung oder die Stromstärke an einem Widerstand verändern, d. h. größer oder kleiner werden, dann ergeben sich weitere wichtige Erkenntnisse aus dem Ohm'schen Gesetz, die in Tabelle 1 zusammengefasst sind.

Tabelle 1 Ohm'sches Gesetz

Formel	Bedeutung
$R = U / I$ [Ω] = Ohm	• Der Widerstand lässt sich aus der Stromstärke und der Spannung am Widerstand bestimmen.
$U = R \cdot I$ [V] = Volt	• Je größer der Widerstand ist, desto größer ist auch die Spannung bei einer bestimmten Stromstärke. • Je größer die Stromstärke ist, desto größer ist auch die resultierende Spannung.
$I = U / R$ [A] = Ampere	• Je größer der Widerstand, desto kleiner die Stromstärke bei einer bestimmten Spannung. • Je größer die Spannung, um so größer die resultierende Stromstärke.

Induktivität, Henry

Die Ursache für das magnetische Feld ist der im Leiter fließende Strom. Sobald kein Strom mehr fließt, verschwindet auch das Magnetfeld.

Henry: benannt nach Joseph Henry (1797–1878)

Spule (Induktivität) *L*

Jeder Leiter, durch den ein Strom fließt, erzeugt in seiner Umgebung ein Magnetfeld. Eine Kompassnadel in der Nähe des Leiters würde durch das Magnetfeld abgelenkt. Wird ein solcher Leiter spulenförmig aufgewickelt, so entsteht im Inneren der Spule (Abb. 1) ein starkes, gerichtetes Magnetfeld. Die Fähigkeit der Spule, ein magnetisches Energiefeld aufzubauen, wird als **Induktivität** bezeichnet. In der Medientechnik werden Spulen unter anderem in Lautsprechern und in elektronischen Filterschaltungen verwendet.

Induktivität L
Einheit der Induktivität: H = Henry

→ **Als Induktivität wird die Fähigkeit einer Spule bezeichnet, ein magnetisches Feld aufzubauen.**

Abb. 1 Verschiedene Spulen

Kondensator (Kapazität) C

Kapazität, Farad

In der Medientechnik finden sich Kondensatoren beispielsweise in Kondensatormikrofonen und elektronischen Filterschaltungen. Kondensatoren gibt es in vielen verschiedenen Bauformen (Abb. 1). Grundsätzlich besteht ein Kondensator aus zwei Platten, die sich nicht berühren dürfen. Wird zwischen diesen Platten eine Spannung angelegt, so lädt sich der Kondensator auf und es entsteht im Plattenzwischenraum ein elektrisches Feld.

→ **Im Inneren eines geladenen Kondensators besteht ein elektrisches Kraftfeld. Die Kondensatorplatten ziehen sich dabei gegenseitig an.**

Wenn die Spannung nun abgeschaltet wird, so bleibt der Kondensator geladen, solange keine elektrische Verbindung zwischen den Kondensatorplatten besteht. Diese Fähigkeit des Kondensators, Ladungen zu speichern, wird als **Kapazität** bezeichnet. In elektrischen Schaltungen werden Kondensatoren deshalb oft als Energiespeicher mit ICs verbunden. Falls die Spannungsversorgung dann ausfällt, entlädt sich der Kondensator über das IC und kann es so noch für kurze Zeit mit seiner gespeicherten Energie versorgen.

C: Capacity, engl. für Kapazität.

Kapazität C
Einheit der Kapazität: F = Farad

Farad: benannt nach Michael Faraday (1791–1867)

→ **Die Kapazität eines Kondensators beschreibt die Fähigkeit, beim Anlegen einer Spannung Ladungen zu speichern.**

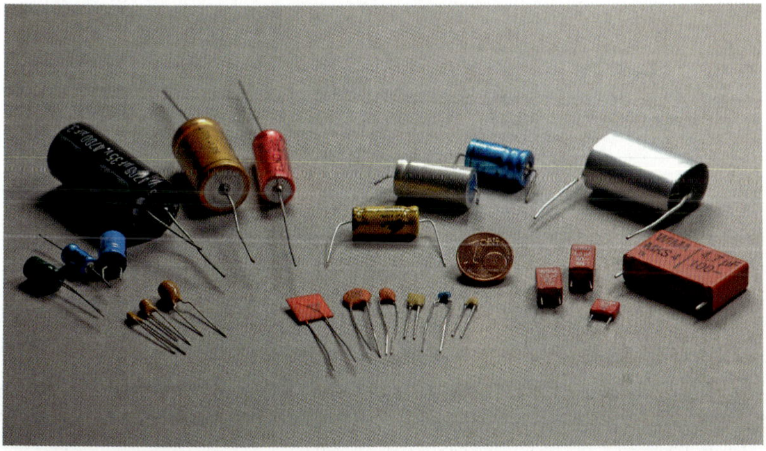

Abb. 1 Bauformen von Kondensatoren

Muss die Reset-Taste eines Computers gedrückt werden, ist meist ein fehlerhafter Systemzustand aufgetreten, der sich nicht mehr auf andere Art und Weise beheben lassen kann. Während des Reset wird die Energiezufuhr zu Prozessoren und Speicher-ICs unterbrochen, um das System zu „rebooten", d. h. neu zu starten. Durch die Unterbrechung der Energieversorgung sollen die ICs zurückgesetzt (gelöscht) werden.
Wird die Reset-Taste nicht lange genug gedrückt, ist die Unterbrechung der Energieversorgung zu kurz. Währenddessen gelingt es den Kondensatoren in

ihrer Eigenschaft als Energiespeicher, die Speicher-ICs weiterhin mit Energie zu versorgen, sodass diese nicht oder nicht vollständig gelöscht werden. Der fehlerhafte Systemzustand bleibt so womöglich gespeichert und der Fehler tritt nach dem Neustart wieder auf. Erst wenn die Reset-Taste länger als 3 Sekunden gedrückt wurde, sind die Speicher-ICs (Abb. 1) sicher gelöscht.

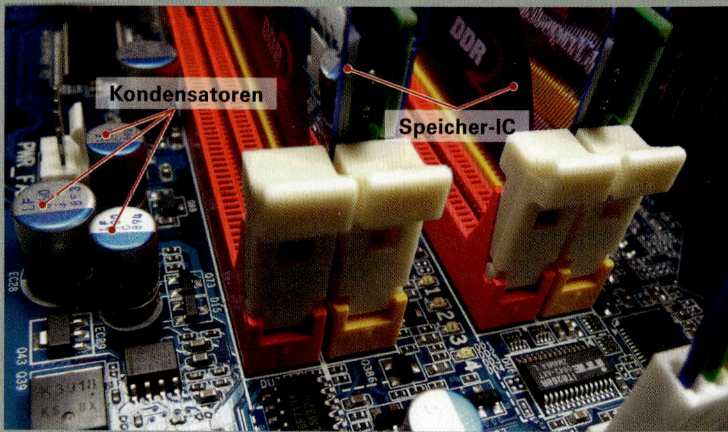

Abb. 1 Kondensatoren und Speicher-ICs

1.1.2 AC/DC – Wechsel- und Gleichstromkreise

In das Batteriefach einer Fernbedienung passen zwei 1,5-V-Batterien. Wenn die beiden Batterien korrekt in das Batteriefach eingelegt sind, ist der Pluspol der einen Batterie mit dem Minuspol der anderen Batterie verbunden.

- Wie hoch ist die Betriebsspannung der Fernbedienung?
- Kann die Fernbedienung notfalls nur mit einer Batterie betrieben werden?

Gleichstrom, Gleichspannung

DC: Direct Current, engl. für Gleichstrom

Gleichstrom DC

Eine professionelle Kamera benötigt in der Regel eine Versorgungsspannung von etwa 12 V **DC**. Die Abkürzung „DC" weist darauf hin, dass die Kamera ausschließlich mit Gleichspannung bzw. Gleichstrom betrieben werden darf. Das Wort „gleich" bedeutet hier „immer gleich bleibende Richtung" von Strom bzw. Spannung, wobei sich die Stärke des Stroms durchaus ändern kann (Abb. 2).

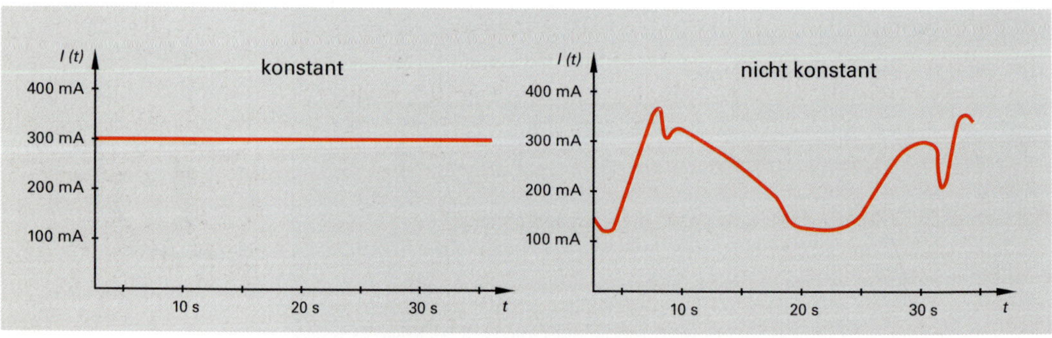

Abb. 2 Konstanter und nicht konstanter Gleichstrom (DC)

Ein konstanter Gleichstrom ist ein Strom, der immer in die gleiche Richtung fließt. Bei einem zeitlich veränderlichen oder pulsierenden Gleichstrom darf sich die Stromstärke ändern, nicht jedoch die Stromrichtung. Diese Beschreibung gilt genauso für Gleichspannung.

→ **Bei Gleichstrom ändert sich die Richtung von Strom und Spannung nicht. Die Stromstärke und Spannungshöhe können sich jedoch ändern.**

Wechselstrom AC

Wechselstrom, Wechselspannung

Medientechnische Geräte, die über Netzstecker verfügen, können über das Stromnetz mit Energie versorgt werden. Bei Geräten mit Euro- oder Schukostecker (Abb. 1) geschieht das über normale 230 V **AC** Steckdosen.

AC: Alternating Current, engl. für Wechselstrom

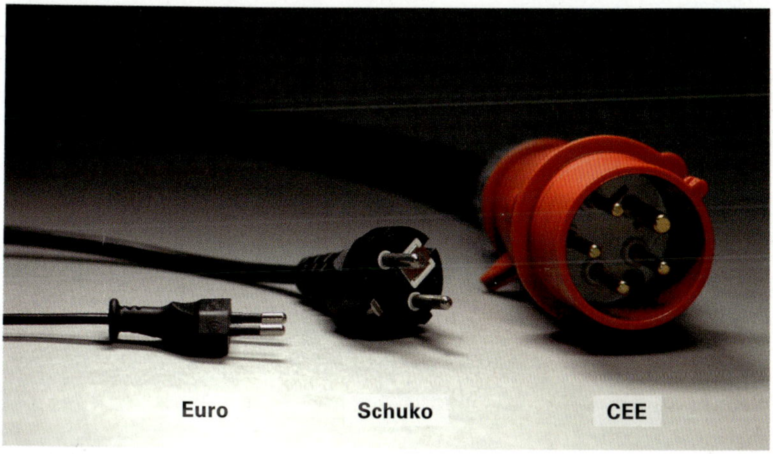

Abb. 1 Euro-, Schuko- und CEE-Stecker

CEE: Abkürzung für „Commission on the Rules for the Approval of the Electrical Equipment"

Schuko: Abkürzung für Schutzkontakt

Ü-Wagen: Abkürzung für Übertragungswagen

Ein **Ü-Wagen** braucht deutlich mehr Strom als eine normale Steckdose liefern kann. Daher wird er über einen CEE-Stecker mit 400 V AC versorgt. Die Abkürzung „AC" weist in beiden Fällen darauf hin, dass es sich um Wechselstrom handelt, wobei das Wort „Wechsel" für „wechselnde Richtung" von Strom bzw. Spannung steht.

→ **Bei Wechselstrom ändert sich die Richtung von Strom und Spannung ständig. Die Stromstärke und Spannungshöhe ändern sich somit ebenfalls ständig.**

Sinuswelle, Sinusschwingung

Bei Wechselstrom ändern sich die Fließrichtung des Stroms und die Polarität der Spannung ständig. Durch den technischen Herstellungsprozess im Elektrizitätswerk hat der (Netz-) Wechselstrom in der Regel den zeitlichen Verlauf einer **Sinuswelle**. Die **Sinusschwingung** besteht aus einer positiven und einer negativen Halbwelle.

Sinusförmige Kurvenverläufe lassen sich relativ einfach mit drehenden Generatoren wie beispielsweise einem Fahrraddynamo herstellen.

→ **Der zeitliche Verlauf der Netzspannung ist sinusförmig.**

Ein sinusförmiger Spannungsverlauf wird durch folgende mathematische Formel dargestellt:

$$U_{AC} = A \cdot \sin(2 \cdot \pi \cdot f \cdot t + \varphi)$$

Abb. 1 zeigt den Verlauf einer Sinusschwingung mit allen Kenngrößen.

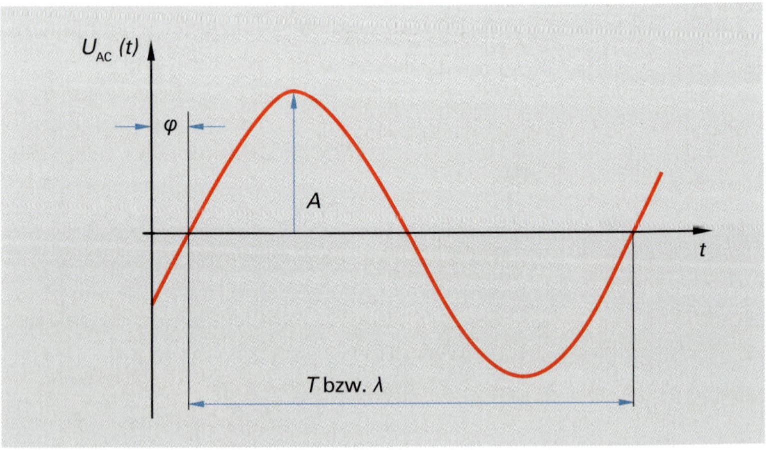

Abb. 1 Wechselstrom als Sinusschwingung

Die Tabelle 1 beschreibt die Grundgrößen einer Sinusschwingung und ihre jeweiligen Maßeinheiten.

Amplitude, Frequenz, Periodendauer, Wellenlänge, Phasenwinkel

Hz: Hertz, benannt nach Heinrich Hertz (1857 – 1894).

Tabelle 1 Grundgrößen der Sinusschwingung

Formelzeichen	Bedeutung	Einheit
A	**Amplitude**: maximaler Spannungswert der Schwingung	V (Volt)
T	**Periodendauer**: Dauer einer kompletten Schwingung	s (Sekunde)
f	**Frequenz** (= 1/s): gibt an, wie viele Perioden in einer Sekunde durchlaufen werden	Hz (Hertz)
λ	**Wellenlänge**: Länge einer kompletten Schwingung bei räumlichen Wellen	m (Meter)
φ	**Phasenwinkel**: gibt an, mit wie viel Verzögerung der Beginn der positiven Halbwelle vom Nullpunkt der Zeitachse verschoben ist	Grad

Seit 1987 beträgt die Amplitude der Wechselspannung im Stromnetz 230 V. Geräte, die vor 1987 für Europa hergestellt wurden, sind für die damals übliche Netzspannung von 220 V ausgelegt worden. Sie lassen sich jedoch in der Regel gefahrlos bei 230 V betreiben.

Netzspannung

➜ **Die Netzspannung beträgt 230 V AC (Wechselspannung).**

Im Wechselstromnetz durchlaufen Strom und Spannung fünfzig Perioden pro Sekunde. Die Netzfrequenz beträgt daher 50 Hz.

Netzfrequenz

➜ **Die Netzfrequenz beträgt 50 Hz.**

Frequenz f
Einheit der Frequenz: Hz = Hertz
Formel der Frequenz: $f = 1/T$ (T = Periodendauer)

Die Periodendauer entspricht dem Kehrwert der Frequenz. Für die Netzfrequenz beträgt daher die Periodendauer 1/50 s.

Netzperiodendauer

➜ **Die Periodendauer der Netzspannung beträgt 20 ms (= 1/50 s).**

Periodendauer T
Einheit der Periodendauer: s = Sekunden
Formel der Periodendauer: $T = 1/f$ (f = Frequenz)

Schallwellen und Lichtwellen sind räumliche Wellen, bei denen statt der Periodendauer die räumliche Wellenlänge λ angegeben wird.

Wellenlänge λ
Einheit der Wellenlänge: m = Meter
Formel der Wellenlänge: $\lambda = \boldsymbol{c} / f$ (f = Frequenz)

c: Ausbreitungsgeschwindigkeit im Medium in m/s:

- Schallgeschwindigkeit c_{Luft} = 343 m/s
- Lichtgeschwindigkeit $c_{Licht} = 3 \cdot 10^8$ m/s

Stromkreis

Damit ein Strom fließen kann, muss ein geschlossener Stromkreis vorhanden sein. Zu einem geschlossenen Stromkreis gehören drei Dinge:

- Energiequelle
- Energieverbraucher
- Leitung(-en)

Die Bezeichnung „Verbraucher" ist nicht korrekt. Elektrische Energie wird nicht „verbraucht", sondern in andere Energieformen wie z. B. Bewegung (Motoren) oder Wärme (Heizung) umgewandelt.

Die Kamera (Abb. 1) als Energieverbraucher und der Kameraakku als Energiequelle bilden einen geschlossenen Stromkreis.

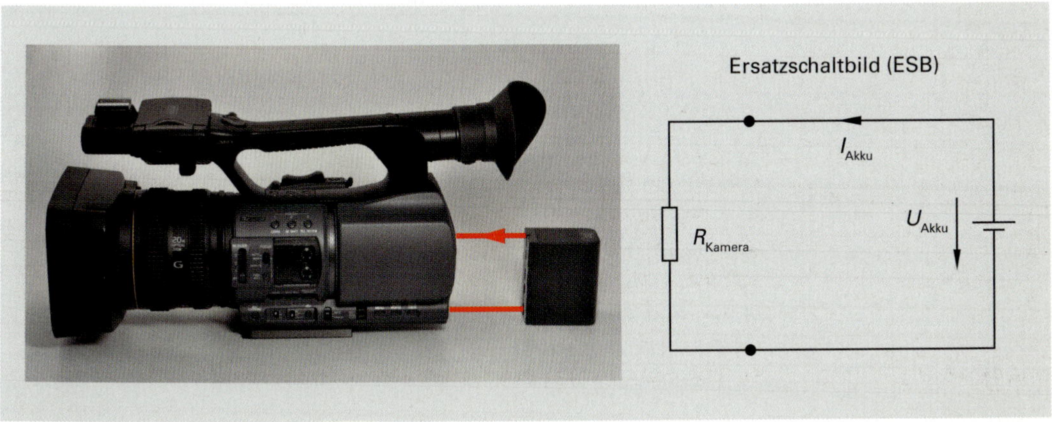

Abb. 1 Versorgungsstromkreis: Kamera im Akku-Betrieb

➜ **Eine Energiequelle kann nur dann einen Stromfluss erzeugen, wenn sie Teil eines geschlossenen Stromkreises ist.**

Über die Leitungen wird die im Akku gespeicherte elektrische Energie (Stromstärke und Spannung) der Kamera (Energieverbraucher) zugeführt, um damit beispielsweise das Laufwerk, die Videoelektronik und den Kamerasucher bzw. das Kameradisplay zu betreiben.

In einem Stromkreis lassen sich die elektrischen Grundgrößen Stromstärke und Spannung mit den entsprechenden Messgeräten erfassen. Das ist beispielsweise bei der Fehlersuche ein üblicher erster Schritt.

Bei der Messung der Stromstärke muss der zu messende Strom durch das Amperemeter und den Verbraucher hindurchfließen. Wie Abb. 1 (links) zeigt, wird das Amperemeter mit dem Verbraucher in Reihe bzw. Serie geschaltet, damit der Kamerastrom auch durch das Amperemeter fließt.

Strommessung

➜ **Amperemeter werden zur Strommessung in Reihe geschaltet.**

Zur Messung der Spannung an einem Energieverbraucher oder einer Energiequelle muss jeweils ein Anschluss des Voltmeters mit einem Anschluss des Energieverbrauchers bzw. der Energiequelle verbunden werden. Wie Abb. 1 (rechts) zeigt, wird das Voltmeter parallel zur Kamera bzw. parallel zum Kameraakku geschaltet.

Spannungsmessung

➜ **Voltmeter werden zur Spannungsmessung parallel geschaltet.**

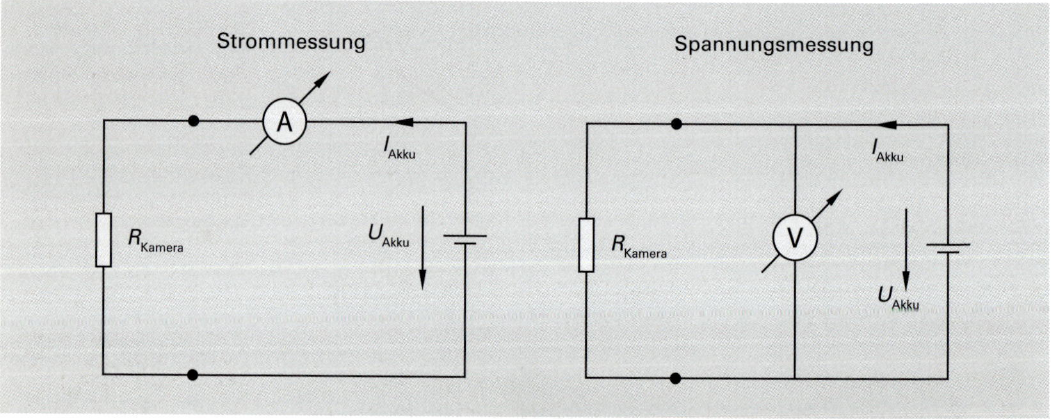

Abb. 1 Messung von Stromstärke und Spannung im Stromkreis

Beim Aufbau von Stromkreisen aus Quellen und Verbrauchern können grundsätzlich vier Schaltungstypen unterschieden werden:

I. Serienschaltung von Verbrauchern
II. Serienschaltung von Quellen
III. Parallelschaltung von Verbrauchern
IV. Parallelschaltung von Quellen

Serienschaltung

Leuchtdiode: engl. Light Emitting Diode (LED) ist eine energieeffiziente elektronische Lichtquelle.

I. Serienschaltung von Verbrauchern

In der Medientechnik werden **Leuchtdioden** (LEDs) als Statusanzeigen verwendet, d. h. um dem Benutzer den Betriebszustand (Status) des Geräts mitzuteilen. Hinter einer solchen Geräteanzeige verbirgt sich oft die in

Abb. 1 dargestellte Serienschaltung (Reihenschaltung) aus einem Widerstand und einer Leuchtdiode.

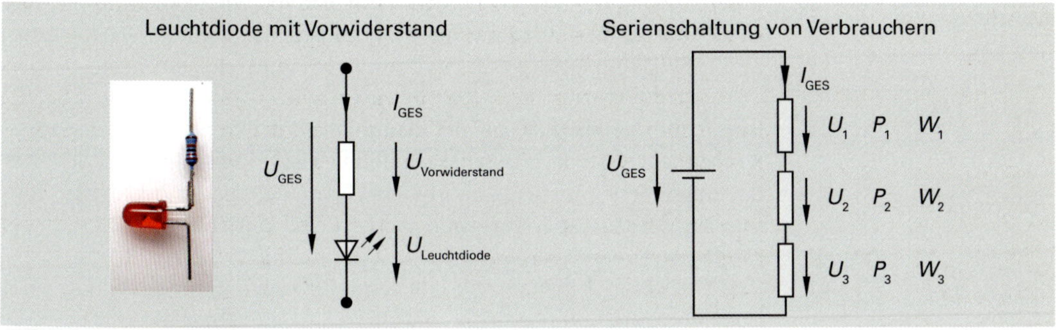

Abb. 1 Serienschaltungen von Verbrauchern

Für diese Serienschaltungen von Verbrauchern gelten die Gesetzmäßigkeiten aus Tabelle 1.

Tabelle 1 Serienschaltung von Verbrauchern

Verhalten	Formel
Der Strom I_{GES} durch alle Verbraucher ist gleich.	I_{GES}
Die angelegte Spannung U_{GES} teilt sich auf alle Verbraucher auf.	$U_{GES} = U_1 + U_2 + U_3$
Widerstände addieren sich zu einem Gesamtwiderstand R_{GES}.	$R_{GES} = R_1 + R_2 + R_3$
Die Gesamtenergie W_{GES} teilt sich auf die Verbraucher auf.	$W_{GES} = W_1 + W_2 + W_3$
Die Gesamtleistung P_{GES} teilt sich auf die Verbraucher auf.	$P_{GES} = P_1 + P_2 + P_3$

➜ **Alle Verbraucher in einer Serienschaltung werden vom selben Strom durchflossen, während sich die Spannung aufteilt.**

Betriebsspannung

Leuchtdioden haben maximal zulässige **Betriebsspannungen** von 1,6 bis 4,4 Volt. Sie würden zerstört werden, wenn sie direkt an einer höheren als der zulässigen Versorgungsspannung betrieben würden.

Wie die Serienschaltung der LED mit dem Widerstand in Abb. 1 (links) zeigt, teilt sich die angelegte Versorgungsspannung U_{GES} nach der Formel in Tabelle 1 auf die beiden Verbraucher LED und Widerstand auf. Dabei fließt der gesamte Strom I_{GES} sowohl durch die LED als auch durch den Widerstand. So sorgt der in Serie mit der Leuchtdiode geschaltete Widerstand dafür, dass die Spannung an der Leuchtdiode kleiner ist als die Versorgungsspannung. Der Widerstand wird zur Spannungsbegrenzung vor den zu schützenden Verbraucher geschaltet, weshalb der Widerstand in dieser Schaltungsart auch als **Vorwiderstand** bezeichnet wird.

Vorwiderstand

➜ **Vorwiderstände begrenzen die Spannung am Verbraucher.**

EB: Abkürzung für elektronische Berichterstattung

II. Serienschaltung von Quellen

Der **EB**-Tonmischer kann mit handelsüblichen Batterien des Typs AA (Batteriespannung 1,5 Volt) betrieben werden. Weil der Tonmischer erst bei einer höheren Betriebsspannung funktioniert, werden mehrere AA-Batterien (Abb. 1) im Batteriefach des Tonmischers in Serie geschaltet.

Durch die Serienschaltung der Batterien addieren sich die Einzelspannungen von 1,5 Volt pro Batterie zu einer Gesamtspannung von 4,5 Volt. Bei einem Versorgungsspannungsbereich von 2,4 bis 6 Volt kann der Tonmischer mit der Batteriespannung von 4,5 Volt betrieben werden.

Tonmischer mit Batteriefach

Serienschaltung von Quellen

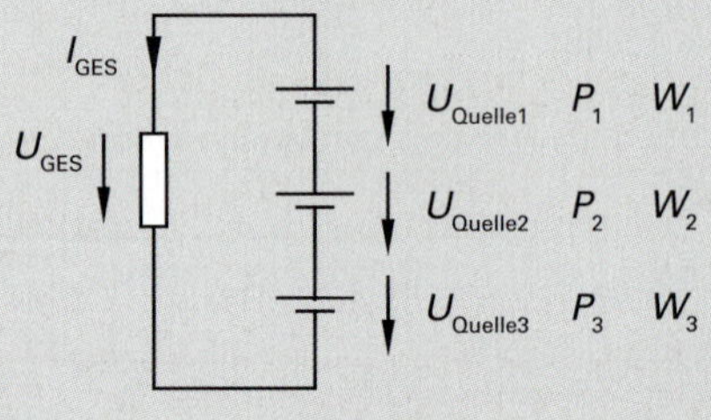

Abb. 1 Serienschaltung von Quellen

Für diese Serienschaltungen von Quellen gelten die Gesetzmäßigkeiten aus Tabelle 1.

Tabelle 1 Serienschaltung von Quellen

Verhalten	Formel
Der Strom I_{GES} durch alle Quellen und den Verbraucher ist gleich.	I_{GES}
Die drei Quellenspannungen addieren sich zu einer Gesamtspannung U_{GES}.	$U_{GES} = U_{Quelle1} + U_{Quelle2} + U_{Quelle3}$
Die Gesamtenergie W_{GES} ergibt sich aus der Energie der einzelnen Quellen.	$W_{GES} = W_1 + W_2 + W_3$
Die Gesamtleistung P_{GES} ergibt sich aus Leistungen der einzelnen Quellen.	$P_{GES} = P_1 + P_2 + P_3$

→ **Alle Quellen in einer Serienschaltung werden vom selben Strom durchflossen, während sich die Spannung addiert.**

III. Parallelschaltung von Verbrauchern

Parallelschaltung

Bei der aktuellen Berichterstattung wird an eine EB-Kamera oft ein zusätzliches Headlight angeschlossen, das genau wie die Kamera eine Betriebsspannung von 12 Volt benötigt. Wie das Schaltbild in Abb. 1 gezeigt, wird das Headlight parallel zur Kamera am Kamera-Akku betrieben.

Headlight: engl. für Kopflicht bzw. Kamerakopflicht

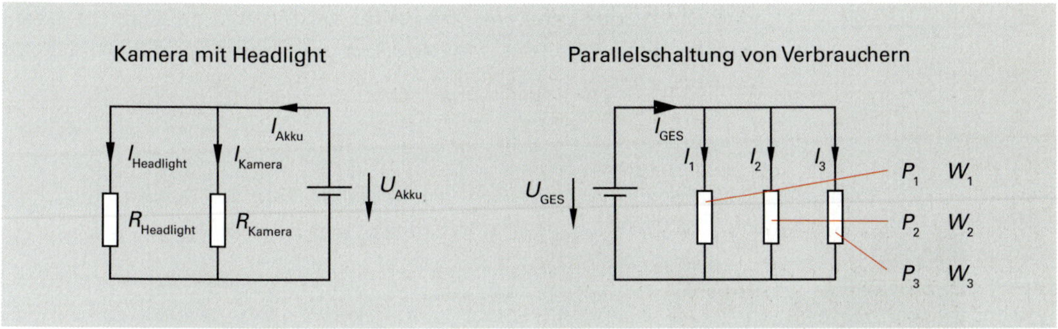

Abb. 1 Parallelschaltung von Verbrauchern

Bei einer Parallelschaltung von Verbrauchern gelten die Gesetzmäßigkeiten aus Tabelle 1.

Tabelle 1 Parallelschaltung von Verbrauchern

Verhalten	Formel
Der Strom I_{GES} teilt sich auf alle Verbraucher auf.	$I_{GES} = I_1 + I_2 + I_3$
Die angelegte Spannung U_{GES} ist an allen Verbrauchern gleich groß.	U_{GES}
Der Gesamtwiderstand R_{GES} verringert sich durch die Parallelschaltung von R.	$1/R_{GES} = 1/R_1 + 1/R_2 + 1/R_3$ $R_{GES} < R_1, R_2, R_3$
Die Gesamtenergie W_{GES} teilt sich auf die Verbraucher auf.	$W_{GES} = W_1 + W_2 + W_3$
Die Gesamtleistung P_{GES} teilt sich auf die Verbraucher auf.	$P_{GES} = P_1 + P_2 + P_3$

→ **Alle Verbraucher in einer Parallelschaltung werden von der gleichen Spannung versorgt, während sich der Strom aufteilt.**

Genau wie die Kamera wird jetzt auch das Headlight mit 12 V Akkuspannung betrieben, da die Spannung bei einer Parallelschaltung an allen Verbrauchern gleich groß ist. Zum Strom durch die Kamera addiert sich nun auch der Strom durch das Headlight, sodass der Akku insgesamt mit einem größeren Verbraucherstrom belastet wird.

Energieaufnahme

Zur **Energieaufnahme** der Kamera addiert sich die Energie, die das Headlight aufnimmt. Dem Akku wird so insgesamt mehr Energie entzogen. Infolge dieser höheren Belastung verringert sich die Akkubetriebsdauer.

IV. Parallelschaltung von Quellen

Betriebsspannung

Um die Betriebsdauer einer EB-Kamera (gerade auch bei der Verwendung eines Headlights) zu verlängern oder um bei laufender Kamera den Akku wechseln zu können, werden in der Praxis häufig an EB-Kameras Doppelakkupacks (Abb. 1) angebracht, in die dann zwei 12-Volt-Akkus eingesetzt werden können. Dadurch darf sich die **Betriebsspannung** keinesfalls erhöhen, da sonst die Kameraelektronik zerstört werden könnte. Deshalb wird der zusätzliche zweite Akku des Doppelakkupacks parallel zum ersten Akku betrieben.

Kamera mit Doppelakku

Parallelschaltung von Quellen

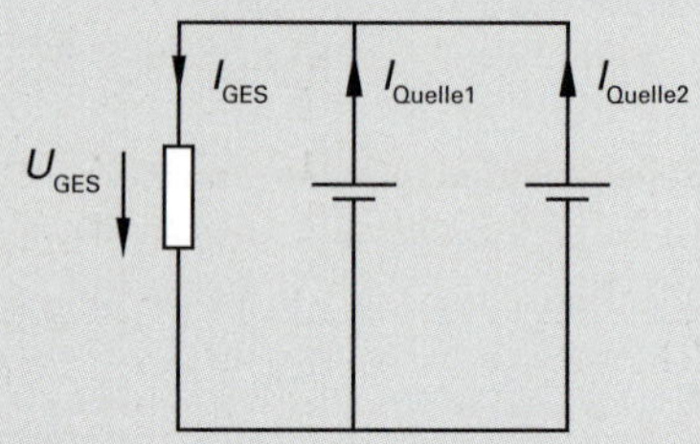

Abb. 1 Parallelschaltung von Quellen

Bei einer Parallelschaltung von Quellen gelten die Gesetzmäßigkeiten aus Tabelle 1.

Tabelle 1 Parallelschaltung von Quellen

Verhalten	Formel
Der Strom I_{GES} ist die Summe der Ströme der Quellen.	$I_{GES} = I_{Quelle1} + I_{Quelle2} + I_{Quelle3}$
Die Spannung U_{GES} ist an allen Quellen und am Verbraucher gleich groß.	U_{GES}
Die Gesamtenergie W_{GES} teilt sich auf die Quellen auf.	$W_{GES} = W_1 + W_2 + W_3$
Die Gesamtleistung P_{GES} teilt sich auf die Quellen auf.	$P_{GES} = P_1 + P_2 + P_3$

→ **Alle Quellen in einer Parallelschaltung haben die gleiche Spannung, während sich die Ströme der Quellen addieren.**

Da die Spannung bei einer Parallelschaltung an allen Quellen und Verbrauchern gleich groß ist, bleibt die Betriebsspannung des Doppelakkupacks bei 12 Volt. Die Stromaufnahme der Kamera wird durch beide Akkus gemeinsam bestritten, sodass der einzelne Akku insgesamt mit einem kleineren Verbraucherstrom (etwa der Hälfte) belastet wird.

Die Energie, die die Kamera aufnimmt, kommt aus beiden Akkus. Dem einzelnen Akku wird so insgesamt weniger Energie entzogen als im Einzelbetrieb. Infolge dieser geringeren Belastung verlängert sich die Akkubetriebsdauer.

Zusammenfassung

Alle vier hier vorgestellten Schaltungsvarianten kommen in der Medientechnik sowohl in Geräten als auch bei der Verkabelung von Geräten untereinander zum Einsatz. In Tabelle 1 werden deshalb die wichtigsten Gesetzmäßigkeiten für **Stromkreise** noch einmal zusammengefasst.

Stromkreis

Tabelle 1 Gesetzmäßigkeiten für Stromkreise

Verhalten	Formel
Serienschaltung	$I_{GES} = I_1 = I_2 = I_3$ $U_{GES} = U_1 + U_2 + U_3$ $R_{GES} = R_1 + R_2 + R_3$ $L_{GES} = L_1 + L_2 + L_3$ $1/C_{GES} = 1/C_1 + 1/C_2 + 1/C_3$ $C_{GES} < C_1, C_2, C_3$
Strommessung	Amperemeter in Serie mit Messobjekt
Parallelschaltung	$I_{GES} = I_1 + I_2 + I_3$ $U_{GES} = U_1 = U_2 = U_3$ $1/R_{GES} = 1/R_1 + 1/R_2 + 1/R_3$ $R_{GES} < R_1, R_2, R_3$ $1/L_{GES} = 1/L_1 + 1/L_2 + 1/L_3$ $L_{GES} < L_1 ,L_2, L_3$ $C_{GES} = C_1 + C_2 + C_3$
Spannungsmessung	Voltmeter parallel zum Messobjekt

Im Batteriefach der Fernbedienung ist der Pluspol der einen Batterie mit dem Minuspol der anderen Batterie verbunden. Es kann sich daher nur um eine Serienschaltung der Batterien handeln. Die Betriebsspannung der Fernbedienung ergibt sich aus der Addition der einzelnen Batteriespannungen von 1,5 V zu insgesamt 3 V.
Würde eine Batterie aus dem Batteriefach entfernt, funktioniert die Fernbedienung nicht mehr. Da es sich bei dem Stromkreis um eine Serienschaltung handelt, würde die fehlende Batterie diesen Stromkreis unterbrechen.

1.2 Versorgung von Geräten

Bei Studioproduktionen werden die stationären Geräte der Produktionstechnik in der Regel über das Stromnetz (230 V AC) versorgt. Bei mobilen Produktionen und wenn keine Netzversorgung möglich ist, kommt eine netzunabhängige Stromversorgung in Form von Akkus oder Batterien zum Einsatz. In der Medientechnik gibt es sowohl bei der Netzversorgung als auch beim Akku- oder Batteriebetrieb eine Reihe von unterschiedlichen technischen Systemen, die im Folgenden vorgestellt werden.

1.2.1 Netzbetrieb

Bei einem TV-Interview in einer Privatwohnung sind drei 1-kW-Scheinwerfer im Einsatz. Als der Wohnungsbesitzer währenddessen für das Kamerateam Kaffee kochen will, „fliegt“ beim Einschalten der 800 W-Kaffeemaschine (Abb. 1) die Sicherung heraus.

- Wieso ist das der Fall?

Abb. 1 800-W-Kaffeemaschine

Dass eine Sicherung vor Stromschlag schützen soll, ist ein weit verbreiteter und sehr gefährlicher **Irrtum**. Tatsächlich schützt die Sicherung nur die Stromleitung gegen Überlastung! Deshalb lautet die korrekte Fachbezeichnung für Sicherung „Leitungsschutzschalter“.

Der Blick in einen Videoschnitt-Rechner (Abb. 2) zeigt, dass die einzelnen Rechnerkomponenten wie Festplatten oder Laufwerke vom eingebauten Netzteil mit den notwendigen Gleichspannungen von 3,3 V bis 12 V DC bei einem maximalen Ausgangsstrom zwischen 1 A und 40 A versorgt werden.

Abb. 2 Netzversorgung bei einem Schnittrechner

Netzkabel

Das Netzteil ist seinerseits über ein **Netzkabel** an das Stromnetz (230 V AC) angeschlossen. In normalen Haushalten ist jeder Steckdosenkreis mit einem

Leitungsschutzschalter

16-A-**Leitungsschutzschalter** (auch Sicherungsautomat oder Sicherung genannt) gegen Überlastung abgesichert.

→ **Leitungsschutzschalter lösen in neueren Gebäuden bei 16 A Stromstärke aus, in älteren Gebäuden können Sicherungen verbaut sein, die bereits bei einer Stromstärke von 10 A auslösen.**

Netzteil

Viele tragbare Geräte, wie Kameras oder Schnittlaptops, haben häufig kein eingebautes **Netzteil**, sondern ein externes Kabel- oder Steckernetzteil. Das hat den Vorteil, dass das Netzteil während des Akku- oder Batteriebetriebs nicht mit herumgetragen werden muss. Bei den meisten Geräten kann über das Netzteil der interne Akku aufgeladen werden, ohne ihn dafür aus dem Gerät herausnehmen zu müssen.

→ **Ein Netzteil erzeugt aus der Netzspannung (230 V AC) die nötigen DC-Versorgungsspannungen.**

Sowohl Netzteile als auch die damit versorgten Geräte können durch falsche Behandlung Schaden nehmen. Die Tabelle 1 gibt einen Überblick über die Handhabung von Netzteilen.

Tabelle 1 Korrekte Handhabung von Netzteilen

Thema	Hinweis
Netzspannung	Bei internationalem Einsatz auf korrekte Netzspannung achten! Adapter helfen hier nicht.
Überlastung	Das Netzteil muss zum Gerät passen! Dem Netzteil nicht mehr Strom entnehmen als auf dem Typenschild angegeben.
Verpolung	Bei externen Netzteilen auf richtige Steckerpolung der Ausgangsspannung achten.
Kurzschluss	Netzteile sind normalerweise nicht kurzschlussfest!
Kabelbruch	Kabel nicht knicken, verknoten oder ziehen! Nicht auf Kabel treten! An Steckern nicht biegen! Nicht schräg an eingesteckten Steckern ziehen!
Wärmestau	Wärmestau vermeiden! Netzteile und deren Lüftungsöffnungen nicht abdecken.
Feuchtigkeit	Netzteile sind nicht wasserdicht! Lebensgefahr!

Die Stromaufnahme der drei beim TV-Interview eingesetzten 1-kW-Scheinwerfer errechnet sich über die elektrische Leistung ($P = U \cdot I$):

$$I = P / U$$

Bei 230 V Netzspannung ergibt sich daher für den Strom eines Scheinwerfers ein Wert von ca. 4,35 A. Da alle drei Scheinwerfer parallel am Netz betrieben werden ergibt sich der Gesamtstrom für die drei Scheinwerfer als Summe der Einzelströme zu ca. 13 A. Wenn jetzt noch eine 800-W-Kaffeemaschine parallel zu den Scheinwerfern betrieben wird, erhöht sich der Gesamtstrom auf über 16 A. Infolge der Überlastung löst der Leitungsschutzschalter aus und alle stehen im Dunkeln.

1.2.2 Akku- und Batteriebetrieb

Auf dem Typenschild des Kameraakkus einer EB-Kamera mit 40 W Leistungsaufnahme steht der Hinweis „14.4 V/50 Wh“. Die geplante Drehzeit für ein Interview beträgt ca. 3 Stunden, wobei eine reine Aufnahmedauer von 60 Minuten geplant ist.

- Reicht der Akku (Abb. 1) für die Dreharbeiten aus oder sollte ein Reserveakku mitgenommen werden?

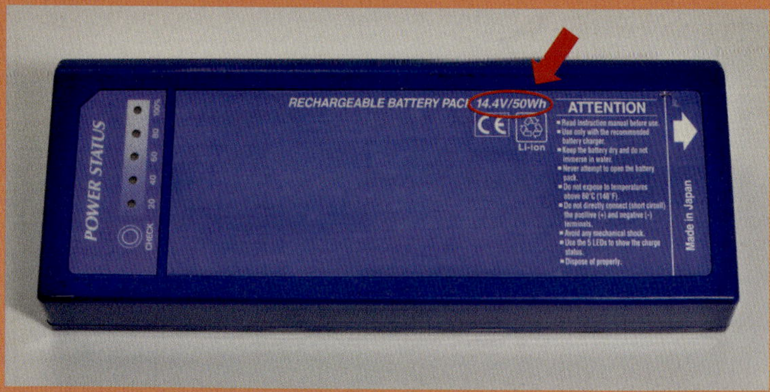

Abb. 1 Kameraakku mit Typenschild

Akku, Batterie

Pol

Batterien und **Akkus** sind bezüglich ihrer inneren Struktur und ihrer Funktionsweise sehr ähnlich (Abb. 2). Sie unterscheiden sich unter anderem durch die Art der verwendeten chemischen Substanzen im Inneren. Die Reaktion dieser chemischen Substanzen im Inneren erzeugt bei Batterien und auch bei Akkus an den beiden **Polen**, die in der Regel mit (+) und (–) bezeichnet sind, eine elektrische Gleichspannung.

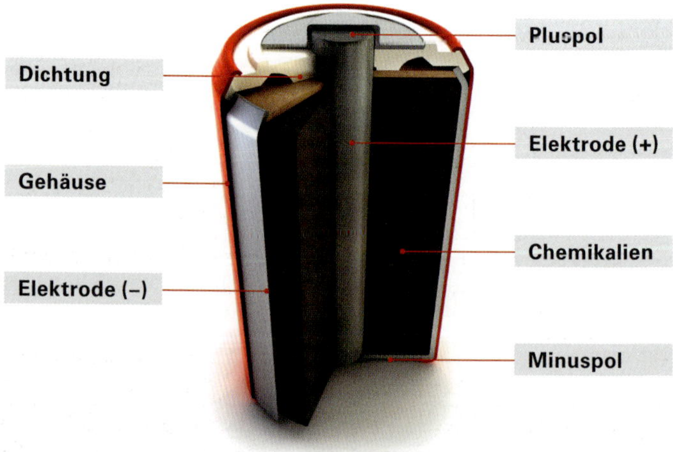

Abb. 2 Innerer Aufbau von Batterien und Akkus

→ **Batterien und Akkus liefern ausschließlich Gleichspannungen.**

Akkus oder Batterien werden dann als „voll" (gemeint ist: aufgeladen) bezeichnet, wenn diese chemische Reaktionen im Inneren noch nicht begonnen haben. Ist ein Akku oder eine Batterie „leer" (gemeint ist: entladen), so sind die chemischen Reaktionen im Inneren beendet. Bei einem Akku kann dieser chemische Prozess allerdings durch das Aufladen mit einem Ladegerät wieder rückgängig gemacht werden, sodass der Akku erneut verwendet werden kann.

Eine „leere" Batterie kann nicht wieder aufgeladen werden, da sich der chemische Prozess nicht rückgängig machen lässt. Sie muss fachgerecht entsorgt werden.

→ **Beim Versuch eine Batterie aufzuladen, besteht Brand- und Verletzungsgefahr.**

Batterien und Akkus können auch dann, wenn sie nicht in Geräten gebraucht wurden, nach längerer Lagerzeit durch Selbstentladung „leer" sein. Die chemischen Reaktionen im Inneren sind dann abgelaufen, obwohl kein Verbraucher angeschlossen oder eingeschaltet war. Daher können geladene Batterien und Akkus nicht beliebig lange gelagert werden und Batterien werden deshalb mit einem Mindesthaltbarkeitsdatum versehen.

→ **Batterien und Akkus sollten immer aus dem Gerät entfernt werden, wenn das Gerät längere Zeit nicht gebraucht wird.**
→ **Bestimmte Batterie- und Akkutypen können nach längerer Zeit undicht werden und auslaufen, was zu erheblichen Beschädigungen des Geräts führen kann.**

Elektrische Kenngrößen von Batterien und Akkus

Bei der Auswahl und dem Einsatz von Batterien und Akkus sind deren elektrische Kenngrößen (Tabelle 1) die wichtigsten Kriterien.

Tabelle 1 Kenngrößen von Batterien und Akkus

Kenngröße	Erklärung
Kapazität	Gibt in Ah (Amperestunden) an, für welchen Zeitraum t (in Stunden) ein Akku/eine Batterie eine bestimmte Stromstärke I (in Ampere) abgeben kann, bevor er/sie entladen („leer") ist: $Kapazität_{AKKU} = I \cdot t$.
Innenwiderstand	Begrenzt die Stromstärke, die der Akku maximal (z. B. bei Kurzschluss) abgeben kann: $R_I = U_K / I_K$.
Nennspannung	Spannung, für die der Akku bzw. die Batterie im Ladezustand „voll" spezifiziert ist.
Ladeendspannung	Bei Akkus erreichte Spannung nach dem vollständigen Aufladen (bis zu 30 % über der Nennspannung)
Entladeendspannung	Spannung (bei Akkus ca. 70 % der Nennspannung, bei Batterien bis 0 %) im Zustand „leer"

Innenwiderstand

Der Innenwiderstand eines Akkus ist dafür verantwortlich, dass die Akkuspannung mit zunehmender Stromstärke sinkt.

Batterie- und Akkutechnologie

Die chemischen Zusammensetzungen (Tabelle 1) von Batterien und Akkus haben einen wesentlichen Einfluss auf deren elektrische Eigenschaften, aber auch auf deren Handhabung.

Tabelle 1 Bautypen und Eigenschaften von Batterien und Akkus

Batterietyp	Eigenschaften
Zink-Kohle	Geringe Kapazität
Alkali-Mangan	Mittlere bis hohe Kapazität
Lithium	Hohe Kapazität
Silberoxid	Geringe Kapazität, Bauform Knopfzelle
Akkutyp	**Eigenschaften**
NiCd Nickel-Cadmium	Hohes Gewicht, mittlere Kapazität, problematische Entsorgung
NiMH Nickel-Metallhydrid	Hohes Gewicht, mittlere Kapazität, ausgeprägter **Memoryeffekt**
Li-Ion Lithium-Ionen	Geringes Gewicht, hohe Kapazität, kein Memoryeffekt
LiPo Lithium-Polymer	Geringstes Gewicht, hohe Kapazität spezielles Ladegerät, kein Memoryeffekt

Memoryeffekt: bezeichnet den Kapazitätsverlust, der durch häufiges Nachladen von noch nicht leeren Akkus entsteht.

Li-Ion-Akkus sind sehr stoßempfindlich.

Während eine Batterie ein Haltbarkeitsdatum besitzt, das durch ungeeignete Lagerung verkürzt werden kann, hängt die Lebensdauer eines Akkus entscheidend davon ab, wie Auf- und Entladevorgänge ablaufen. Tabelle 2 listet die wichtigsten Begriffe rund um den Entladevorgang bei Batterien und Akkus auf.

→ **Korrekte Lagerung und das Aufladen mit geeigneten Ladegeräten sind für die Lebensdauer von Akkus entscheidend.**

Tabelle 2 Entladevorgänge bei Batterien und Akkus

Entladevorgang	Erklärung
Entladung	Bei Batterien sinkt die Spannung während des Entladens bis auf 0 % der Nennspannung, also 0 V ab. Bei Akkus beträgt die Spannung am Ende der Entladung immer noch etwa 70 % der Nennspannung. Wird dann noch weiter entladen, droht eine Tiefentladung.
Selbstentladung	Entladung ohne angeschlossenen Verbraucher. Bei Batterien wird daher ein Mindesthaltbarkeitsdatum angegeben, bis zu dem sie noch als „voll“ gelten.
Tiefentladung	Weiteres Entladen nach Erreichen seiner Entlade-Endspannung. Eine Tiefentladung führt zu Kapazitätsverlust und zu Akkudefekten.

Tiefentladung

Viele Profi-Geräte schalten sich automatisch ab, um eine Tiefentladung zu verhindern.

→ **Eine Tiefentladung von Akkus ist unbedingt zu vermeiden.**

Insbesondere die Ladevorgänge, die in Tabelle 1 in einer Übersicht dargestellt sind, haben Auswirkungen auf die Lebensdauer und den sicheren Betrieb von Akkus.

Tabelle 1 Ladevorgänge bei Batterien und Akkus

Ladevorgang	Erklärung
Normalladung	Längerer Ladevorgang mit einer niedrigen Ladestromstärke
Kurzladen	Mittelfristiger Ladevorgang mit einer mittleren Ladestromstärke
Schnellladen	Kurzer Ladevorgang mit einer hohen Ladestromstärke
Refresh-Laden	Vollständige Entladung des Akkus vor dem Laden, beugt Memoryeffekt vor
Überladung	Überschreitung der Ladezeit, die zu irreversiblen Schäden führen kann
Erhaltungsladung	Wiederholtes Nachladen von Zeit zu Zeit zum Ausgleich der Selbstentladung
Ladezyklus	beschreibt einen vollständigen Auf- und Entladevorgang

Während des Schnellladens werden Akkus erheblich wärmer als im normalen Ladezyklus.

→ **Ladegeräte mit Refresh-Ladefunktion beugen dem Memoryeffekt vor.**

Verschiedene Akkutypen, wie beispielsweise Lithium-Polymer-Akkus, reagieren auf Überladung sehr empfindlich. Hier sind spezielle Ladegeräte erforderlich.

Bezogen auf den Betrieb von Batterien und Akkus listet Tabelle 2 die wichtigsten Begriffe auf:

Tabelle 2 Betrieb von Batterien und Akkus

Begriff	Erklärung
Akkulebensdauer	Wird in Ladezyklen oder als Verfallsdatum angegeben
Batterielebensdauer	Reicht bei korrekter Lagerung mindestens bis zum Mindesthaltbarkeitsdatum
Betriebsdauer	Hängt vom Ladezustand und von der Stromaufnahme des Verbrauchers ab
Memoryeffekt	Verlust von Akkukapazität, verursacht durch Fehler beim Laden

Lebensdauer

Memoryeffekt

Batterien und Akkus in der Praxis

Für Batterien und Akkus gibt es Bauformen, die speziell für den Einsatz in der Medientechnik entwickelt worden sind und die sich deshalb in Bauform (und Preis) von handelsüblichen Akkus und Batterien unterscheiden.

Die Tabelle 1 gibt, ohne Anspruch auf Vollständigkeit, einen Überblick über die gebräuchlichsten Standard- und Spezialbauformen in der Medientechnik.

Tabelle 1 Bauformen von Batterien und Akkus

Typ	Bezeichnung	Anwendung
	Knopfzellen	Kamera-Memory, PC-Memory
	AAA (Mikrozelle) AA (Mignonzelle) C (Babyzelle) D (Monozelle) 9V-Block	Tonmischer, Funkmikrofone
	Kameraakkus verschiedener Hersteller	Semiprofessionelle Kamera
	NP-1 Akkus	Profi-Kamera, Tonmischer

Vielfach gilt: Je größer das Volumen des Akkus oder der Batterie, umso größer ist auch die Kapazität.

NP-1 Akku

In der Praxis ist es sinnvoll (Tabelle 2), Geräte mit hohem Energiebedarf (Kamera, Headlight, Monitor usw.) mit hohen Akkukapazitäten auszustatten, während für Geräte mit geringem Energiebedarf (wie EB-Tonmischer, Kondensatormikrofone, Flashdisk-Rekorder usw.) geringere Akkukapazitäten ausreichend sind.

Tabelle 2 Akkubetriebsdauer (Beispielakku: 12 V, 4160 mAh, 50 Wh)

Gerät	Betriebsdaten	Betriebsdauer
Headlight	12 V / 4,2 A / 50,4 W	0 Stunden 59 Minuten
Kamera	12 V / 3,3 A / 40 W	1 Stunde 15 Minuten
Monitor	12 V / 1,7 A / 20 W	2 Stunden 27 Minuten
Tonmischer	12 V / 3,6 A / 1,2 W	13 Stunden 53 Minuten

Standby-Betrieb

Mit dem 50-Wh-Akku könnte die 40-W-Kamera theoretisch die geforderten 60 Minuten im Daueraufnahmebetrieb laufen. Allerdings ist das pure Theorie. In der Praxis verkürzt der **Standby-Betrieb** die Betriebsdauer. Zudem ist nie sicher, ob der Akku wirklich „voll" geladen ist und ob er nicht schon aus Altersgründen viel von seiner Kapazität eingebüßt hat. Kommt dann noch ein Headlight hinzu, reduziert sich die Betriebsdauer nochmals drastisch. Weil nach Murphy's Law das Ladegerät wie immer zu Hause vergessen wurde, ist es eine gute Methode, stets das Doppelte der theoretisch erforderlichen Akkumenge zum Dreh mitzunehmen.

1.3 Elektronische Filter

Werden die Bauteile Widerstand *R*, Spule *L* und Kondensator *C* mit konstanter Spannung bzw. mit konstanter Stromstärke betrieben, entspricht ihr Verhalten genau dem, der auch für den Gleichstromfall gilt.

Sobald einige dieser Bauteile mit zeitlich veränderlichen Spannungen (pulsierend oder AC) oder Strömen betrieben werden, unterscheidet sich ihr Verhalten mit zunehmender Frequenz immer deutlicher vom Gleichstromverhalten. Daraus ergeben sich viele verschiedene Anwendungsmöglichkeiten der Bauteile für die verschiedenen Frequenzbereiche in der Medientechnik:

Lichttechnik:	Hz - Bereich
Audiotechnik:	kHz - Bereich
Videotechnik:	MHz - Bereich
Satellitentechnik:	GHz - Bereich

1.3.1 Frequenzverhalten

In einem Audiostudio fällt zum wiederholten Mal ein Lautsprecher aufgrund eines Defekts aus. Der Techniker stellt als Ursache für den Defekt des Lautsprechers folgenden Fehler am Verstärker fest: Das Signal am Lautsprecherausgang hat einen **Gleichspannungsoffset**.

- Wieso kann das einen Lautsprecherdefekt verursachen?

Gleichspannungsoffset: Gleichspannungsanteil

Beispiel: Bei einem +2 V Offset schwingt die Wechselspannung des Lautsprecherausgangs nicht zwischen – 5 V und + 5 V, sondern zwischen -3 V und + 7 V

Für den Gleichstrombetrieb wurde der Widerstand *R* über das Ohm'sche Gesetz definiert. Analog dazu wird die Impedanz *Z* als Wechselstromwiderstand für den Wechselstrombetrieb ebenso über die Spannung und die Stromstärke definiert:

Impedanz $Z = U / I$
Einheit der Impedanz: Ω = Ohm

→ **Der Wechselstromwiderstand wird als Impedanz bezeichnet.**

Impedanz *Z*

Widerstand *R*

Der Ohm'sche Widerstand *R* ändert sein Verhalten mit zunehmender Frequenz von Strom bzw. Spannung nicht. Er wird daher als frequenzunabhängig bezeichnet.

→ **Der Widerstand *R* ist nicht frequenzabhängig. Er ändert sein Verhalten mit zunehmender Frequenz nicht.**

Frequenzunabhängiger Widerstand

Die Impedanz des Ohm'schen Widerstands Z_R hat folglich kein **frequenzabhängiges Verhalten**:

Impedanz $Z_R = R$	
kleine Frequenzen	$Z_R = R$
mittlere Frequenzen	$Z_R = R$
hohe Frequenzen	$Z_R = R$

Spule *L*

Ein Kurzschluss ist beispielsweise ein Stück Leitung mit 0 Ω Leitungswiderstand.

Der Wechselstromwiderstand einer Spule wächst dagegen mit zunehmender Frequenz. Für sehr kleine Frequenzen verhält sich die Spule wie ein Kurzschluss, für hohe Frequenzen wie ein sehr großer Widerstand. Die Impedanz Z_L hat folglich **ein frequenzabhängiges Verhalten**:

Frequenzabhängige Spule

Impedanz $Z_L = 2\,\pi f L$		
kleine Frequenzen	$Z_L \approx 0\,\Omega$	(Kurzschluss)
mittlere Frequenzen	$Z_L = 2\,\pi f L$	
hohe Frequenzen	$Z_L \approx \infty\,\Omega$	(Leerlauf)

➜ **Die Spule *L* ist frequenzabhängig. Die Impedanz einer Spule wächst mit zunehmender Frequenz.**

Kondensator *C*

Der Wechselstromwiderstand eines Kondensators sinkt dagegen mit zunehmender Frequenz. Für sehr kleine Frequenzen verhält sich der Kondensator wie ein sehr großer Widerstand, für hohe Frequenzen wie ein Kurzschluss. Die Impedanz Z_C hat folglich **ein frequenzabhängiges Verhalten**:

Frequenzabhängiger Kondensator

Impedanz $Z_C = 1 / (2\,\pi f C)$		
kleine Frequenzen	$Z_C \approx \infty\,\Omega$	(Leerlauf)
mittlere Frequenzen	$Z_C = 1 / (2\,\pi f C)$	
hohe Frequenzen	$Z_C \approx 0\,\Omega$	(Kurzschluss)

➜ **Der Kondensator *C* ist frequenzabhängig. Die Impedanz eines Kondensators sinkt mit zunehmender Frequenz.**

Die Abbildung 1 zeigt das Impedanzverhalten von Widerstand *R*, Spule *L* und Kondensator *C* mit zunehmender Frequenz.

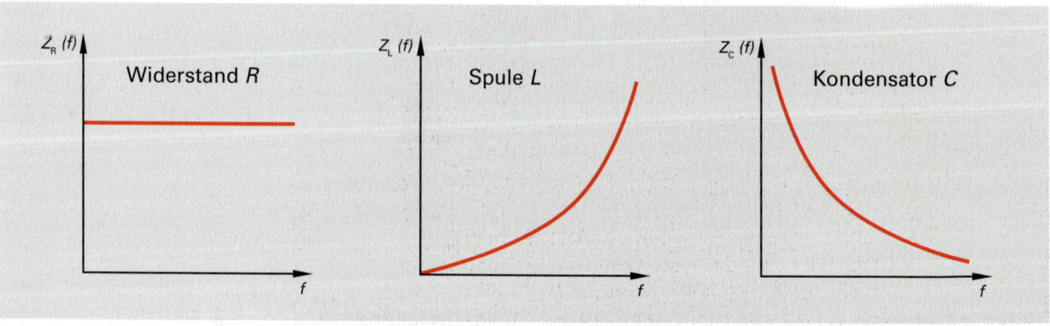

Abb. 1 Impedanzverhalten von Widerstand *R*, Spule *L* und Kondensator C

Für hohe Frequenzen wird die Impedanz des Kondensators klein, d. h., sie geht gegen 0 Ω. Dann verhält sich der Kondensator nahezu wie ein Kurzschluss (Tab. 1). Die Impedanz der Spule wird für hohe Frequenzen groß, d. h., sie geht gegen ∞ Ω. Die Spule verhält sich dann annähernd wie eine Leitungsunterbrechung (Leerlauf).

Diese Grenzfälle sind für viele Anwendungen in der Medientechnik interessant.

Auch für niedrige Frequenzen verhalten sich Kondensator und Spule genau entgegengesetzt. Die Spule wirkt wie ein Kurzschluss, während der Kondensator sich wie eine Leitungsunterbrechung (Leerlauf) verhält.

Die niedrigste Frequenz ist 0 Hz, also Gleichspannung.

Tabelle 1 Frequenzabhängige Bauteile

Impedanz	Bauteil	tiefe Frequenzen	hohe Frequenzen
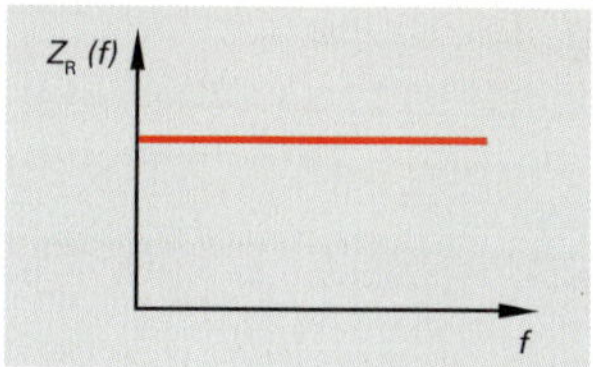	R 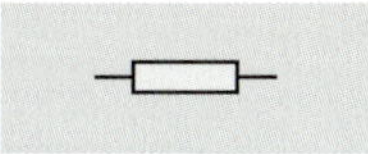	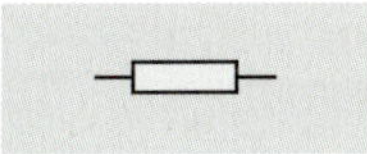	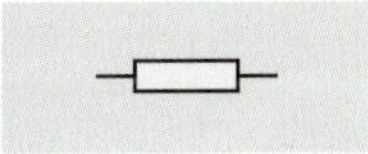
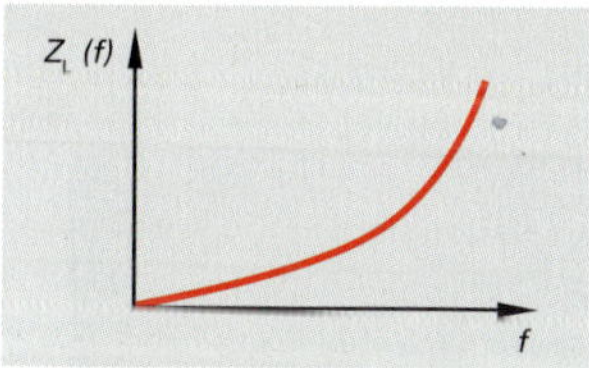	L 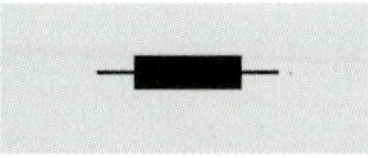	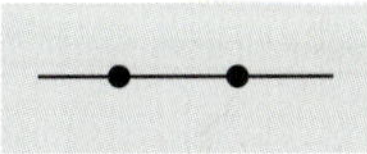	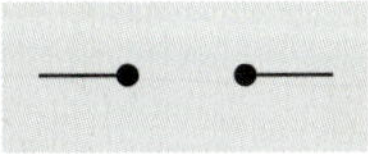
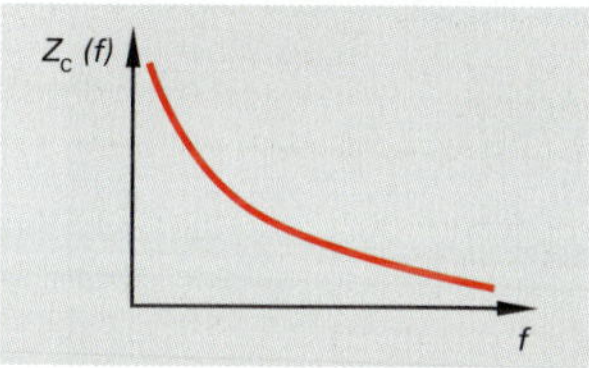	C 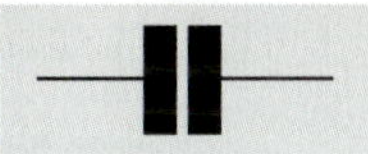	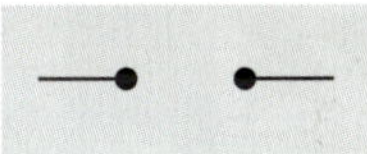	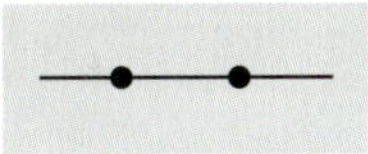

Der Gleichspannungsoffset ist eine Gleichspannung mit einer Frequenz von 0 Hz. Diese Gleichspannung gelangt nun zu den Lautsprechern, deren Membranen in der Regel von Antriebsspulen (Abb. 1) abgetrieben werden.

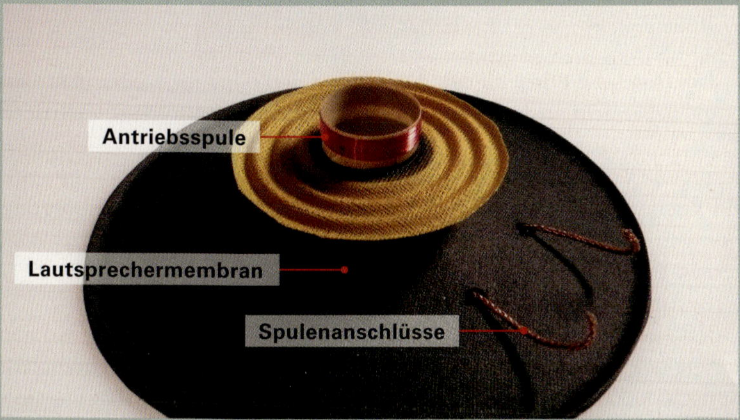

Abb. 1 Antriebsspule eines Lautsprechers mit seinen Anschlüssen

Offset, Spannungsoffset

Antriebsspule: Spule, die die Lautsprechermembran bewegt.

Antriebsspule

Spulenwicklung

Die Stromstärke, die der Gleichspannungsoffset in der Antriebsspule erzeugt, errechnet sich wie folgt:

$$Z = U / I$$

umgestellt nach I:

$$I = U / Z \text{ mit } U = \text{Gleichspannungsoffset}$$

Für eine Frequenz von 0 Hz beträgt die Impedanz Z der Spule allerdings ca. 0 Ω. Daher erzeugt die Gleichspannung, die defektbedingt aus dem Verstärker kommt, eine enorm hohe Stromstärke in der **Antriebsspulenwicklung**. Als Resultat „brennt die Spulenwicklung durch" und der Lautsprecher funktioniert nicht mehr.

1.3.2 Filterschaltungen

Bei der Aufnahme eines Autorennens für eine TV-Filmproduktion liegt zwischen der Kamera im Gefahrenbereich und dem Kontrollmonitor in sicherer Entfernung am Regieplatz ein Video-Koaxialkabel auf einer Strecke von ca. 350 Metern. Bei der Kontrolle der Übertragungsstrecke stellt sich heraus, dass das Monitorbild (Abb. 1) am Ende der Strecke dunkler und grobkörniger ist als das tatsächliche Kamerabild am Anfang der Strecke.

- Wie ist die Verschlechterung der Bildqualität zu erklären?

Abb. 1 Monitorbild am Anfang und am Ende der Übertragungsstrecke

An vielen Stellen finden sich in der Medientechnik elektronische Filter, die auf frequenzabhängigen Bauteilen basieren.

Elektronische Filter

→ **Elektronische Filter dienen dazu, einzelne Frequenzen oder ganze Frequenzbereiche zu dämpfen, d. h. in ihrer Signalamplitude zu reduzieren.**

Netzfilter, Entstörfilter

So sorgen in der Stromversorgung elektronische **Netzfilter**, die aus Spulen und Kondensatoren bestehen dafür, dass Störsignale auf den Versorgungsleitungen nicht in die Geräte hineingelangen. Solche Filterschaltungen werden **Entstörfilter** genannt.

Frequenzweiche

In der Audiotechnik sind Filterschaltungen aus Widerständen, Kondensatoren und Spulen weit verbreitet, die beispielsweise als **Frequenzweichenschaltung** in Mehrwegelautsprechern Signale in einzelne Frequenzbereiche zerlegen. In Audiomischern oder Equalizern werden durch Filterschaltungen bestimmte Frequenzen gedämpft.

Alle Filter lassen sich mit Spulen oder Kondensatoren, aber auch mit Kombinationen aus beiden Bauteilen realisieren (Abb. 1).

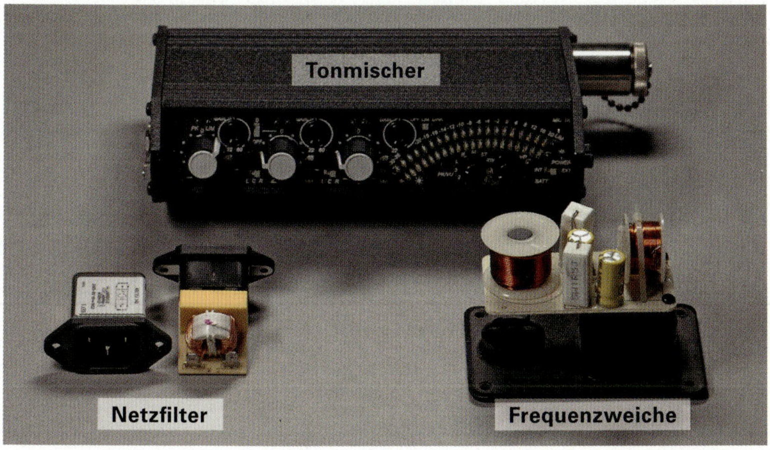

Abb. 1 Filterschaltungen für verschiedene Einsatzzwecke

Filterkategorien

Elektronische **Filter** lassen sich in verschiedene **Kategorien** einordnen:

- Tiefpassfilter, die tiefe Frequenzen durchlassen
- Hochpassfilter, die hohe Frequenzen durchlassen
- Bandpassfilter, die einen Frequenzbereich durchlassen
- Bandstoppfilter, die einen Frequenzbereich sperren

Das jeweilige Filterverhalten entsteht durch die Dämpfung (Abschwächung) bestimmter Frequenzbereiche. Deshalb lässt ein Tiefpassfilter auch hohe Frequenzen durch, allerdings stark gedämpft.

→ **Filter können Frequenzen nur dämpfen, aber nicht sperren.**

Tiefpassfilter

Tiefpass, Tiefpassfilter

Grenzfrequenz

Tiefpassfilter lassen Frequenzen unterhalb der Grenzfrequenz f_G passieren. Die **Grenzfrequenz** f_G ist die Frequenz, bei der der Abschwächungsfaktor 0,71 ($= 1/\sqrt{2}$) beträgt, d. h. die Ausgangssignalamplitude des Filters ist auf 0,71-fache der Eingangssignalamplitude abgesunken. Tiefpassfilter in verschiedenen Ausführungen finden sich immer da, wo hohe Frequenzen abgeschwächt werden sollen. Abb. 2 zeigt die verschiedenen Ausführungen und die typische Filterkennlinie.

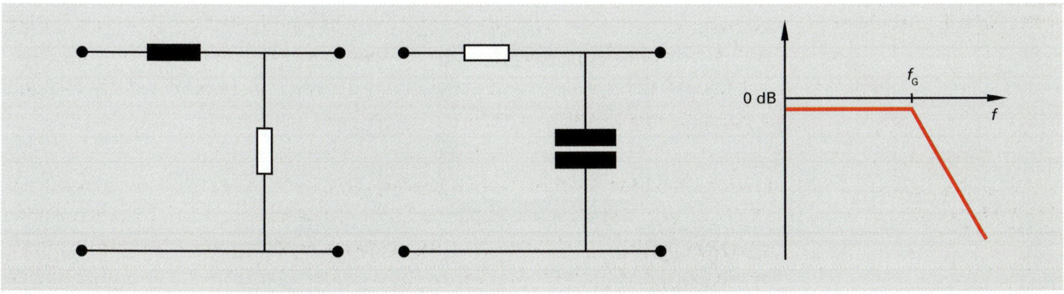

Abb. 2 Tiefpassfilterschaltungen und ihre Funktion

Rauschunterdrückung

Ein Anwendungsbeispiel für ein Tiefpassfilter ist die in der Abb. 1 dargestellte **Rauschunterdrückung** bei Audiosignalen. Wie die Kennlinie zeigt, kann ein Tiefpassfilter das hochfrequente Rauschen unterdrücken.

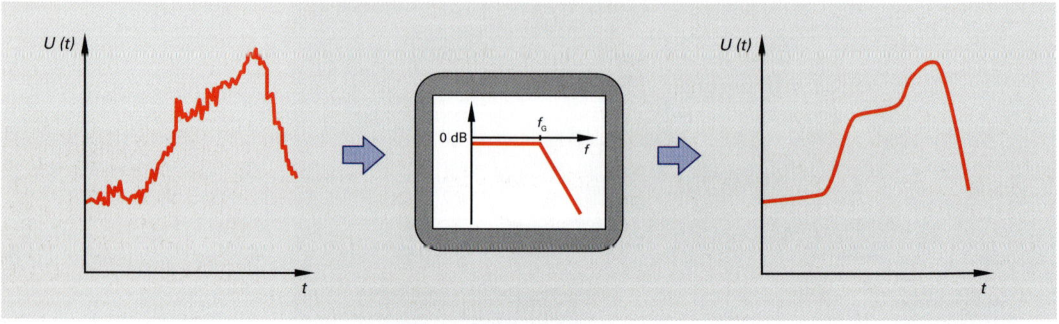

Abb. 1 Rauschunterdrückung durch einen Tiefpassfilter

Hochpass, Hochpassfilter

Hochpassfilter

Hochpassfilter lassen hohe Frequenzen oberhalb ihrer Grenzfrequenz f_G passieren. Sie finden sich immer da, wo tiefe Frequenzen abgeschwächt werden sollen. Abb. 2 zeigt die verschiedenen Ausführungen und die typische Filterkennlinie.

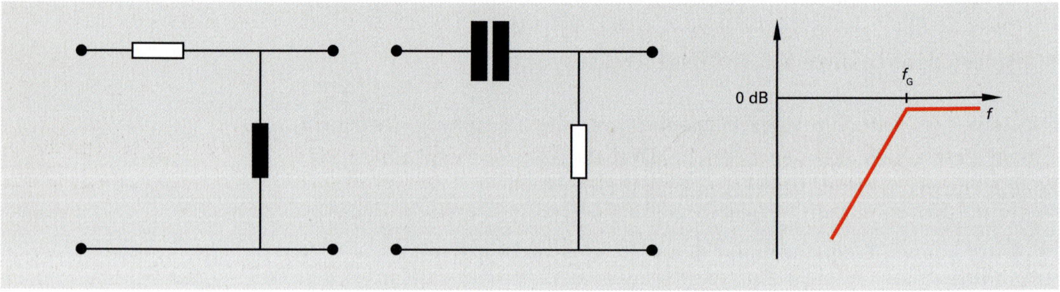

Abb. 2 Hochpassfilterschaltungen und ihre Funktion

DC-Unterdrückung

Ein typisches Anwendungsbeispiel ist die in Abb. 3 dargestellte **DC-Unterdrückung** am Lautsprecherausgang eines Audioverstärkers. Wie die Kennlinie zeigt, kann ein Hochpassfilter die DC-Frequenz 0 Hz als tiefste mögliche Frequenz stark unterdrücken (wegfiltern). Damit wird der DC-Offset am Ausgang nahezu eliminiert.

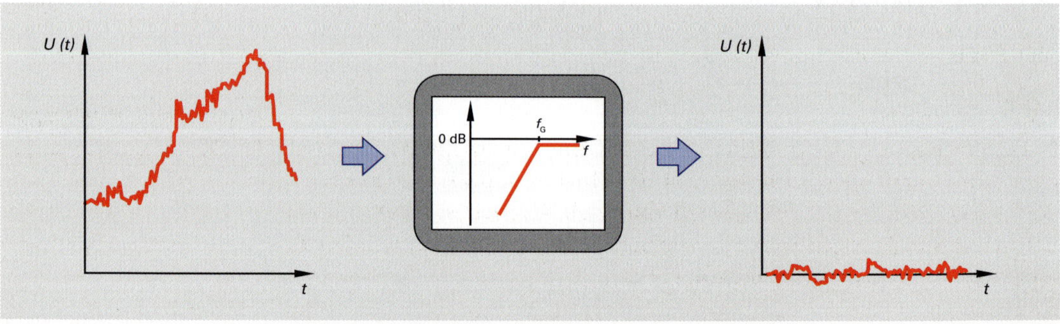

Abb. 3 DC-Unterdrückung durch einen Hochpassfilter

Bandpass, Bandpassfilter

Bandpassfilter

Bandpassfilter haben als Kombination aus Hoch- und Tiefpassfilter in der Regel zwei Grenzfrequenzen. Sie schwächen Frequenzen oberhalb der oberen und unterhalb der unteren Grenzfrequenz ab.

Ein Bandpassfilter filtert demnach aus einem Frequenzgemisch das Frequenzband heraus, das zwischen seiner oberen und seiner unteren Grenzfrequenz liegt.

→ **Bandpassfilter besitzen in der Regel zwei Grenzfrequenzen.**

Damit der Bandpass funktioniert, muss die Grenzfrequenz des Tiefpasses höher sein als die Grenzfrequenz des Hochpasses.

Abb. 1 zeigt eine mögliche Ausführung und die typische Filterkennlinie eines Bandpassfilters:

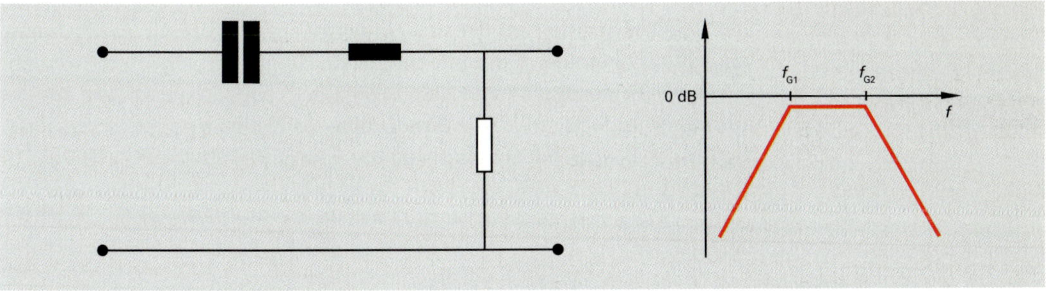

Abb. 1 Bandpassfilterschaltung und ihre Funktion

Empfangsfilter, Kanalfilter

Ein Radio kann so mit einem Bandpassfilter aus dem Frequenzgemisch, das es mit der Antenne empfängt, den Kanal (bzw. ein Sendefrequenzband) eines Radiosenders herausfiltern (Abb. 2). Deswegen ist nur ein Radiosender zu hören, während das Radio permanent viele Radiosender gleichzeitig empfängt.

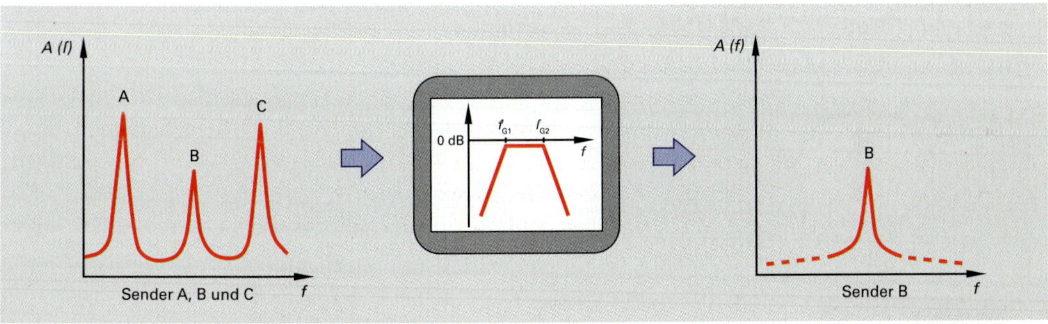

Abb. 2 Senderwahl durch einen Bandpassfilter

Bandsperre, Bandstoppfilter

Bandstoppfilter

Der Bandstoppfilter ist als Kombination aus Hoch- und Tiefpassfilter das exakte Gegenteil eines Bandpassfilters. Er schwächt Frequenzen zwischen der oberen und der unteren Grenzfrequenz ab. Ein Bandstoppfilter kann aus einem Frequenzgemisch das Frequenzband zwischen seiner oberen und unteren Grenzfrequenz unterdrücken.

→ **Bandstoppfilter besitzen in der Regel zwei Grenzfrequenzen.**

Abb. 1 zeigt eine Ausführung und die typische Filterkennlinie:

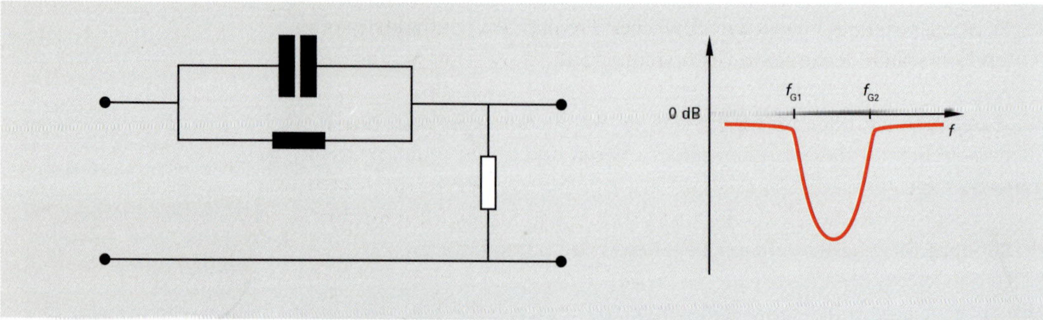

Abb. 1 Bandstoppfilterschaltung und ihre Funktion

Eine Audioaufnahme, auf der sich ein permanenter Störton einer Frequenz von 1000 Hz befindet, kann mit einem Bandstoppfilter „repariert" werden. Damit der Bandstoppfilter in Abb. 2 kein zu großes Frequenzband aus der Aufnahme entfernt, sollte die **Bandbreite** des Bandstoppfilters schmalbandig sein, z. B. von 990 Hz bis 1010 Hz.

Bandbreite

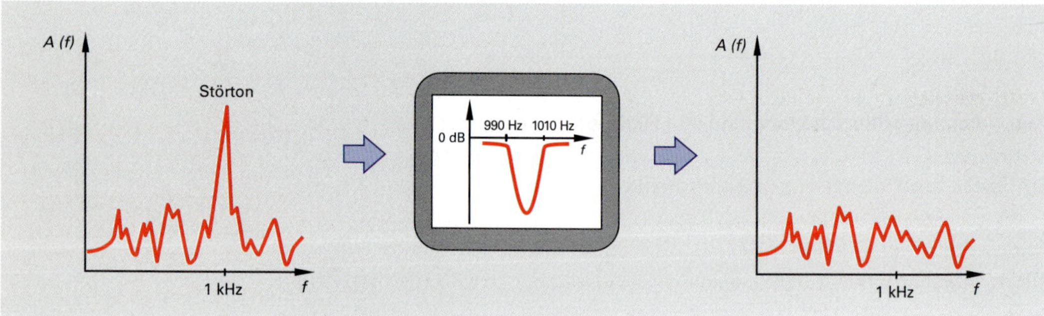

Abb. 2 Wegfiltern eines Störtons

!

Die Ohm'schen Verluste auf der gesamten Länge des Video-Koaxialkabels reduzieren die Signalamplitude und damit die Bildhelligkeit. Zudem ist die Leitung ein langgezogener zylinderförmiger Kondensator, der sich für hohe Frequenzen wie ein Kurzschluss verhält (Abb. 3). Durch dieses Tiefpassverhalten der Leitung werden die hochfrequenten Signalanteile abgeschwächt und das Bild wird grobkörnig.

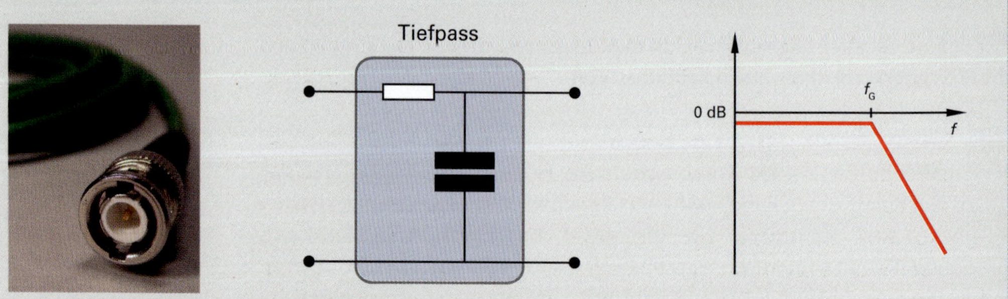

Abb. 3 Frequenzabhängiges Verhalten einer Leitung

1.4 Aufgaben und Übungen

1. An einer Steckdose wird ein Scheinwerfer mit einem Anschlusswert von 1 kW während einer dreistündigen Produktion betrieben.

   a) Berechnen Sie die Stromstärke, mit der der Scheinwerfer betrieben wird!
   b) Berechnen Sie die Energiekosten, die der Scheinwerfer während der Produktion bei einem Preis von 0,20 € pro Kilowattstunde verursacht!

2. Ein Scheinwerfer wird über ein 50 Meter langes Netzkabel mit einer Stromstärke von 4 A an einer Steckdose betrieben. Der Widerstand jedes einzelnen Leiters in dem Kabel beträgt 0,1 Ω pro Meter Länge.

   a) Berechnen Sie den Gesamtwiderstand des Kabels!
   b) Berechnen Sie die Spannung, die an dem Netzkabel abfällt und die Leistung, die durch den Kabelwiderstand verloren geht, wenn der Scheinwerfer eingeschaltet ist!

3. Kabeltrommeln müssen komplett abgewickelt werden, wenn ein leistungsstarker Verbraucher daran betrieben werden soll. Anderenfalls besteht die Gefahr, dass die Kabeltrommel durchbrennen kann. Erklären Sie, wieso diese Gefahr besteht!

4. Erklären Sie die Unterschiede zwischen einem konstanten Strom, einem nicht konstanten Strom, einem Gleichstrom und einem Wechselstrom!

5. Analysieren Sie, ob ein Akku weniger wiegt, wenn er leer (d. h. entladen) ist als zu dem Zeitpunkt, als er noch frisch aufgeladen war!

6. Berechnen Sie den Gesamtwiderstand der folgenden Schaltungen und zeichnen Sie jeweils das dazugehörige Schaltbild!

   a) Eine Parallelschaltung von zwei Widerständen (je 100 Ω) wird mit einer Parallelschaltung von drei Widerständen (je 150 Ω) in Serie geschaltet.
   b) Eine Serienschaltung von zwei Widerständen (je 75 Ω) wird mit einer Serienschaltung von drei Widerständen (je 50 Ω) parallel geschaltet.
   c) Eine Serienschaltung von zwei Widerständen (je 75 Ω) wird mit einer Parallelschaltung von zwei Widerständen (je 100 Ω) in Serie geschaltet. Zu der Gesamtschaltung wird ein Widerstand (200 Ω) parallel geschaltet.

Tatsächlich ist die Autobatterie gar keine Batterie, sondern ein Akku!

7. Die Autobatterie des Produktionsfahrzeugs ist leer, da Sie vergessen haben, das Licht auszuschalten. Ein anderes Produktionsfahrzeug muss Starthilfe leisten. Dazu verwenden Sie Starthilfekabel-Set.

   a) Erklären Sie, welche Batteriepole Sie miteinander verbinden müssen!
   b) Um welche Schaltungsart handelt es sich bei der Starthilfeverkabelung?
   c) Was passiert, wenn Sie die Batterien falsch verbinden?

8. Drei Scheinwerfer (1 kW, 1 kW und 2 kW) werden mit einer Dreifachsteckdosenleiste an einer normalen Wandsteckdose betrieben.

   a) Befinden sich die Scheinwerfer in einer Parallelschaltung oder in einer Serienschaltung?
   b) Berechnen Sie die Gesamtleistung und die Gesamtstromstärke, die die Scheinwerfer aufnehmen!
   c) Überlegen Sie, ob Sie die Scheinwerfer dauerhaft an einem einzigen Steckdosenkreis betreiben können!

9. In das Akkufach eines EB-Tonmischers passen sechs Akkus der Bauform AA in Serienschaltung. Durch die verwendeten Akkus mit einer Kapazität von jeweils 800 mAh und einer Nennspannung von 1,5 V erreicht der Tonmischer eine Betriebsdauer von sechs Stunden.

   a) Berechnen Sie die Nennspannung, die Stromaufnahme und die Leistungsaufnahme des Tonmischers!
   b) Berechnen Sie die Gesamtkapazität der Akkuschaltung!
   c) Welche Betriebsdauer des Tonmischers wird erreicht, wenn Akkus mit einer Kapazität von 1200 mAh verwendet werden?

Eine Zwei-Wege-Box ist eine Lautsprecherbox mit einem Tiefton- und einem Hochtonchassis.

Die hier beschriebene Schaltung ist typisch für preisgünstige Zwei-Wege-Autolautsprecher.

10. Beim Aufschrauben einer preisgünstigen Zwei-Wege-Lautsprecherbox entdecken Sie folgende Schaltung: Eine Leitung des Lautsprecheranschlusses führt direkt zum (–)-Anschluss des Tieftöners und von dort aus direkt zum (–)-Anschluss des Hochtöners. Die andere Leitung des Lautsprecheranschlusses führt direkt zum (+)-Anschluss des Tieftöners. Von hier aus ist allerdings zwischen den (+)-Anschlüssen von Hoch- und Tieftonchassis ein Kondensator anstelle einer direkten Verbindung eingelötet worden.

    a) Zeichnen Sie das Schaltbild der Lautsprecherbox!
    b) Welche Aufgabe erfüllt der Kondensator zwischen Hoch- und Tieftonchassis?
    c) Besitzt diese Lautsprecherbox eine Frequenzweiche?

2 Digitaltechnik

In der Medientechnik hat sich der Computer (Abb. 1) zu einer Schlüsseltechnologie entwickelt. Animationsfilme wie die Pixarproduktionen *Shrek* und *Toy-Story*, die komplett am Computer entstanden sind, haben neue Maßstäbe gesetzt, aber auch in den herkömmlichen **Stop-Motion**-Trickfilmen der Aardman-Studios wie beispielsweise *Chicken Run* oder *Wallace & Gromit* sorgt der Einsatz von Computern für flüssigere Bewegungen und kürzere Produktionszeiten. Wie die größtenteils in Neuseeland produzierte Filmtrilogie *Herr der Ringe* zeigt, ist die Qualität von digital produzierten Animationssequenzen mittlerweile so hoch, dass die Grenzen zu real produzierten Sequenzen für den Zuschauer nicht mehr erkennbar sind.

Stop-Motion

Abb. 1 Computereinsatz in der Medienproduktion

Die digitale Computertechnik ist in der Medienproduktion mittlerweile zum Standard geworden, sodass Tabelle 1 nur eine kleine Auswahl der computerbasierten Arbeitsbereiche in den Medien zeigt.

Tabelle 1 Arbeitsbereiche rund um die Computertechnik

Bezeichnung	Tätigkeitsfelder
Screendesigner • Webdesigner • Mediengestalter	• Entwirft den Look von Medienprodukten • Arbeitet mit Foto-, Grafik- und Animationssoftware an Computern
Sounddesigner • Sound Engineer • Sound Editor (Film)	• Entwirft den Sound von Medienprodukten • Bearbeitet Geräusche, Sprache und Musik mit Softwaretools am Computer
Cutter • Editor • Film Editor	• Schneidet Film- und Fernsehbeiträge • Arbeitet mit Audio- und Videoschnittsoftware auf Computerschnittsystemen
Animation Artist • Character Animator • Mediengestalter	• Erstellt Animationen • Entwirft und animiert Figuren, Gegenstände und komplette Sets am Computer

2.1 Grundlagen der Digitaltechnik

Computer

Ein **Computer** ist im Grunde genommen ein Gerät, das nur mathematische Rechenoperationen mit Zahlen durchführen kann, weshalb der Computer auch oft auch als „Rechner“ bezeichnet wird. Alles, was der Computer verarbeiten soll, wie beispielsweise das analoge Mikrofonsignal bei einer Gesangsaufnahme (Abb. 1), muss vorher in digitale Signale, d. h. Zahlenfolgen, umgewandelt werden.

Analogsignal

Analoge Signale (vom griechischen „*analogos*“ = entsprechend) verhalten sich so wie die dazugehörigen physikalischen Größen – hier beispielsweise der Schalldruckpegel. Sie sind zeitkontinuierlich, d. h. in einem zusammenhängenden Stück ohne Lücken oder Sprünge. Das Mikrofon liefert als Analogsignal eine zeitlich veränderliche, unterbrechungsfreie Ausgangsspannung.

→ **Analoge Signale sind zeitkontinuierliche physikalische Größen.**

Digitalsignal

Digitale Signale (vom lateinischen „*digitus*“ = Finger) sind dagegen Zahlenketten bzw. eine Folge von einzelnen Zahlenwerten. Sie sind zeitdiskret, d. h. als Einzelwerte nicht zusammenhängend. Die Soundkarte liefert als Digitalsignal eine Kette von aneinandergereihten einzelnen Zahlen mit zeitlich veränderlichen Zahlenwerten.

→ **Digitale Signale sind zeitdiskrete Zahlenketten.**

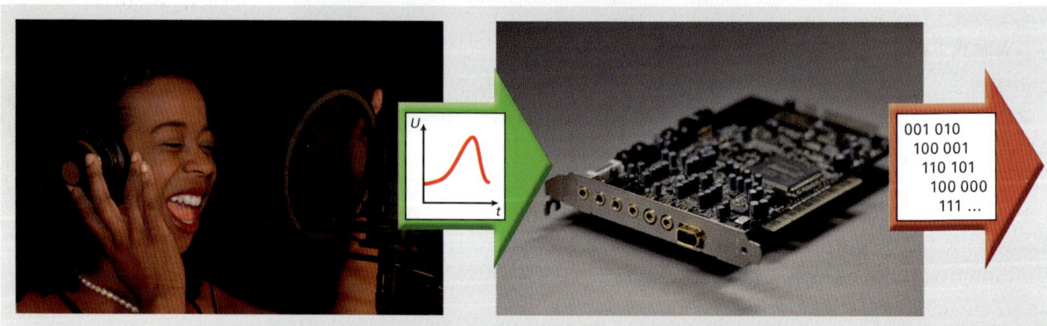

Abb. 1: Durchführen einer Gesangsaufnahme mit dem Computer

2.1.1 Bits, Bytes und Zahlensysteme

Ein fertig bearbeitetes Videofile, das genau 4 GB groß ist, soll auf einem Festkörperdatenträger gespeichert werden. Zur Verfügung steht ein fabrikneuer 4-GB-USB-Stick und ein fabrikneuer 4-GB-MP3-Player. Beim Speichern auf dem 4-GB-MP3-Player meldet der Computer, dass der Speicherplatz nicht ausreicht, obwohl das Videofile tatsächlich nicht größer als 4 GB ist.

- Wieso kann die Datei nicht auf dem 4-GB-MP3-Player gespeichert werden?

Prozessor

Der **Prozessor**, der die Rechenoperationen durchführt, ist das Herzstück eines Computers. Er besteht aus Millionen mikroskopisch kleiner

Transistoren. Diese Halbleiterschalter haben nur zwei Zustände: Sie sind geöffnet und leiten Strom oder sie sind nicht geöffnet und leiten keinen Strom.

Transistor: Halbleiterschalter

Diesen Transistoren können deshalb nur **Binärzahlen** darstellen, also Zahlen, deren Ziffern ebenfalls nur zwei Werte annehmen können. Eine Soundkarte wandelt daher das analoge Mikrofonsignal in eine Folge von „0" und „1", die dem zeitlichen Verlauf der Spannung des Mikrofonsignals entspricht. Die Ziffern von 2 bis 9 kommen nicht vor, da Computer diese im binären System nicht verarbeiten können. Bevor Dezimalzahlen, bei denen Ziffern 10 (0 bis 9) verschiedene Werte annehmen können, von einem Computer verarbeitet werden können, müssen sie in Binärzahlen umgewandelt werden. (Tabelle 1).

Binärzahl

→ **Computer arbeiten mit den Binärzahlen 0 und 1.**

Tabelle 1 Vergleich von Binär- und Dezimalzahlensystem

Eigenschaft	Dezimalsystem	Binärsystem
Zahlenbeispiel	235	1110 1011
Zahlenbasis	10	2
Ziffernzustände	0 bis 9	0 und 1

In jedem **Zahlensystem** wird eine Zahl gebildet (Tabelle 2), indem die Ziffern mit ihren jeweiligen Wert multipliziert werden und die Ergebnisse dann addiert werden:

Zahlensystem

Tabelle 2 Bildung von Zahlen im Dezimal- und Binärsystem

Wert der Ziffern				Bildung einer Dezimalzahl
10^3	10^2	10^1	10^0	10er-Potenz des Ziffernwerts
1000	100	10	1	Ziffernwert
0	2	3	5	**0** · 1000 + **2** · 100 + **3** · 10 + **5** · 1 = **235**
1	0	2	4	**1** · 1000 + **0** · 100 + **2** · 10 + **4** · 1 = **1024**
Wert der Ziffern				**Bildung einer Binärzahl**
2^3	2^2	2^1	2^0	2er-Potenz des Ziffernwerts
8	4	2	1	Ziffernwert
0	1	0	1	**0** · 8 + **1** · 4 + **0** · 2 + **1** · 1 = **5**
1	0	1	1	**1** · 8 + **0** · 4 + **1** · 2 + **1** · 1 = **11**

Potenzfunktion:
$x^0 = 1$
$x^1 = x$
$x^2 = x \cdot x$
$x^3 = x \cdot x \cdot x$

→ **Eine Binärzahl benötigt aufgrund ihrer kleineren Zahlenbasis deutlich mehr Ziffern als die entsprechende Dezimalzahl, um eine gleich große Zahl darzustellen.**

Die Anzahl aller darstellbaren Zahlenwerte A hängt deshalb von der Anzahl der Ziffern Z und der Zahlenbasis B ab:

$$A = B^Z \quad \text{mit } B = \text{Zahlenbasis und } Z = \text{Ziffernzahl}$$

Zahlenbasis: Anzahl der möglichen Zustände pro Ziffer

So benötigt die Zahl 65535 nur fünf Dezimalziffern, während dafür im Binärsystem 16 Binärziffern nötig sind.

Die Tabelle 1 zeigt die darstellbaren Zahlenwerte bei bis zu fünf Ziffern:

Tabelle 1 Anzahl der darstellbaren Zahlen in Bezug zur Ziffernzahl

Ziffern	Dezimalsystem	Binärsystem
1	$A = 10^1 = 10$ (0 bis 9)	$A = 2^1 = 2$ (0 bis 1)
3	$A = 10^3 = 1000$ (0 bis 999)	$A = 2^3 = 8$ (0 bis 7)
5	$A = 10^5 = 100\,000$ (0 bis 99999)	$A = 2^5 = 32$ (0 bis 31)

Bit

Die kleinste Einheit des binären Zahlensystems, eine binäre Ziffer, wird als **Bit** bezeichnet. Das Bit ist die Abkürzung von „**bi**nary digi**t**".

Baud

8 bit (2^3 bit) ergeben ein Byte aber 1024 bit (2^{10} bit) ergeben nicht ein kbit (= 1000 bit) sondern nach **DIN EN 60027-2** ein Kibit (Tabelle 2). So wird beispielsweise die Datenüberragungsrate einer Datenleitung in **Baud** (= bit/s) angegeben und die Speicherkapazität von Datenträgern korrekterweise in GiB (Gibibyte). Dennoch verwenden viele Hersteller hier lieber die dem Konsumenten geläufige Angabe GB (Gigabyte).

➜ **Datenmengen werden in bit oder Byte (B = 8 bit) angegeben.**

➜ **Datenströme werden in Bd (= bit pro Sekunde) gemessen.**

Statt der Dezimalpräfixe Kilo, Mega, Giga usw. werden in der Digitaltechnik folgende Präfixe verwendet (Endung „bi"):

Kibi = 1024,
Mebi = 1024 Kibi,

Gibi = 1024 Mebi etc.

Zum Vergleich:

1 $\text{Kilo}_{\text{Dezimal}}$ = 1000

1 $\text{Mega}_{\text{Dezimal}}$ = 1 000 000

1 $\text{Giga}_{\text{Dezimal}}$ = 1 000 000 000

Tabelle 2 Binäre Einheiten nach DIN EN 60027-2

Einheit	Schreibweise	Bedeutung
Baud	1 Bd	1 bit/s
bit	1 bit	1 bit
Kibibit	1 Kibit	1024 bit
Mebibit	1 Mibit	1024 Kibit = 1 048 576 bit
Gibibit	1 Gibit	1024 Mibit = 1 048 576 Kibit
Tebibit	1 Tibit	1024 Gibit = 1 048 576 Mibit
Byte	1 B = 8 bit	1 B
Kibibyte	1 KiB = 8 Kibit	1024 B
Mebibyte	1 MiB = 8 Mibit	1024 KiB = 1 048 576 B
Gibibyte	1 GiB = 8 Gibit	1024 MiB = 1 048 576 KiB
Tebibit	1 TiB = 8 Tibit	1024 GiB = 1 048 576 MiB

Der 4-GB-MP3-Player ist in Wirklichkeit schon ab Fabrik nicht vollständig leer. Im Speicher des MP3-Players befindet sich in einem schreibgeschützten Speicherbereich die Software (Firmware) zum Abspielen der Musik und zur Darstellung von Informationen auf dem Display. Der verfügbare Speicherplatz ist genau um den Speicherbereich kleiner, den diese Betriebssoftware belegt. Aus diesem Grund hat der 4-GB-MP3-Player nicht den gesamten 4-GB-Speicher zur Verfügung. Computer speichern Daten nur dann, wenn ausreichend Speicherplatz zur Verfügung steht. Daher wird auf dem 4-GB-MP3-Player nichts gespeichert und der Speichervorgang wird mit einer Fehlermeldung abgebrochen.

2.1.2 A/D- und D/A-Wandlung

In TV-Regie soll das analoge Videosignal einer Studiokamera auf einem analogen Rekorder aufgezeichnet werden. Der Bildingenieur empfiehlt, dafür einen analogen Signalweg zu wählen und das Signal nicht über digitale Signalwege zu leiten (Abb. 1).

- Auf welcher Überlegung basiert diese Empfehlung?

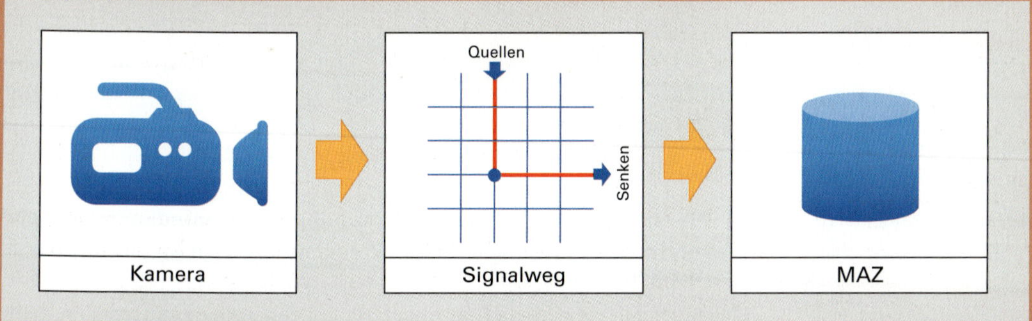

Abb. 1 Signalweg zur Aufzeichnung eines Kamerasignals

Ein analoges Mikrofonsignal muss per A/D-Wandlung (analog nach digital) in ein digitales Signal gewandelt werden, damit es vom Computer verarbeitet werden kann. Wenn dagegen ein digitales Audiofile eines Computers auf einem Lautsprecher wiedergegeben werden soll, so muss dieses digitale Signal mit einem D/A-Wandler (digital nach analog) gewandelt werden. Diese A/D- und D/A-Wandler befinden sich für Audiosignale auf der Soundkarte und für Videosignale auf der Grafik- oder Videokarte des Computers.

A/D-Wandlung

Die A/D-Wandlung des analogen Eingangssignals nach der Tiefpassfilterung am Eingang ist ein mehrstufiger Prozess (Abb. 2). In der Abtast-und-Halte-Stufe (engl. **Sample & Hold**) wird zu bestimmten Abtastzeitpunkten die Spannung des Eingangssignals gemessen, d. h., es werden Messproben genommen.

A/D-Wandlung, ADC

Sample & Hold

Sample: engl. für Messprobe

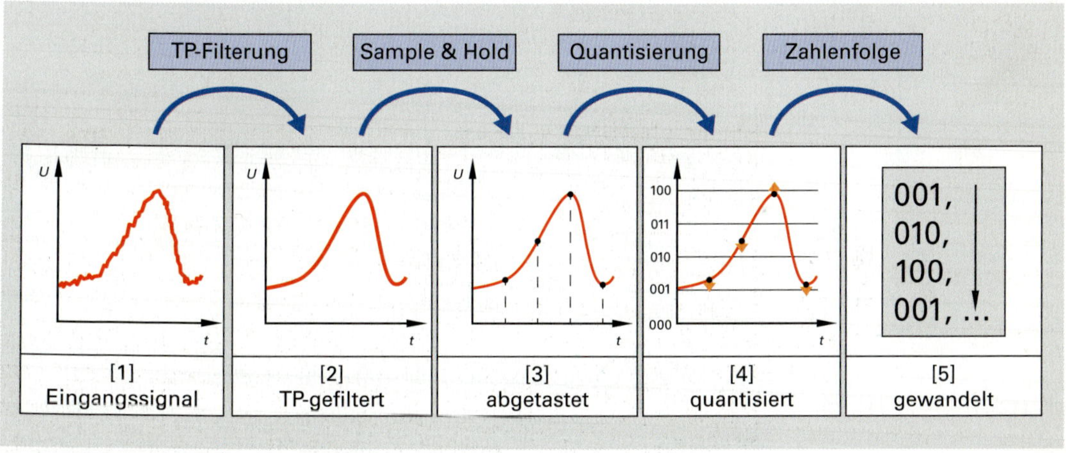

Abb. 2 Funktionsprinzip des A/D-Wandlers

Die gemessenen Spannungswerte werden nacheinander in einem Kondensator solange zwischengespeichert (engl. hold), bis die **Quantisierungsstufe** im A/D-Umsetzer dem jeweiligen Spannungswert einen binären Zahlenwert zugeordnet hat. Die Folge dieser Zahlenwerte verlässt als digitales Ausgangssignal den A/D-Wandler.

Quantisierung

Quantisieren: Zuordnen einer Digitalzahl zu einem gemessenen (abgetasteten) Spannungswert.

→ **Bei der A/D-Wandlung werden abgetastete Signalwerte in Zahlenwerte umgewandelt.**

Die A/D-Wandlung funktioniert nur dann einwandfrei, wenn die Abtastfrequenz f_{AB} mindestens doppelt so hoch ist wie die höchste im Eingangssignal vorhandene Frequenz f_G:

$$f_{AB} > 2 \cdot f_G$$

Abtastfrequenz

→ **Die Abtastfrequenz bei der A/D-Wandlung muss mindestens doppelt so hoch sein wie die höchste Signalfrequenz des abgetasteten Signals.**

Um nicht mit unnötig hohen Abtastfrequenzen arbeiten zu müssen, haben A/D-Wandler in der Regel einen Eingangstiefpassfilter, der die Maximalfrequenz f_G des Eingangssignals begrenzt. Ein Audiosignal wird von einem solchen Tiefpass auf den hörbaren Bereich bis 20 kHz begrenzt. Die Abtastfrequenz für das Audiosignal muss dann mindestens 40 kHz betragen. So beträgt beispielsweise die bei Audio-CDs verwendete Abtastrate 44,1 kHz.

Oversampling

Durch **Oversampling** mit einer höheren als der erforderlichen Mindestabtastfrequenz, z. B. mit der in der professionellen Audiotechnik üblichen Abtastrate von 96 kHz, kann für höhere Signalfrequenzen ein noch besseres Signal-Rauschverhältnis (**SNR**) erreicht werden.

SNR: Signal-Noise-Ratio, Verhältnis zwischen Nutzsignal und Rauschsignal

Wie exakt das analoge Signal gewandelt wird, hängt wesentlich davon ab, mit welcher Auflösung der Quantisierer (Abb. 1) arbeitet.

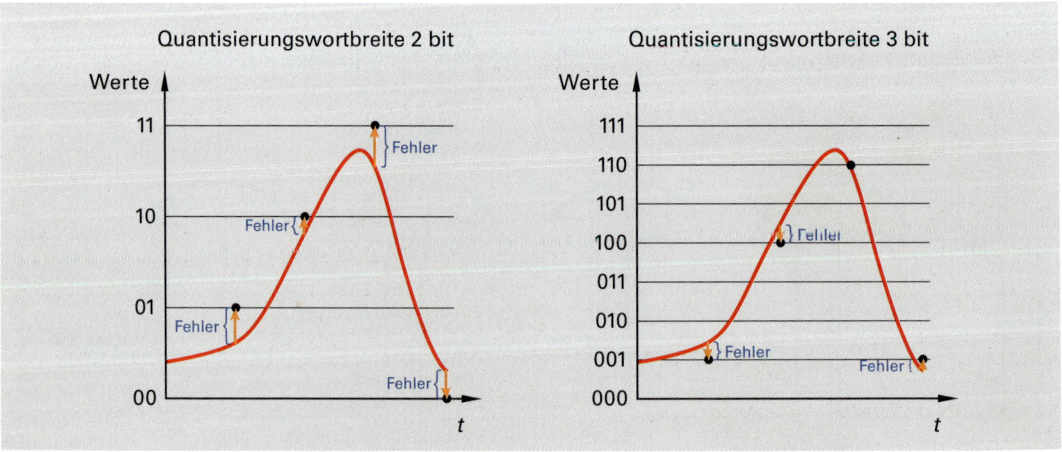

Abb. 1 Quantisierungsfehler bei unterschiedlichen Auflösungen

Die Quantisierungs-Wortbreite in bit gibt dabei an, wie viele Binärziffern pro Messwert zur Verfügung stehen. Hier gilt: Die größere Quantisierungs-

Wortbreite erzeugt den kleineren **Quantisierungsfehler**, der sich letztendlich als störendes Rauschen (Quantisierungsrauschen) bemerkbar macht und damit eine höhere Genauigkeit.

Quantisierungsfehler

Quantisierungsfehler werden auch als Quantisierungsrauschen bezeichnet.

➜ Je höher die Quantisierungswortbreite, umso exakter die Abtastung.

Bei einer Audio-CD beträgt die Quantisierungs-Wortbreite beispielsweise 16 bit, d. h. dem Quantisierer kann jedem Messwert eine Zahl zwischen 0 und 65535 (insgesamt also $2^{16} = 65536$ Schritte) zuordnen.

Da eine Stereo-Audio-CD zwei Audiospuren hat, entsteht beim Abspielen eine hohe Datenrate D_{CD}, denn 44100mal pro Sekunde werden pro Spur 16 bit ausgelesen:

$$D_{CD} = 2 \cdot 16 \text{ bit} \cdot 44.100 \text{ 1/s} = 1\ 411\ 200 \text{ Bd}$$

zur Erinnerung:
1 B = 8 bit
1 Kibit = 1024 bit
1 KiB = 1024 B

Bei einer Laufzeit von 60 Minuten muss diese Datenrate also 3600 Sekunden lang gespeichert werden:

$M_{CD} = D_{CD} \cdot t$, mit D_{CD} in [Bd] und t in [sec]
pro Sekunde: $M_{CD} = 1\ 411\ 200 \text{ bit} \approx 172 \text{ KiB}$
pro Minute: $M_{CD} = 84\ 672\ 000 \text{ bit} \approx 10 \text{ MiB}$
pro Stunde: $M_{CD} = 5\ 080\ 320\ 000 \text{ bit} \approx 606 \text{ MiB}$

zur Erinnerung:
1 B = 8 bit
1 Kibit = 1024 bit
1 KiB = 1024 B

Die Faustformel, nach der eine Audio-CD eine Datenrate von 10 MiB pro Minute hat, ist also korrekt.

D/A-Wandlung

D/A-Wandlung, DAC

Bei der D/A-Wandlung (engl. D/A-Conversion) wird jede ankommende Binärzahl des digitalen Eingangssignals von einem D/A-Umsetzer in analoge Spannungswerte umgewandelt (Abb. 1).

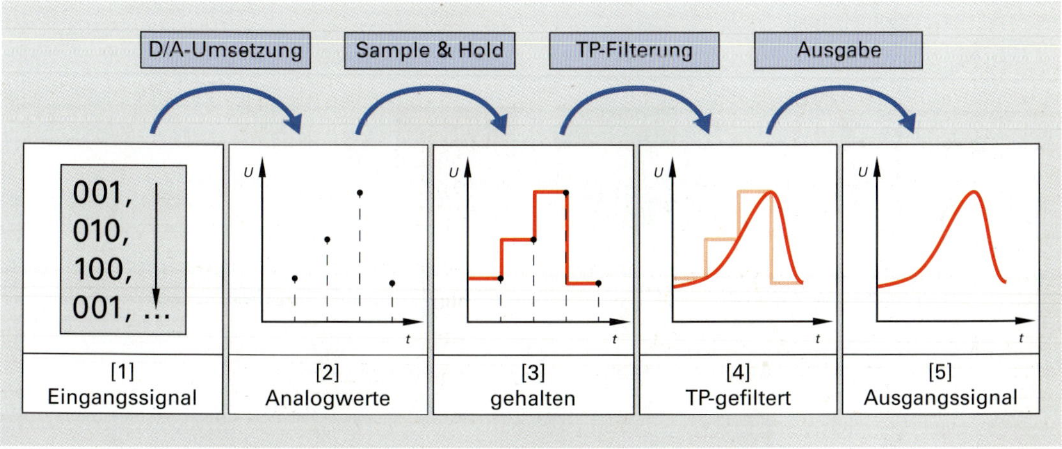

Abb. 1 Funktionsprinzip des D/A-Wandlers

Die Spannungswerte werden in einer Sample & Hold-Stufe nacheinander in einem Kondensator zwischengespeichert. Am Kondensator ergibt sich, bedingt durch die sprunghafte Änderung des Spannungswerts, bei jedem neuen Sample ein Sprung im Spannungsverlauf.

Diese „Ecken“ des Spannungsverlaufs beinhalten hochfrequente Störungen, die mit dem Ausgangstiefpassfilter weggefiltert werden, sodass ein geglättetes Ausgangssignal den Ausgang verlässt.

➜ **Die D/A-Wandlung wandelt Zahlenwerte in ein analoges Signal um.**

Die Grenzfrequenz des Ausgangstiefpasses f_G sollte halb so groß sein wie die Abtastfrequenz f_{AB}:

$$f_G < 1/2 \cdot f_{AB}$$

Für die D/A-Wandlung des mit 40 kHz abgetasteten und auf 20 kHz frequenzbegrenzten digitalen Audiosignals müsste die Grenzfrequenz des Ausgangstiefpasses ebenfalls bei höchstens 20 kHz liegen.

➜ **Die Grenzfrequenz des Ausgangstiefpass bei der A/D-Wandlung sollte nur halb so groß sein wie die Abtastfrequenz.**

Zusammenfassung: A/D- und D/A-Wandlung

Sowohl die A/D-Wandlung als auch die D/A-Wandlung sind keine qualitätsneutralen Vorgänge, denn bei jedem Wandlungsvorgang entstehen Qualitätsverluste.

A/D und D/A-Wandlung erzeugen Signalfehler. Daher sollte die Anzahl der Wandlungen bei der Signalführung möglichst gering sein.

Bei der A/D-Wandlung geht die Information über den Signalverlauf zwischen zwei Abtastwerten unwiederbringlich verloren und die zwangsläufig entstehenden Quantisierungsfehler verschlechtern die Signalqualität zusätzlich. Auch bei der D/A-Wandlung entstehen durch die begrenzte Auflösung des D/A-Umsetzers ähnliche Fehler wie bei der Quantisierung im A/D-Wandler (Abb. 1).

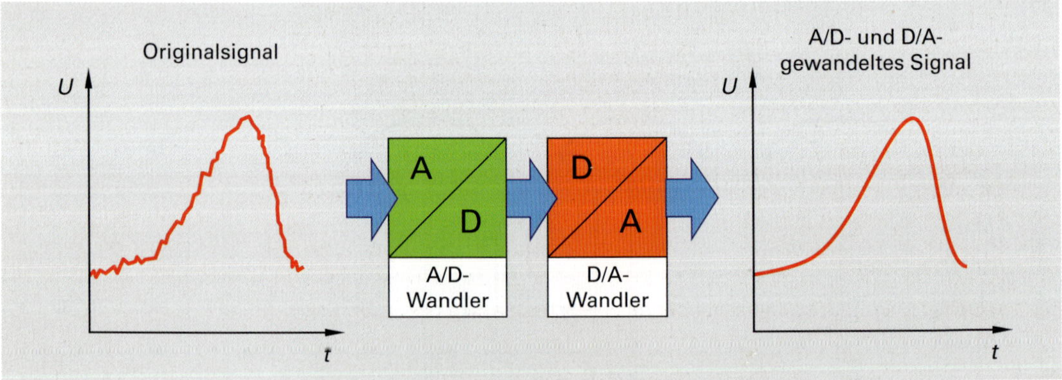

Abb. 1 Signalfehler durch A/D- und D/A-Wandlung

Die Empfehlung des Bildingenieurs, die Aufzeichnung des analogen Kamerasignals über eine rein analoge Signalstrecke zu realisieren, basiert auf der Erkenntnis, dass A/D- und D/A-Wandlungen, die bei der Signalführung des analogen Signals über einen digitalen Signalweg notwendig würden, nicht verlustfrei sind. Trotz der hohen Qualität der im Studio eingesetzten Wandler sollte die Anzahl der Wandlungsvorgänge im Signalweg stets minimiert werden.

2.2 Digitale AV-Datenverarbeitung

Ein Computersystem besteht in der Regel aus dem Computer selbst und einer Vielzahl von **Peripheriegeräten**. Wenn der Computer zusätzlich zu einer bestimmten Auswahl an Peripheriegeräten noch mit speziellen Geräten der Medientechnik ergänzt wird, so wird daraus ein hoch spezialisierter Medienarbeitsplatz.

Computerperipherie

2.2.1 Aufbau eines Computersystems

In einer Produktionsfirma soll ein neues, nonlineares Videoschnittsystem (NLE) auf Computerbasis eingerichtet werden. Aus der speziellen Anwendung als Schnittsystem erwachsen besondere Anforderungen an die Hardware des Computers, insbesondere an die Prozessorgeschwindigkeit, den Arbeitsspeicher und die Grafikkarte (Abb. 1).

- Bei welchen Arbeitstechniken im nonlinearen Editing spielt die eingesetzte Hardware eine besondere Rolle?
- Welches Anforderungsprofil ergibt sich daraus für die Prozessorgeschwindigkeit, den Arbeitsspeicher und die Grafikkarte?

Abb. 1 Wichtige interne Bestandteile eines Computers

Ein Computer ist ein digitales Signalbearbeitungsgerät, das von Ein- und Ausgabegeräten (peripher) umgeben ist. Die Kommunikation mit den Peripheriegeräten erfolgt mit digitalen Signalen über diverse Schnittstellen des Computers.

In ihrem prinzipiellen Aufbau unterschieden sich Computersysteme der Medientechnik nicht von regulären Homecomputern (**PCs**). Die Grundausstattung besteht normalerweise aus Rechner mit Netzwerkkarte, Tastatur, Maus, Bildschirm, Datenträgerlaufwerk und eventuell darüber hinaus noch aus Kamera, Mikrofon und externen Lautsprechern. In der Regel sind jedoch Grafik- und Soundkarten mit einer deutlich höheren Leistungsfähigkeit eingebaut.

PC: Personal Computer

CPU: Central Processing Unit

Cache: RAM-Arbeitsspeicher

RAM: Random Access Memory

Der Computer selbst besteht aus der Hauptplatine (Motherboard) mit dem Prozessor (**CPU**), dem Arbeitsspeicher (**Cache, RAM**) und den Steckplätzen

WLAN: Wireless Local Area Network

HUI: Human User Interface

HMI: Human Machine Interface

für die Sound- und Grafik/Video/TV-Karte, der Festplatte (Harddisk, HD) mit dem Betriebssystem (z. B. Linux) und der auf der Festplatte installierten Anwendersoftware (z. B. AVID Liquid® oder Protools®). Zudem gibt es integrierte Netzwerkadapter für PC-Netze und evtl. eine Antenne für **WLAN**.

An der Eingabeseite können manuelle Eingabegeräte wie Tastatur (Keyboard), Maus, Trackball, Touchpad, Grafiktablett oder spezielle **HUI**s bzw. **HMI**s oder nicht manuellen Eingabegeräte wie Scannern oder Digitalkameras angeschlossen werden (Abb. 1).

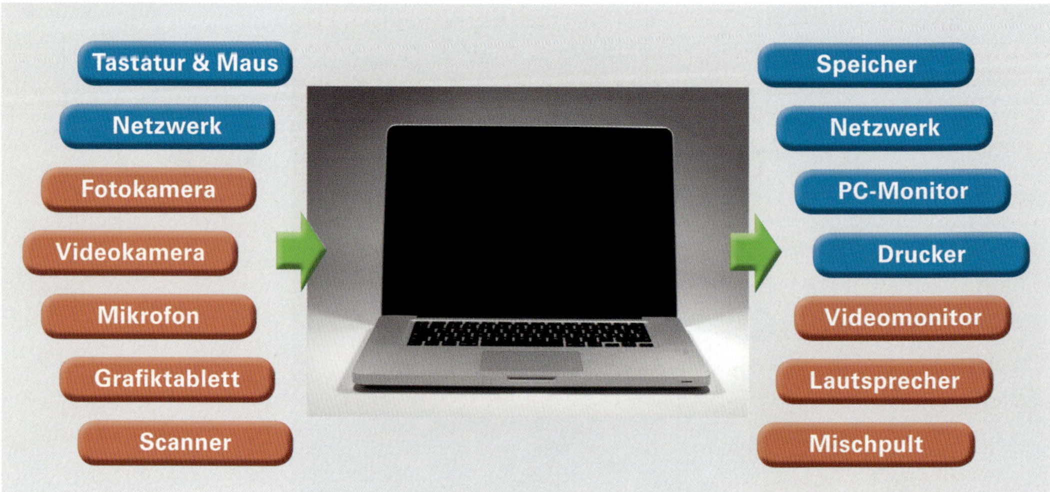

Abb. 1 Aufbau eines Computersystems

Auf der Ausgabeseite befinden sich die Standardgeräte Monitor, Drucker und Lautsprecher, aber auch externe Speicher und Datenträgerlaufwerke wie externe Festplatten oder USB-Sticks. Speziell für Anwendungen im AV-Medienbereich kommen noch externe Video- und Audiogeräte dazu.

Beim nonlinearen Videoschnittsystem (NLE) können Videoeffekte wie beispielsweise eine Änderung des Bildformats, eine Effektblende oder eine Farbänderung des Videomaterials als Echtzeiteffekte vorliegen. Anderenfalls müssen sie gerendert werden.
Die Computerhardware wird sowohl bei Echtzeiteffekten als auch beim Rendern stark gefordert. Bei der Darstellung von Echtzeitvideoeffekten müssen die Videokarte und die Prozessoren der Hauptplatine hohe Rechengeschwindigkeiten aufweisen, da die Auswirkungen des Videoeffekts auf das Bild erst während des Abspielens der Sequenz berechnet werden und nicht durch vorheriges **Rendern**.
Das Rendern von nicht-echtzeitfähigen Effekten geht umso schneller, je schneller der Prozessor der Hauptplatine und die der Grafikkarte rechnen können. Viel Arbeitsspeicher zum Auslagern einzelner Rechenprozesse verkürzt die Renderzeit deutlich.
Für einen Videoschnittplatz wird deshalb ein möglichst schneller Computer mit möglichst viel Arbeitsspeicher und einer möglichst schnellen Grafikkarte mit möglichst viel Grafikkartenarbeitsspeicher verwendet.

Rendern: Berechnen neuer Videobilder, beispielsweise aufgrund von Effekten

2.2.2 Computerarbeitsplätze

Um eine hohe Aktualität im News-Bereich zu erzielen, müssen News-Beiträge möglichst schnell fertig geschnitten und sendefähig zum Sender transportiert werden. Um gleich vor Ort den Beitrag fertig zu stellen, sind mobile Produktionssysteme erforderlich.

- Aus welchen Komponenten könnte ein möglichst kompaktes, aber vollständiges Produktionssystem für den Einsatz im News-Bereich, bzw. als Ausstattung für Videoreporter, bestehen?

In der Medientechnik haben sich einige, auf das jeweilige Aufgabengebiet stark spezialisierte Computerarbeitsplätze, etabliert. Je nach Aufgabenfeld unterscheiden sich dabei die Hard- und Softwareausstattungen dieser Arbeitsplätze deutlich. In heutigen Systemen sind diese Arbeitsplätze über Datennetze so miteinander vernetzt, sodass von allen Arbeitsplätzen aus auf das Material zugegriffen werden kann, ohne dafür Datenträger transportieren zu müssen.

Folgende computerbasierte Medienarbeitsplätze werden nun bezüglich ihrer Ausstattung und ihrer Besonderheiten genauer beschrieben:
- Redaktion (Contententwicklung)
- Grafikdesign (Bildbearbeitung)
- Videobearbeitung (Videopostproduktion)
- Audiobearbeitung (Audiopostproduktion)

Computerarbeitsplatz Redaktion

In der Redaktion entstehen die Inhalte von Sendungen und Beiträgen. Im Vorfeld der Dreharbeiten werden hier die Themen abgesprochen, die dann in Datenbanken, Archiven und im Internet recherchiert werden. Anschließend werden die Dreharbeiten disponiert und das Kamerateam gebucht. Nach dem Dreh sichtet der Redakteur das eingespielte Rohmaterial an seinem Arbeitsplatz (Abb. 1) über ein **vernetztes** Mediadatensystem, wählt die geeigneten Takes aus, plant den Schnitt bzw. die Vertonung des Beitrags und stellt das benötigte Archivmaterial zusammen.

Vernetzung

→ **Redaktionssysteme sind heute über Computernetzwerke mit dem Produktionssystem des Senders vernetzt.**

Abb. 1 Computerarbeitsplatz Redaktion

Der Redaktionsarbeitsplatz verfügt über die übliche Textbearbeitungssoftware, einen Internetzugang und Abspielsoftware für verschiedene Medienformate. Darüber hinaus ermöglicht die Anbindung an das Mediadatensystem den Zugriff auf Archive und gedrehtes Material.

Infografiken sind z. B. Kuchen-, und Balkendiagramme oder Schaubilder, die Abläufe darstellen.

Computerarbeitsplatz Grafikdesign

Onlinedatenbanken

Sollten für den Beitrag noch Infografiken benötigt werden, kann der Grafikdesigner diese an seinem Arbeitsplatz (Abb. 1) mithilfe einer entsprechenden Designsoftware erstellen. Falls Fotos gebraucht werden, kann er diese ebenfalls über das Mediadatensystem oder über **Onlinedatenbanken** besorgen und danach mit den entsprechenden Bildbearbeitungsprogrammen bearbeiten.

Abb. 1 Computerarbeitsplatz Grafikdesign

Colormanagement

Der Grafikdesignarbeitsplatz verfügt über die übliche Bildbearbeitungssoftware und typische Eingabegeräte wie Scanner und Grafiktabletts. Um Farbfehler zu vermeiden, müssen alle Geräte, insbesondere aber der Monitor, **Colormanagement** mithilfe einer Colormanagementsoftware ermöglichen.

Computerarbeitsplatz Videobearbeitung

Post: Abk. für engl. postproduction (Nachbearbeitung)

In der Videopostproduktion (kurz „post“) wird der Beitrag nach den Vorgaben des Redakteurs „zusammengebaut“. Der Cutter arbeitet mithilfe einer Schnittsoftware die Schnittvorgaben des Redakteurs ab und fügt dabei Rohmaterial, Archivmaterial, Bilder, Musik und Sprecheraufnahmen zu einem fertigen Beitrag zusammen (Abb. 2).

Abb. 2 Computerarbeitsplatz Videobearbeitung

➜ **Der fertige Beitrag kann vom Videobearbeitungsplatz über das Computernetzwerk direkt in die Sendung eingespielt werden.**

Ein Videobearbeitungsplatz verfügt neben einer Anbindung an das Mediadatensystem über eine Reihe von Zuspielern (CD-Player, DVD-Player usw.), ein Audiomischpult, Audiomessgeräte, Monitorboxen, Videomessgeräte und einem Videomonitor, der das echte TV-Bild zeigt. In der Videobearbeitung kann der Beitrag mit vielfältigen **Bild-** und **Toneffekten** verändert werden. Häufig verfügen Videobearbeitungsplätze über modifizierte Tastaturen, die mit den wichtigsten Funktionen des Videobearbeitungssystems vorbelegt sind.

Effekte: Verfremdungen wie Farbveränderungen, Effektblenden etc.

Bei Videopostproduktionssystemen kommt den im Computer verwendeten Grafikkarten eine besondere Bedeutung zu. Sie müssen extrem leistungsfähig sein, um Effekte und Rendering in **Echtzeit** zu erledigen. Darüber hinaus sollten möglichst alle gängigen professionellen Videosignale verarbeitet werden können.

Echtzeit

Computerarbeitsplatz Audiobearbeitung

Eine aufwendige Audiopostproduktion bis hin zum **Sounddesign** wird bei TV-Beiträgen in der Regel nicht durchgeführt. Das ist eher die Domäne von Werbe-, TV- oder Kinofilm bzw. der Musikproduktion.

Sounddesign: extrem aufwendige Tonbearbeitung

Typische Arbeitsschwerpunkte der Audiopostproduktion liegen in der Nachbearbeitung von aufgenommener Sprache, Geräuschen und Musik. Dazu ist der Audiopostproduktionsplatz mit einer Reihe von Zuspielern, einem Audiomischpult, Audiomessgeräten, Monitorboxen und einer Vielzahl von hochqualitativen Audioeffektgeräten ausgestattet. Audiopostproduktionssysteme verfügen ebenfalls häufig über spezielle Eingabegeräte wie modifizierte Tastaturen, die mit den wichtigsten Funktionen des Audiobearbeitungssystems vorbelegt sind (Abb. 1).

➜ **Audio- und Videobearbeitung sind in der Regel miteinander vernetzt, sodass ein Beitrag von beiden Arbeitsplätzen aus bearbeitet werden kann, ohne Bänder oder andere Speichermedien hin- und herzutragen.**

Abb. 1 Computerarbeitsplatz Audiobearbeitung

Die Computersoundkarten von Audiopostproduktionssystemen verfügen über eine Vielzahl von Audioeingängen der unterschiedlichsten Signalarten. Sie müssen zudem in der Lage sein, eine Vielzahl von Audiospuren gleichzeitig zu managen.

Ein vollständiges mobiles Produktionssystem muss folgende Bearbeitungsschritte ermöglichen:
- Audio- und Videoaufnahme
- Grafikbearbeitung, Audio- und Videonachbearbeitung
- Versand des fertigen Beitrags zur Sendeanstalt

Das kleinst mögliche mobile Produktionssystem besteht demnach aus:
- Videokamera mit Kameramikrofon und Datenträgern,
- Laptop mit guter Grafik- und Soundkarte,
- Schnitt- und Grafiksoftware

In jedem Fall sind ein gutes Handmikrofon, ein gutes Richtmikrofon, Ersatzakkus und eine Akkuleuchte sinnvolle Ergänzungen.

2.3 Aufgaben und Übungen

1. Rechnen Sie die Dezimalzahlen 25, 2048 und 65535 in Binärzahlen um!

2. Rechnen Sie die Binärzahlen 10101 und 1011011 in Dezimalzahlen um!

3. Die Datenmenge einer Audiodatei besteht aus 123 456 789 bit. Rechnen Sie diese Datenmenge in Kibit, B, KiB, MiB und GiB um!

4. Wieviel bit lassen sich auf einer 4-GiB-Speicherkarte speichern?

5. Wie lange dauert die Übertragung eines 32 MiB großen Audiofiles bei einer Übertragungsgeschwindigkeit von 10 Mibit/s?

6. Erklären Sie die Ursache für Wandlungsverluste bei der A/D-Wandlung und bei der D/A-Wandlung!

7. Berechnen Sie die Datenrate und -menge eines mit 8-bit A/D-gewandelten Mono-Audiosignales von 2 Minuten Länge!

8. Berechnen Sie die erforderliche Downloaddatenrate in Bd, wenn 250 Personen gleichzeitig eine 1-MiB-Datei in 30 Sekunden herunterladen!

9. Bestimmen Sie die erforderliche Abtastfrequenz, die resultierende Datenrate und die Datenmenge, wenn ein 5 Minuten langes Videosignal mit einer Maximalfrequenz von 5 MHz mit einer Auflösung von 8 bit digitalisiert wird!

10. Erklären Sie den Unterschied zwischen gerenderten Effekten und Echtzeiteffekten bei Videoschnittsystemen!

3 Licht, Farbe und Filter

Bei der Wirkung von audiovisuellen Medien auf den Zuschauer spielen Licht und Farben eine wichtige Rolle. So besteht ein wesentlicher Teil der Kameraarbeit darin, die Helligkeiten und Farben der Filmbilder zu kontrollieren oder gezielt zu beeinflussen, sodass sich die gewünschte Wirkung auch einstellt. Die Medientechnik bietet dafür eine Reihe verschiedener technischer Möglichkeiten, angefangen von Einstellungen an der Kamera bis hin zum Einsatz verschiedener Lichtquellen und optischer Filter.

In der Tabelle 1 finden sich Arbeitsbereiche, in denen mit Licht, Farbe und Filtern gearbeitet wird.

Tabelle 1 Arbeitsbereiche rund um Licht, Farbe und Filter

Bezeichnung	Tätigkeitsfelder
Kameramann • Lichtsetzender Kameramann • DoP (= Director of Photography)	• Entscheidet über die Bildfarben • Beeinflusst Belichtung durch Kamera- und Lichteinstellungen
Kamera-Assistent • EB-Assistent • „Kamera-Assi“	• Wechselt die Filter der Kamera • Stellt die Kamera beim Setup auf die Lichtfarben des Sets ein
Bildingenieur • Bildtechniker • Broadcast Engineer	• Überwacht Bildfarben im Studio • Gleicht Farben und Helligkeit von Studiokameras ab
Cutter • Editor • Film Editor	• Ändert Farben und Helligkeit • Arbeitet mit Farb- und Helligkeitseffekten

3.1 Licht

Sichtbares Licht

zur Erinnerung:
nm = Nanometer
= 10^{-9} m

Sichtbares Licht entsteht, wenn ein Gegenstand wie beispielsweise die Sonne oder ein brennendes Streichholz elektromagnetische Strahlung im sichtbaren Wellenlängenbereich zwischen ultravioletter Strahlung (bis 380 nm) und Infrarotstrahlung (ab 780 nm) aussendet.

→ **Elektromagnetische Strahlung zwischen 380 und 780 nm Wellenlänge ist für Menschen sichtbares Licht.**

Ultraviolett, Infrarot

→ **Ultraviolettstrahlung besitzt Wellenlängen kleiner als 380 nm, Infrarotstahlung (Wärmestrahlung) Wellenlängen größer als 780 nm.**

Die menschlichen Sehzellen in der Netzhaut reagieren allerdings nur dann auf dieses sichtbare Licht, wenn die Intensität der Strahlung, d. h. die Helligkeit ausreichend hoch ist. Aus diesem Grund sind beispielsweise bei einem Sternenhimmel in einer klaren Nacht nicht alle Sterne sichtbar, sondern nur diejenigen, die ausreichend hell strahlen.

3.1.1 Licht bei TV- und Filmaufnahmen

Bei Dreharbeiten wird ein großformatiger Faltreflektor benutzt, um das Gesicht der Moderatorin auf der sonnenabgewandten Seite (Abb. 1) aufzuhellen und sie zudem jugendlicher aussehen zu lassen.

- Welche besonderen Eigenschaften des Faltreflektors werden hier ausgenutzt?

Abb. 1 Faltreflektor bei der Ausleuchtung einer Moderatorin

Licht ist ein effektives Instrument zur Blickführung im Bild, denn hell beleuchtete Objekte des Bildes fallen sofort ins Auge, während dunkle Bildanteile erst später betrachtet werden. Bei TV- und Filmaufnahmen werden Lichtquellen aber nicht nur zur Beleuchtung des Sets eingesetzt, sondern auch, um bestimmte Lichtstimmungen zu schaffen oder Objekte im Bild mit einer bestimmten Wirkung auszustatten.

Helligkeitskontrast: Helligkeitsunterschied zwischen Licht- und Schattenzone

Die Bezeichnung „hartes" und „weiches" Licht beschreibt zudem auch die psychologische Wirkung der Beleuchtung.

Die Wirkung eines Objekts auf den Zuschauer hängt wesentlich davon ab, ob es mit gerichtetem (hartem) Licht oder diffusem (weichem) Licht beleuchtet wurde. In der Lichtgestaltung entscheiden das Aussehen der Schattenzone und der **Helligkeitskontrast** darüber, ob das Licht „hart“ oder „weich“ ist.

➜ **Das Aussehen des Schattens ist der wichtigste Indikator zur Bestimmung des Charakters des Lichts (hart oder weich).**

Gerichtetes Licht / Hartes Licht

Eine kleinflächige Lichtquelle wie beispielsweise eine brennende Kerze ist eine Lichtquelle, die vom Objekt aus gesehen nur eine geringe Ausdehnung besitzt. Sie erzeugt daher gerichtetes (hartes) Licht und einen gut sichtbaren Schatten.

Ausdehnung einer Lichtquelle

➜ **Gerichtetes/Hartes Licht entsteht, wenn die Lichtquelle vom Objekt aus gesehen eine geringe Ausdehnung besitzt.**

Der dunkle, scharf umrandete Objektschatten verrät die Position der Lichtquelle (Abb. 1) auch dann, wenn sie nicht im Bild zu sehen ist.

Abb. 1 Schattenzone bei wenig ausgedehnten Lichtquellen

Schattenrand, Schattenzone

Gerichtetes Licht erzeugt **Schattenzonen** mit scharf erkennbarer **Umrandung** und einem hohen Licht-Schatten-Kontrast. Dieses Licht wird in der Lichtgestaltung „hartes Licht" genannt, da mit diesem Licht beispielsweise Oberflächen rauer, menschliche Haut faltiger und Haare stacheliger wirken. Hartes Licht wird beispielsweise eingesetzt, wenn menschliche Gesichtszüge markanter bzw. älter wirken sollen (Abb. 2 links).

→ **Gerichtetes/Hartes Licht erzeugt scharfe Schattenränder, betont Oberflächenstrukturen und lässt Gesichter markanter aussehen.**

Abb. 2 Hartes Licht (links) lässt die Person markanter und älter wirken

Diffuses Licht / Weiches Licht

Eine großflächige Lichtquelle wie beispielsweise der dicht bewölkte Himmel ist eine Lichtquelle, die vom Objekt aus gesehen eine große Ausdehnung besitzt. Sie erzeugt daher diffuses (weiches) Licht und einen undeutlichen und aufgehellten Schatten.

Der Rand der Schattenzone ist bei diffusem Licht undeutlich und aufgelöst, sodass das Objekt nahezu keinen Schatten zu haben scheint (Abb. 1) und ein Rückschluss auf die Position der Lichtquelle schwierig wird.

→ **Diffuses/weiches Licht entsteht, wenn die Lichtquelle vom Objekt aus gesehen eine große Ausdehnung besitzt.**

Abb. 1 Schattenzone bei ausgedehnten Lichtquellen

aufgelöste Schattenzone

Licht mit **aufgelösten**, aufgehellten **Schattenzonen** wird in der Lichtgestaltung „weiches Licht" genannt, da mit diesem Licht beispielsweise Oberflächen weniger rau, menschliche Haut glatter und Haare weniger stachelig wirken (Abb. 2 rechts). Weiches Licht wird eingesetzt, wenn menschliche Gesichtszüge weicher bzw. jünger wirken sollen.

Abb. 2 Weiches Licht (rechts) lässt die Person weicher und jünger wirken

→ **Diffuses/weiches Licht erzeugt kaum sichtbare Schatten, glättet Oberflächenstrukturen von Objekten und lässt Gesichter jünger aussehen.**

Zusammenfassung

Die in Tabelle 1 aufgeführten Bedingungen gelten für die Erzeugung und die Eigenschaften von gerichtetem (hartem) und diffusem (weichem) Licht:

Tabelle 1 Bedingungen für hartes und weiches Licht

	Gerichtetes/hartes Licht	Diffuses/weiches Licht
Lichtquelle	• Kleine Einzellichtquelle oder • Mehrere kleine Einzellichtquellen räumlich nah zusammen	• Großflächige Einzellichtquelle oder • Mehrere ausgedehnte Einzellichtquellen räumlich verteilt
Schatten	• Räumlich begrenzt • Scharfer Rand	• Ausgedehnt • Unscharfer Rand
Kontrast	• Hoch • Dunkler Schatten	• Gering • Aufgehellter Schatten
Wirkung von Oberflächen	• Rau • Hart	• Glatt • Weich
Wirkung von Gesichtern	• Älter, härter • Markanter	• Jugendlicher, weicher • Angenehmer

großflächige Lichtquelle

Großflächige Lichtquellen erzeugen nicht zwangsläufig diffuses (weiches) Licht. So ist beispielsweise der Schatten einer Person an einem sonnigen Tag kontrastreich und scharf umrandet. Es handelt sich hier eindeutig um gerichtetes (hartes) Licht, obwohl die Sonne eine enorm großflächige Lichtquelle ist.

Objektabstand

Aufgrund des riesigen **Abstands zum Objekt** hat die Sonne vom Objekt aus gesehen trotzdem nur eine sehr geringe Ausdehnung. Das Licht einer ausgedehnten Lichtquelle wird folglich mit zunehmendem Abstand von Objekt immer gerichteter/härter (Abb. 1).

→ **Großflächige Lichtquellen erzeugen nur dann diffuses (weiches) Licht, wenn die Distanz zum Objekt klein genug ist.**

Abb. 1 Abhängigkeit der Lichtqualität vom Abstand der Lichtquelle

Für alle Lichtquellen gilt der in Tabelle 1 dargestellte Zusammenhang zwischen Lichtqualität, Leuchtfläche und Distanz zum Objekt:

Tabelle 1 Lichtqualität

	kleine Leuchtfläche	**große Leuchtfläche**
kleine Distanz	gerichtet/hart	diffus/weich
große Distanz	gerichtet/hart	gerichtet/hart

Das TV-Bild wirkt allein durch seinen geringen Kontrastumfang und seine geringe Auflösung schon härter.

Die Herausforderung bei TV- und Filmaufnahmen ist folglich weiches Licht, da großflächige Lichtquellen nahe am beleuchteten Objekt benötigt werden. Je weiter eine Lichtquelle vom Objekt entfernt ist, umso größer muss die Leuchtfläche sein, damit das Licht nicht gerichteter und damit härter wird.

→ **Muss der Abstand zwischen Objekt und Lichtquelle vergrößert werden, so muss die Leuchtfläche vergrößert werden, damit das Licht nicht härter wird.**

Bei den Dreharbeiten wird der Faltreflektor benutzt, um weiches Licht zur Verfügung zu stellen. Aufgrund seiner großen Fläche und der geringen Entfernung hat er vom Objekt aus gesehen eine große Ausdehnung. Deshalb kommt vom Faltreflektor weiches Licht mit dem gewünschten Effekt.

3.1.2 Photometrie und Lichtmesstechnik

Bei der Ausleuchtung eines TV-Interviews mit zwei identischen EB-Scheinwerfern stellt der Kameramann die Scheinwerfer so auf, dass der erste Scheinwerfer einen kleineren Abstand zum Interviewten hat als der zweite Scheinwerfer.

- Welche Wirkung erzielt der Kameramann mit dieser Aufstellung der Scheinwerfer?

Sowohl künstliche als auch natürliche Lichtquellen werden bei TV- und Filmproduktionen eingesetzt, um bestimmte Lichtstimmungen zu erzeugen und um Objekthelligkeiten bzw. Helligkeitskontraste festzulegen. Um bei einer Aufnahme bezüglich der Beleuchtung gute Ergebnisse zu erzielen, kann es erforderlich sein, die Lichtsituation messtechnisch zu erfassen. Die in Tabelle 1 aufgelisteten photometrischen Messgrößen spielen beim Umgang mit Lichtquellen und beleuchteten Objekten eine wichtige Rolle.

Photometrische Messungen

→ **Photometrische Messungen dienen der Bestimmung von Kontrasten und Beleuchtungsstärken am Set.**

Tabelle 1 Lichtmessgrößen und Maßeinheiten

Lichtmessgröße	**Symbol**	**Maßeinheit**
Lichtstrom	Φ	[lm] Lumen
Lichtausbeute	η	[lm/W] Lumen/Watt
Beleuchtungsstärke	E	[lx] Lux
Belichtung	H	[lxs] Lux-Sekunde

Mithilfe von photometrischen Messungen kann beispielsweise eine geplante Beleuchtungssituation exakt eingestellt werden, oder es kann überprüft werden, ob Helligkeitsunterschiede am TV- oder Filmset den maximal zulässigen Kontrastumfang der Kamera überschreiten. Die Lichtquellen, die bei TV- und Filmproduktionen eingesetzt werden, können wie in Abb. 1 dargestellt kategorisiert werden.

Natürliche Lichtquellen

Elektrische Lichtquellen

Abb. 1 Mögliche Lichtquellen in der TV- und Filmproduktion

Lichtstrom Φ

Lichtstrom

Ein Studioscheinwerfer wandelt als elektrische Lichtquelle elektrische Energie in Gesamtstrahlung Φ_G um, die nicht nur sichtbares Licht, sondern auch unsichtbare Infrarot- und Ultraviolettstrahlung enthält. Daher wird die Gesamtstrahlung Φ_G der Lichtquelle mit der **Augenempfindlichkeitskurve V(λ)** (Abb. 2) „wahrnehmungskorrigiert".

Augenempfindlichkeitskurve V(λ)

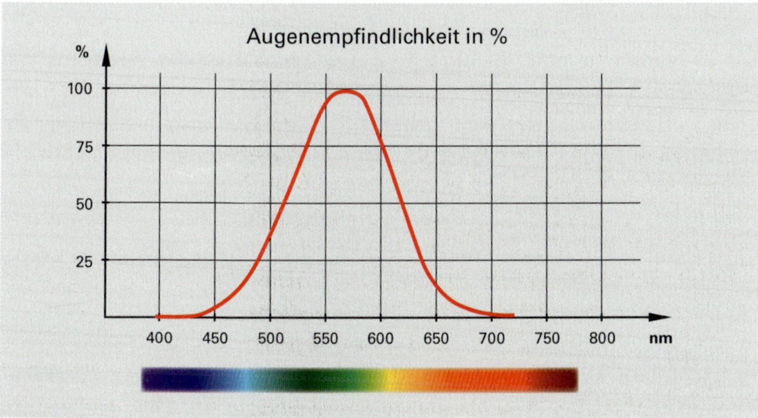

Abb. 2 Augenempfindlichkeitskurve V(λ)

V(λ)-Kurve: empirisch ermittelte Augenempfindlichkeit in Abhängigkeit von der Wellenlänge des sichtbaren Lichts

Die V(λ)-Kurve zeigt, dass grünes Licht (550 nm) deutlich intensiver wahrgenommen wird als gleich starkes rotes Licht (650 nm), während Infrarot- und UV-Strahlung überhaupt nicht wahrgenommen wird.

Als photometrische Größe einer Lichtquelle beschreibt deshalb der Lichtstrom Φ die von der Lichtquelle ausgesandte sichtbare Strahlung exakt so, wie sie vom menschlichen Auge als Helligkeit wahrgenommen wird.

$$\Phi = \Phi_G \cdot V(\lambda) \qquad \text{Einheit lm = Lumen}$$

➜ **Der Lichtstrom Φ beschreibt die gesamte sichtbare Strahlung einer Lichtquelle.**

Tabelle 1 zeigt typische Werte des Lichtstroms für verschiedene Lichtquellen.

Tabelle 1 Lichtstrom verschiedener Lichtquellen

Lichtquelle	Anschlussleistung	Lichtstrom
Leuchtdiode	0,02 W	ca. 0,01 lm
Glühlampe	60 W	ca. 600 lm
Glühlampe	100 W	ca. 1400 lm
Leuchtstofflampe	40 W	ca. 2400 lm
Glühlampe	2000 W	ca. 40000 lm
Xenon-Lampe	2000 W	ca. 100000 lm
HMI-Lampe	2000 W	ca. 170000 lm

Lichtausbeute, Effizienz

Lichtausbeute η

Die Hitze im Lichtkegel und am Gehäuse eines Scheinwerfers zeigt, dass ein großer Teil der elektrischen Energie in Wärme und nicht in Licht umgewandelt wird. Um diese große Abwärme der Studioscheinwerfer abzuführen, müssen in TV-Studios oft leistungsstarke Klimaanlagen installiert werden.

Klimaanlagen erzeugen Lärm, Kosten und Wartungsaufwand.

➜ **Die Abwärme im TV-Studio wird hauptsächlich von den TV-Scheinwerfern erzeugt.**

Die Lichtausbeute einer Lichtquelle η beschreibt über das Verhältnis von (sichtbarem) Lichtstrom Φ zu elektrischer Anschlussleistung P_{EL}, wie energieeffizient die Lichtquelle arbeitet. Bei gleicher Anschlussleistung P_{EL} erzeugt eine Lichtquelle mit der höheren Lichtausbeute η mehr sichtbares Licht:

$$\eta = \Phi / P_{EL} \qquad \text{Einheit lm/W = Lumen pro Watt}$$

➜ **Die Lichtausbeute η beschreibt die Effizienz der Lichtquelle.**

Energiesparlampen haben eine vergleichsweise hohe Effizienz.

➜ **Lichtquellen mit hoher Lichtausbeute η sind energieeffizient. Sie erzeugen bei gleicher Anschlussleistung mehr Licht als Lichtquellen mit geringer Lichtausbeute.**

Die Grafik in Abb. 1 zeigt, dass die Lichtausbeute η einer Lichtquelle von deren Leistung P_{EL} und von der Art der Lichterzeugung abhängig ist. Gut zu erkennen ist die schlechte Energiebilanz von Glühlampen im Vergleich zu anderen Lichtquellen.

Glühlampen haben einen schlechten Wirkungsgrad, d. h., sie verbrauchen bei gleicher Helligkeit deutlich mehr Energie als Energiesparlampen.

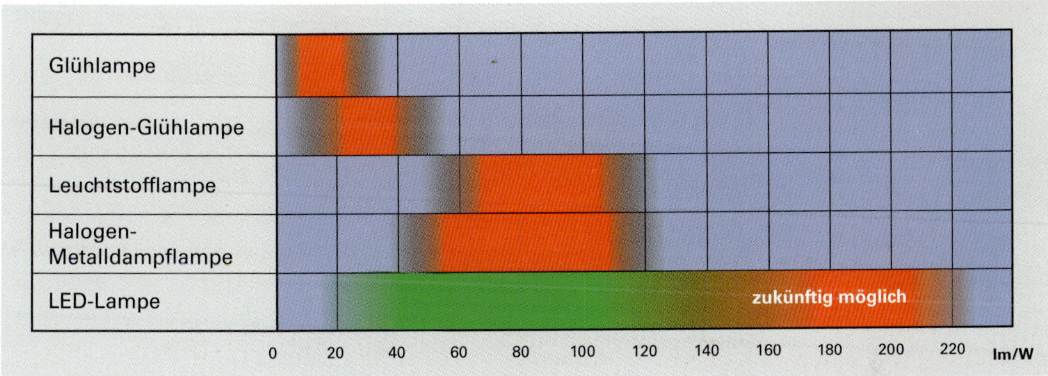

Abb. 1 Lichtausbeute von unterschiedlichen Lichtquellen

Lichtausbeute

Beleuchtungsstärke *E*

Die Beleuchtungsstärke beschreibt, wie stark ein Objekt beleuchtet wird, d. h., welche Lichtmenge am Objekt ankommt. Die Beleuchtungsstärke E eines Scheinwerfers hängt vom verfügbaren Lichtstrom Φ und Spotfläche A des Lichtkegels ab. Je größer die Spotfläche A ist, umso kleiner ist die Beleuchtungsstärke:

$$E = \Phi \,/\, A \qquad \text{Einheit lx} = \text{lm/m}^2 = \text{Lux}$$

➜ **Die Beleuchtungsstärke *E* beschreibt, wie stark ein Objekt beleuchtet wird.**

Typische in der Praxis auftretende Beleuchtungsstärken sind in der Tabelle 1 aufgeführt. Da die Beleuchtungsstärke insbesondere bei Scheinwerfern von **Spotfläche**, Abstand und Ausrichtung abhängt, sollten diese Parameter mit angegeben werden.

Spotfläche

Tabelle 1 Beleuchtungsstärke in der Praxis

Beleuchtungssituation	Beleuchtungsstärke *E*
Tag, außen, mittags, unbewölkt, sonnig	100000 lx
Tag, außen, mittags, bewölkt	5000 lx
Tag, außen, früh morgens / abends, unbewölkt	500 lx
Tag, innen, mittags, unbewölkt (Raummitte)	1000 lx
100-W-Glühlampe, freistehend, 1 m Abstand	150 lx
Kerze, freistehend, r = 20 cm	10 lx
100-W-Halogen, 2,5 m Spot-Ø, 3 m Abstand	300 lx
575-W-HMI (Stufe), 3,4 m Spot-Ø, 6 m Abstand	1400 lx
1200-W-HMI (Stufe), 5,1 m Spot-Ø, 6 m Abstand	1770 lx

Spot, Flood, Öffnungswinkel

Bei TV-Scheinwerfern kann mit der Fokussierung der Lichtkegel und damit die Spotfläche *A* verstellt werden:
- **FLOOD**: größter **Öffnungswinkel**, d. h. größte Spotfläche
- **SPOT**: kleinster **Öffnungswinkel**, d. h. kleinste Spotfläche

Die Beleuchtungsstärke am Objekt wird umso kleiner, je größer der Öffnungswinkel des Scheinwerferkegels eingestellt wird, denn der Lichtstrom Φ muss sich auf eine größere Spotfläche *A* verteilen.

➜ **Die Fokussierung eines Scheinwerfers ändert dessen Beleuchtungsstärke.**

Der Abstand zwischen Scheinwerfer und Objekt hat ebenfalls Auswirkungen auf die Beleuchtungsstärke. Eine Vergrößerung des Abstands führt zu einer Verringerung der Beleuchtungsstärke, weil sich der Lichtstrom Φ auf eine größere Spotfläche *A* verteilen muss. In der Praxis wird dieser Effekt beim Lichtsetzen oft genutzt, um die Beleuchtungsstärken der Scheinwerfer genau einzustellen.

Achtung! Eine Verkleinerung der Spotfläche mithilfe der Lampentore hat keinen Einfluss auf die Beleuchtungsstärke!

Lichtkegel

Abb. 1 zeigt, dass eine Halbierung des Abstandes zwischen Scheinwerfer und Objekt zu einer Vervierfachung der Beleuchtungsstärke *E* führt, da sich die Spotfläche auf ein Viertel reduziert. Der gleiche Effekt kann auch über die Verkleinerung des Öffnungswinkels (Spot) des Scheinwerferlichtkegels erreicht werden. Die Halbierung des **Lichtkegeldurchmessers** viertelt die Spotfläche *A*.

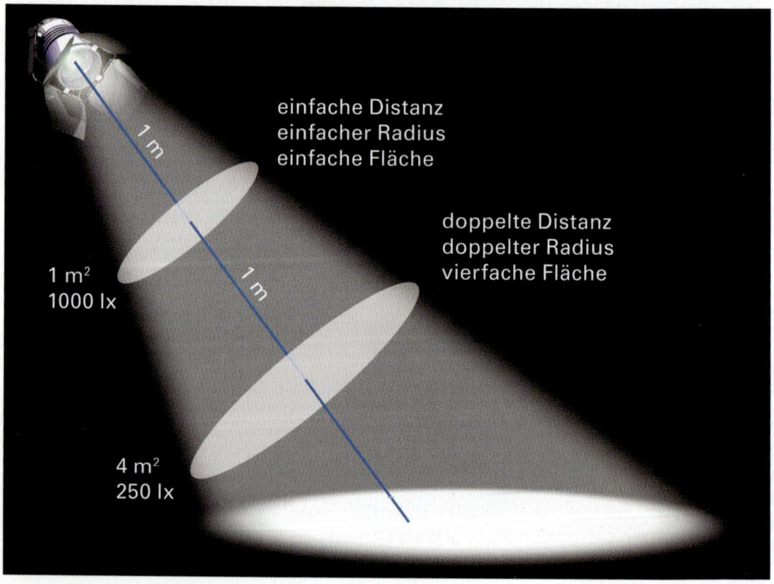

Abb. 1 Zusammenhang zwischen Abstand und Beleuchtungsstärke

Entfernungsregel

Dieses Prinzip beschreibt die sogenannte **„Entfernungsregel"**:

$$E_1 / E_2 = (r_2 / r_1)^2 \text{ mit } r = \text{Entfernung zwischen Lampe und Objekt}$$

➜ **Die Beleuchtungsstärke ändert sich umgekehrt proportional zum Quadrat der Abstandsänderung.**

Mithilfe dieser einfachen Regel kann über die Änderung des Abstands zwischen Scheinwerfer und Objekt die **Beleuchtungsstärke** einfach und exakt eingestellt werden (Tabelle 1).

Beleuchtungsstärke

Tabelle 1 Beleuchtungsstärke bei Abstandsänderung

neuer Abstand	neue Beleuchtungsstärke
1/4 des vorherigen Abstands	16-facher Wert
1/3 des vorherigen Abstands	9-facher Wert
1/2 des vorherigen Abstands	4-facher Wert
2-facher Abstand	1/4 des vorherigen Werts
3-facher Abstand	1/9 des vorherigen Werts
4-facher Abstand	1/16 des vorherigen Werts

Zusätzlich hängt die Beleuchtungsstärke von der Ausrichtung des Objekts zum Scheinwerfer ab. Die frontale Beleuchtung erzeugt eine größere Beleuchtungsstärke als eine seitliche Beleuchtung.

➜ **Bei der praktischen Arbeit mit Scheinwerfern am Set lässt sich die Beleuchtungsstärke mit folgenden Methoden einfach, exakt und ohne zusätzliche Hilfsmittel einstellen:**
- **Öffnungswinkel des Lichtkegels ändern**
- **Abstand zwischen Scheinwerfer und Objekt ändern**
- **Ausrichtung von Scheinwerfer und Objekt ändern**

Belichtung *H*

Belichtung

Wenn Licht eine Zeit lang auf eine Fläche fällt, so wird dieser Vorgang als Belichtung bezeichnet. Die Stärke der Belichtung H hängt sowohl von der Beleuchtungsstärke E als auch von der Einwirkdauer t ab:

$$H = E \cdot t \qquad \text{Einheit lxs} = \text{lm/m}^2 = \text{Lux-Sekunde}$$

➜ **Die Änderungen von Beleuchtungsstärke oder Beleuchtungsdauer ändern die Belichtung.**

In der Medientechnik ist ein Belichtungsvorgang insbesondere dann interessant, wenn dabei lichtempfindliche Oberflächen wie Filmmaterial, der Bildwandlerchip einer Videokamera oder die Netzhaut des Auges beteiligt sind.

Bei einer Kamera resultiert aus der Belichtung des CCD-Chips beispielsweise die Bildhelligkeit. Diese Bildhelligkeit kann reduziert werden, indem entweder die Beleuchtungsstärke E (= Lichteinfall auf den CCD-Chip) beispielsweise durch das Schließen der Kamerablende reduziert wird oder indem der Belichtungsvorgang durch Betätigung des Kamerashutters vorzeitig abgebrochen wird, wodurch sich die Belichtungszeit verkürzt.

Kamerashutter, s. Kap. 7

Lichtmessung in der Medientechnik

Das gebräuchlichste Lichtmessgerät zur Messung der Beleuchtungsstärke ist das **Luxmeter**. Mit dem Luxmeter wird die Beleuchtungsstärke am Objekt in Richtung der Lichtquelle gemessen.

Luxmeter

Colormeter

Beleuchtungskontraste können durch Messung an unterschiedlichen Stellen am Objekt bestimmt werden. In einige Luxmeter ist zudem ein **Colormeter** zur Messung der Lichtfarbtemperatur integriert (Abb. 1).

Abb. 1 Messen der Beleuchtungsstärke

> Bei der Ausleuchtung benutzt der Kameramann die Entfernungsregel, um die Beleuchtungsstärken der Lichtquellen exakt einzustellen. Da eine Lichtquelle die stärkste am Set sein muss, wählt er den Abstand dieser Lichtquelle vom Interviewten kleiner als den der zweiten Lichtquelle.
> Wenn der Abstand der zweiten Lichtquelle vom Interviewten doppelt so groß ist wie der Abstand der ersten Lichtquelle, so ist die erste viermal so hell wie die zweite.

3.2 Farbe

Farben spielen aufgrund ihrer psychologischen Wirkung auf den Menschen für die kreativen oder gestalterischen Prozesse rund um das TV-Bild eine wichtige Rolle. Im TV-Produktionsablauf können die Bildfarben an vielen Stellen und mit verschiedenen technischen Systemen beeinflusst werden, z. B. durch:

- Farbfilter vor Lampen
- Farbfilter in der Kamera
- Colormatching der Kameras in der Produktion
- Colormanagement in der Postproduktion
- Farbeinstellungen am TV-Gerät der Zuschauer

Colormatching: farblicher Abgleich

Farbtemperatur

Die Grundlagen für die (Bild-)Farben sind die **Farbtemperatur** von Lichtquellen und die additive bzw. subtraktive Farbmischung, auf die in den folgenden Seiten genauer eingegangen wird. Die Colormetrie stellt schließlich Messverfahren zu Verfügung, mit denen Farben kontrolliert werden können.

3.2.1 Farbtemperatur

Ein Teil der Dreharbeiten für einen Musikvideoclip finden aufgrund der besonderen Lichtverhältnisse in der sogenannten „blauen Stunde" statt. Vor Drehbeginn muss das in der Videokamera eingebaute Farbfilterrad (Abb. 1) korrekt eingestellt werden. Die Beschriftung des Filterrades lautet: [3200K, 5600K, 5600K 1/8 ND].

- Was genau ist diese „**blaue Stunde**" und welche Besonderheiten weisen die Lichtverhältnisse während dieser „blauen Stunde" auf?
- Was bedeutet die Beschriftung des Kamerafilterrades?
- Reichen die Filter des Kamerafilterrades für die Aufnahmesituation aus?

Blaue Stunde

Abb. 1 Farbfilterrad der Kamera

Die Verständigung über Farben ist schwierig, da die Farbwahrnehmung und das Farbempfinden subjektive Vorgänge sind. So ist es zum Beispiel fast unmöglich, die Farbe des Himmels per Telefon so genau zu beschreiben, dass derjenige am anderen Ende der Leitung die beschriebene Farbe exakt aus einer Farbpalette herausfinden kann.

Um die Farbe des Lichts messbar und damit greifbar zu machen, bedient sich die Medientechnik des einfachen physikalischen Prinzips, dass ein glühender Gegenstand seine Glühfarbe ändert, wenn sich seine Temperatur ändert. So gibt es einen direkten Zusammenhang zwischen der **Farbe** des abgestrahlten sichtbaren Lichts und der **Temperatur** des Gegenstandes.

Schwarzer Körper

Da dieser glühende Gegenstand als Farbreferenz dienen soll, wird hier ein sogenannter **schwarzer Körper** (auch Planck'scher Strahler genannt) zur Definition der Farbtemperatur verwendet. Ein schwarzer Körper ist ein Gegenstand, der keine (Fremd-) Strahlung reflektiert. Die einzige Strahlung, die ein schwarzer Körper abgeben kann, ist seine eigene.

→ **Als Farbtemperatur einer Lichtquelle wird die Temperatur eines schwarzen Körpers bezeichnet, der dieselbe Lichtfarbe ausstrahlt wie die Lichtquelle selbst.**

Die Angabe der Farbtemperatur erfolgt in Kelvin und nicht, wie sonst bei Temperaturen üblich, in Grad Celsius, wobei die Umrechnung zwischen Grad Celsius und Kelvin sehr einfach ist:

- Temperatur (Kelvin) – 273 ≈ Temperatur (°C)
- Temperatur (°C) + 273 ≈ Temperatur (Kelvin)

➜ **Die Strahlungsfarbe einer Lichtquelle wird als Farbtemperatur in Kelvin angegeben.**

Glühwendel

Wie Abb. 1 zeigt, gibt ein metallischer Gegenstand wie beispielsweise die **Wolframglühwendel** in einer Glühlampe mit steigender Temperatur prinzipiell immer mehr Wärmestrahlung ab. Ab einer bestimmten Temperatur wird zusätzlich zur Wärmestrahlung ein dunkles, rotes Glühen sichtbar. Bei weiter steigender Temperatur wird aus der Rotglut über die Orangeglut eine leuchtende Gelbglut und schließlich beginnt die Weißglut. Wenn die Temperatur weiter steigt, so wird sogar unsichtbare ultraviolette Strahlung abgegeben.

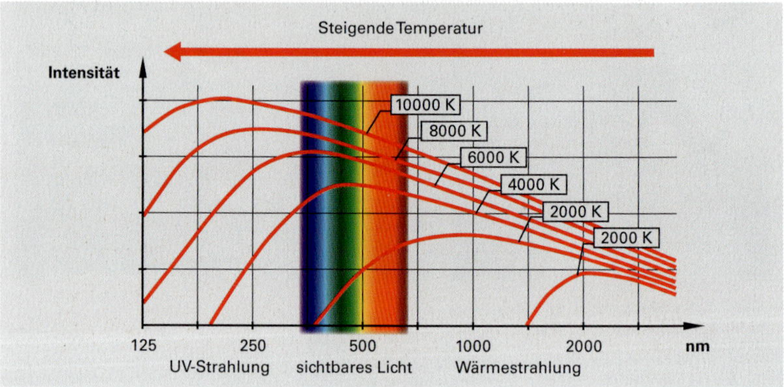

Abb. 1 Strahlung bei steigender Temperatur

Achtung! Bei der psychologischen Wirkung von Farben ist es genau anders herum:

Rot steht für Wärme (z. B. Glutrot)

Blau für Kälte (z. B. Eisblau).

Hohe (heiße) Farbtemperaturen entsprechen blauem Licht, während niedrige (kalte) Farbtemperaturen rotes Licht kennzeichnen (Tabelle 1). Das entspricht auch exakt den Verhältnissen in einer Kerzenflamme, wo der blaue Flammenbereich in der Nähe des Dochts deutlich heißer ist als der rötliche Bereich der Flamme.

Tabelle 1 Farbtemperatur künstlicher Lichtquellen

Lichtquelle	Farbtemperatur
metallische Rotglut	800 K (527 °C)
Kerzenlicht	1500 K (1227 °C)
Glühlampe, 25 W	2500 K (2227 °C)
Glühlampe, 40 W	2680 K (2407 °C)
Glühlampe, 100 W	2800 K (2527 °C)
Glühlampe, 200 W	3000 K (2727 °C)
Halogenbrenner (Kunstlichtbrenner)	3200 K (2927 °C)
HMI-Brenner (Tageslichtbrenner)	5600 K (5327 °C)
Xenon-Brenner	6500 K (6227 °C)
Europa Fernsehbildweiß (Normlicht D65)	6500 K (6227 °C)

Im Gegensatz zur Farbtemperatur werden im Alltagsgebrauch warme (hohe) Temperaturen mit Rot und kalte (tiefe) Temperaturen mit Blau assoziiert.

➜ **Blaues Licht hat eine höhere Farbtemperatur als rötliches Licht.**

Wie Abb. 1 und Tabelle 1 zeigen, sind die Farben des natürlichen Lichts abhängig von Tageszeit, Wetterbedingungen und Beleuchtungssituation. Insbesondere bei natürlichem Licht von mehr als 4000 K Farbtemperatur muss vermehrt mit ultravioletter Strahlung gerechnet werden, die ohne entsprechendes UV-Sperrfilter die Bildaufnahme der Kamera stören kann.

➜ **Im Tagesverlauf weist das natürliche Licht starke Farbtemperaturschwankungen auf.**

Farbtemperaturschwankungen

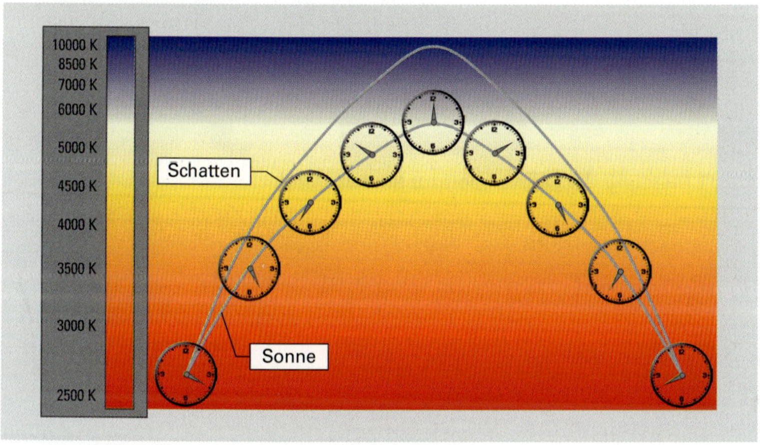

Abb. 1 Farbtemperatur im Tagesverlauf

Tabelle 1 Farbtemperatur natürlicher Lichtquellen

Situation der Lichtquelle	Farbtemperatur
1 Stunde vor Sonnenaufgang / 1 Stunde nach Sonnenuntergang	9000 K … 12000 K
Sonnenaufgang / Sonnenuntergang	2200 K
1 Stunde nach Sonnenaufgang / 1 Stunde vor Sonnenuntergang	3500 K
Frühe Morgensonne / späte Abendsonne	4200 K
Vormittagssonne / Nachmittagssonne	5500 K
Mittagssonne, im direkten Sonnenlicht	5500 K … 5800 K
Blauer Himmel, im Schatten ohne direktes Sonnenlicht	10000 K … 20000 K
Tageslicht, bedeckter Himmel	6500 K … 7500 K
Tageslicht, nebliges Wetter	7500 K … 8500 K

Die Farbtemperatur kann mit der Kamera selbst gemessen werden, indem sie bei einem Weißabgleich formatfüllend auf ein beleuchtetes weißes Blatt

Weißabgleich s. Kap. 7

gerichtet wird. Viele Kameras zeigen dann im Suchermonitor kurz die gemessene Farbtemperatur des Aufnahmebereichs an. Farbtemperaturen lassen sich am Set auch direkt mit einem Colormeter messen (Abb. 1).

Abb. 1 Messung der Farbtemperatur am Set

Die „blaue Stunde" ist eine besondere Lichtsituation ca. eine Stunde vor Sonnenaufgang bzw. eine Stunde nach Sonnenuntergang. In dieser Zeit liefert die Sonne kein direktes Licht mehr, aber sie beleuchtet die Atmosphäre ausreichend stark. Diese liefert extrem blaues Licht (daher der Name „blaue Stunde") mit Farbtemperaturen von über 6000 K und zudem aufgrund der enormen Ausmaße der leuchtenden Fläche ein extrem weiches, nahezu schattenfreies Licht.

Mithilfe des in allen professionellen Kameras eingebauten, manuell drehbaren Farbfilterrades zur Farbkorrektur muss die Kamera vor Drehbeginn auf die vorgefundene Lichtsituation eingestellt werden, sodass es nicht zu Fehldarstellungen der Farben kommt. Die einzelnen Filterradpositionen sind beispielsweise mit den Farbtemperaturen 3200 K, 5600 K und 5600 K 1/8ND beschriftet. Jede dieser Filterradposition repräsentiert dabei jeweils eine der in der Praxis am häufigsten auftretenden Lichtsituationen:

- 3200 K, (elektrisches) Kunstlicht, z. B. Beleuchtung mit Halogen-EB-Scheinwerfern oder Halogen-Studioscheinwerfern
- 5600 K, (natürliches) Tageslicht, mittlere Helligkeit, z. B. Beleuchtung mit HMI-Scheinwerfern oder der Sonne
- 5600 K 1/8 ND, (natürliches) Tageslicht, starke Helligkeit, z. B. Beleuchtung durch direkte Sommersonne

Gerade bei der Beleuchtung mit Tageslicht durch direkte Sonneneinstrahlung kann es teilweise zu extrem hohen Beleuchtungsstärken kommen. Um dann eine Überbelichtung zu vermeiden, kann das Filterrad auf die Position 5600 K 1/8 ND gedreht werden. Dieses spezielle Filter reduziert die in die Kamera einfallende Lichtmenge im Vergleich zum normalen 5600 K – Filter auf 1/8 des ursprünglichen Werts. Für die hohe Farbtemperatur während der „blauen Stunde" reichen die eingebauten Kamerafilter dennoch nicht aus. Selbst in der Einstellung 5600 K sind die aufgenommenen Bilder extrem blaustichig. Hier muss also ein zusätzliches externes Korrekturfilter eingesetzt werden.

3.2.2 Lichtfarben / Additive Farbmischung

Für einen Packshot wird eine Champagnerflasche mit rotem und grünem Licht beleuchtet (Abb. 1). Das weiße Etikett sieht bei diesem Licht gelb aus, während die rote Lampe einen grünen Schatten und die grüne Lampe einen roten Schatten hat.

- Wieso sieht das weiße Etikett gelb aus und wie entstehen die farbigen Schatten?
- Wie sieht das Etikett aus, wenn zusätzlich noch blaues Licht von vorne hinzukommt?
- Welche Schattenfarben sind mit dem zusätzlichen blauen Licht zu sehen?

Abb. 1 Packshot mit farbiger Beleuchtung

Geräte wie beispielsweise Projektoren, Scheinwerfer oder TV-Bildschirme erzeugen Licht mit verschiedenen Lichtfarben. Diese Lichtfarben können von Bildaufnahmegeräten wie Kameras oder Scannern aber auch vom menschlichen Sehapparat als Bildfarben wahrgenommen und abgespeichert werden.

Additive Farbmischung

RGB

Lichtfarben entstehen nach dem Prinzip der **additiven Farbmischung**. Die additive Farbmischung beschreibt, wie beliebige Lichtfarben aus Anteilen der Grundfarben Rot, Grün und Blau hergestellt werden können, weshalb das Lichtfarbsystem auch als **RGB**-Farbsystem bezeichnet wird. Dabei werden die Grundfarben R(ot), G(rün) und B(lau) mit den Faktoren r, g und b (jeweils eine Zahl zwischen 0 % und 100 %) gewichtet.

$$\text{Lichtfarbe} = r \cdot R + g \cdot G + b \cdot B$$

→ **Alle Geräte und Gegenstände, die Licht erzeugen, sowie alle Bildaufnahmegeräte funktionieren nach dem Lichtfarbsystem bzw. der additiven Farbmischung.**

→ **Die additive Farbmischung ist eine RGB-Farbmischung.**

Grafikkarten von Computern können beispielsweise so eingestellt werden, dass für die Faktoren r, g und b jeweils 256 verschiedene Werte im Bereich von 0 % bis 100 % zugelassen sind. Damit können dann $256 \cdot 256 \cdot 256 = 16\,777\,216 \approx 16{,}7$ Mio. verschiedene Farben erzeugt werden.

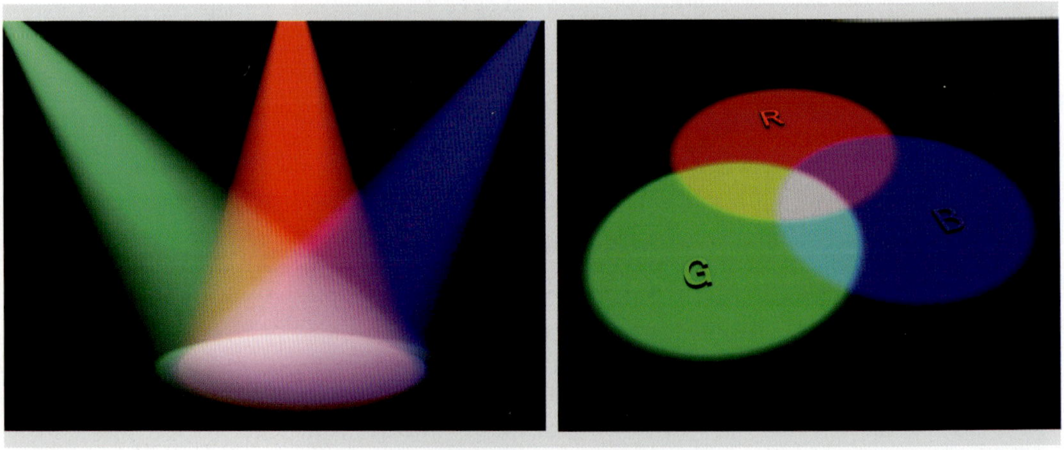

Abb. 1 Prinzip der additiven Farbmischung

Glühfarbe

Die Tabelle 1 zeigt exemplarisch, wie einzelne Farben aus den Grundfarbanteilen additiv gemischt werden können. Wenn beispielsweise die **Glühfarbe** eines wärmer werdenden schwarzen Strahlers von Rot über Orange nach Gelb wechselt, wird zusätzlich zu rotem Licht nun auch immer mehr grünes Licht abgestrahlt. Wird schließlich Weißglut erreicht, so addiert sich blaues Licht zum dann schon vorhandenen roten und grünen Licht.

Tabelle 1 Additive Farbmischung von Lichtfarben

r (Rot)	g (Grün)	b (Blau)	Resultierende Lichtfarbe
100 %	100 %	100 %	Weiß
50 %	50 %	50 %	50 % Grau
0 %	0 %	0 %	Schwarz
100 %	0 %	0 %	Rot
0 %	100 %	0 %	Grün
0 %	0 %	100 %	Blau
0 %	100 %	100 %	Cyan
100 %	0 %	100 %	Magenta
100 %	100 %	0 %	Gelb

Das Etikett der Champagnerflasche sieht gelb aus, weil sich dort rotes und grünes Licht zu gelbem Licht addieren. In den Schatten der roten Lichtquelle fällt kein rotes Licht, daher färbt die grüne Lichtquelle den Schatten der roten Lichtquelle grün. Umgekehrt gilt das gleiche.
Damit das weiße Etikett auch weiß aussieht, müsste es mit weißem Licht beleuchtet werden. Daher muss zu der roten und grünen Lichtquelle noch eine blaue dazukommen. Im Schattenbereich jeder Lichtquelle mischt sich das Licht der anderen beiden Lichtquellen additiv:

Schatten der roten Lichtquelle: G + B = Cyan
Schatten der grünen Lichtquelle: R + B = Magenta
Schatten der blauen Lichtquelle: R + G = Gelb

3.2.3 Körperfarben / Subtraktive Farbmischung

Für einen Magazinbeitrag zum Thema „Zeitgenössische Gemälde“ sollen in einer Museumsausstellung Einstellungen verschiedener Gemälde gedreht werden.

- Wieso sollten bei den Dreharbeiten keine Farbfilterfolien für die EB-Scheinwerfer eingesetzt werden?

Die Farben von Gegenständen, wie beispielsweise Gemälde, Malkastenfarben oder Mobiliar, die nicht selbst Licht aussenden, sondern beleuchtet werden müssen, werden als Körperfarben bezeichnet.

Subtraktive Farbmischung

Körperfarben entstehen nach dem Prinzip der subtraktiven Farbmischung (Abb. 1). Die subtraktive Farbmischung beschreibt, wie Oberflächen von Gegenständen dem eingestrahlten Licht bestimmte Farbanteile durch Absorption entziehen, während die nicht absorbierten Anteile des Lichts von der Oberfläche reflektiert werden. Ein Gegenstand (Körper) erscheint deshalb in der Farbe (Körperfarbe), die er reflektiert, da er sie nicht absorbieren kann.

→ **Alle Gegenstände, die kein Licht erzeugen und deswegen beleuchtet werden müssen, funktionieren nach dem Körperfarbsystem bzw. der subtraktiven Farbmischung.**

→ **Ein Körper erscheint immer in der Farbe, die er nicht absorbieren kann und somit reflektieren muss.**

Abb. 1: Prinzip der subtraktiven Farbmischung

Wenn die Körperfarbe eines Gegenstandes im Licht einer Lichtquelle nicht vorhanden ist, so erscheint der Gegenstand im Licht dieser Lichtquelle dunkel.

Bei der Körperfarbmischung werden die absorbierten Lichtfarben R(ot), G(rün) und B(lau) mit den Faktoren r_a, g_a und b_a (jeweils eine Zahl zwischen 0 % und 100 %) gewichtet.

$$\text{Körperfarbe} = \text{Lichtfarbe} - \text{absorbierte Lichtfarbe}$$
$$\text{Körperfarbe} = \text{Lichtfarbe} - (r_a \cdot R + g_a \cdot G + b_a \cdot B)$$

Bei weißem Licht ergeben sich die Körperfarben Rot, Grün und Blau aus der Absorption (Subtraktion) der Lichtfarben Cyan (C), Magenta (M) und Gelb (Y):

$$R = \text{Weiß} - (0\%\,R + 100\%\,G + 100\%\,B) = \text{Weiß} - C$$
$$G = \text{Weiß} - (100\%\,R + 0\%\,G + 100\%\,B) = \text{Weiß} - M$$
$$B = \text{Weiß} - (100\%\,R + 100\%\,G + 0\%\,B) = \text{Weiß} - Y$$

CMY

→ **Die subtraktive Farbmischung ist eine CMY-Farbmischung.**

Laser- oder Tintenstrahldrucker arbeiten mit Tonern bzw. Tinte in den Druckfarben Cyan, Magenta und Gelb. Soll nun eine rote Fläche gedruckt werden, so druckt der Druckkopf Magenta (Absorptionsfarbe Grün) und zusätzlich Gelb (Absorptionsfarbe Blau) in die Fläche. Jetzt absorbiert die Fläche grünes und blaues Licht, reflektiert aber rotes Licht. Bei weißer Beleuchtung sieht die Fläche deswegen rot aus. Würde sie stattdessen ausschließlich mit blauem Licht beleuchtet, so sähe die Fläche dunkel aus.

Tabelle 1 zeigt exemplarisch für weißes Licht, wie Körperfarben in Abhängigkeit vom Absorptionsverhalten des Gegenstandes entstehen.

Tabelle 1 Subtraktive Farbmischung von Körperfarben

r_a (Rot)	g_a (Grün)	b_a (Blau)	absorbierte Lichtfarbe	resultierende Körperfarbe
100 %	100 %	100 %	Weiß	Schwarz
50 %	50 %	50 %	50 % Grau	50 % Grau
0 %	0 %	0 %	Schwarz	Weiß
100 %	0 %	0 %	Rot	Cyan
0 %	100 %	0 %	Grün	Magenta
0 %	0 %	100 %	Blau	Gelb
0 %	100 %	100 %	Cyan	Rot
100 %	0 %	100 %	Magenta	Grün
100 %	100 %	0 %	Gelb	Blau

Aus Gründen der korrekten Farbwiedergabe sollte bei den Dreharbeiten im Museum nicht mit farbigem Licht gearbeitet werden. Die Farben des Gemäldes sind Körperfarben, die nach der subtraktiven Farbmischung arbeiten. Nur bei Beleuchtung mit weißem Licht erscheinen die Bilder in den korrekten Farben. Farbiges Licht würde hier Farbveränderungen oder Verfremdungen hervorrufen.

3.2.4 Messung von Farben

Ein Arbeitsschritt in der Bildtechnik (Abb. 1) ist das sogenannte Colormatching der Studiokameras vor Produktionsbeginn einer Studiosendung.

- Was genau wird beim Colormatching gemacht?

Abb. 1 Bildtechnikarbeitsplatz einer Studioproduktion

Farbfehler

Bei TV-Produktionen kommt es in der Regel darauf an, mit der Kamera farbrichtige Aufnahmen zu machen, diese ohne **Farbfehler** zu übertragen und sie auf einem Monitor oder einem anderen Endgerät farblich korrekt darzustellen. Deshalb spielt die Messung von Bildfarben eine wichtige Rolle in der Medientechnik.

unbunte Farben, bunte Farben

Die Farben werden in **unbunte** (Weiß, alle reinen Grautöne und Schwarz) und **bunte** Farben (alle übrigen Farben) unterteilt. Jede Farbe kann dabei über zwei charakteristische Eigenschaften beschrieben werden:

Farbton, Farbsättigung

- **Farbton** (engl. hue), z. B. Rot, Grün oder Magenta
- **Farbsättigung** (engl. saturation), z. B. 0 % bis 100 %

➜ **Farben werden über Farbton und Farbsättigung definiert.**

Vektorskop

Farbvektor

Um Farben zu messen, werden Farbton und Farbsättigung gemeinsam durch einen Farbvektor auf einem Messgerät zur Messung der Bildfarben, dem **Vektorskop**, dargestellt. Der **Farbvektor** ist folgendermaßen definiert:

- Startpunkt ≙ Skalenmitte (Unbuntpunkt, Weiß/Schwarz)
- Richtung ≙ Farbton
- Länge ≙ Farbsättigung

➜ **Farben werden über einen Farbvektor dargestellt.**

Alle Farbtöne, die der Farbvektor bei einer Drehung um den Unbuntpunkt durchläuft, können in einem Farbkreis eingezeichnet werden, in dem sich

Komplementärfarben genau gegenüber stehen. So kann jedem beliebigen Farbton exakt ein Winkel zugeordnet werden (Abb.1).

Komplementärfarbe

→ **Komplementärfarben liegen sich im Farbkreis gegenüber.**

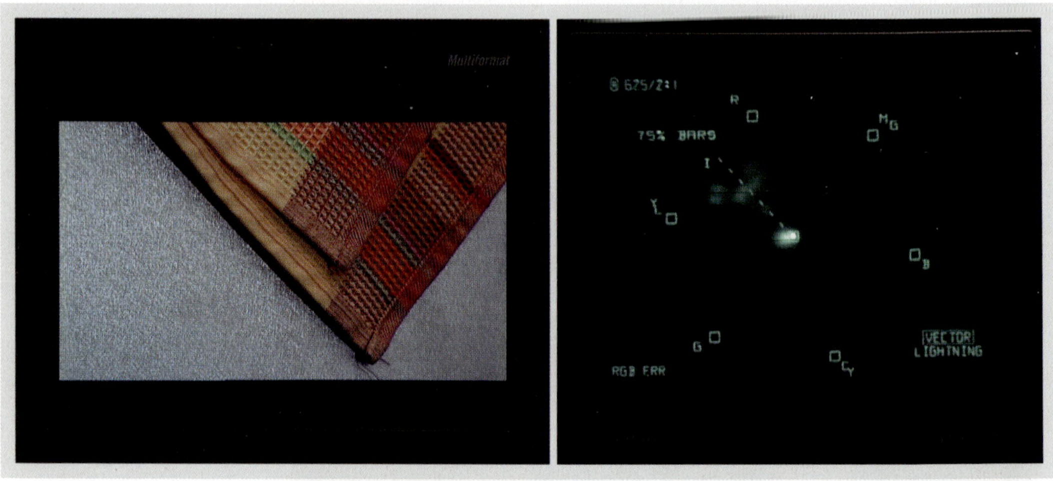

Abb. 1 Vektorskop-Display

Das Vektorskop zeigt die Bildfarben einer (oder mehrerer) Bildzeilen des gemessenen Videobildes (Abb. 2) an, wobei der Farbton dem Winkel des Farbvektors und die Farbsättigung der Länge des Farbvektors entsprechen.

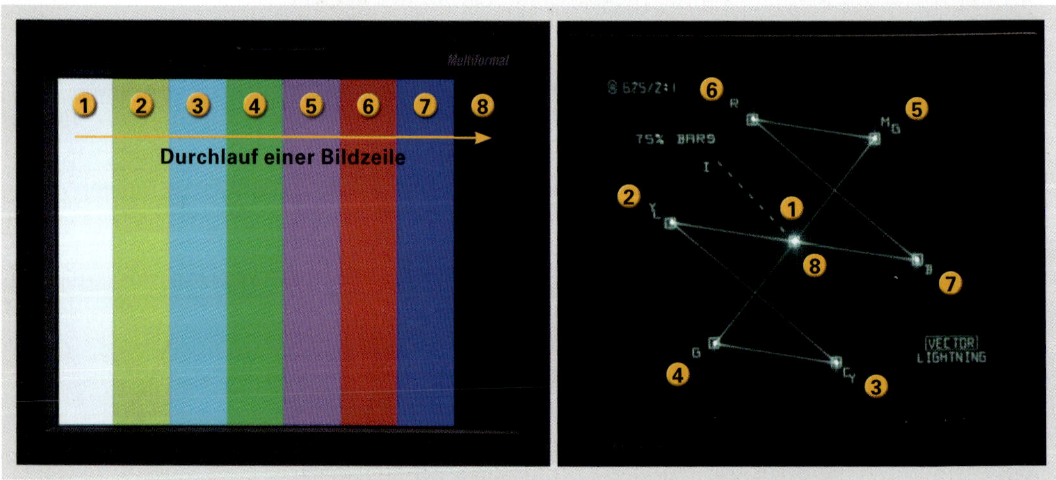

Abb. 2 Darstellung der Bildfarben auf dem Vektorskop

Beim Colormatching der Studiokameras werden die Kameras vor Produktionsbeginn so eingestellt, dass sie exakt dieselben Farbtöne und Farbsättigungen der Bildfarben erzeugen, wenn sie dasselbe Objekt filmen. Mithilfe des Vektorskops können bei diesem Einstellvorgang die Farbtöne und Farbsättigungen der Bildfarben der Kameras gemessen, kontrolliert und verglichen werden.

3.3 Optische Filter

Optische Filter dienen in der Medientechnik dazu, Lichtfarben von Lichtquellen bzw. Bildfarben bei Kameras zu ändern, Licht bzw. Bilder weicher zu machen oder Licht- und Bildeffekte zu erzeugen. Generell kann jedes optische Filter entweder als Transmissionsfilter (z. B. transparente Filterfolien) oder als Reflexionsfilter (z. B. farbige Reflexionsflächen) ausgeführt sein.

Kamerafilter

An **Kamerafilter** werden in der Regel sehr viel höhere Qualitätsansprüche gestellt als an Lampenfilter. So genügt vor einer Lampe durchaus eine nicht ganz knitterfreie, preisgünstige Farbfolie, während aus Gründen der optischen Abbildungsqualität als Kamerafilter in der Regel nur ein kratzerfreies, verhältnismäßig teures Glasfilter infrage kommt. Dennoch verschlechtert jedes Filter, auch ein hochwertiges, prinzipiell die Abbildungsqualität der Kamera.

3.3.1 Filterprinzipien

Die Lichtreflexionen an der vorderen Linse einer Kamera (Abb. 1) oder eines Projektors schillern in bunten Farben, während Reflexionen an normalem Fensterglas keine Farbveränderungen des Spiegelbildes aufweisen.

- Wie entstehen diese bunten Reflexionen, die an Aufnahme- und Projektionsoptiken zu beobachten sind?

Abb. 1 Farbige Reflexionen an der Kameralinse

Reflexionsfilter, Transmissionsfilter

Sowohl **Reflexionsfilter** als auch **Transmissionsfilter** arbeiten grundsätzlich nach dem Prinzip der subtraktiven Farbmischung, denn sie entziehen dem Licht bestimmte Lichtfarben (und sie leuchten nicht selbstständig). Daher geht durch die Verwendung von Filtern bei Kameras und Lichtquellen grundsätzlich Licht verloren.

→ **Filter arbeiten auf der Basis der subtraktiven Farbmischung.**

Optische Dichte *D*

Die optische Transmission *T* eines Filters gibt an, wie viel Licht durch gelassen wird. In der Praxis wird häufig statt der Transmission *T* die **optische Dichte *D*** angegeben, denn bei der gleichzeitigen Verwendung mehrerer Filter müssen die Transmissionswerte *T* der Filter multipliziert werden, während die Dichtewerte *D* der Filter nur addiert werden müssen.

➜ **Werden mehrere Filter hintereinander verwendet, so wird die Transmission *T* multipliziert bzw. die Dichte *D* addiert.**

Blendenstufe, s. Kap. 7

Die Dichte $D = 0{,}3$ erzeugt genau eine Blendenstufe Lichtverlust. Wie Tabelle 1 zeigt, kann die Halbierung der durchgelassenen Lichtmenge ($T = 50$ % bzw. $D = 0{,}3$) durch das Öffnen der Kamerablende um eine Blendenstufe ausgeglichen werden.

Tabelle 1 Lichtverlust bei der Lichtfilterung

Transmission T	Dichte D	Lichtverlust
100 % (1/1 der Lichtmenge)	0	0 Blendenstufen
71 % (5/7 der Lichtmenge)	0,15	½ Blendenstufen
50 % (1/2 der Lichtmenge)	0,3	1 Blendenstufen
25 % (1/4 der Lichtmenge)	0,6	2 Blendenstufen
12,5 % (1/8 der Lichtmenge)	0,9	3 Blendenstufen
6,25 % (1/16 der Lichtmenge)	1,2	4 Blendenstufen
3,125 % (1/32 der Lichtmenge)	1,5	5 Blendenstufen

Im Zusammenhang mit Filterung bei Lichtquellen und Kameras kommen zwei grundlegend unterschiedliche physikalische Filterprinzipien zum Einsatz:

- Absorptionsfilter
- Interferenzfilter

➜ **Bei Kameras und bei Scheinwerfern werden sowohl Absorptionsfilter als auch Interferenzfilter eingesetzt.**

Absorptionsfilter

Absorptionsfilterung

Bei der **Absorptionsfilterung** werden bestimmte Lichtfarben in den Farbpartikeln von Filterfolien, Filtergläsern, Farben und Anstrichen absorbiert und dabei in Wärme umgewandelt. Dadurch können sich die Filter teilweise stark erwärmen. Je dichter die Farbpartikel im Trägermaterial angeordnet sind, umso intensiver gefärbt erscheint das Filter und umso gravierender ist die Filterwirkung.

➜ **Die Körperfarbe des Absorptionsfilters ist die Farbe, die bei der Filterung nicht absorbiert wird. Das Licht erscheint ausgangs des Filters in der Farbe des Filters.**

Die gebräuchlichsten Absorptionsfilter in der Medientechnik sind Filterfolien für Scheinwerfer, farbige Reflektoren für Beleuchtungszwecke und farbige Glasfilter als Vorsatzfilter für Kameras. Diese kostengünstigen Filter werden in Filterrahmen eingespannt und in den Filterhalter vor den

Scheinwerfer gesteckt (Abb.1). Als Filter vor der Kamera sind Filterfolien eher nicht geeignet, da sie die Bildqualität negativ beeinflussen.

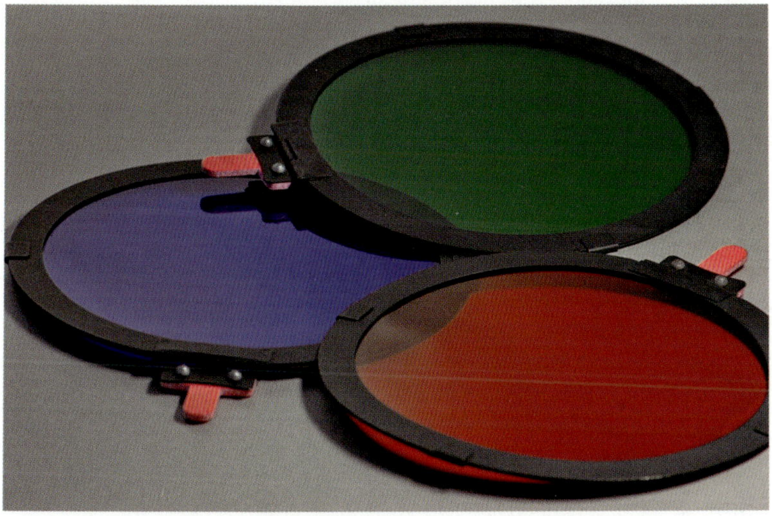

Abb. 1 Filterung nach dem Absorptionsprinzip

Interferenzfilter

Die im Vergleich zu Absorptionsfiltern deutlich teureren, dafür aber auch hochqualitativen **Interferenzfilter** – auch **Dichroiten** oder dichroitische Filter genannt – bestehen aus einem Trägermaterial wie Glas oder Folie, auf die eine extrem dünne Filterschicht (Coating) aufgebracht wurde. Die Filterwirkung beruht darauf, dass in dieser dünnen Beschichtung durch Interferenzeffekte bestimmte Lichtfarben reflektiert werden, während andere durchgelassen werden (Abb. 2). In der Interferenzschicht spiegeln sich also die Komplementärfarben der durchgelassenen Farben. Welche Farben reflektiert bzw. durchgelassen werden, hängt dabei vom Material und der Dicke der Schicht ab.

Interferenzfilterung

Dichroiten

Das Coating wird auch als Vergütung bezeichnet.

Abb. 2 Filterung nach dem Interferenzprinzip

Farbteilerprisma, s. Kap. 7

Die gebräuchlichsten Interferenzfilter in der Medientechnik sind externe Filterscheiben für Scheinwerfer und Kameras sowie in die Kamera eingebaute Filter und das Farbteilerprisma der Kamera.

→ **Interferenzfilter reflektieren die Farbe, die bei der Filterung nicht durchgelassen wird.**

!

Die bunt schillernden Lichtreflexionen an der vorderen Linse einer Kamera sind das Ergebnis eines Interferenzfiltervorgangs. Nahezu alle Kameraoptiken und Projektionsoptiken werden heute mit dünnen Filterschichten als Oberflächenvergütung, auch Coating genannt, überzogen, um damit gezielt das Reflexionsverhalten der Optik zu verbessern. Eine solche Vergütung gibt es auch als aufpreispflichtige Anti-Reflexbeschichtung (Entspiegelung) für Brillengläser.
Eine solche Vergütung sollte nicht mit den Fingern berührt werden, da es sonst zu chemischen Reaktionen zwischen dem Hautfett bzw. Hautschweiß und dem Coating kommen kann, sodass sich der Fingerabdruck in das Coating „einbrennt". Eine beschichtete Optik darf nur mit äußerster Vorsicht und mit zugelassenen Reinigungsmitteln gereinigt werden, um die Vergütung, die in der Regel nur wenige nm dick ist, nicht zu beschädigen.

3.3.2 Filtertypen

?

An einem sonnigen, leicht bewölkten Mittag (5600K) soll eine Schauspielerin an einem Fenster mit der Stadtkulisse im Hintergrund interviewt werden. Sowohl Moderatorin als auch die Stadtkulisse sollen korrekt belichtet sein.

- Wieso ist diese Aufnahmesituation problematisch?
- Kann das Problem mit dem EB-Lichtset gelöst werden?

In der Medientechnik erfüllen Filter verschiedene Aufgaben. Daher ist es sinnvoll, Filter anhand der verschiedenen Aufgabengebiete zu kategorisieren. Die in Tabelle 1 vorgestellten Filtertypen werden auf den folgenden Seiten genauer erklärt:

Tabelle 1 Filtertypen und Aufgabengebiete

Aufgabengebiet	Filtertypen
Farbneutrale Filter	• Graufilter • UV- und IR-Sperrfilter • Polarisationsfilter
Farbige Filter	• Farbfilter • Konversionsfilter
Spezial-Filter	• Lowcontrast- und Softfocus-Filter • Frost- und Vlies-Filter • Stareffekt-Filter, usw.

Verlaufsfilter

Einige Filter sind zusätzlich auch als **Verlaufsfilter** erhältlich, d. h., die Filterwirkung ist nicht überall auf der Filterfläche gleich stark. In der Weitwinkelstellung liegt der nahezu gesamte Verlauf innerhalb des Bildwinkels, während bei Telebrennweiten nur der Teil des Verlaufsfilters ausgenutzt wird, der sich innerhalb des Bildwinkels befindet.

Verlaufsfilter beeinflussen bestimmte Bildbereiche unterschiedlich, wie das Beispiel eines Farbverlaufsfilters zeigt (Abb. 1).

Abb. 1 Verlaufsfilter (ohne, gelb unten, blau oben, blau nach gelb)

Farbneutrale Filter

Graufilter

Graufilter reduzieren die Helligkeit, ohne dabei die Farben zu beeinflussen, weshalb sie auch als Neutraldichte-Filter (ND) bezeichnet werden. Ein Graufilter mit der optischen Dichte ND 0,3 reduziert die Helligkeit auf die Hälfte.

→ **ND-Filter sind farbneutral, d. h., sie beeinflussen nur die Helligkeit, nicht aber die Farben.**

An der Kamera wird ein Graufilter (Abb. 2) dazu verwendet, um die in die Kamera einfallende Lichtmenge zu reduzieren. Dann kann die Kamerablende weiter geöffnet werden, um so bei der Aufnahme eine geringere Tiefenschärfe zu erreichen. Ein Grauverlaufsfilter kann zu große Helligkeitskontraste (z. B. zwischen Himmel und Erde) im Bild reduzieren.

Abb. 2 Graufilter (links ohne, rechts mit Verlauf von links nach rechts)

Graufilter werden bei Scheinwerfern benutzt, um den Lichtstrom zu reduzieren, ohne dabei den Scheinwerfer dimmen (was die Farbtemperatur verändern würde) oder die Entfernung zwischen Scheinwerfer und Objekt vergrößern zu müssen (wodurch das Licht härter werden würde). Ein Grauverlaufsfilter beeinflusst die räumliche Helligkeitsverteilung.

Optische Sperrfilter

UV- und IR-Sperrfilter reduzieren die unsichtbaren ultravioletten und infraroten Strahlungsanteile, ohne dabei den Farbton zu beeinflussen. An der Kamera verhindert der eingebaute IR-Sperrfilter, dass IR-Stahlung den CCD-Chip schädigen kann.

HMI-Scheinwerfer dürfen nicht ohne UV-Sperrfilter betrieben werden.

Bei Scheinwerfern reduzieren IR-Sperrfilter die Wärmestrahlung im Lichtkegel, beispielsweise bei Aufnahmen von wärmeempfindlichen Objekten. Bei HMI-Scheinwerfern ist die Verwendung von UV-Sperrfiltern zwingend vorgeschrieben, da dieser Scheinwerfertyp im Lichtkegel erhebliche Mengen UV-Strahlung aussendet, was zu gesundheitlichen Schäden führen kann.

An Orten mit starker UV-Strahlung, z. B. auf Bergen, Gletschern und beim Fliegen, verhindert ein zusätzlich verwendetes UV-Sperrfilter vor der Kamera, dass UV-Strahlung die CCD-Chips belichtet und so die Bildfarben entsättigt (Abb. 1).

→ **UV-Sperrfilter verhindern eine Belichtung durch UV-Licht.**

Abb. 1 Einsatz von UV-Sperrfiltern (links ohne, rechts mit)

Polarisationsfilter, Polfilter

Polarisationsfilter (Polfilter) dienen dazu, Licht einer bestimmten Schwingungsrichtung zu selektieren, ohne dabei die Farben zu beeinflussen.

An der Kamera wird ein Polfilter benutzt, um beispielsweise Reflexionen an Glas zu reduzieren (Abb. 2). Da auch das Himmelslicht polarisiert ist, kann mit einem Polfilter dort eine höhere Farbsättigung erzielt werden.

→ **Polarisationsfilter können Polarisationsrichtungen des Lichts selektiert werden.**

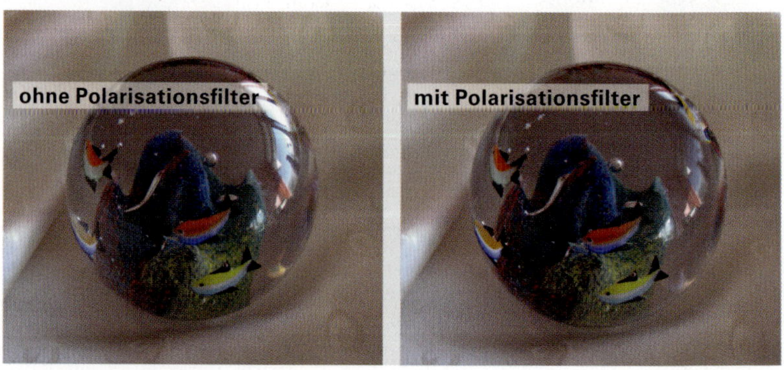

Abb. 2 Reduktion der Reflexionen durch Polarisationsfilter

Nicht farbneutrale Filter

Farbfilter dienen dazu, Farbveränderungen zu erzeugen. Eine große Auswahl an Farbfiltern gibt es von verschiedenen Herstellern, wobei die genaue Funktion des Farbfilters über seine **Transmissionskurve** beschrieben wird.

Transmissionskurve

An der Kamera färben Farbfilter das Bild flächig ein und geben dem Bild so einen Farbstich (Abb. 1). Ein Farbverlaufsfilter, beispielsweise von Grün nach Blau, sorgt dafür, dass die Wiese unnatürlich grün aussieht, während der Himmel unnatürlich blau wirkt.

Farbfilter werden bei Scheinwerfern verwendet, um farbiges Licht zu erzeugen oder farbige Akzente zu setzen. Mit einem Farbverlaufsfilter kann die räumliche Farbverteilung des Scheinwerfers beeinflusst werden.

Buntes Licht ist im Eventbereich üblich, im TV-Bereich nur bei bestimmten Showproduktionen.

→ **Mit Farbfiltern wird das Licht oder Kamerabild eingefärbt.**

Abb. 1 Einsatz von Farbfiltern: oben blau, unten gelb

Konversionsfilter führen eine genau definierte Farbtemperaturveränderung herbei, die häufig nicht in „Kelvin", sondern in „Mired" angegeben wird:

Konversionsfilter, Korrekturfilter

$$\text{Mired-Wert} = 1\,000\,000 \;/\; \text{Kelvin-Wert}$$

Mired: **mi**cro **re**ciprocal **d**egree

Die Mired-Skala (Abb. 2) ist im Gegensatz zur Kelvin-Skala dem Farbempfinden des menschlichen Auges besser angepasst. Das Auge nimmt eine Farbtemperaturabweichung von ± 10 Mired bei jeder Farbe wahr.

→ **Mit Konversionsfiltern wird die Farbtemperatur gezielt verändert.**

Mired	500	450	400	350	300	250	200	150	100
Kelvin	2000	2200	2500	2900	3300	4000	5000	7000	10000

Abb. 2 Kelvin- und Mired-Skala

Subjektiv gleich groß wahrgenommene Farbunterschiede zwischen Farben entsprechen auch gleich großen Abständen auf der Mired-Skala. So ist der wahrgenommene Farbunterschied zwischen 400 Mired und 300 Mired genau so groß wie der zwischen 300 Mired und 200 Mired. Auf der Kelvin-Skala beträgt der erste Farbunterschied dagegen 800 K und der zweite 1700 K.

➜ **Die Mired-Skala ist an die subjektive optische Wahrnehmung des Menschen angepasst.**

In der TV-Produktion kommen zwei verschiedene Konversionsfiltertypen zum Einsatz:

CTB, CTO

- **Bläuliche CTB-Filter** (CTB = Color Temperature Blue) konvertieren eine niedrige Farbtemperatur (Kunstlicht) in eine hohe (Tageslicht) (vgl. Tabelle 1)
- **Rötliche CTO-Filter** (CTO = Color Temperature Orange) konvertieren eine hohe Farbtemperatur (Tageslicht) in eine niedrige (Kunstlicht) (vgl. Tabelle 2)

Tabelle 1 Konversion von Kunstlicht in Tageslicht

Filtertyp	Konversion	Mired	Lichtverlust
CTB (1/1)	3200 K → 5600 K	- 137	1,6 Blendenstufen
CTB (3/4)	3400 K → 5600 K	- 112	1,2 Blendenstufen
CTB (1/2)	3900 K → 5600 K	- 78	0,9 Blendenstufen
CTB (1/4)	4700 K → 5600 K	- 35	0,5 Blendenstufen
CTB (1/8)	5100 K → 5600 K	- 18	0,3 Blendenstufen

➜ **CTB-Filter heben die Farbtemperatur. Sie reduzieren rötliche Spektralanteile, wodurch das Licht bläulicher wird.**

Tabelle 2 Konversion von Tageslicht in Kunstlicht

Filtertyp	Konversion	Mired	Lichtverlust
CTO (1/1)	6500 K → 3200 K	+ 159	0,9 Blendenstufen
CTO (3/4)	5300 K → 3200 K	+ 124	0,7 Blendenstufen
CTO (1/2)	5000 K → 3200 K	+ 109	0,5 Blendenstufen
CTO (1/4)	4000 K → 3200 K	+ 64	0,3 Blendenstufen
CTO (1/8)	3500 K → 3200 K	+ 26	0,2 Blendenstufen

➜ **CTO-Filter senken die Farbtemperatur. Sie reduzieren bläuliche Spektralanteile, wodurch das Licht rötlicher wird.**

Konversionsfilter können als Scheinwerfer- oder als Kamerafilter eingesetzt werden. Bei der Verwendung der blauen CTB-Filter vor Scheinwerfern wird in der Regel ein großer Teil der Infrarotstrahlung im Scheinwerferlichtkegel reduziert. Dadurch entsteht im Gegensatz zu den CTO-Filtern eine deutliche höhere Wärmebelastung des Filters.

Da Interferenzfilter die Wärmestrahlung nicht absorbieren, sondern reflektieren, haben sie als CTB-Filter, beispielsweise als Konversionsfilterscheiben im EB-Lichtkoffer, eine höhere Lebensdauer als Filter, die nach dem Absorptionsprinzip arbeiten.

Bei Absorptionsfilterfolien, wie sie in der Regel bei Scheinwerfern verwendet werden, kann die hohe Wärmebelastung, die insbesondere bei der Verwendung blauer Filter entsteht, letztendlich zur Zersetzung der Farbstoffe in der Filterfolie führen (Abb. 1).

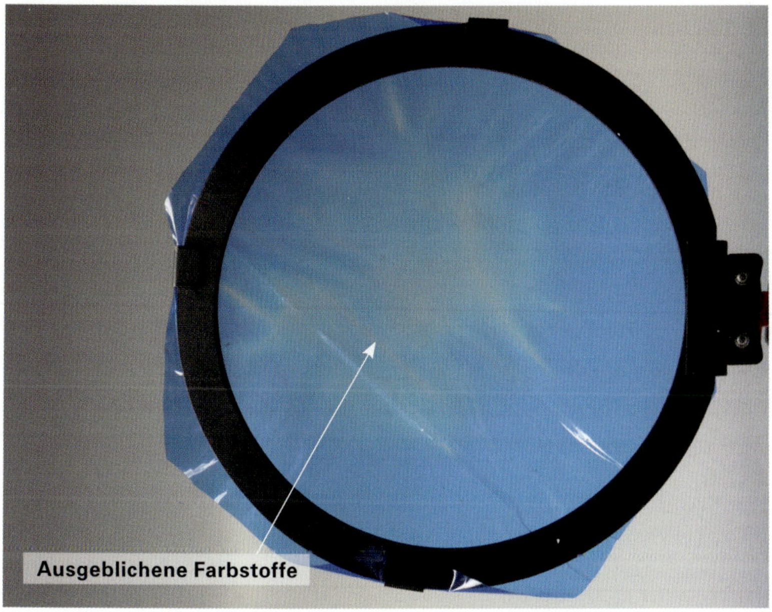

Abb. 1 Defekter CTB-Folienfilter

Effektfilter

Low-Contrast-Filter reduzieren idealerweise die Bildkontraste, ohne die Bildschärfe zu beeinträchtigen, während **Softfocus-Filter** (Weichzeichner-Filter) die Bildschärfe reduzieren, ohne die Bildkontraste zu beeinflussen (Abb. 2). Diese Filter werden häufig genutzt, wenn es darum geht, bei Aufnahmen mit der Videokamera einen weichen, kontrastärmeren **„Filmlook"** zu realisieren.

Low-Contrast

Soft-Focus

Filmlook

➜ **Softfocus-Filter greifen in die Bildschärfe ein.**

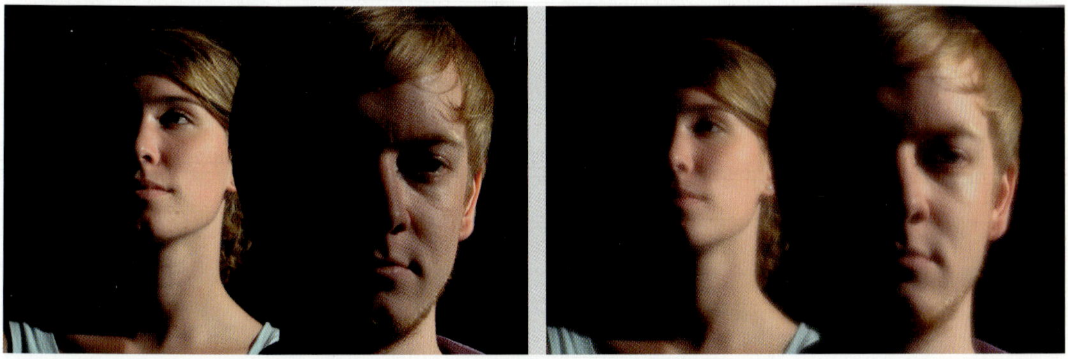

Abb. 2 Effekt von Softfocus- bzw. Weichzeichner-Filtern

Frost-Filter und **Vlies** machen als Vorsatzfilter für Scheinwerfer das Scheinwerferlicht dunkler und diffuser, sodass sich weicheres Licht einstellt, ohne dabei die Farbtemperatur des Scheinwerfers zu beeinflussen.

Frost, Vlies

Vor Kameras kommen Frost- und Vlies-Filter (Abb. 1) in der Regel nicht zum Einsatz, da sie quasi undurchsichtig sind.

→ **Frost- und Vlies-Filter machen das Licht dunkel, diffus und weich.**

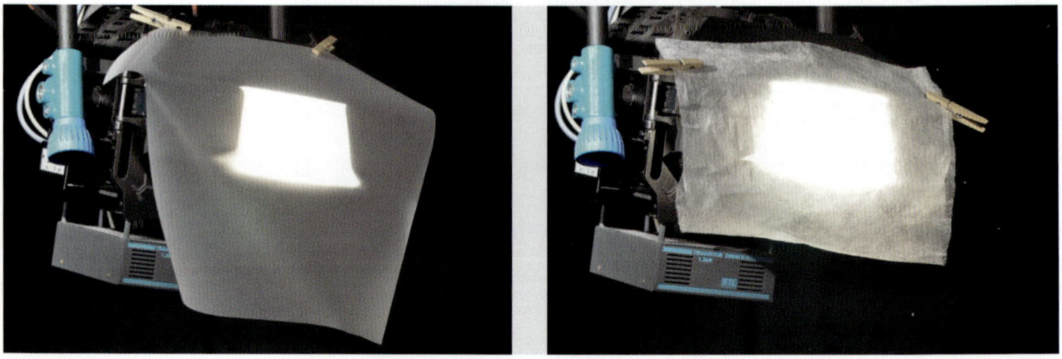

Abb. 1 Einsatz von Frost (links) und Vlies (rechts)

Stareffekt-Filter

Effektfilter werden im professionellen Bereich eher selten verwendet.

Der **Stareffekt-Filter** erzeugt als Vorsatzfilter für die Kamera bei allen Lichtquellen im Bild jeweils einen mehrstrahligen Stern. Neben diesem Stareffekt-Filter gibt es noch eine Fülle von weiteren Effektfiltern, mit denen sich beispielsweise Kaleidoskopeffekte, Mehrfachbilder, Zerrbilder und vieles mehr erzeugen lassen.

Die Aufnahmesituation erzeugt einen zu großen Kontrastumfang für die Videokamera, weil der Hintergrund (Stadtkulisse, außen, sonniger Mittag, ca. 5600 K) im Vergleich zur Moderatorin (Innenraum, am Fenster), eine sehr viel größere Helligkeit besitzt. Um den Kontrastumfang des Bildes zu verringern, werden kommen verschiedene Methoden in Betracht.
Eine grundsätzliche Möglichkeit besteht darin, den Hintergrund abzudunkeln ohne gleichzeitig auch den Vordergrund mit abzudunkeln. Diese Varianten werden in Tabelle 1 dargestellt.

Tabelle 1 Methode 1 – Hintergrund abdunkeln

Aktion	Verbleibendes Problem	Bewertung
Kamerablende schließen, bis Hintergrund korrekt belichtet wird	Vordergrund ist dann unterbelichtet, Moderatorin nicht erkennbar	ungünstig
Mit Grauverlaufsfilter an der Kamera Himmel abdunkeln	Dabei wird auch der obere Bereich des Vordergrunds abgedunkelt	ungünstig
Mit ND-Folie Fensterscheibe großflächig abkleben	Farbtemperaturunterschied zwischen Vorder- und Hintergrund	brauchbar
Mit Jalousien oder Vorhänge Fenster weitgehend abdunkeln	Perspektive auf die Stadtkulisse wird beeinträchtigt	brauchbar
Mit CTO-Konversionsfolie Fensterscheibe großflächig abkleben	Knicke in der Folie können im Bild zu sehen sein	gut

Eine weitere grundsätzliche Möglichkeit besteht darin, den Vordergrund aufzuhellen. Diese Varianten werden in Tabelle 2 dargestellt.

Tabelle 2 Methode 2 – Vordergrund aufhellen

Aktion	Verbleibendes Problem	Bewertung
Kamerablende öffnen, bis Vordergrund korrekt belichtet wird	Hintergrund überbelichtet (ausgefressen, Wolkenstruktur nicht erkennbar)	schlecht
Mit Kunstlicht (EB-Lichtset) Moderatorin aufhellen	Farbtemperaturunterschied zwischen Vorder- und Hintergrund	brauchbar
Mit Tageslicht (EB-Lichtset + CTB) Moderatorin aufhellen	Viel Helligkeitsverlust beim Filtern, daher hohe Lampenleistung nötig	gut

→ **Zur Verringerung der Kontraste im Bild können helle Bildbereiche abgedunkelt und/oder dunkle Bildbereiche aufgehellt werden.**

Generell ist es jedoch nicht möglich, über die Kamerablende oder den Kamerashutter in den Kontrastumfang des Bildes einzugreifen, denn sowohl Kamerablende als auch Shutter wirken sich auf das gesamte Bild aus und nicht selektiv auf den Bildvordergrund oder den Bildhintergrund.

Shutter und Blende der Kamera, s. Kap. 7

→ **Über die Kamerablende und Shutter kann der Kontrastumfang des Bildes nicht beeinflusst werden.**

Wenn die Moderatorin so dicht vor dem Fenster positioniert werden soll, dass das Fenster bzw. der Fensterrahmen im Bild scharf zu sehen ist, sollte die Moderatorin mit dem EB-Lichtset und CTB-Konversionsfilter aufgehellt werden. Um den Lichtverlust zu kompensieren, sollten dazu zwei Scheinwerfer gleichzeitig benutzt werden. Auf eine Abdunklung des Fensters mit ND-Folien muss in diesem Fall verzichtet werden, da die Knicke in den Folien im Bild zu erkennen wären. Das Kamerafilterrad wird auf 5600 K gestellt.
Ist es dagegen möglich, die Moderatorin so zu positionieren, dass das Fenster im Bild nicht scharf zu sehen ist, besteht die beste Kombination der Methoden darin, die Moderatorin mit dem EB-Lichtset ohne Konversionsfilter aufzuhellen. Dafür muss dann der sichtbare Bereich der Fensterscheibe mit einer CTO-Folie auf 3200 K gebracht werden. Um den Kontrastumfang zusätzlich zu verkleinern, kann das Fenster noch mit einer ND-Folie abgeklebt werden. Das Kamerafilterrad wird auf 3200 K gestellt.

3.4 Aufgaben und Übungen

1. Erklären Sie, unter welchen Bedingungen hartes und weiches Licht entsteht und welche Objekteigenschaften durch hartes und weiches Licht hervorgehoben werden!

2. Der Abstand zwischen einer Lichtquelle und einem beleuchteten Objekt muss produktionsbedingt verdoppelt werden. Berechnen Sie, um welchen Wert die Leuchtfläche der Lichtquelle vergrößern werden muss, damit sich die Qualität des Lichts nicht ändert!

3. Erklären Sie, wieso bei der Angabe des Lichtstroms einer Lichtquelle die $V(\lambda)$-Kurve berücksichtigt werden muss!

4. Analysieren Sie, in welchen Bereichen sich Vorteile für den TV-Produktionsbetrieb ergeben, wenn Lichtquellen mit einer möglichst hohen Lichtausbeute verwendet werden!

5. Ein Stufenlinsenscheinwerfer erzeugt eine Beleuchtungsstärke von 1000 lx am Objekt aus einem Abstand von 6 Metern. Berechnen Sie die Beleuchtungsstärke, die der Scheinwerfer bei einem Abstand von 10 Metern erzeugt!

6. Ein 1kW-Stufenlinsenscheinwerfer erzeugt eine Beleuchtungsstärke von 2000 lx am Objekt aus einem Abstand von 4 Metern. Berechnen Sie, welchen Abstand ein 2,5 kW Stufenlinsenscheinwerfer haben muss, um die gleiche Beleuchtungsstärke zu erzeugen!

7. Erklären Sie, weshalb eine Kerze eine deutlich geringere Farbtemperatur aufweist als ein Halogenscheinwerfer!

8. Ein Multicolor-LED-Scheinwerfer besteht aus vielen roten, grünen und blauen LEDs. Welche LED-Sorten sind jeweils eingeschaltet, wenn der Scheinwerfer magentafarbenes, gelbes oder weißes Licht erzeugt?

9. In den Filterhalter eines Scheinwerfers mit weiß strahlendem Brenner werden gleichzeitig hintereinander eine Cyan- und eine Magenta-Farbfilterscheibe gesteckt. Ermitteln Sie die Lichtfarbe, die der Scheinwerfer in diesem Fall abgibt!

10. Beschreiben Sie, bei welchen Aufnahmesituationen die Verwendung eines UV-Sperrfilters als Kamerafilter sinnvoll ist.

4 Licht- und Beleuchtungstechnik

In nahezu allen Fernseh- und Filmproduktionen wird Lichttechnik eingesetzt: angefangen beim TV-Interview, ausgeleuchtet mit einem kleinen EB-Lichtset, bis hin zur großen Fernsehshows oder Filmproduktionen, bei denen riesige Mengen an Beleuchtungstechnik zum Einsatz kommen.

Die Tabelle 1 gibt einen Überblick über die Arbeitsbereiche, die sich bei Film- und Fernsehproduktionen mit der Lichttechnik beschäftigen.

Tabelle 1 Arbeitsbereiche rund um die Beleuchtungstechnik

Bezeichnung	Tätigkeitsfelder
Kameramann • Lichtsetzender Kameramann • DoP (= Director of photography)	• Bestimmt den Lichtstil und die Lichtstimmung • Gibt Lichtgestaltung und die Lichtsetzung vor
Oberbeleuchter • Chief lighting technician • Gaffer	• Arbeitet nach Vorgaben des Kameramanns • Leitet die Lichtabteilung (Light-department)
Erster Lichttechniker • Assistant chief lighting technician • Best boy	• Koordiniert Lichttechniker und Beleuchter • Koordiniert den Beleuchtungsmaterialeinsatz
Beleuchter • Lighting technician • Electrician	• Baut die gesamte Lichttechnik auf • Positioniert Lampentore und Lichtfahnen
Lichttechniker • Electrician • Lighting technician	• Organisiert die Verkabelung und Verteilung der elektrischen Lasten • Repariert Lichttechnik
Beleuchtungsmeister • Veranstaltungsmeister • Meister für Veranstaltungstechnik	• Ist verantwortlich für die Beleuchtungstechnik • Prüft die Lichttechnik von Veranstaltungsorten
Lightdesigner • Lichtgestalter • Lichtkünstler	• Plant die Lichtgestaltung für Veranstaltungen, Bühnen, Messestände und Lichtinstallationen
Lightoperator • Lichttechniker • Fachkraft für Veranstaltungstechnik	• Baut Lichttechnik bei Veranstaltungen, usw. auf • Programmiert und betreibt Lichtsteuerpulte

Der Ursprung des Begriffs „Gaffer“ stammt aus den Anfängen des Films als weiße Tücher an Stangen (engl.: gaffs) zur Aufhellung befestigt wurden. Daher kommt auch „Gaffer-Tape“, das Klebeband am Filmset.

4.1 TV-Scheinwerfer

TV-Scheinwerfer gibt es in vielen verschiedenen Ausführungen, da sie häufig für bestimmte Anwendungsgebiete, wie z. B. für den mobilen Einsatz oder das virtuellen Studio optimiert wurden. Sie unterscheiden sich durch ihre Bauform, Lichtleistung, Farbtemperatur und die Art der Lichterzeugung.

4.1.1 Lichtquellen in TV-Scheinwerfern

Werbespot-Aufnahmen (Abb. 1) für Speiseeis erfordern spezielle Beleuchtungstechnik.

- Welche Gefahr für die Exponate kann von den Scheinwerfern unter diesen Bedingungen ausgehen?
- Welche Scheinwerfertypen sind hier geeignet?

Abb. 1 Dreharbeiten mit leicht verderblichen Produkten

Brenner

Die eigentliche Lichtquelle im TV-Scheinwerfer ist der sogenannte **Brenner**, der aus elektrischer Energie Licht erzeugt. In der Medientechnik werden hauptsächlich folgende Brennertechnologien verwendet, die sich im physikalischen Prinzip der Lichterzeugung voneinander unterscheiden:

- Halogenlampen
- HMI-Lampen
- Leuchtstofflampen
- LED-Lampen
- Xenonlampen

Halogenlampen

Glühlampe

Wolframdraht

Die in der Medientechnik weit verbreitete Halogenlampe gehört zur Gruppe der **Glühlampen**. Glühlampen erzeugen Licht, indem ein **Wolfram-Glühdraht** durch elektrischen Strom zum Glühen gebracht wird. Bei Standardglühlampen, wie es sie im Baumarkt zu kaufen gibt, erreicht der Glühdraht eine Temperatur zwischen 1700 °C und 2500 °C und dadurch Farbtemperaturen zwischen 2100 K und 2800 K.

In der Medientechnik werden dagegen höhere Farbtemperaturen benötigt und die TV-Kameras sind auf diese höheren Farbtemperaturen voreingestellt. Halogenlampen, wie sie in der Medientechnik zu finden sind, werden bei einer Glühdrahttemperatur von ca. 2930 °C und einer Farbtemperatur von ca. 3200 K nur etwa 500 °C unter dem Schmelzpunkt von Wolfram betrieben.

➜ **TV-Halogenlampen liefern Kunstlicht (ca. 3200 K Farbtemperatur).**

Kunstlicht

Die Lebensdauer von Glühlampen (Abb. 1) ist begrenzt, da ständig Glühdrahtmaterial verdampft und sich als Schwärzung an der Glaskolbeninnenseite niederschlägt. Der Wolframdraht wird durch die hohe Verdampfungsrate so dünn, dass er reißt.

Abb. 1 Glühdraht einer Glühlampe

Schutzgas

Ihren Namen verdankt die Halogenlampe ihrer **Schutzgasfüllung** mit Halogenzusätzen (Brom oder Jod), die den Glühdrahtverschleiß verlangsamen und die Schwärzung des Glaskolbens verringern. So sind Lampenlebensdauern von über 2000 Betriebsstunden möglich.

➜ **Halogenlampen besitzen Halogenanteile in ihrer Schutzgasfüllung.**

Strahlungsspektrum

Der Schwerpunkt des **Strahlungsspektrums** (Abb. 2) einer Halogenlampe liegt beim rötlichen Licht (ca. 3200 K).

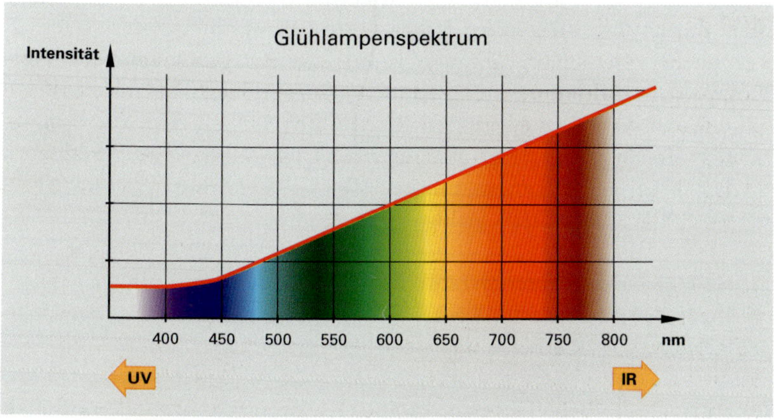

Abb. 2: Strahlungsspektrum einer Glühlampe

Jede eingeschaltete Glühlampe belastet die Klimaanlage des TV-Studios mit fast genauso viel Abwärme, wie sie Energie aufnimmt.

Durch die geringe Lichtausbeute von etwa 5 % geben Halogenlampen neben UV-Strahlung extrem viel Wärmestrahlung ab, die im TV-Studio über leistungsstarke Klimaanlagen abtransportiert werden muss.

Das Strahlungsspektrum zeigt genau diese Problematik auf. Gut zu erkennen ist der deutliche Strahlungsschwerpunkt bei der Wärmestrahlung (Infrarotstrahlung). Vorteile der Halogenlampen sind dagegen ihre einfache Dimmbarkeit, der vergleichsweise günstige Preis und die Flickerfreiheit.

Eine Lampe ist flickerfrei, wenn sie auch dann ohne nennenswerte Helligkeitsveränderung weiterleuchtet, wenn die Amplitude der Wechselspannung gerade ihren Nulldurchgang durchläuft.

➜ **Halogenlampen und Glühlampen haben eine schlechte Energiebilanz. Sie wandeln die zugeführte Energie hauptsächlich in Wärme um.**

Tabelle 1 beinhaltet einige Praxistipps für den störungsfreien und sicheren Betrieb von Halogenlampen:

Lampenknacken entsteht während der Erwärmung des Lampengehäuses.

Tabelle 1 Praxistipps für die Arbeit mit Halogenlampen

Aspekt	Praxistipps
Betrieb	• Halogenlampen 10 Minuten vor Drehbeginn einschalten. In dieser Zeit ändert sich die Farbtemperatur und das Lampenknacken würde die Tonaufnahme stören. • Halogenlampen in heißem Zustand nicht erschüttern, da der heiße Wolframdraht leicht reißt. • Beim Dimmen von Halogenlampen ändert sich die Farbtemperatur. Weißabgleich nach dem Dimmen wiederholen.
Sicherheit	• Halogenlampen können platzen, daher Scheinwerfer nie ohne Splitterschutzscheibe verwenden. **Verletzungsrisiko!** • Halogenlampe nicht in der Nähe von brennbaren Stoffen betreiben. **Brandgefahr!** • Halogenlampen-Lichtkegel nicht auf brennbare oder hitzeempfindliche Stoffe richten. **Brandgefahr!** • Halogenlampe nach dem Ausschalten ausreichend abkühlen lassen. **Brandgefahr!**

HMI-Lampen

Metalldampf-Entladung

In der Gruppe der **Metalldampf-Entladungslampen** ist die HMI-Lampe nicht nur als Tageslichtlampe (5600 K Farbtemperatur) sondern auch als Lichtquelle von Videoprojektoren in der Medientechnik sehr weit verbreitet. Je nach Füllung können HMI-Lampen Farbtemperaturen zwischen 3000 K und 7000 K erzeugen. „HMI" steht für:

- H = **H**ydrargyrum, (Hg), lateinisch für Quecksilber
- M = **M**edium Arc Length, mittlere (Licht-)Bogenlänge
- I = **I**odide, eingesetztes Halogen Jod

Die Bezeichnungen und Abkürzungen können von Hersteller zu Hersteller variieren.

➜ **HMI-Licht hat Farbtemperaturen zwischen 3000 K und 7000 K.**
➜ **Die in der Medientechnik gebräuchliche HMI-Lampe ist die Tageslichtlampe mit 5600 K Farbtemperatur.**

Quarzglas

Im **Quarzglaskolben** einer HMI-Lampe, der zwei sich gegenüber stehende spitze Elektroden umschließt, befinden sich kleine Mengen Quecksilber als silbrige Tröpfchen und **Metalle seltener Erden** als bräunlicher Niederschlag an der Glaskolbenwand sowie das Halogen Jod (Abb. 1).

Metalle seltener Erden

Metalle seltener Erden sind z. B. Dysprosium, Thulium und Holmium.

Abb. 1 HMI-Lampe

HMI-Lampen werden mit einem **Vorschaltgerät** betrieben, das die für die Zündung und den Betrieb erforderliche Hochspannung liefert. Beim Einschalten wird zwischen den Elektroden mit dieser Hochspannung ein Lichtbogen gezündet. Durch die große Hitze des Lichtbogens verdampfen innerhalb der nächsten Minuten das Quecksilber und die Metalle seltener Erden nacheinander und werden dann ebenfalls gezündet. In dieser **Zündphase** steigen der Innendruck und die Helligkeit der HMI-Lampe in mehreren Stufen an, während sich die Lichtfarbe in mehreren Stufen von grünlich auf Tageslicht-Weiß (ca. 5600 K) ändert. HMI-Lampern werden deshalb auch als Tageslichtlampen bezeichnet. Ihr Strahlungsspektrum (Abb. 2) weist allerdings gefährlich hohe UV-Anteile auf.

Hochspannungs-vorschaltgerät

Zündphase

→ **HMI-Lampen werden mit Hochspannung betrieben, und sie benötigen Zeit, um ihre endgültige Strahlungsfarbe zu erreichen.**

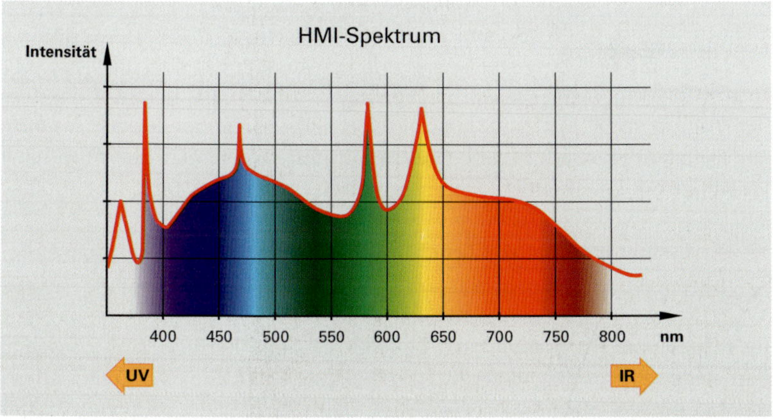

Abb. 2: Spektrum einer HMI-Lampe

UV-Sperrfilter

Besonders gefährlich ist UV-Strahlung, weil der menschliche Körper diese Strahlung selbst dann nicht wahrnimmt, wenn es bereits zu gravierenden Schäden gekommen ist.

Da UV-Licht für die Haut und insbesondere für die Netzhaut des Auges sehr gefährlich ist, dürfen HMI-Lampen nur mit zusätzlichen **UV-Sperrfiltern** betrieben werden.

➔ **Beim Betrieb von HMI-Lampen sind UV-Sperrfilter vorgeschrieben.**

HMI-Lampen geben im Vergleich zu Halogenlampen bei gleicher elektrischer Anschlussleistung etwa viermal mehr Licht und dabei erheblich weniger Wärme ab. Neben dem sehr hohen Preis haben HMI-Lampen den weiteren Nachteil, dass sie sich nur mit speziellen Vorschaltgeräten in engen Grenzen flickerfrei dimmen lassen.

➔ **HMI-Lampen sind energieeffizienter als Halogenlampen.**

Tabelle 1 beinhaltet einige Tipps für den Umgang mit HMI-Lampen in der Praxis:

Tabelle 1 Praxistipps für die Arbeit mit HMI-Lampen

Aspekt	Praxistipp
Betrieb	• HMI-Lampen 10 bis 20 Minuten vor Drehbeginn einschalten. Während dieser Zeit ändert sich die Farbtemperatur stark. Zündgeräusche und Lampenknacken stören die Tonaufnahme. • Veränderte Farbtemperatur mit zunehmendem Brenneralter beachten. • Je nach Ansteuerung kann die HMI-Lampe auch im Betrieb Störgeräusche verursachen.
Sicherheit	• HMI-Lampen geben hohe Mengen UV-Strahlung ab. Der Betrieb ist nur mit UV-Sperrfilter zulässig. **Erblindungs- und Verbrennungsgefahr!** • Beschädigte Hochspannungskabel nicht benutzen. **Lebensgefahr!** • HMI-Lampe nicht in der Nähe von brennbaren Stoffen betreiben. **Brandgefahr!** • HMI-Lampe nach dem Ausschalten ausreichend abkühlen lassen. **Brandgefahr!**

Leuchtstofflampen

Niederdruck-Gasentladung

Leuchtstoff

Leuchtstofflampen werden in der Medientechnik oft zur Beleuchtung großer Flächen, z. B. als Studiohorizontbeleuchtung, verwendet. Sie gehören zur Gruppe der **Niederdruck-Gasentladungslampen** und liefern je nach verwendetem **Leuchtstoff** Farbtemperaturen zwischen 2500 K und 6000 K.

➔ **Die Farbtemperatur von Leuchtstofflampen hängt von dem verwendeten Leuchtstoff ab.**

Im dünnwandigen Glasrohr der Leuchtstofflampe befindet sich zwischen den beiden Elektroden an den Rohrenden eine Gasfüllung aus Quecksilberdampf und Argon bei niedrigem Druck. Beim Einschalten bringt ein Starter die Elektroden zum Glühen. Danach wird die Gasfüllung durch eine hohe elektrische Spannung (ca. 1500 V) zwischen den Elektroden an den Rohrenden energetisch aufgeladen. Nach dem Start wird die Lampenspannung für den normalen Betriebszustand auf etwa 100 V heruntergeregelt.

Bei der ab jetzt ständig ablaufenden Gasentladung strahlt die Gasfüllung die aufgenommene Energie in Form von unsichtbarer **UV-Strahlung** ab. Die gesamte Glasrohrinnenseite ist mit einem Leuchtstoff beschichtet, der die UV-Strahlungsenergie absorbiert und dann als sichtbares Licht wieder abgibt. Abb. 1 zeigt, wie die Erzeugung von sichtbarem Licht in zwei Stufen erfolgt.

UV-Stahlung

→ **Sichtbares Licht entsteht bei Leuchtstofflampen erst durch den Leuchtstoff, der UV-Licht in sichtbares Licht umwandelt.**

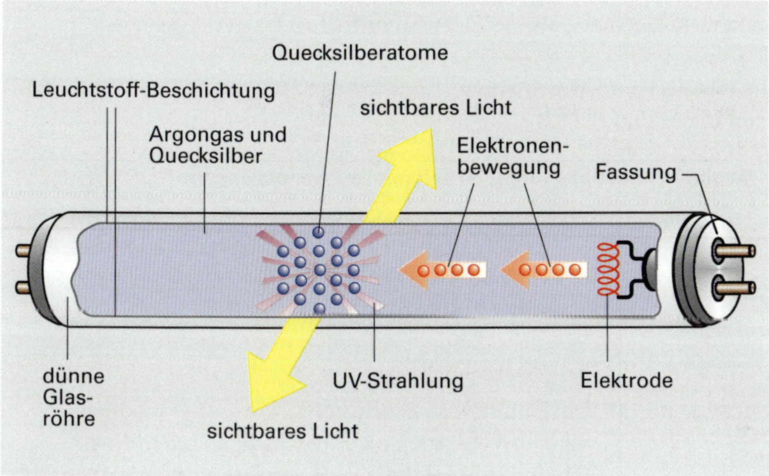

Abb. 1 Funktionsweise einer Leuchtstofflampe

Das Strahlungsspektrum (Abb. 2) einer Leuchtstofflampe ist bedingt durch den Leuchtstoff nicht kontinuierlich. Durch additive Farbmischung einzelner **Spektrallinien** (Einzelfarben im Spektrum) lassen sich nahezu alle Lichtfarben realisieren. Im Spektrum finden sich nur geringe UV- und IR-Anteile.

Spektrallinien

Bei Spektren werden kontinuierliche, nicht-kontinuierliche und Linienspektren unterschieden.

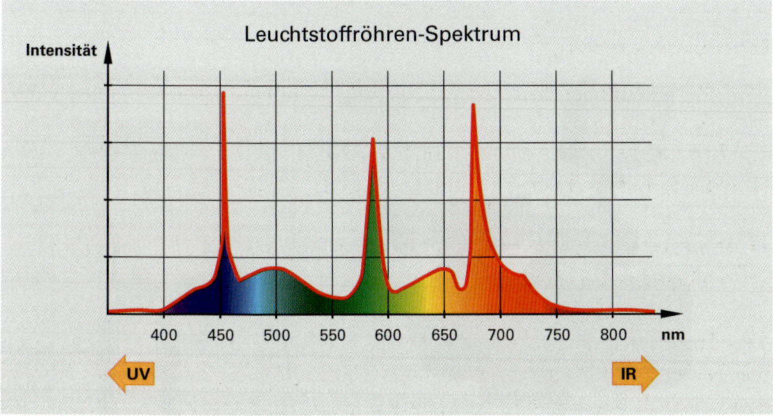

Abb. 2: Spektrum einer Leuchtstofflampe

Aufgrund der funktionsbedingt großen Leuchtfläche und der damit verbundenen nicht gerichteten Abstrahlung eignen sich Leuchtstofflampen zwar besonders gut für weiches Licht, müssen dafür aber nah an das Objekt herangebracht werden.

➜ **Leuchtstofflampen eignen sich zur gleichmäßigen Beleuchtung großer Flächen, da sie das Licht diffus abstrahlen.**

Leuchtstofflampen haben eine sehr hohe Lichtausbeute und erzeugen nur wenig Wärme. Verglichen mit anderen Lichtquellen haben sie eine hohe Lebensdauer und einen günstigen Preis. Flickerfrei und dimmbar werden Leuchtstofflampen aber erst durch zusätzliche Technik.

➜ **Aufgrund ihrer geringen Wärmeabstrahlung sind Leuchtstofflampen zur Beleuchtung von wärmeempfindlichen Objekten geeignet.**

In Tabelle 1 finden sich einige Tipps für den Umgang mit Leuchtstofflampen in der Praxis.

Tabelle 1 Praxistipps für die Arbeit mit Leuchtstofflampen

Aspekt	Praxistipp
Betrieb	• Leuchtstofflampen 10 Minuten vor Produktionsbeginn einschalten. Bis sie betriebswarm sind, stimmt die Farbtemperatur nicht. • Leuchtstofflampen aufgrund des Abstrahlwinkels nah am Objekt einsetzen.
Sicherheit	• Die Füllung von Leuchtstofflampen ist gesundheitsschädlich! Lampen nicht beschädigen oder öffnen. **Gesundheitsgefahr!** • Defekte Leuchtstofflampen sind Sondermüll und müssen ordnungsgemäß entsorgt werden.

LED-Lampen

Halbleiter

Die Abkürzung LED steht für „Light Emitting Diode". Damit gehören LED-Lampen zur Gruppe der **Halbleiterlichtquellen**, die in der Medientechnik, beispielsweise als Kamerakopflicht oder als Scheinwerferlichtquelle zunehmend an Bedeutung gewinnt.

Abb. 1 LED-Kopflicht und rote Einzel-LED

LED-Lampen gibt es in Abhängigkeit von der chemischen Zusammensetzung des verwendeten Halbleitermaterials in den Lichtfarben Rot, Gelb, Grün, Blau und als Spezial-LED auch in Weiß.

➜ **Die Lichtfarbe von LED-Lampen hängt vom jeweiligen Halbleitermaterial der Lampe ab.**

Bei einer LED-Lampe wird ein Halbleiterkristall durch das Anlegen einer Gleichspannung zum Leuchten gebracht. Die leuchtende Fläche ist dabei im Vergleich zu anderen Lichtquellen sehr klein: zwischen einem Tausendstelund einem Quadratmillimeter.

Das Strahlungsspektrum einer LED-Lampe (Abb. 1) ist bedingt durch die Technologie nicht kontinuierlich, denn eine LED gibt Licht nur in einer Strahlungsfarbe ab. Im Spektrum der LED finden sich keine UV- oder IR-Anteile.

➜ **Eine LED leuchtet nur in einer einzigen Lichtfarbe.**

Werden allerdings mehrere LED-Lampen zu einem farblich durchstimmbaren **RGB-Modul** zusammengestellt, so lassen sich durch die additive Farbmischung nahezu alle Lichtfarben realisieren.

RGB-Modul

RGB-Module haben kein kontinuierliches Spektrum, sondern ein Linienspektrum.

➜ **Farblich durchstimmbare LED-Lampen basieren auf dem Prinzip der additiven Farbmischung.**

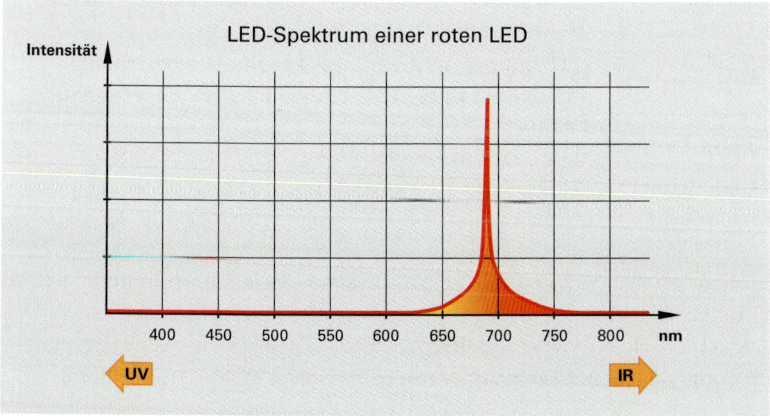

Abb. 1 Spektrum einer LED

Der Einsatz von LED-Lampen in der Medientechnik bietet eine Fülle an Möglichkeiten, um neuartige Lichtquellen bezüglich ihrer Baugröße, Leuchtflächenform, Leuchtcharakteristik und Steuerbarkeit zu konzipieren. LED-Lampen bieten trotz ihrer geringen Baugröße eine sehr hohe Lichtausbeute und erzeugen dabei weder Wärme noch UV-Strahlung.

Auch wenn LED-Lampen keine Wärmestrahlung im Lichtkegel aufweisen, werden sie selbst trotzdem warm. Das liegt an den elektrischen Verlusten innerhalb der Elektronik.

➜ **LED-Lampen strahlen „kaltes" Licht ohne IR- oder UV-Anteile ab.**

Durch den vergleichsweise geringen Energiebedarf sind sie für den Akkubetrieb gut geeignet. Mit einer extremen Erschütterungsfestigkeit und einer durchschnittlichen Lebensdauer von bis zu 100 000 Stunden übertrifft die LED-Lampe andere Lichtquellen erheblich. Zudem ist die LED-Lampe ohne Einbrennzeit sofort einsatzbereit, leuchtet flickerfrei und ist voll dimmbar (0 % bis 100 %).

→ **LED-Lampen haben einen vergleichsweise geringen Energiebedarf bei einer sehr hohen Lebensdauer und sind sofort einsatzbereit.**

Array: Feld, Raster

In der Regel bestehen LED-Lampen aus einzelnen LEDs, die zu LED-**Arrays**, entweder gleichfarbig oder als farblich durchstimmbares RGB-Modul zusammengestellt werden. Da die einzelnen LEDs bei ihrer Farbtemperatur Farbabweichungen aufweisen können, müssen sie bezüglich ihrer Farbtemperatur selektiert werden, was den Preis für LED-Lampen in die Höhe treibt.

In Tabelle 1 finden sich einige Tipps für den Umgang mit LED-Lampen in der Praxis.

Tabelle 1 Praxistipps für die Arbeit mit LED-Lampen

Aspekt	Praxistipp
Betrieb	• Bei der Auswahl von LED-Lampen auf die richtige Farbtemperatur achten. • LED-Lampen mit RGB-Modulen auf die gewünschte Farbtemperatur einstellen.
Sicherheit	• LED-Lampen kühlen häufig über das Lampengehäuse. Wärmestau vermeiden. **Verbrennungsgefahr!** • LED-Lampen strahlen Licht konzentriert ab, deshalb nicht direkt in die LED-Lampe blicken. **Augenschäden!**

Xenon-Lampen

Projektor

Hauptsächlich in **Video-** und **Kinoprojektoren**, aber auch in Scheinwerfern werden Xenon-Lampen (Abb. 1) aus der Gruppe der Hochdruck-Gasentladungslampen eingesetzt. Die Farbtemperaturen variieren je nach Füllung zwischen ca. 4000 K (Kraftfahrzeugbeleuchtung) und 7000 K (Kinoprojektoren).

→ **Xenon-Licht hat Farbtemperaturen zwischen 4000 K und 7000 K.**

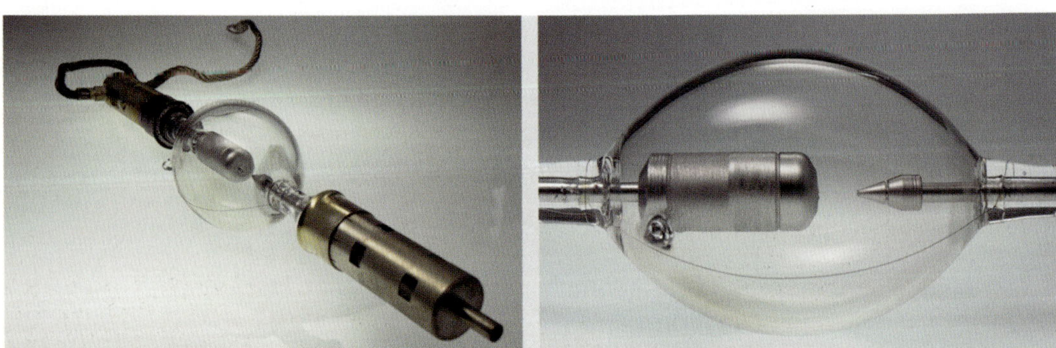

Abb. 1 7000-W-Xenon-Lampe aus einem Kinoprojektor

Im dickwandigen und dadurch druckfesten Quarzglaskolben einer Xenon-Lampe, der zwei sich gegenüber stehende **Elektroden** umschließt, befinden sich Xenongas unter hohem Druck, Quecksilber und weniger als 1 mg Metallsalze.

Elektroden

➜ **Xenon-Lampen stehen auch in kaltem Zustand bereits unter hohem Druck.**

Beim Einschalten wird zwischen den Elektroden der Xenon-Lampe mit einem Vorschaltgerät durch einen Hochspannungspuls von bis 50 kV ein Lichtbogen gezündet, der das Xenongas sofort zum Leuchten bringt. Danach verdampfen das Quecksilber und die Metallsalze, die daraufhin gezündet werden. In dieser Zündphase steigen die Helligkeit und die Farbtemperatur stufenweise an, während sich der Innendruck beträchtlich erhöht.

1 kV = 1000 V

Die Splitter einer berstenden Xenon-Lampe werden aufgrund des immensen Drucks zu Geschossen!

➜ **Der Betriebsdruck einer Xenon-Lampe kann auf über 40 bar ansteigen.**

Das Strahlungsspektrum einer Xenon-Lampe (Abb. 1) ähnelt dem natürlichen Tageslichtspektrum. Im Gegensatz zum Halogenlampenspektrum weist das Xenon Spektrum deutlich weniger Wärmestrahlung (IR-Strahlung) auf.

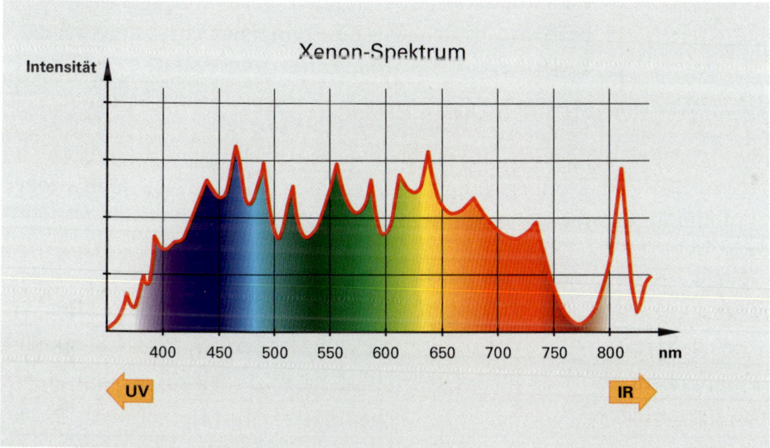

Abb. 1 Spektrum einer Xenon-Lampe

Durch das fast punktförmige Leuchtzentrum, das tageslichtähnliche Spektrum und die hohe Lichtausbeute hat der Einsatz von Xenon-Lampen in Projektoren klare Vorteile gegenüber dem der preisgünstigeren HMI-Lampen. Die Dimmbarkeit und Flickerfreiheit kann, wie bei HMI-Lampen, nur durch den Einsatz spezieller Vorschaltgeräte erreicht werden.

➜ **Xenon-Lampen haben ein tageslichtähnliches Spektrum bei einer fast punktförmigen Lichtquelle.**

Die Explosionsgefahr, die auch im kalten Zustand von Xenon-Lampen ausgeht, erschwert die Handhabung. Ohne spezielle Schutzausrüstung (Helm mit Splitterschutzvisier, Handschuhe und Splitterschutzschürze) sollten

Generell gelten besondere Sicherheitsbestimmungen beim Umgang mit Xenon-Leuchtmitteln.

Wartungsarbeiten oder Leuchtmittelwechsel bei Xenon-Lampen generell nicht durchgeführt werden.

→ **Brennerwechsel bei Xenon-Lampen dürfen nur von unterwiesenen Personen in Schutzkleidung durchgeführt werden.**

Tabelle 1 beinhaltet einige Praxistipps für den Umgang mit HMI-Lampen:

Tabelle 1 Praxistipps für die Arbeit mit Xenon-Lampen

Aspekt	Praxistipp
Betrieb	• Xenon-Lampen einige Minuten vor Drehbeginn einschalten. Während dieser Zeit ändert sich die Farbtemperatur stark. Zündgeräusche und Lampenknacken stören die Tonaufnahme. • Veränderte Farbtemperatur mit zunehmender Brennerlebensdauer beachten. • Je nach Ansteuerung kann die Xenon-Lampe im Betrieb störende Geräusche verursachen.
Sicherheit	• Xenon-Lampen stehen unter sehr hohem Druck, der sich im Betrieb noch weiter erhöht. Daher Brenner nur in zugelassenem **Scheinwerfergehäuse** und mit **Splitterschutzscheibe** verwenden. **Verletzungsgefahr!** • Bei Wartungsarbeiten und Lampenwechsel stets Schutzausrüstung verwenden. **Verletzungsrisiko!**

Scheinwerfergehäuse

Splitterschutzscheibe

Kenndaten der gebräuchlichsten Lampentypen

Die Tabelle 2 zeigt eine Übersicht über die wichtigsten Kenndaten der gebräuchlichsten Lampentypen (Brennertypen), die in TV-Scheinwerfern zum Einsatz kommen.

Tabelle 2 Kenndaten der gebräuchlichsten Lampentypen

Typ	Halogen	HMI	Leuchtstoff	LED
Vorschaltgerät	nein	ja	ja	Netzteil
Einbrennzeit	~ 5 min	~ 15 min	~ 5 min	0 min
Dimmbarkeit	ja	bedingt	bedingt	ja
Flickerfrei	ja	bedingt	bedingt	ja
Farbtemperatur [K]	2600 bis 3300	5000 bis 7000	2500 bis 6500	2500 bis 6500
Lichtausbeute [lm/W]	< 15	< 100	< 100	< 150
Lebensdauer [h]	< 2000	< 10000	<15000	<100000

Großbildprojektor

Die Xenon-Lampe (Xenonbrenner) ist in der Tabelle 2 nicht mit aufgeführt, da sie im Gegensatz zu den anderen Lampentypen vorrangig in **Großbildprojektoren** oder in Kinoprojektoren zum Einsatz kommt. Ein weiterer Grund für den begrenzten Einsatzbereich der Xenon-Lampen ist der vergleichsweise hohe Anschaffungspreis.

Frische Lebensmittel und insbesondere das bei den Werbeaufnahmen verwendete Speiseeis sind normalerweise recht wärmeempfindlich. Neben der Brandgefahr durch direkten Kontakt mit heißen Scheinwerferteilen können die Lebensmittel insbesondere durch die Wärmestrahlung oder UV-Strahlung im Scheinwerferlichtkegel Schaden nehmen.

Bei der Auswahl der Scheinwerfer werden alle möglichen Lampentypen einer genaueren Beurteilung unterzogen:

Tabelle 1 Auswahl des Scheinwerfertyps

Typ	Beurteilung
Halogen	• ungeeignet aufgrund starker Abwärme und starker Wärmestrahlung im Lichtkegel
HMI	• geeignet bedingt geeignet, wenn viel Licht benötigt wird
Leuchtstoff	• geeignet ungerichtete Abstrahlung erzwingt entweder geringen Objektabstand oder viele Scheinwerfer am Set
LED	• geeignet hat jedoch kein kontinuierliches Spektrum
Xenon	• geeignet bedingt geeignet, wenn viel Licht benötigt wird

Sowohl Leuchtstoff- als auch LED-Lampen sind geeignet, da diese alle keine Wärmeproblematik aufweisen. Ausschlaggebend sind letztendlich die benötigte Lichtmenge am Set und die Verfügbarkeit der einzelnen Scheinwerfertypen.

4.1.2 Betrieb von TV-Scheinwerfern

Ein deutscher Nachrichtensender führte im Mai 2002 an einem sonnigen Tag mit dem norwegischen Kronprinzenpaar Håkon und Mette-Marit ein TV-Interview als Außenproduktion durch. Während der Dreharbeiten kam es zu einem folgenschweren Unfall, bei dem sich das Prinzenpaar erhebliche Verbrennungen auf der rechten Gesichtshälfte zuzog.

In Pressemeldungen zu dem Vorfall hieß es, die Verbrennungen seien auf eine „Kombination der starken Frühjahrssonne und der eingesetzten TV-Scheinwerfer“ zurückzuführen.

Interessant ist, dass sich die Verbrennungen beider Opfer jeweils auf der rechten Gesichtshälfte befanden, während das Sonnenlicht von links kam.

- Wie ist es tatsächlich zu den Verbrennungen gekommen?

TV-Scheinwerfer sind hoch spezialisierte Arbeitsgeräte, die sich von handelsüblichen Lampen in ihrem Aufbau deutlich unterscheiden. Die einzelnen Bauteile sind in Abb. 1 dargestellt und in Tabelle 1 erklärt.

Abb. 1 Komponenten eines Studioscheinwerfers

Tabelle 1 Komponenten eines Studioscheinwerfers

Nr.	Komponente	Beschreibung
1	Lampenbügel	Trägt den Scheinwerfer
2	**Horizontalverstellung**	Blaues Handrad zum Schwenken des Scheinwerfers, stangenbedienbar
3	**Vertikalverstellung**	Weißes Handrad zum Neigen des Scheinwerfers, stangenbedienbar
4	Gehäuse	Schützt vor Verbrennung, Splittern und unerwünschtem Lichtaustritt
5	Einschubträger	Trägt Drahteinschübe, Filterrahmen usw.
6	Torträger	Tore begrenzen den Lichtkegel, vierflügelig, drehbar
7	Schutzgitter	Verhindert das Herabfallen von Splittern
8	Stufenlinse	Bündelt das Licht und dient als Splitterschutzglas
9	Brenner	Erzeugt das Licht
10	Brennerfassung	Trägt den Brenner
11	Reflektor	Lenkt das Brennerlicht nach vorn
12	Stromanschluss	Zur Energieversorgung

Horizontalverstellung

Vertikalverstellung

Stangenbedienbar bedeutet: kann mit einer Teleskopstange vom Boden aus bedient werden.

Fokussierung

Flood, Spot

Neben der Horizontal- und Vertikalverstellung, die auch mit der Beleuchterteleskopstange bedient werden können, verfügen die meisten Studioscheinwerfer darüber hinaus noch über eine **Fokussierung** (gelbes Stellrad), mit der entweder die Brennerfassung oder der Reflektor bewegt werden, um den Lichtkegel zwischen **„Flood“** und **„Spot“** zu verstellen.

Die TV-Beleuchtungstechnik muss so gebaut sein und so eingesetzt werden, dass sie nicht nur für genau definierte Lichtverhältnisse sorgt, sondern auch für die Sicherheit des Publikums sowie der Akteure und der Produktionsmitarbeiter während der Produktion und während des Auf- und Abbaus. Tatsächlich gehen von der Beleuchtungstechnik verschiedene Betriebsgefahren aus:

- Elektrische Gefährdung: z. B. Stromschlag durch Scheinwerferdefekt
- Mechanische Gefährdung: z. B. Absturz von Scheinwerfern von der Studiodecke
- Gefährdung durch Strahlung: z. B. Augen- und Hautschädigung durch UV-Licht
- Thermische Gefährdung: z. B. Verbrennung durch heiße Scheinwerfer oder Entzündung brennbarer Requisiten

Um die Betriebssicherheit von Beleuchtungstechnik in der TV-Produktion sicher zu stellen, gibt es umfangreiche Vorschriften, Regelwerke und Anweisungen, die klare Vorgaben für Aufbau, Betrieb und Wartung der Beleuchtungstechnik beinhalten (Tabelle 1).

Tabelle 1 Relevante Regelwerke für Beleuchtungstechnik

Abkürzung	Titel
BGV C1	Veranstaltungs- und Produktionsstätten für szenische Darstellung
DIN VDE 0100	Bestimmungen für das Errichten von Starkstromanlagen mit Nennspannungen bis 1000 V
DIN VDE 0710-1	Vorschriften für Leuchten mit Betriebsspannungen unter 1000 Volt „Allgemeine Vorschriften“
DIN VDE 0710-10	Vorschriften für Leuchten mit Betriebsspannungen unter 1000 Volt „Leuchten für Photo-, Film- und Fernsehaufnahmen“
DIN VDE 0710-217	Leuchten – Besondere Anforderungen „Leuchten für Bühne, Fernseh-, Film- und Photographiestudios (außen und innen)“
BGI 810-3	Bereitstellung und Benutzung von Sicherheitseilen und -ketten (Fernsehen, Hörfunk und Film)
BGI 810-4	Scheinwerfer (Fernsehen, Hörfunk und Film)
DIN 15560	Scheinwerfer für Film, Fernsehen, Bühne und Photographie

BGV, Berufsgenossenschaftliche Vorschrift

DIN, Deutsche Industrienorm

VDE, Verband der Elektrotechnik, Elektronik und Informationstechnik e. V.

BGI, Berufsgenossenschaftliche Information

→ **Regelwerke und Vorschriften helfen Unfälle und Verletzungen zu verhindern und eine sichere Produktion zu gewährleisten.**

So beschreibt der §7 „Schutz gegen herabfallende Gegenstände“ aus der BGV C1, wie Studioscheinwerfer nach der Durchführungsanweisung BGI 810-3 gegen Herabfallen gesichert werden müssen.

Safety

Lichtrigg

Im Klartext bedeutet das, dass aufgehängte (im Fachjargon: „geflogene“) Scheinwerfer mit Sicherungsseilen (im Fachjargon: **„Safety“**) (Abb. 1) am **Lichtrigg** befestigt werden müssen. Dabei darf das Stahlseil nur so lang sein, dass eine maximale Fallstrecke nicht überschritten wird. Anderenfalls würde die Fallenergie des Scheinwerfers zu groß werden.

➜ **Aufgehängte Scheinwerfer müssen gegen Herabfallen gesichert werden.**

➜ **Ein „Safety“ ist ein Stahlseil, mit dem Lasten gegen Herabfallen gesichert werden.**

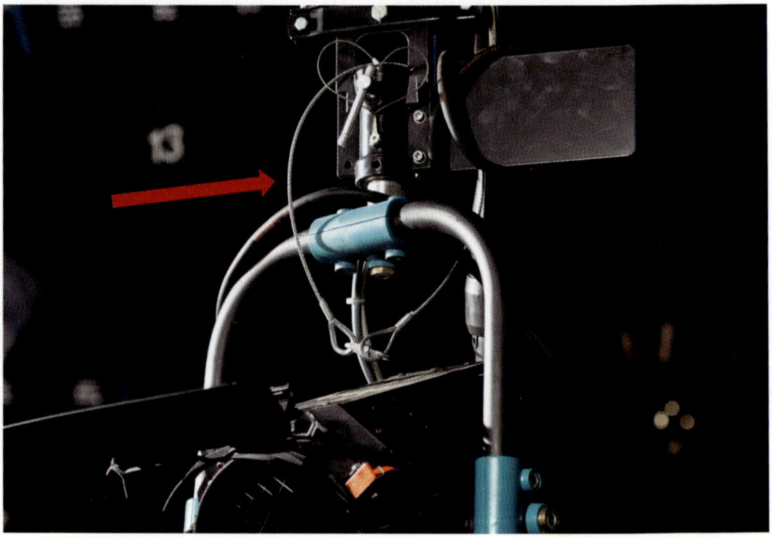

Abb. 1 Sicherungsseil (Safety) an Studioscheinwerfer

Damit es im Bereich der Beleuchtungstechnik nicht zu kostspieligen Defekten oder Unfällen kommt, ist jeder, der in diesem Umfeld arbeitet dazu verpflichtet, die Sicherheitsvorschriften und Regelwerke der Beleuchtungstechnik zu kennen und auch anzuwenden.

Wer Sicherheitsvorschriften missachtet, gefährdet in der Regel nicht nur sich selbst, sondern oft auch Kollegen oder unbeteiligte Dritte, wie Zuschauer oder Schauspieler. Werden die Sicherheitsvorschriften grob fahrlässig oder vorsätzlich missachtet, können Versicherungen die Leistung verweigern oder Regressansprüche stellen. Deshalb werden in der Regel alle betrieblichen Unfälle dahingehend untersucht.

➜ **Vorsatz oder grobe Fahrlässigkeit führen bei Unfällen zum Verlust des Versicherungsschutzes.**

Die Praxistipps in Tabelle 1 sollen helfen, Unfälle, Defekte und Brände durch Fehler im Umgang mit der Beleuchtungstechnik zu vermeiden.

Tabelle 1 Tipps für den sicheren Betrieb von Scheinwerfern

Probleme	… und wie sie zu vermeiden sind.
Brennerdefekt	• Brenner nicht mit den Fingern anfassen und vorhandene Fingerabdrücke mit Spiritus oder Ethanol abwaschen. • Brennererschütterungen während des Betriebs vermeiden.
Scheinwerferdefekt	• Brenner exakt nach Herstellerangaben in der richtigen Position in die Fassung einsetzen. • Brenner und Lampen nur in der zugelassenen Betriebsposition und Leistung betreiben. • Scheinwerfer nicht mit geschlossenen Toren einschalten oder betreiben.
Signalstörungen	• Beleuchtungsstromkreise nicht gemeinsam mit Video- und Audiostromkreisen betreiben.
Verletzungen	• Vorgeschriebene Schutzkleidung verwenden. • Elektrische Leitungen sicher und ohne Stolperfallen verlegen. • Lampenstative gegen Umstürzen und Umstoßen sichern. • Scheinwerfer nur gesichert aufhängen. • Torblenden gegen Herabfallen sichern. • Nicht unter aufgehängten Scheinwerfern durchlaufen, an denen gerade gearbeitet wird. • Scheinwerfer immer mit Splitterschutzscheibe oder Schutzgitter betreiben. • HMI-Scheinwerfer nur mit UV-Sperrfilter betreiben. • Trotz UV-Filter lange **Expositionszeiten** bei HMI-Scheinwerfern vermeiden. • Nicht in direkt in eingeschaltete Scheinwerfer, insbesondere LED-Scheinwerfer blicken; falls es doch erforderlich sein sollte, dann Grauglas (Kontrastglas) benutzen.
Brände	• Lampen nach dem Ausschalten ausreichend lange abkühlen lassen. • Heiße Scheinwerfer nicht verpacken. • Sicherheitsabstand zwischen Scheinwerfer und brennbaren Stoffen einhalten. • Scheinwerferlichtkegel nicht auf leicht brennbare oder hitzeempfindliche Stoffe richten.

Störungen der Signale auf der Signalleitung können die Folge sein.

Expositionszeit: Zeit, in der die Strahlung einwirken kann.

Bei dem Produktionsunfall entspricht die Pressemeldung nicht ganz der Wahrheit. Der schwere Sonnenbrand der Opfer sind mit großer Wahrscheinlichkeit auf das Fehlen eines oder mehrerer UV-Sperrfilter bei den eingesetzten HMI-Scheinwerfern zurückzuführen. Definitiv unschuldig ist hier die Frühjahrssonne, zumal die Verbrennungen auf den sonnenabgewandten Gesichtshälften der Opfer zu finden waren.

Derartige Unfälle mit HMI-Scheinwerfern sind nicht selten. Sie können geschehen, wenn UV-Sperrfilter unbemerkt zerplatzten oder wenn Lichttechniker aus Versehen statt eines UV-Sperrfilters ein gewöhnliches Splitterschutzglas einsetzen. Im letzteren Fall ist eventuell auch die vom Hersteller in den HMI-Scheinwerfer eingebaute Sicherheitseinrichtung machtlos, die ein Einschalten des Scheinwerfers ohne eingesetzte Frontscheibe verhindert.

4.2 TV-Lichttechnik

In der TV-Produktion werden besondere Anforderungen an die Lichttechnik gestellt: Sie muss ohne viel Wärme zu erzeugen möglichst viel Licht liefern und andererseits möglichst variabel einsetzbar sein. Grundsätzlich werden die zwei Bereiche EB-Lichttechnik und Studio-Lichttechnik unterschieden.

➜ **Für stationäre und mobile Lichttechnik gelten unterschiedliche technische Anforderungen.**

4.2.1 EB-Lichttechnik

EB: Elektronische Berichterstattung

Für EB-Aufnahmen stehen ein 50-W-Halogen-Kopflicht und ein etwa gleich helles 18-W-LED-Kopflicht mit einem rechteckigen LED-Array zur Verfügung.

- Welchen Einflus hat die Auswahl des Kopflichttyps auf die mögliche Betriebsdauer eines handelsüblichen Akkugürtels (12 Volt, 9 Ah)?
- Welche Argumente sprechen für den Einsatz des Halogenkopflichts und welche für den des LED-Kopflichts?

Für den mobilen Einsatz bei Reportagen oder im News-Bereich gibt es netzunabhängige Akkuleuchten oder die mit 230-V-Lampen bestückte EB-Lichtkoffer (jeweils als Halogen-, HMI- oder LED-Scheinwerfer).

Akkuscheinwerfer

Kopflicht

Als **Kopflicht** oder Vorderlicht an der Kamera montierte bzw. als Handlampen verwendete Scheinwerfer sind in der Regel als Akkuscheinwerfer ausgeführt. Diese sind deutlich leichter und kleiner als die Lampen des EB-Lichtkoffers.

➜ **Akku-Scheinwerfer sind ideal für den mobilen Einsatz.**

Akkugürtel

Tageslichtfilterscheibe

Häufig werden diese, vorrangig bei Reportagen eingesetzten, Scheinwerfer als Kopflichtset (bestehend aus dem Kopflicht mit der drehbaren 2- oder 4-Flügel-Blende, einem **Akkugürtel** und dem Akkuladegerät) angeboten. Ein Glas-Interferenzfilter als **Tageslichtfilter** ist in der Regel mit im Set, um damit die Farbtemperatur für Tageslichtaufnahmen anzupassen sowie eine **Diffusionsfilterscheibe** aus mattiertem Glas, um damit das Licht des Kopflichts weicher zu machen (Abb. 1).

Diffusionsfilterscheibe

Abb. 1 Kopflichtset an einer EB-Kamera

EB-Lichtkoffer

Neben den akkubetriebenen Handscheinwerfern gehören zur EB-Beleuchtungstechnik auch tragbare, netzgebundene Scheinwerfer, die üblicherweise deutlich höhere Anschlussleistungen haben. Ein EB-Komplettset beinhaltet in der Regel drei Scheinwerfer (Abb. 2) für die Realisierung der für Interviews oder Statements typischen **Dreipunkt-Ausleuchtung**.

Dreipunkt-Ausleuchtung

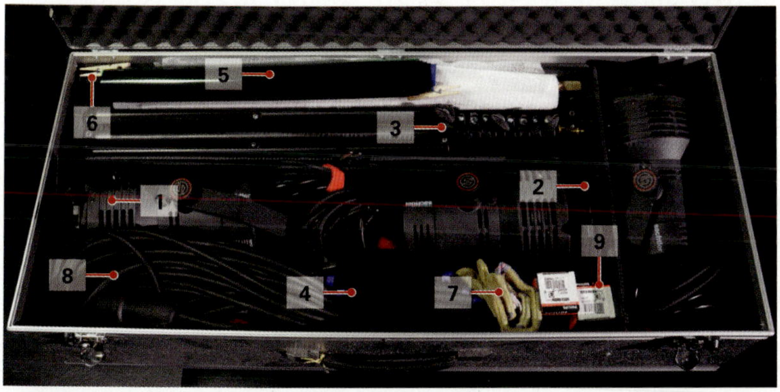

Abb. 2 Inhalt eines EB-Lichtsets mit Erweiterung

Abgebildet ist die Bestückung eines solchen **EB-Lichtsets**, bestehend aus drei Scheinwerferköpfen [1] mit drehbaren 4-Flügel-Blenden [2], den Lampenstativen [3], Glas-Interferenzfiltern als Tageslichtfilterscheiben, Diffusionsfiltern aus mattiertem Glas und drei Drahtgaze-Einschüben [4], mit denen die Helligkeit reduziert werden kann, wenn beispielsweise in kleinen Sets der Lampenabstand nicht vergrößerbar ist.

EB-Lichtset

➜ **EB-Lichtkoffer beinhalten Equipment für die Dreipunktausleuchtung.**

Frost, Tüll

Black Wrap

Black Wrap ist eine geschwärzte, stabile Metallfolie.

In der Praxis hat sich die Erweiterung der Bestückung um folgende Teile bewährt: Ein Set fertig zugeschnittener, farbiger Folien und fertig zugeschnittener **Frost-** und **Tüllstücke** [5], eine Anzahl kleiner Holzwaschklammern [6], um damit Farbfolien, Frost und Tüll an den Torblenden zu befestigen, und insbesondere Arbeitshandschuhe [7], Verlängerungskabel [8] und mindestens zwei Ersatzbrenner [9]. Für den Fall, dass im Koffer dann noch etwas Platz ist, sind noch etwas **Black Wrap**, eine Dreifachsteckdose und eine Rolle Gaffer-Tape sinnvoll.

→ **An TV-Lampen sollten auf keinen Fall Kunststoffwäscheklammern benutzen werden, denn sie schmelzen bei Hitze.**

Tipp für die Praxis: Der Koffer, der normalerweise ohnehin schon ca. 20 kg wiegt und mit dieser Zusatzbestückung noch schwerer wird, sollte nur mit durchgestrecktem Rücken aus der Hocke hochgehoben werden.

EB-Zubehör

Kroko-, Vario-, Universalklemme

Für die EB-Beleuchtungstechnik gibt es eine Reihe von Zubehörteilen, die den Scheinwerfereinsatz variabler machen. EB-Scheinwerfer können auf ausziehbare Lampenstative montiert werden, wobei Arbeitshöhen von über zwei Metern möglich sind. Mit **Krokodilklemmen** (Kulissenklammern) können Scheinwerfer an Kulissenteile geklemmt werden. Um Scheinwerfer an Rohren festzuklemmen, eignen sich **Universalklemmen**, die auch **Varioklemmen** genannt werden. Mit Mattspray (preiswerter: Haarspray) können unerwünschte Reflexionen auf glänzenden Oberflächen reduziert werden.

Faltreflektor

Faltreflektoren werden dazu benutzt, Licht auf das Objekt zu reflektieren. Durch einen Reflektor kann einerseits die Leuchtfläche einer Lichtquelle vergrößert werden, andererseits kann ein angestrahlter Reflektor als zusätzliche Lichtquelle dienen und so eine Lichtquelle ersetzen. Eine echte Herausforderung ist das korrekte Zusammenfalten des Faltreflektors (Abb. 1), sodass dieser wieder in seine Transporttasche passt.

Abb. 1 Zusammenfalten eines Faltreflektors

Faltreflektoren mit glänzender Oberfläche machen das Licht weniger weich (diffus) als matte. Goldfarbene Reflektoren, die im Gegensatz zu silberfarbenen die Farbtemperatur ändern, lassen Hauttöne wärmer erscheinen. Eine preiswerte Alternative zu Faltreflektoren sind weiße Styroporplatten.

→ **Goldfarbene Oberflächen erzeugen wärmere Lichtfarben.**

Aufgrund der Leistungsaufnahme sind die Betriebsdauern der beiden Kopflichter an einem handelsüblichen Akkugürtel mit einer Kapazität von ca. 9 Ah unterschiedlich. Während das 50-W-Halogen-Kopflicht bei 12 V Betriebsspannung eine Stromstärke von ca. 4,2 A benötigt, kommt das 18-W-LED-Kopflicht bei einer Betriebsspannung von 12 V mit ca. 1,5 A Stromstärke aus.
Da ein 9 Ah großer Akkugürtel in der Lage ist, neun Stunden lang eine Stromstärke von 1 A bzw. eine Stunde lang eine Stromstärke von 9 A abzugeben, beträgt die maximale Betriebsdauer des Halogen-Kopflichts ca. zwei Stunden, während das LED-Kopflicht ca. sechs Stunden lang betrieben werden könnte.
Für den Einsatz des Halogen-Kopflichts sprechen das etwas geringere Gewicht und die 4-flügelige Scheinwerferblende, mit der sich die Öffnung des Lichtkegels steuern lässt.
Die Vorteile des LED-Kopflichts sind die deutlich höhere Laufzeit, die Unempfindlichkeit gegen Erschütterungen, das Fehlen von IR- und UV-Strahlung sowie die integrierten Möglichkeiten zur Farbmischung und Dimmung. Durch die flächig verteilten LEDs ist die Leuchtfläche zudem prinzipiell größer und damit das Licht weicher.

4.2.2 Studio-Lichttechnik

In einem Virtuellen Studio (Abb. 1) wird eine Moderatoren-Aufnahme hergestellt. Damit das Virtuelle Studio gut funktioniert, muss der blaue Hintergrund sehr gleichmäßig ausgeleuchtet werden.

- Welche Studioscheinwerfer sind dafür gut geeignet?
- Wie sollten die Scheinwerfer angeordnet werden?

Abb. 1 Bluebox und Virtuelles Studio (Blue und Green)

Bei der Studiolichttechnik handelt es sich normalerweise um fest installierte größere Lichtanlagen, mit denen in unterschiedlichen Produktionsformen, Kulissen oder Dekorationen verschiedene Beleuchtungssituationen realisiert werden können. Um die unterschiedlichen Produktionsformen zu beleuchten, hängen im **Lichtrigg** des Studios Studioscheinwerfer oft in größerer Anzahl, als es für einzelne Produktionen nötig wäre. In einigen Studios sind die Scheinwerfer im Lichtrigg auf Schienen verschiebbar montiert.

→ **Lichtriggs gibt es fest montiert und als bewegliches Schienensystem.**

Lichtrigg

Moderne Studios verfügen zum Teil über motorisch verfahrbare Lichtanlagen.

Das Lichtrigg eines TV-Studios (Abb. 1) kann auch produktionsbezogen bestückt werden, wenn in dem Studio eine Sendung in einer aufwendigen Kulisse über einen größeren Zeitraum produziert wird. Beispiele für derartige Studioproduktionen sind die Quiz-Show „Wer wird Millionär?", die Soap-Opera „Gute Zeiten – Schlechte Zeiten" oder das Magazin „stern-tv".

Abb. 1 Lichtrigg und Kulisse als Dauerinstallation im TV-Studio

Vorhangsystem, Operafolie

Um in Studios auch ohne Kulisse einen definierten Hintergrund zu haben, sind dort häufig **Vorhangsysteme** oder **Operafolien** als Studiohorizont anzutreffen.

Horizont, Rundhorizont

Hohlkehle

Eine besondere Form des **Horizonts** ist der **Rundhorizont**, bei dem der Vorhang bzw. die Operafolie in einem Kreisbogen so gehängt bzw. gespannt sind, dass sie die Ecken des TV-Studios verdecken. Dabei kann der Übergang vom Hintergrund zum Boden als **Hohlkehle** ausgeführt sein. Das ist insbesondere im Virtuellen Studio von Vorteil, da in Raumecken keine gleichmäßige Ausleuchtung zu erreichen ist.

→ **Rundhorizont und Hohlkehle erzeugen Hintergründe ohne Ecken.**

Studioscheinwerfer dienen dazu, die Objekte der Szene oder den Hintergrund der Szene zu beleuchten und so für die TV-Produktion typische Beleuchtungsstärken zwischen 600 lx und 1200 lx zu erzeugen.

Tabelle 1 auf der nächsten Seite zeigt eine Übersicht über die am häufigsten anzutreffenden Studioscheinwerfer, ihre technischen Besonderheiten und ihren typischen Einsatzbereich innerhalb der Produktion oder bei der Beleuchtung von Personen.

Tabelle 1 Studioscheinwerfer und ihr Einsatzgebiet

Typ	Lichtqualität / Einsatz
Stufenlinse (Stufe)	• Direkt strahlender Brenner zwischen Reflektor und Stufenlinse • Fokussierbar: Flood / Spot • Lichtkegel: (6° - 65°), weich auslaufende Ränder • Einsatz: Führung, Spitzlicht, direkte Beleuchtung von Objekten
Profil-Scheinwerfer (Profiler)	• Direkt strahlender Brenner zwischen Reflektor und Objektiv mit Blende • Projektionsobjektiv • Lichtkegel: (28° - 58°), hart, klare Ränder • Einsatz: exakte Beleuchtung von Objekten, Projektion von Dias
Verfolger	• Direkt strahlender Brenner zwischen Reflektor und Objektiv mit Blende • Projektionsobjektiv • Lichtkegel: (8° - 15°), hart, klare Ränder, eckig oder rund • Einsatz: exakte Beleuchtung bewegter Objekten, Projektion von Dias
Parabol-Scheinwerfer (Par)	• Direkt strahlender Brenner zwischen Reflektor und Objektiv mit Blende • Nicht fokussierbar • Lichtkegel: hart, eng begrenzt, klare Ränder, rund • Einsatz: exakte Beleuchtung von Objekten aus größerer Entfernung
Flächenleuchte (Fläche)	• Direkt strahlender Stabbrenner vor symmetrischem Wannen-reflektor • Fokussierbar: Veränderung der Lichtkegelbreite • Lichtkegel: weich, breit, gleichmäßig gestreut, weiche Ränder • Einsatz: flächige Ausleuchtung, Grundlicht, Hintergrundbeleuch-tung
Bodenfluter	• Direkt strahlender Stabbrenner vor asymmetrischem Wannen-reflektor • Nicht fokussierbar • Lichtkegel: weich, breit, nach oben gerichtet, weiche Ränder • Einsatz: flächige Ausleuchtung von Horizont und Hintergrund
Weichstrahler	• Indirekt strahlender Stabbrenner vor asymmetrischem Wannen-reflektor • Nicht fokussierbar • Lichtkegel: weich, großflächig, gleichmäßig, fast schattenfrei • Einsatz: flächige Aufhellung von Szene und Hintergrund
Horizontstrahler	• Direkt strahlender Stabbrenner vor asymmetrischem Wannen-reflektor in 1 bis 4 Kammern • Nicht fokussierbar • Lichtkegel: weich, großflächig, gleichmäßig, weiche Ränder • Einsatz: flächige Ausleuchtung von Horizont und Hintergrund
Hintergrundleuchte	• Direkt strahlende Leuchtstofflampen im Wannenreflektor • Farblich einstellbar • Lichtkegel: fast 180° weich, sehr gleichmäßig, hohe Farbtreue • Einsatz: flächige Ausleuchtung von Horizont und Hintergrund

Beleuchterstange

Pantograph, Teleskop-Pantograph

Pantograph: Mechanische Einrichtung zum Schwenken und Neigen eines daran montierten Scheinwerfers.

Teleskop-Pantograph: Verfügt zusätzlich über die Möglichkeit, die Höhe des montierten Scheinwerfers über Teleskopgelenke zu verändern.

Für den Einsatz von Studio-Beleuchtungstechnik gibt es eine Reihe von Hilfsmitteln. Nummernschilder hängen an Scheinwerfern, damit der Beleuchter den Scheinwerfer findet, den er mit der **Beleuchterstange** verstellen oder am **Pantographen** bzw. **Teleskop-Pantographen** herauf- oder herunterkurbeln soll. Generell darf an aufgehängten Scheinwerfern nur dann gearbeitet werden, wenn sich niemand darunter aufhält.

➜ **Sicherheitsvorschrift: Arbeiten an aufgehängten Scheinwerfern ist verboten, solange sich Personen darunter aufhalten.**

Bei Großstudios mit wechselnden Produktionen muss die Scheinwerferbestückung des Lichtriggs bei jedem Produktionswechsel verändert oder ausgetauscht werden. Um nicht jede Lampe einzeln mit der Leiter oder dem Lift in das Lichtrigg zu hängen, verfügen moderne Studios über motorische Lichtriggs, bei denen Scheinwerferträger herabgelassen werden können, sodass sie vom Boden aus bestückt werden können (Abb. 1).

Abb. 1 Motorischer Scheinwerferträger im Großstudio der Firma nobeo

Moving-Lights

Scanner

Für bestimmte Lichteffekte, wie sie beispielsweise in Produktionen wie „Wer wird Millionär?“ oder „Deutschland such den Superstar“ benutzt werden, ist Beleuchtungstechnik erforderlich, die über die „normale“ Studio-Beleuchtungstechnik hinausgeht. Die Tabelle 1 auf der nächsten Seite zeigt solche Multifunktionsscheinwerfer **(Moving-Lights)** wie beispielsweise kopfbewegte Moving-Heads oder spiegelbewegte **Scanner**. Diese Scheinwerfertypen stammen aus dem Bühnen- und Eventbereich.

➜ **Multifunktionsscheinwerfer gehören nicht zur typischen TV-Studioausstattung.**

Tabelle 1 Scheinwerfer aus dem Bühnen- und Eventbereich

Typ	Lichtqualität / Einsatz
PAR-Scheinwerfer 	• Direkt strahlender Brenner vor Parabolreflektor • Nicht fokussierbar • Lichtkegel: hart, eng begrenzt, klare Ränder, elliptisch • Einsatz: Showlicht, häufig als 6er-Bar
Washlight 	• Kopfbewegter Stufenlinsen-Scheinwerfer • Integrierte Effekte • Lichtkegel: breit, weich auslaufende Ränder • Einsatz: beweglicher Effektlichtkegel, häufig im Bodenbetrieb
Spotlight 	• Kopf- oder spiegelbewegter, direkt strahlender Projektionsscheinwerfer • Fokussierbar • Lichtkegel: schmal, klare Ränder • Einsatz: Projektion von bewegten Dias (auch Gobos genannt) und Effekten

> Für den Blue- oder Green-Box-Effekt im Virtuellen Studio muss eine möglichst gleichmäßige Beleuchtung eines Hintergrunds erfolgen. Stufenlinse-, Profil-, Verfolger-, PAR- und Parabol-Scheinwerfer kommen dafür nicht infrage, weil sie eine unausgewogene Helligkeitsverteilung im Lichtkegel aufweisen und teilweise scharf umrandete Lichtkegel haben, sodass eine flächige Ausleuchtung schwierig wird.

Eine Erfolg versprechende Konstellation ist ein blauer, faltenfrei gespannter Vorhang, der mit einer Kombination aus Flächenleuchten, Bodenflutern, Weichstrahlern oder Horizontstrahlen möglichst gleichmäßig und schattenfrei von vorn beleuchtet wird. Dabei muss die Farbtemperatur der verschiedenen Scheinwerfer möglichst gut übereinstimmen, weshalb das Dimmen, insbesondere bei Halogen-Scheinwerfern, zu Problemen führen kann.
Eine deutlich einfacher zu handhabende Variante ist eine neutralweiße, faltenfrei gespannte, durchscheinende Operafolie, die von hinten mit Hintergrundleuchten auf Leuchtstofflampenbasis beleuchtet wird. Durch die Möglichkeit, die Leuchtfarbe relativ exakt einzustellen, kann hier eine gute farbliche Übereinstimmung aller Leuchten hergestellt werden, was sich positiv auf die Qualität des Chroma-Keyings auswirkt.

4.3 Lichtgestaltung und Lichtsteuerung

Ein wichtiges Element der kreativen Bildgestaltung ist das Einrichten der Lichttechnik, um die gewünschte Beleuchtungssituation und Lichtstimmung zu erzielen. Im EB-Bereich werden dabei die Lampen von Hand eingerichtet, während in großen Studios in der Regel Lichtsteuerungstechnik zum Einsatz kommt.

4.3.1 Gestaltung von Beleuchtungssituationen

Für ein TV-Magazin sollen ein ON-Interview mit drei Kameras (SRS = shot-reverse shot) produziert werden. Dafür steht ein EB-Lichtkoffer mit drei Halogenleuchten zur Verfügung.

- Welche Beleuchtungssituation kann für das ON-Interview in der Praxis mit dem regulären EB-Equipment realisiert werden?

Lichtplan, Beleuchtungsplan

Aus dem Arrangement der Lampen ergeben sich die Lichtverteilung und die Lichtstimmung am Set. Bei der Planung der Beleuchtungssituation werden Vorgaben für den Einsatz der Lampen in einem **Lichtplan** bzw. einem **Beleuchtungsplan** nach DIN 15560 festgehalten. Ein solcher Lichtplan kann zu jeder Lampe Antworten auf folgende Fragen geben:

Lampenposition

1. **Lampenposition** – Wo steht die Lampe?
2. Lichtrichtung – Wohin strahlt die Lampe?
3. Lichtintensität – Wie stark strahlt die Lampe?
4. Lichtqualität – Ist das Licht der Lampe hart oder weich?
5. Lichtfarbe – Welche Licht-/Filterfarbe hat die Lampe?

➔ **Ein Lichtplan enthält alle Entscheidungen bezüglich der eingesetzten Lichttechnik.**

Lampenposition

Lichtrichtung

Die Position einer Lampe ergibt sich in der Regel aus der erforderlichen **Lichtrichtung** der Lampe. In Lichtplänen werden die verschiedenen Lampenpositionen mit genormten Symbolen (DIN 15560 Teil 6) eingezeichnet.

Lichtrichtungen

Die jeweilige Lichtrichtung hat einen großen Einfluss darauf, wie ein Objekt im Kamerabild erscheint und wie es auf den Zuschauer wirkt. Insbesondere bei einer Personenausleuchtung kann die Lichtrichtung den vom Zuschauer wahrgenommenen Charakter einer Person erheblich beeinflussen.

→ **Die Lichtrichtung hat einen starken Einfluss auf die Wirkung des Objekts im Bild.**

→ **Bei einer Personenausleuchtung wirken die verschiedenen Lichtrichtungen stark charakterisierend.**

In der Abbildung 1 sind die verschiedenen Lichtrichtungen bezogen auf die Kameraperspektive in vertikaler und horizontaler Richtung eingezeichnet.

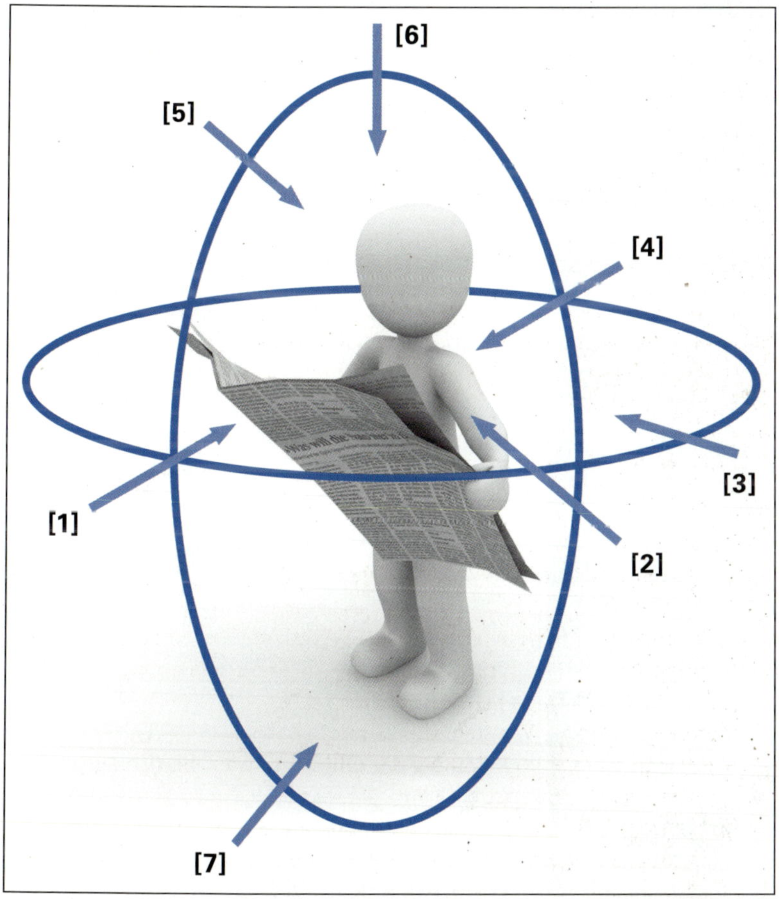

Abb. 1 Horizontale und vertikale Lichtrichtungen

Basierend auf den, in Abb. 1 eingezeichneten Lichtrichtungen zeigt die Tabelle 1 (Seite 120) die Auswirkungen der horizontalen Lichtrichtungen und Tabelle 1 (Seite 121) die Auswirkungen der vertikalen Lichtrichtungen in einer **Portraitausleuchtung** so, wie die Person durch den Zuschauer wahrgenommen wird.

Portraitausleuchtung

Frontallicht

Seitenlicht, Streiflicht

Gegenlicht

Tabelle 1 Horizontale Lichtrichtung von Scheinwerfern

Wirkung im Bild	Lichtrichtung und Wirkung
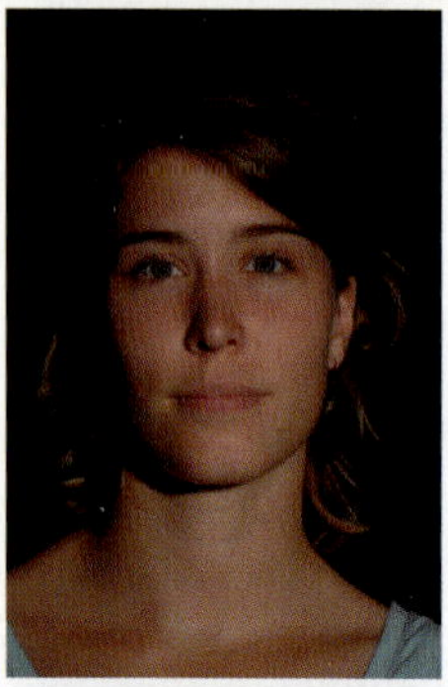	**[1] flaches Frontallicht** • Glättend, Oberflächenstrukturen kaum sichtbar • Motiv wirkt flach und nicht plastisch • Verjüngend, Schatten und Hauttexturen kaum sichtbar • Überbelichtungsrisiko
	**[2] schräges Frontallicht** • Oberflächenstrukturen gut sichtbar • Motiv wirkt plastisch • Charakterisierend, Schatten und Hauttexturen gut sichtbar • Deutliche Helligkeitskontraste
	**[3] Seitenlicht bzw. Streiflicht** • Betonung der Oberflächenstrukturen • Motiv wirkt sehr plastisch • Dramatisch, Betonung von Schatten und Hauttexturen • Extreme Helligkeitskontraste
	**[4] Gegenlicht** • Betonung der Objektränder, Oberflächenstrukturen kaum sichtbar • Motiv hebt sich deutlich vom Hintergrund ab • Akzentuiert, Lichtsaum betont Silhouette und Frisur (Gloriole) • Gefahr direkter Einstrahlung in die Kamera

Tabelle 1 Vertikale Lichtrichtung von Scheinwerfern	
Wirkung im Bild	**Lichtrichtung und Wirkung**
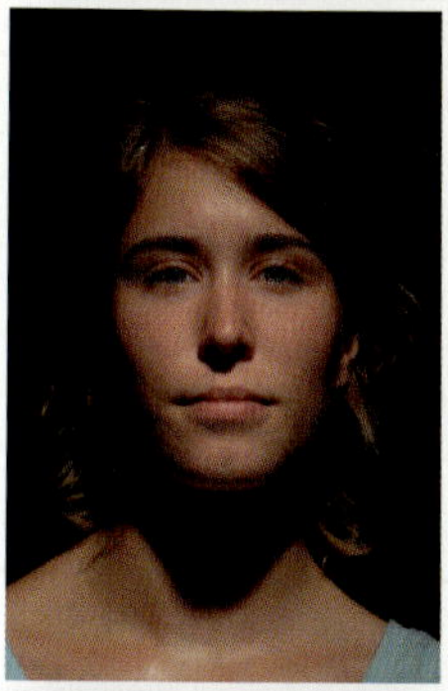	**[5] Frontallicht von oben** • Oberflächenstrukturen gut sichtbar • Motiv wirkt plastisch • Charakterisierend, Schatten und Hauttexturen gut sichtbar • Beginnende Augenschatten • Deutliche Helligkeitskontraste
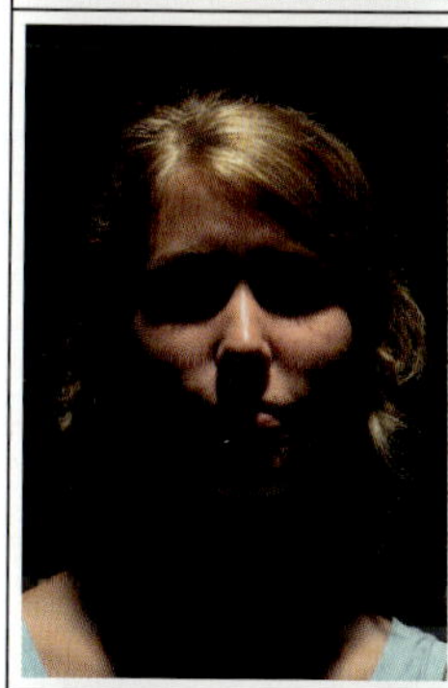	**[6] Oberlicht** • Betonung der oberen Objektränder, Oberflächenstrukturen kaum sichtbar • Motiv wirkt isoliert • Dramatisch, extreme Betonung der Silhouette • Augen liegen im Schatten • Extreme Helligkeitskontraste
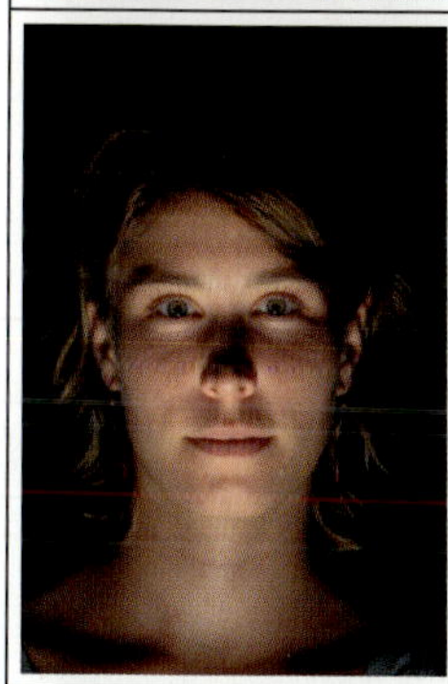	**[7] Unterlicht** • Betonung der unteren Objektränder, Oberflächenstrukturen kaum sichtbar • Motiv wirkt isoliert • Dramatisch, unnatürliche Lichtrichtung (Effektlicht) • Unteres Augenlid wird betont • Extreme Helligkeitskontraste

Oberlicht

Unterlicht

Lichtfunktionen

Bei der Beleuchtung eines Sets übernimmt jeder Scheinwerfer im Lichtensemble eine bestimmte Funktion, die sich aus der Kombination seiner Position, Lichtrichtung, Lichtintensität, Lichtqualität und Lichtfarbe ergibt.

Auf den folgenden Seiten werden nun verschiedene Lichtfunktionen am komplexen Beleuchtungsbeispiel „Die Vorleserin" (Abb. 1, Seite 122) erläutert. Die Abb. 1 auf Seite 122 zeigt das fertige Beleuchtungsergebnis, wie es von der Kamera aufgenommen wird.

Wie das darauffolgende Setfoto (Abb. 1, Seite 123) zeigt, sind insgesamt elf Lichtfunktionen beteiligt, die in der Tabelle 1 auf den Seiten 124 bis 127 genau beschrieben werden.

Abb. 1 Kamerabild „Die Vorleserin“

Abb. 1 Setfoto der komplexen Beleuchtungssituation mit elf Lichtquellen

Tabelle 1 Lichtfunktionen der Beleuchtungssituation „Die Vorleserin"

[1] Logische Lichtquelle am Set

Ergebnis der log. Lichtquelle im Kamerabild

Richtung: wie im Bild zu sehen **Intensität:** reale Intensität **Qualität:** reale Qualität

Die **logische Lichtquelle** (Kerze) ist die im Bild sichtbare, aktive Lichtquelle. Für den Zuschauer ist diese Lichtquelle die logische Ursache der Lichtsituation und des Schattens. Deshalb gibt die Position und Art dieser Lichtquelle die Lichtlogik (Führungslicht- und Schattenrichtung) vor.

[2] Führungslicht (key light) am Set

Ergebnis des Führungslichts im Kamerabild

Richtung: wie logische Quelle **Intensität:** stärkste Lichtquelle **Qualität:** hart

Das **Führungslicht** ist normalerweise weißes Licht. Als stärkste Lichtquelle am Set legt das Führungslicht die Einstellung der Kamerablende fest. Das Führungslichts sollte die Lichtlogik der Kerze unterstützen, d. h., es wird so gesetzt, als ob das Licht von der Kerze kommt.

[3] Aufhellung (fill light) am Set

Ergebnis der Aufhellung im Kamerabild

Richtung: auf Schatten von [2] **Intensität:** 30 % - 50 % von [2] **Qualität:** weicher als [2]

Die **Aufhellung** legt den Objektkontrast fest, indem sie den Führungslichtschatten aufhellt. Die Aufhellung ist weniger hell und weicher als die Führung. Die Lichtlogik muss erhalten bleiben.

<table>
<tr><th colspan="2">Fortsetzung Tabelle 1 Lichtfunktionen der Beleuchtungssituation „Die Vorleserin"</th></tr>
<tr><td>
[4] Hinterlicht (back light) am Set</td><td>
Ergebnis des Hinterlichts im Kamerabild</td></tr>
<tr><td colspan="2">Richtung: Gegenlicht Intensität: niedrig Qualität: hart oder weich</td></tr>
<tr><td colspan="2">Das Hinterlicht beleuchtet das Objekt von hinten, sodass an den Objekträndern ein Lichtsaum entsteht, der das Objekt vom Hintergrund abhebt.</td></tr>
<tr><td>
[5] Spitze am Set</td><td>
Ergebnis der Spitze im Kamerabild</td></tr>
<tr><td colspan="2">Richtung: Gegenlicht von oben Intensität: niedrig Qualität: härter</td></tr>
<tr><td colspan="2">Die Spitze beleuchtet das Objekt ebenfalls von hinten, löst als Lichtsaum die dem Führungslicht abgewandten obere Objektränder insbesondere im Bereich der Haare und Schultern vom Hintergrund. Die Spitze kommt dabei steil von oben und trifft die Hinterkopf- und Schulterregion.</td></tr>
<tr><td>
[6] Kantenlicht am Set</td><td>
Ergebnis des Kantenlichts im Kamerabild</td></tr>
<tr><td colspan="2">Richtung: Gegenlicht seitlich Intensität: niedrig Qualität: härter</td></tr>
<tr><td colspan="2">Die Kante beleuchtet das Objekt ebenfalls von hinten, betont die seitliche, dem Führungslicht abgewandte, Körperkontur mit einem Lichtsaum und löst so das Objekt insbesondere im Bereich des Oberkörpers vom Hintergrund.</td></tr>
</table>

Fortsetzung Tabelle 1 Lichtfunktionen der Beleuchtungssituation „Die Vorleserin“	

[7] Kicker (kicker light) am Set	**Ergebnis des Kickers im Kamerabild**
Richtung: Gegenlicht von unten **Intensität:** niedrig **Qualität:** härter	
Der **Kicker** beleuchtet das Objekt ebenfalls seitlich von hinten, allerdings von unten. Er betont die unteren Konturen (z. B. den Ellbogen) mit einem Lichtsaum.	

[8] Seitenlicht (side light) am Set	**Ergebnis des Seitenlichts im Kamerabild**
Richtung: Seitenlicht **Intensität:** niedrig **Qualität:** härter	
Das **Seitenlicht** beleuchtet das Objekt mit niedriger Intensität flächig von der Seite und erhöht so den Kontrast zwischen Objekt und Hintergrund. Es verleiht dem Objekt so räumliche Tiefe und verhindert eine flächige Wirkung des Objekts.	

[9] Augenlicht (eye light) am Set	**Ergebnis des Augenlichts im Kamerabild**
Richtung: flaches Frontallicht **Intensität:** niedrig **Qualität:** hart	
Das **Augenlicht** ist ein Effektlicht, das für einen Lichtreflex im Auge sorgt. Die Augen wirken so lebendig und interessant. In Werbespots und Musikvideoclips werden manchmal gleichzeitig mehrere Lichtquellen als Augenlicht genutzt, um so multiple Lichtreflexe im Auge zu erzeugen.	

Fortsetzung Tabelle 1 Lichtfunktionen der Beleuchtungssituation „Die Vorleserin"

[10] Hintergrundlicht (Background) am Set

Ergebnis des Hintergrundlichts im Kamerabild

Richtung: auf Objekthintergrund **Intensität:** niedrig **Qualität:** hart oder weich

Das **Hintergrundlicht** hellt den Bildhintergrund (dunkler Vorhang) auf und löst das Objekt vom Hintergrund. Mit dem Hintergrundlicht wird der Kontrast zwischen Bildvorder und -hintergrund eingestellt. Deshalb sollte das Hintergrundlicht die Objekte im Vordergrund nicht beleuchten.

[11] Dekorationslicht am Set

Ergebnis des Dekorationslichts im Kamerabild

Richtung: wie logische Quelle **Intensität:** niedrig/mittel **Qualität:** hart oder weich

Das **Dekorationslicht** beleuchtet akzentuiert die Dekoration (Pflanzen) und die Kulisse. Es wird so eingerichtet, dass der Eindruck räumlicher Bildtiefe entsteht. Dazu können auch mehrere Lichtquellen in der Dekoration und Kulisse verteilt werden.

Standardbeleuchtungssituationen

In der TV-Produktion werden die Standardbeleuchtungssituationen aus einer Kombination verschiedener Lichtfunktionen zusammengestellt. Bei den Standardbeleuchtungssituationen im EB-Bereich und auch im Studio wird zwischen der Einpunkt-, Zweipunkt-, Dreipunkt- und Vierpunkt-Ausleuchtung unterschieden, je nachdem, wie viele Scheinwerfer an der Beleuchtung beteiligt sind.

Kameraachse: gedachte Linie zwischen Kamera und Objekt

In der EB-Praxis steht der fragende Redakteur bei OFF-Interviews in der Regel auf der Seite der **Kameraachse**, auf der auch das Führungslicht steht, damit der Interviewte beim Antworten in Richtung des Führungslichts und nicht in die Dunkelheit blickt.

OFF: Der Redakteur ist zu hören, aber nicht im Bild zu sehen.

ON: Der Redakteur ist zu hören, und im Bild zu sehen.

→ **Der Interviewer sollte stets auf der Seite der Kameraachse stehen, auf der auch das Führungslicht steht.**

Einpunkt-Ausleuchtung

Rembrandt-Dreieck

Die typische **Einpunkt-Ausleuchtung** (Abb. 1) besteht nur aus dem Führungslicht als flaches bis schräges Frontallicht, das nur so hoch gesetzt werden sollte, dass die Augen noch nicht im Schatten liegen. Unter gestalterischen Gesichtspunkten kann hier das sogenannte **Rembrandt-Dreieck** eingerichtet werden, d. h., das Führungslicht wird so gesetzt, dass das vom Scheinwerfer entferntere Auge in einem beleuchteten Dreieck liegt. Sobald die Führung eingerichtet ist, sollte die Kamerablende auf den endgültigen Wert eingestellt werden.

➜ **Die Einpunkt-Ausleuchtung besteht nur aus dem Führungslicht.**

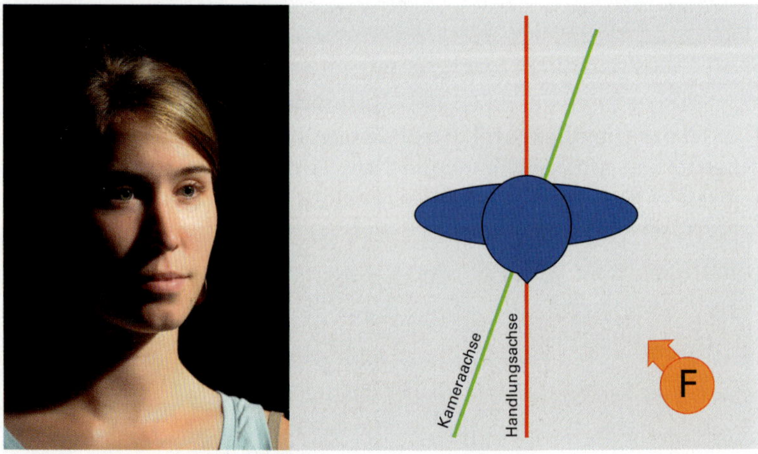

Abb. 1 Einpunkt-Ausleuchtung mit Rembrandt-Dreieck

Zweipunkt-Ausleuchtung

Bei der **Zweipunkt-Ausleuchtung** (Abb. 2) kommt neben dem Führungslicht eine weichere Aufhellung mit deutlich geringerer Helligkeit zum Einsatz. Als Alternative zur Aufhellung sind manchmal auch andere Lichtfunktionen (z. B. Hinterlicht, Hintergrundlicht, Spitze, Kante oder Kicker) möglich, die das Objekt vom Hintergrund trennen.

➜ **Die Zweipunkt-Ausleuchtung besteht aus Führung und Aufhellung.**

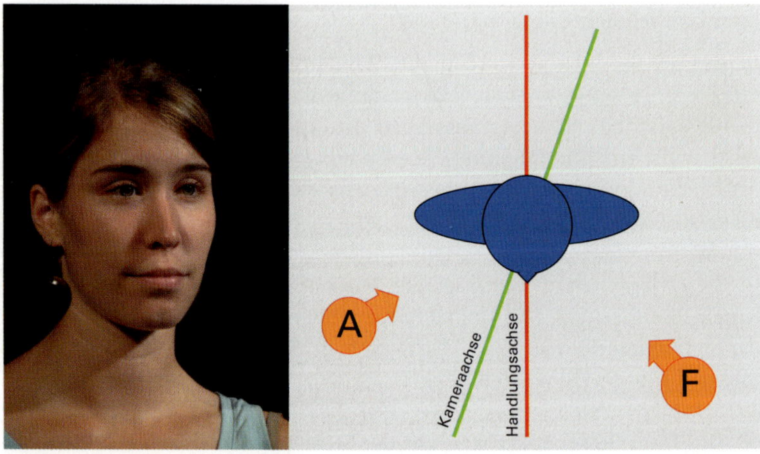

Abb. 2 Zweipunkt-Ausleuchtung

Da die Aufhellung die Schatten des Führungslichts mit weichem Licht aufhellen soll, steht sie typischerweise auf der anderen Seite der Kameraachse und wird mit Tüll oder Frost bespannt, wodurch die Helligkeit reduziert wird.

Die Aufhellung darf nur so viel Bildhelligkeit liefern, sodass die Einstellung der Kamerablende nicht verändert werden muss. Die Einstellung der Kamerablende muss sich ausschließlich an der Helligkeit des Führungslichts orientieren.

→ **Die Aufhellung darf keinen maßgeblichen Beitrag zur Bildhelligkeit liefern. Die Kamerablende orientiert sich allein am Führungslicht.**

Dreipunkt-Ausleuchtung

An der **Dreipunkt-Ausleuchtung** (Abb. 1) sind ebenfalls Führung und Aufhellung beteiligt. Um das Objekt vom Hintergrund abzuheben, kommt als dritte Lichtfunktion entweder Hinterlicht, Hintergrundlicht, Spitze, Kante oder Kicker in Frage. Diese dritte Lichtfunktion soll an den Stellen im Bild wirksam werden, an denen der Kontrast zwischen Objektgrenzen und dem Hintergrund nicht ausreicht.

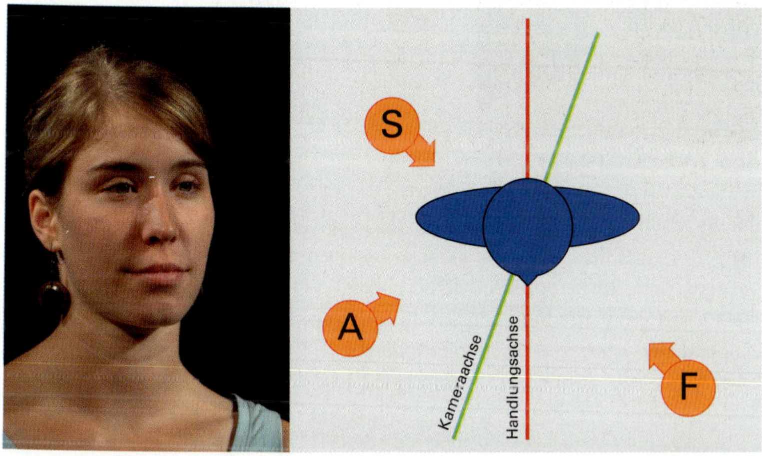

Abb. 1 Dreipunkt-Ausleuchtung

Da dies in der Regel die Aufhellungsseite betrifft, steht diese Lichtfunktion typischerweise auf der Seite der Kameraachse, wo auch die Aufhellung steht. Genau wie die Aufhellung darf auch die dritte Lichtfunktion nicht so viel Bildhelligkeit liefern, dass die Blende an der Kamera verstellt werden muss.

Artefakte

Bei allen Gegenlichtscheinwerfern sollte zudem dringend darauf geachtet werden, dass kein Licht direkt in die Kameraoptik eingestrahlt wird, da es sonst zu Bildkontrastverlust oder zu bunten Flecken, **Artefakte** genannt, im Kamerabild kommen kann.

→ **Die Dreipunktausleuchtung besteht aus Führungslicht und Aufhellung plus Spitze/Kante/Kicker oder Hintergrundlicht.**

→ **Lampen dürfen keinesfalls direkt in das Kameraobjektiv strahlen.**

Vierpunkt-Ausleuchtung

Die **Vierpunkt-Ausleuchtung** (Abb. 1) hat im Gegensatz zu einer Dreipunkt-Ausleuchtung den Vorteil, dass zusätzlich zum Objektkontrast auch der Bildkontrast, d. h. der Kontrast zwischen Objekt und Hintergrund, mit dem Hintergrundlicht eingestellt werden kann. Das Hintergrundlicht beleuchtet dabei das Objekt nicht.

→ **Die Vierpunktausleuchtung besteht aus Führungslicht, Aufhellung und Hintergrundlicht plus Spitze/Kante/Kicker.**

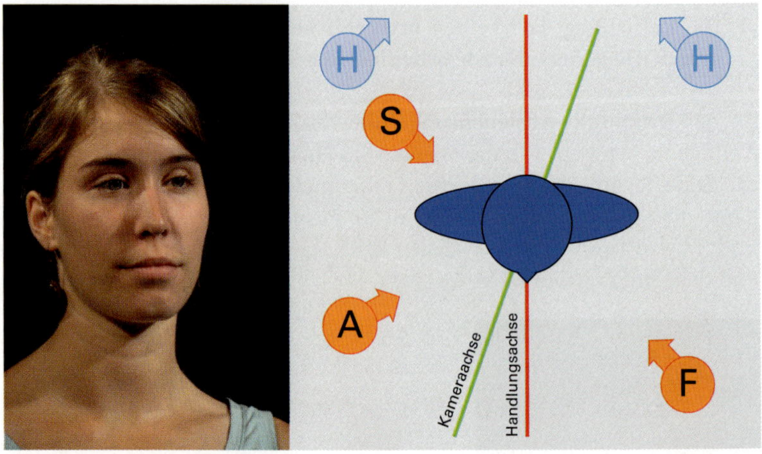

Abb. 1 Vierpunkt-Ausleuchtung

Beleuchtungsschere

Die **Beleuchtungsschere** (Abb. 2) wird verwendet, wenn für die Ausleuchtung von zwei Personen nur die drei Lampen, beispielsweise die drei Halogenleuchten eines regulären EB-Lichtkoffers, verwendet werden können. Hier kann nicht für beide Personen eine separate Dreipunkt-Ausleuchtung eingerichtet werden. Die hier beschriebene Beleuchtungsschere gibt es in zwei Varianten, innen und außen geführt.

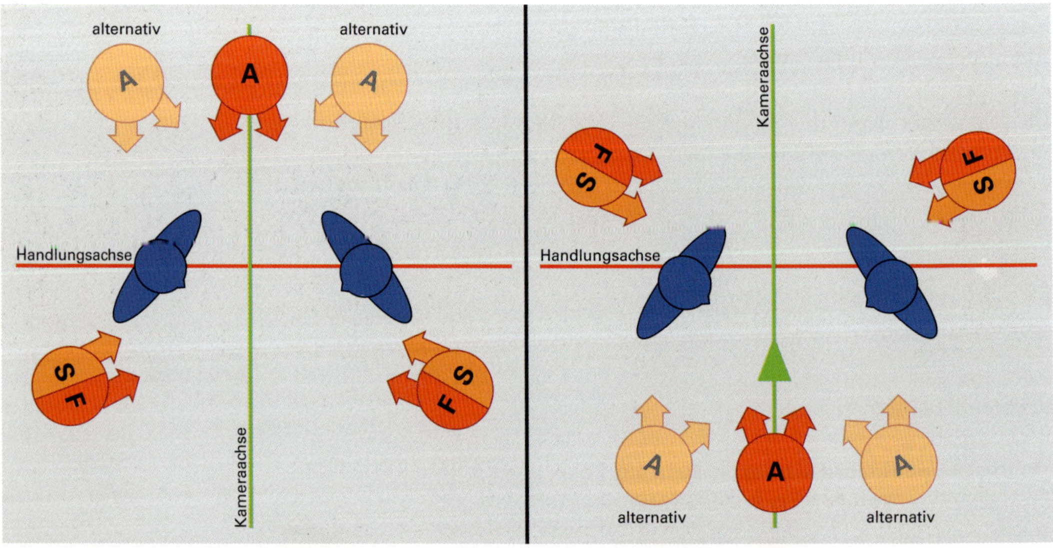

Abb. 2: Innen und außen geführte Beleuchtungsschere

Bei der ersten Variante, der „innen geführten“ Beleuchtungsschere ist jeweils ein Scheinwerfer das Führungslicht (schräg frontal) für die eine Person und gleichzeitig das Spitzlicht für die andere Person. Der dritte Scheinwerfer wird als Aufhellung im Gegenlichtbereich positioniert. Bei der zweiten Variante, der „außen geführten“ Beleuchtungsschere befinden sich die beiden Führunglicht-/Spitzlicht-Scheinwerfer im Gegenlichtbereich, während die Aufhellung aus dem flachen Frontallichtbereich kommt. Damit das Spitzlicht in beiden Fällen nicht zu stark ist, sollten die Lichtaustrittsöffnungen der Scheinwerfer jeweils halb mit Tüll verdeckt werden.

→ **Bei der Beleuchtungsschere übernimmt die Führungslichtlampe zusätzlich die Funktion der Spitze für die zweite Person. Beide Personen teilen sich dann die Aufhellungslampe.**

Für das ON-Interview, das mit drei Lampen ausgeleuchtet werden muss, ist die Beleuchtungsschere die optimale Wahl. So kann für beide beteiligten Akteure eine Quasi-Dreipunktausleuchtung hergestellt werden. Für die SRS-Auflösung mit drei Kameras (**SRS** = shot-reverse shot) sind drei Lampen deutlich weniger hinderlich bei der Wahl des Bildausschnitts als zwei einzelne Dreipunktausleuchtungen mit insgesamt sechs Lampen.

SRS

4.3.2 Steuerung von Beleuchtungsanlagen

Während der Studioproduktion einer TV-Show soll zu einem bestimmten Zeitpunkt mit der gesamten Studiobeleuchtung und einer Reihe von Moving-Lights ein kompletter Lichtszenenwechsel (Abb. 1) durchgeführt werden.

- Welche Lichtsteuerungstechnik ist für einen solchen Lichtszenenwechsel notwendig?

Abb. 1 Lichtszenenwechsel in einer TV-Show

Ein im Lichtrigg montierter Scheinwerfer ist für den manuellen Betrieb nur schwer zugänglich, sodass es sich bereits in kleinen TV-Studios lohnt, eine zentrale Lichtsteuerung einzubauen, mit der die Helligkeit und weitere Funktionen ferngesteuert werden können . So lassen sich auch Lichtszenen mit mehreren Scheinwerfern programmieren, die während der Sendung abgerufen werden können.

Die Struktur der in TV-Studios eingesetzten zentralen Lichtsteuerungsanlagen ist fast immer gleich, obwohl sich die Lichtsteuerungsanlagen in ihrer Komplexität teilweise erheblich unterscheiden. Eine Lichtsteuerungsanlage, wie sie im Blockschaltbild (Abb. 1) dargestellt ist, besteht aus drei Stufen:

1. Master: Eingabegeräte, die Lichtsteuersignale erzeugen
2. Kanal: Netzwerk, das die Lichtsteuersignale überträgt
3. Slaves: Endgeräte, die Lichtsteuersignale ausführen

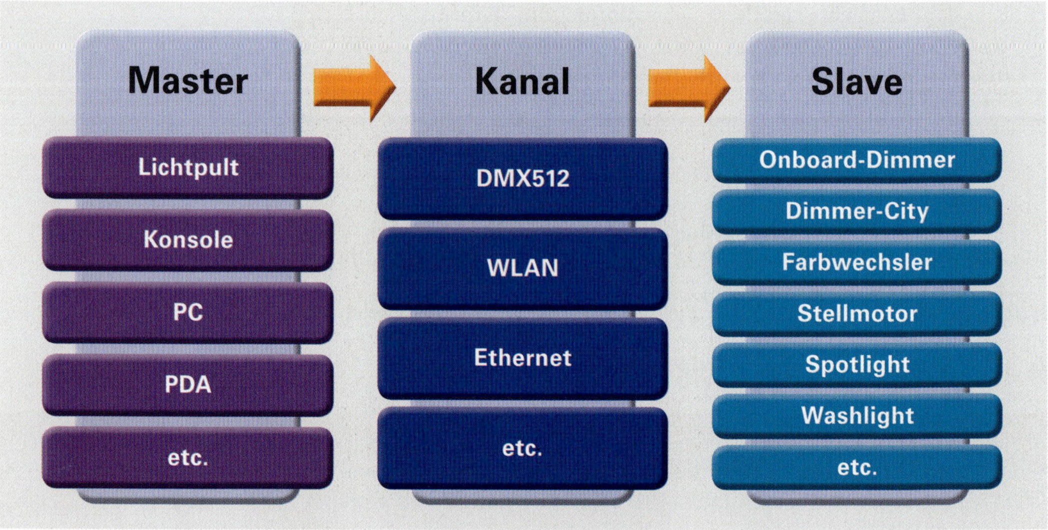

Abb. 1 Blockschaltbild einer Lichtsteuerungsanlage

➜ **Der Strukturen von Lichtsteueranlagen sind in der TV- und Eventbranche identisch.**

Eingabegeräte, die Lichtsteuersignale erzeugen

Neben Lichtpulten, den in TV-Studios momentan noch am weitesten verbreiteten Lichtsteuergeräten, gibt es mittlerweile eine ganze Reihe von alternativen Steuerungsgeräten (Tabelle 1).

Tabelle 1 Lichtsteuergeräte

Gerät	Aufgaben
Manuelles Lichtpult	Manuelles Einstellen/Überblenden von Lichtszenen
Speicherlichtpult	Programmieren, Speichern und Abspielen von Lichtszenen (auch Timecode-gesteuert)
Hybridlichtpult	Wie Speicherlichtpult mit zusätzlicher Steuerung von Moving-Lights, Nebelmaschinen usw.
Computer	Steuerung der Lichtanlage über ein graphische Benutzeroberfläche
PDA oder Smartphone	Steuerung der Lichtanlage per Funk über Softwareapplikationen (Apps)

Netzwerke, die Lichtsteuersignale übertragen

Das 1990 genormte digitale Steuersignal **DMX512** hat sich als Standard zur Steuerung von Lichtanlagen weltweit durchgesetzt. Lichtpulte haben mindestens eine **DMX512-Line** zur Ausgabe der Steuersignale. Modernste Lichtsteuerungsanlagen transportieren Steuersignale über Datennetzwerke wie **Ethernet** oder drahtlose Netze wie beispielsweise **WLAN**. So wird der einfache Zugriff auf die Lichtsteuerungsanlagen mit einem handelsüblichem Laptop, PDA oder Smartphone auch drahtlos möglich (Abb. 1).

DMX512

Ethernet: Lokales drahtgebundenes Datennetz

WLAN: (wireless local area network) Lokales Funkdatennetz

Abb. 1 Steuerung der Lichtanlage mit Handheldgeräten

Über die DMX512-Schnittstelle (Abb. 2) lassen sich nicht nur Scheinwerferdimmer steuern, sondern auch alle anderen mit einer solchen Schnittstelle ausgestatteten Geräte der Studiobeleuchtungstechnik wie beispielsweise Farbwechsler oder Multifunktionsscheinwerfer.

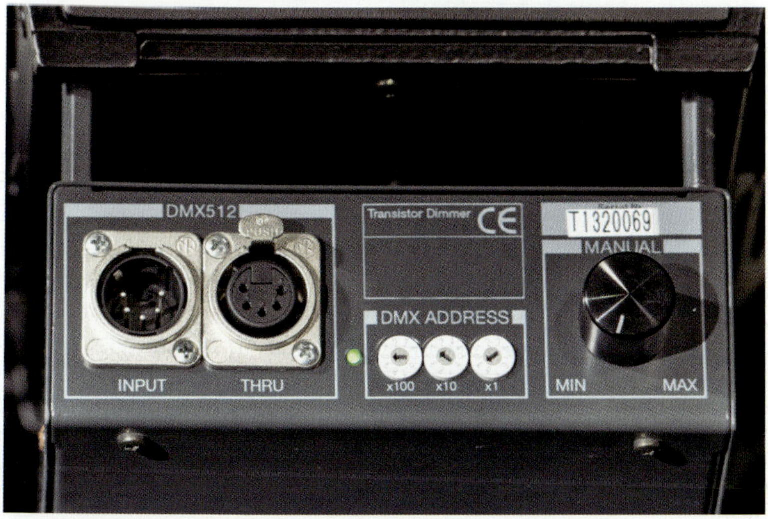

Abb. 2 DMX512-Schnittstelle mit DMX-Adresseinstellung

XLR-Stecker

Die Übertragung von DMX512-Signalen erfolgt über Pins 2 und 3 der genormten 5-poligen **XLR-Steckverbindung**.

➜ **DMX512-Schnittstellen sind 5-polige XLR-Steckverbindungen.**

DMX-Master, DMX-Slave

Abschlusswiderstand, Terminator

Bei der DMX512-Steuerung (Abb. 1) sendet das Lichtsteuergerät **(DMX-Master)** auf der Steuerdatenleitung Steuerbotschaften an den Signaleingang (DMX-In) eines DMX-fähigen Geräts **(DMX-Slave)**. Über den Signaldurchschliff (DMX-Thru) des Geräts werden die Steuerbotschaften an den Signaleingang (DMX-In) des jeweils nächsten angeschlossenen Geräts weitergeleitet. Die DMX-Line muss durch einen 120-Ω-**Abschlusswiderstand (Terminator)** im DMX-Thru des letzten Geräts abgeschlossen werden, damit es nicht zu Signalstörungen durch Reflexionen auf der Signalleitung kommt.

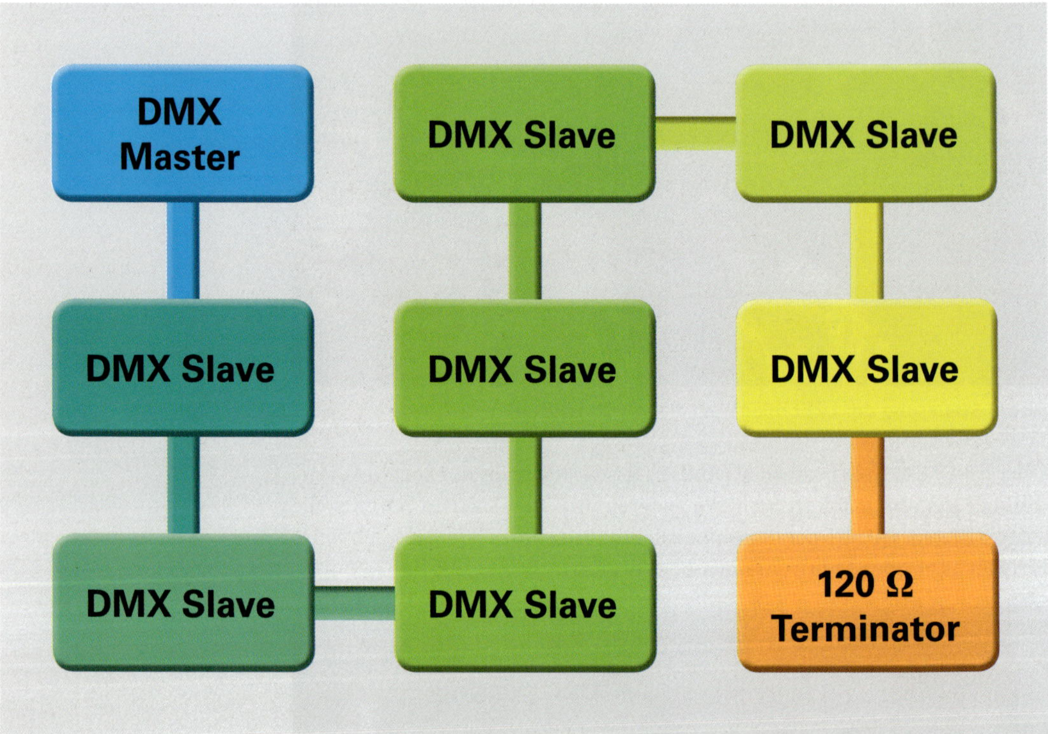

Abb. 1 DMX512-Line mit Abschlusswiderstand

DMX-Adresse

Jedes an die DMX-Line angeschlossene Gerät muss eine eindeutige **DMX-Adresse** haben, die in der Regel direkt am Gerät per Schalter eingestellt werden kann, damit es korrekt auf Steuersignale reagiert.

An einer DMX-Line können maximal 30 Endgeräte angeschlossen und insgesamt 512 Adressen vergeben werden. Multifunktionsscheinwerfer wie Moving-Lights benötigen für jede separat steuerbare Funktion eine eigene DMX-Adresse. So kann ein einziger Multifunktionsscheinwerfer 30 und mehr DMX-Adressen „verbrauchen".

➜ **Jede einzelne gesteuerte Funktion benötigt eine eigene DMX-Adresse.**

Endgeräte, die Lichtsteuersignale ausführen

Zu den Endgeräten, die Steuerungssignale ausführen, zählen beispielsweise
- Leistungsdimmer, die die Helligkeit des angeschlossenen Scheinwerfers auf den vorgegebenen Wert ändern,
- Farbwechselgeräte, die vor Scheinwerfern montiert sind und die Farbfilterrollen an die vorgegebene Stelle (Farbe) spulen,
- Stellmotoren, die Scheinwerfer bewegen oder fokussieren und
- Multifunktionsscheinwerfer, wie z. B. Moving-Lights, die die vorgegebene Aktion durchführen.

→ **Endgeräte bei Lichtsteuerungsanlagen empfangen Steuersignale und führen die darin enthaltenen Steuerbefehle aus.**

Einzeldimmer

In kleineren TV-Studios finden sich häufig **Einzeldimmer**, die direkt am Scheinwerfer angebracht werden (Abb. 1).

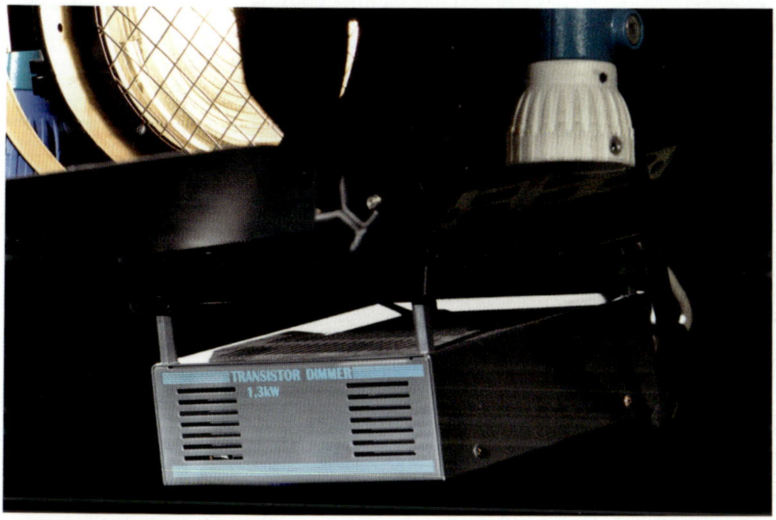

Abb. 1 Einzeldimmer

In größeren Studios werden die Dimmer mehrerer Scheinwerfer in einem Dimmerpack zusammengefasst und mit anderen Dimmerpacks in einem Dimmerrack (Schaltschrank) eingebaut. Dimmerracks werden aus thermischen, aber auch aus akustischen Gründen in einem separaten Dimmerraum (ugs. **Dimmer-City**) aufgestellt.

Dimmer-City

> Ein kompletter Lichtszenenwechsel, bei dem die Studiobeleuchtung gedimmt werden muss und bei der sich gleichzeitig die Moving-Lights auf neue, vorher einprogrammierte Positionen bewegen sollen, ist manuell nicht zu bewerkstelligen. Es ist erforderlich, dass diese Lichtszenen bereits vor der Show programmiert wurde, damit diese während der Show von einer DMX-Anlage abgefahren werden können.
> Beim Start des Lichtszenenwechsels sendet die Lichtsteuerung per DMX allen beteiligten Scheinwerferdimmern und Moving-Lights entsprechende Steuerbefehle zu. Eine solch aufwendige Ansteuerung einer Lichtanlage wäre ohne DMX-Vernetzung undenkbar.

4.4 Aufgaben und Übungen

1. Halogenbrenner sind in Kunstlichtlampen der Fernsehindustrie weit verbreitet.

   a) Analysieren Sie die physikalischen Gründe, weshalb die Farbtemperatur von Halogenbrennern 3200 K nicht deutlich übersteigen kann!
   b) Bewerten Sie die Aussage eines Planungsbüros für TV-Studioklimatisierung: „Halogenlampen sind prima Heizungen, die aus Versehen auch ein wenig Licht abgeben“!

2. Vorschriftsgemäß dürfen HMI-Brenner nur mit UV-Sperrfiltern betrieben werden. Nennen Sie den Grund für diese Vorschrift!

3. Beschreiben Sie das Prinzip der Lichterzeugung von Leuchtstoffröhren, erklären Sie damit deren Spektrum und analysieren Sie die Vor- und Nachteile von Leuchtstofflampen für die TV-Produktion!

4. Erklären Sie, weshalb für das Safety-Seil von aufgehängten Lampen eine Maximallänge vorgeschrieben ist!

5. Erklären Sie, welchen Einfluss frontale und seitliche Lichtrichtungen auf die Wirkung des Objektes im Bild haben!

6. Beschreiben Sie die Lichtquellen und deren Lichtfunktionen für die Beleuchtungssituationen Einpunkt-, Zweipunkt- und Vierpunktausleuchtung!

7. Ihnen stehen lediglich ein EB-Scheinwerfer und ein Faltreflektor zur Verfügung.

   a) Beschreiben Sie, wie Sie mit diesem Equipment eine Zweipunkt-Ausleuchtung realisieren können, die aus unterschiedlichen Lichtfunktionen mit unterschiedlichen Lichtcharakteristiken und Helligkeiten besteht!
   b) Zeichnen Sie für die Zweipunkt-Ausleuchtung den Lichtplan!

8. Nennen Sie den Grund, weshalb DMX-512-Leitungen immer mit einem Abschlusswiderstand betrieben werden müssen!

9. Erklären Sie, weshalb moderne Showscheinwerfer wie beispielsweise Moving-Lights mehr als eine DMX-Adresse benötigen!

10. Beschreiben Sie den Sinn von DMX-Systemen bei Live-Sendungen!

5 Die Physik des Sehens

Der Fernseher ist für viele Zuschauer das Fenster zur Welt. Sie sind weltweit live dabei und erleben die Welt aus der Perspektive der Kamera (Abb. 1). So wird die Kamera zum „Auge des Zuschauers“. Tatsächlich sind Kamera und menschliches Auge prinzipiell sehr ähnlich aufgebaut.

Abb. 1 Kameramann beim Newseinsatz

Die Tabelle 1 gibt einen Überblick über Arbeitsbereiche in der Medienbranche, bei denen Kenntnisse über den Sehvorgang wichtig sind:

Tabelle 1 Arbeitsbereiche mit Kenntnissen über den Sehvorgang

Bezeichnung	Tätigkeitsfelder
Kameramann • Lichtsetzender Kameramann • DoP (=director of photography)	• Bestimmt die Kameraperspektive • Verantwortlich für Kameraarbeit, Bild- und Lichtgestaltung
Regisseur • Director • Bildregisseur	• Inszeniert die Story • Entscheidet über Spielhandlung und Kameraperspektiven
Storybordzeichner • Storyboard • Storyboard artist	• Visualisiert die Story bildlich • Zeichnet Kameraperspektiven und Bewegungen 1. und 2. Art
Cutter • Editor	• Ist verantwortlich für die Montage • Schneidet Video- und Audiorohmaterial zu einem Film zusammen

5.1 Visuelle Wahrnehmung

Das menschliche Sehen ist mehr als nur der rein physikalische Vorgang der Lichtverarbeitung mit den Augen. Die visuelle Wahrnehmung des Menschen ist eine Kombination aus physikalischem und psychologischem Sehen.

5.1.1 Aufbau und Funktion des Auges

In einer der ersten Szenen des Films *Lola rennt* überlegt die Hauptfigur Lola während eines Telefongesprächs (Abb. 1), wer ihr schnellstmöglich einen großen Geldbetrag leihen kann.

Lola rennt
(D 1998, Tom Tykwer)

Abb. 1 Screenshot aus „Lola rennt" (1998), Regie: Tom Tykwer

Filmisch wird das in einer Folge von schnell aufeinander geschnittenen, frontal aufgenommenen Gesichtern dargestellt, wobei die einzelnen Gesichter nur für Sekundenbruchteile zu sehen sind.

- Wieso ist der Zuschauer in der Lage, trotz dieser extrem schnellen Bildfolge einzelne Gesichter zu erkennen?
- Wieso nimmt der Zuschauer die extrem schnelle Bildfolge als einzelne Bilder wahr und nicht als Film?

Früher herrschte die Meinung vor, dass Augen, ähnlich wie Radargeräte, die Umgebung mit „Sehstrahlen" abtasten. Heute ist bekannt, dass Augen das Umgebungslicht zum Sehen aufnehmen (Abb. 2).

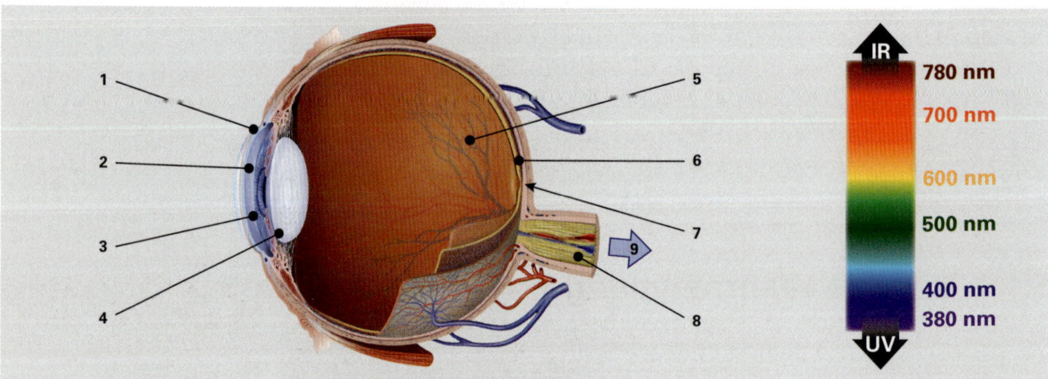

Abb. 2: Aufbau des Auges und sichtbares Spektrum

Das Auge ist an einem System von Muskeln in der Augenhöhle beweglich aufgehängt. Es besteht zu ca. 90 % aus Wasser und stellt aufgrund seines Aufbaus eines der komplexesten Sinnesorgane des menschlichen Körpers dar.

Beim Sehvorgang dringt Licht durch die durchsichtige Hornhaut (Cornea) **[1]** in das Auge ein. Das Licht wird durch das optische System bestehend aus Hornhaut, vorderem Kammerwasser **[2]**, Iris (Regenbogenhaut) **[3]**, Augenlinse **[4]** und Glaskörper **[5]** auf die Netzhaut (Retina) **[6]** geleitet. Der Bildmittelpunkt wird dabei exakt in den gelben Fleck **[7]** abgebildet. Die Netzhaut wandelt das Bild in elektrische Signale um und leitet diese über den Sehnerv **[8]** zum visuellen Cortex im Gehirn **[9]**.

Die Tabelle 1 zeigt die einzelnen Komponenten des **optischen Systems** und ihre jeweilige Funktion.

Optisches System

Tabelle 1 Optische Funktion der Komponenten des Auges

Komponente	Aufgabe
Cornea **[1]**	Transparent, bringt das vordere Augenkammerwasser in die Form einer Linse
Kammerflüssigkeit **[2]**	Bildet aufgrund seiner Form die erste Linse des optischen Systems des Auges
Iris **[3]**	Regelt automatisch den Lichteinfall in das Auge
Augenlinse **[4]**	Variabel fokussierbar, stellt das Bild auf der Retina scharf
Glaskörper **[5]**	Macht Auge formstabil: konstanter Abstand von Linse und Netzhaut
Netzhaut [6]	Bildempfänger, wandelt das Licht in elektrische Nervenimpulse um
Sehnerv **[7]**	Leitet die elektrischen Nervenimpulse der Netzhaut zum Gehirn
Gelber Fleck [8]	Ort des scharfen Sehens, liegt auf der optischen Achse des Auges
Visueller Cortex **[9]**	Gehirnbereich, der die Sehinformationen verarbeitet

Netzhaut

Gelber Fleck

Der Bereich des elektromagnetischen Spektrums, den das Auge verarbeiten kann, wird sichtbares Spektrum genannt und erstreckt sich über einen Wellenlängenbereich von ca. 380 nm bis 780 nm. Ultraviolette Strahlung (UV) mit Wellenlängen unter 380 nm und infrarote Strahlung (IR, Wärmestrahlung) mit Wellenlängen über 780 nm kann das menschliche Auge nicht verarbeiten. Der Mensch ist also UV- und IR-blind.

→ **Das sichtbare Licht hat Wellenlängen von 380 bis 780 nm.**

Das visuelle System (Auge und Gehirn) ist in der Lage, maximal 10 bis 14 Einzelbilder pro Sekunde zu verarbeiten. Bereits ab etwa 12 Bildern pro Sekunde setzt der sogenannte **Phi-Effekt** ein, d. h., die Bilder werden nicht mehr als Einzelbilder wahrgenommen, sondern sie verschmelzen aufgrund der „Langsamkeit" des visuellen Systems zu einem Bewegungseindruck.

Der Phi-Effekt beginnt ab ca. 12 Bildern pro Sekunde

Phi-Effekt

→ **Ab 12 Bildern pro Sekunde werden Bilder als Bewegung wahrgenommen.**

Standzeit: Dauer einer Kameraeinstellung im Film

Ein menschliches Gesicht ist dabei ein visuelles Schema, welches das Gehirn besonders schnell erfassen und auswerten kann. Deshalb benötigen Großaufnahmen von Gesichtern in Filmen eine vergleichsweise kurze **Standzeit**.

!

Im Zusammenhang mit den eingangs gestellten Fragen zu der Filmsequenz aus *Lola rennt* kann folgendes festgestellt werden: Die Bilder der extrem schnellen Bildfolge werden vom Zuschauer noch als Einzelbilder wahrgenommen, weil weniger als 12 Einzelbilder pro Sekunde präsentiert werden. Das visuelle System verarbeitet die Bildfolge nicht als Film, da der Phi-Effekt noch nicht eingesetzt hat.
Die schnelle Verarbeitung von Gesichtern erklärt, warum Zuschauer beim Ansehen des Films *Lola rennt* in der Lage sind, trotz der extrem schnellen Bildfolge einzelne Gesichter, zum Teil auch Gesichtsausdruck, Geschlecht und Alter der gezeigten Person zu erkennen.

5.1.2 Bildverarbeitung im Gehirn

?

Bilder können weit mehr als nur einen festgehaltenen visuellen Eindruck präsentieren. Betrachter können Bilder nicht nur ansehen, sondern förmlich erleben (Abb. 1).

Abb. 1 Bilder sind mehr als reine Abbildungen

Dieses Bild „erzählt" zum Beispiel seine Geschichte so real, dass der Betrachter sogar die dazu gehörigen Geräusche zu hören und den Schmerz des Aufpralls zu spüren glaubt.

- Wieso können die Bilder bei der Betrachtung ein derartiges Eigenleben entwickeln?

Das Bild, das die Netzhaut über den Sehnerv zum visuellen Cortex im Hinterkopf leitet, ist durch die Optik des Auges kopfstehend und seitenverkehrt. Zusätzlich erfolgt noch die recht komplexe Aufteilung der Netzhautinformationen auf die Gehirnhälften. Beide Gehirnhälften verarbeiten jeweils die Hälfte der Netzhautinformation beider Augen. So kommt es, dass die rechte Gehirnhälfte all das verarbeitet, was sich beim Sehen links befindet, während die linke Gehirnhälfte das rechte **Gesichtsfeld** verarbeitet (Abb. 1).

Gesichtsfeld

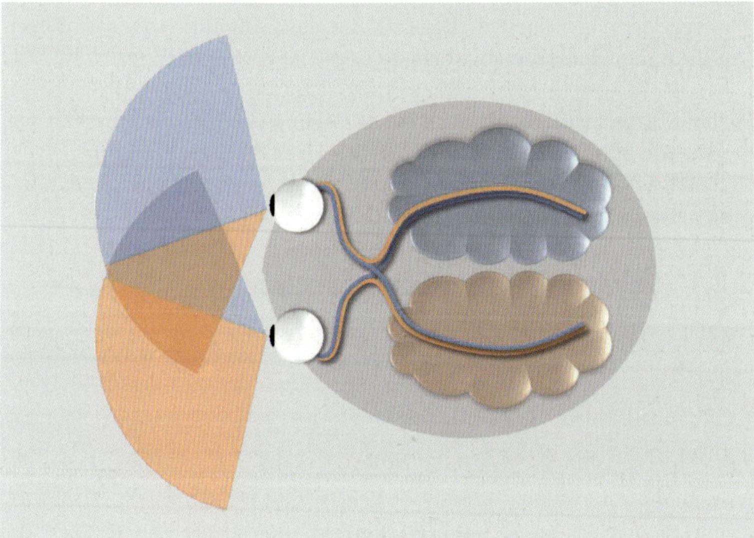

Abb. 1 Bildverarbeitung im Gehirn

Das Gehirn speichert generell Sinneseindrücke assoziativ. So werden z. B. die visuellen Informationen beim Abspeichern mit weiteren visuellen und auch mit nichtvisuellen Informationen verknüpft. Diese Verknüpfungen funktionieren wie zusätzliche Fährten zu der eigentlichen Information, sodass man sich später wieder leichter an sie erinnert.

Diese Eigenschaft des Gehirns kann sehr einfach in einem Experiment veranschaulicht werden: Bekommt eine Testperson den Auftrag, sich einen Papierkorb vorzustellen, so assoziiert die Testperson vor ihrem „inneren Auge" nicht nur einen ganz bestimmten Papierkorb, sondern zusätzlich die gesamte Szenerie (Material, Füllstand und Farbe des Papierkorbs sowie Tageszeit, Bodenbeschaffenheit, räumliche Anordnung usw.), in der sich der Papierkorb befindet. Obwohl das explizit in der Aufgabenstellung nicht verlangt wurde, erzeugt das Gehirn der Testperson all diese **Assoziationen** „automatisch".

Assoziationen

→ **Das menschliche Gehirn arbeitet wie ein Assoziativspeicher.**

Von dieser Arbeitsweise des Gehirns wird bei Film und Fernsehen oft Gebrauch gemacht. Bestimmte visuelle Reize (z. B. das blutige Messer in Hitchcocks *Psycho*) rufen beim Zuschauer sofort die beabsichtigten Assoziationen (z. B. Gefahr, Mord, Schmerzen) hervor.

Beim Betrachten des Bildes der stürzenden Person assoziiert der Betrachter sofort eigene Erlebnisse, Empfindungen und Geräusche mit dem, was er im Bild sieht. Durch die vielfältigen Assoziationsansätze erlebt der Betrachter die Bilder förmlich als „inneren Film".

5.2 Performance des visuellen Systems

Bei der Bildgestaltung ist es wichtig, ob die Kameraführung dem „normalen“ Sehen entspricht oder nicht. Immer dann, wenn die Kamera die Grenzen des natürlichen menschlichen Sehens überschreitet, werden dramaturgische Akzente gesetzt. Daher ist die genaue Kenntnis der natürlichen Leistungsgrenzen des menschlichen visuellen Systems wichtig.

Darüber hinaus basiert aber auch die Auslegung von videotechnischen Systemen, wie beispielsweise der Festlegung der Bildwechselfrequenz bei TV-Signalen, auf der Kenntnis dieser Leistungsgrenzen, wie sie in den nun folgenden Kapiteln genauer betrachtet werden.

5.2.1 Sehschärfe und Schärfentiefe

Bei der Herstellung eines Werbefilms legt der Werbekunde sehr viel Wert darauf, dass sein Produkt im Zentrum der Aufmerksamkeit des Zuschauers steht, obwohl auch der Bildhintergrund interessante Gegenstände bietet.

- Wie kann diese Aufgabe unauffällig, aber effektiv gelöst werden?

Sehfeld

In horizontaler Richtung wird das **Sehfeld** eines Erwachsenen durch die Schädelform auf etwa 200 Winkel-Grad begrenzt. Vertikal sind es, bedingt durch Augenbrauen und Wangenknochen, nur etwa 70 bis 80 Grad.

Schärfekreis

Die einfache Situation in Abb. 1, bei der eine Person einen Punkt an der Wand fixiert, zeigt jedoch, dass in diesem relativ großen Sehfeld nur ein kleiner kreisförmiger Ausschnitt (**Schärfekreis**) von etwa 1 bis 2 Grad Öffnungswinkel gleichzeitig scharf gesehen werden kann.

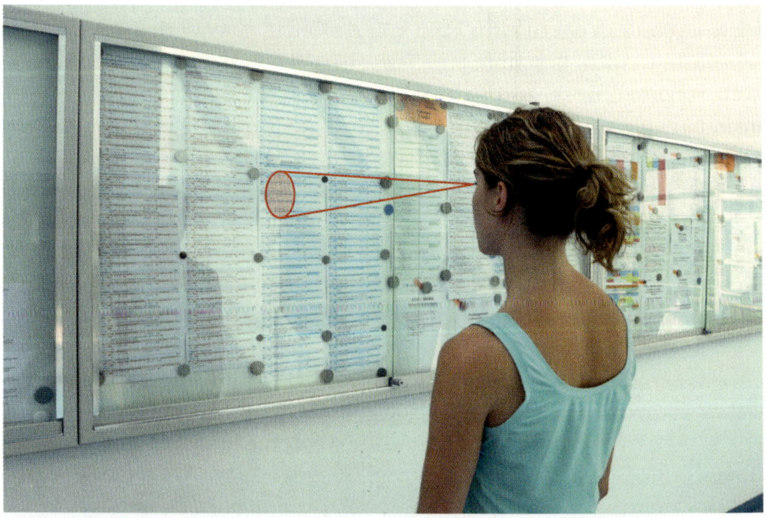

Abb. 1 Schärfekreis beim Fixieren eines Punktes, Abstand 3 Meter

Schärfetrichter

Dieser „**Schärfetrichter**“ erzeugt bei einem Betrachtungsabstand von drei Metern einen Schärfebereich mit einem Durchmesser von ca. 30 cm. Je größer der Betrachtungsabstand ist, umso größer ist der Durchmesser des Schärfekreises. Bedingt durch den kurzen **Betrachtungsabstand** können daher beim Lesen eines Buches nur etwa vier Buchstaben gleichzeitig scharf gesehen werden.

Betrachtungsabstand

→ **Außerhalb des Schärfetrichters ist nur unscharfes Sehen möglich.**

Diese Begrenzung des scharfen Sehens entsteht, weil das optische System des Auges das Gesehene scharf in den gelben Fleck (auch Fovea oder Sehgrube genannt) der Netzhaut abbildet, der bezüglich der Verteilung der Sehzellen für das Scharfsehen besonders relevante Eigenschaften aufweist.

Genau im gelben Fleck befinden sich fast alle der etwa 6,5 Millionen **Zapfen** (engl. cones), die auf verschiedene Lichtfarben und zudem noch auf Helligkeit reagieren können (Abb. 1 links). Dagegen sind die ca. 120 Millionen **Stäbchen** (engl. rods), die nur auf Helligkeit, aber nicht auf Farben reagieren, kaum im gelben Fleck vorhanden, dafür aber relativ gleichmäßig über die gesamte restliche Netzhaut verteilt (Abb. 1 rechts).

Zapfen

Stäbchen

→ **Nur ein winziger Bereich der Netzhaut, der gelbe Fleck, ist in der Lage, scharf und farbig zu sehen.**

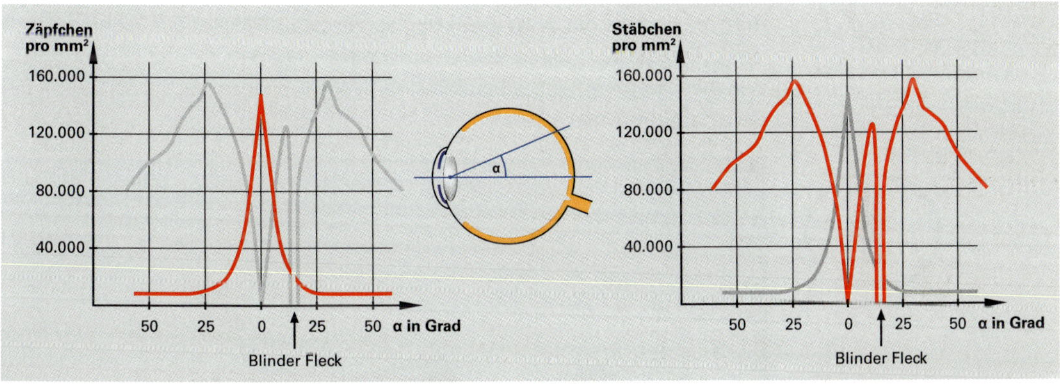

Abb. 1 Verteilung der Sehzellen im Auge

Blinder Fleck: Hier sind keine Sehzellen in der Netzhaut vorhanden, da sich an dieser Stelle der Sehnervabgang befindet.

Die Sehschärfe ist nicht nur in horizontaler und vertikaler Richtung, sondern auch in Richtung der Raumtiefe begrenzt. Dieser Bereich in Richtung der Raumtiefe, der gleichzeitig scharf gesehen werden kann, wird als **Schärfentiefe** bezeichnet.

Schärfentiefe

→ **Schärfentiefe ist die Begrenzung des Scharfsehens in Richtung des Raumes bzw. der Raumtiefe.**

Anstelle von Schärfentiefe wird oft der Begriff Tiefenschärfe benutzt.

In geringem Abstand zu den Augen können zwei Objekte gleichzeitig scharf gesehen werden, deren Abstand zueinander maximal 10 cm beträgt. Je größer die Entfernung der Gegenstände vom Auge ist, umso größer wird auch der maximal mögliche Abstand der Gegenstände, die gleichzeitig scharf gesehen werden können. Der Schärfentiefenbereich ist in der Nähe der Augen klein und wird mit zunehmendem Abstand vom Auge größer (Abb. 1).

→ **Mit zunehmendem Abstand vom Auge nimmt die Schärfentiefe zu.**

Abb. 1 Schärfentiefe in der Nähe des Auges und in größerer Entfernung

Durch das eingeschränkte Scharfsehen müssen die Augen durch permanente Blickverlagerungen die Umgebung abtasten. Uninteressante Bereiche werden eventuell nie angesehen, während interessante Bereiche auch mehrmals angesehen werden. Wie bei einem 3D-Puzzle setzt das Gehirn dabei die scharf gesehenen Bereiche zu einem scharf gesehenen (löchrigen) Gesamtbild zusammen. Das geschieht so schnell und effizient, dass dem Menschen die Einschränkung seines Scharfsehens gar nicht bewusst wird. Die meisten Menschen sind der Meinung, dass sie ihr gesamtes Sehfeld gleichzeitig scharf sehen können, weil sie sich an ein scharf gesehenes Gesamtbild erinnern.

Da das Gehirn darauf optimiert ist, scharf gesehene Raumfragmente zu verarbeiten, kann bei der Herstellung des Werbefilms das gestalterische Mittel der selektiven Schärfen(-tiefe) eingesetzt werden, d. h., die Kamera wird auf eine geringe Schärfentiefe eingestellt (Abb. 2).

Abb. 2: Selektive Schärfe

Wird jetzt das Produkt scharf gestellt, so wird der Bildhintergrund aufgrund der geringen Schärfentiefe unscharf, wodurch die Aufmerksamkeit des Zuschauers auf das scharf gesehene Produkt konzentriert wird. Da diese effektive Methode der Blickführung dem natürlichen Sehen entspricht, ist sie für den Zuschauer unauffällig und dabei sehr eingängig.

5.2.2 Augenbewegungen

Für eine fiktionale Produktion soll das stilistische Mittel „subjektive Kamera“ eingesetzt werden, um zu visualisieren, wie eine Person an einem vereinbarten Treffpunkt in einer Menschenmenge nach dem Partner Ausschau hält.

- Wie muss die „subjektive Kamera“ realisiert werden, damit das „Ausschau“-Halten möglichst natürlich wirkt?

Die Reihenfolge, in der Objekte beim Sehen abgearbeitet werden, hängt im Wesentlichen davon ab, wie viel Aufmerksamkeit bzw. Neugierde (durch Helligkeit, Farben, Bewegung usw.) das Objekt beim Zuschauer erregt.

Sakkade

Fixation

Ist ein Objekt interessant, folgt zuerst eine sprunghafte Blickverlagerung **(Sakkade)** dorthin und danach das Scharfstellen **(Fixation)** des Objekts durch die Augenoptik. Das Gesehene zwischen zwei Fixationspunkten wird im Gehirn kaum oder gar nicht verarbeitet.

➔ **Eine Blickverlagerung wird als Sakkade bezeichnet.**

Wird beispielsweise im Kino ein Sitzplatz nahe an der Leinwand gewählt, zwingt der Schärfetrichter des Auges zu stark sakkadischem Sehen, d. h., das Filmbild kann nicht mit einem Blick erfasst werden, sondern durch Abtasten. Je nach Schnittrhythmus des Films kann es leicht zu einer visuellen Überforderung kommen.

Die Suche nach dem Partner in der Menschenmenge entspricht ebenfalls einer ständigen Abfolge von Sakkaden und Fixationen (Abb. 1).

Abb. 1 Sakkaden bei der Suche

Das „Abschwenken" der Menschenmenge mit der Kamera bringt hier nicht den gewünschten subjektiven Eindruck, obwohl das natürliche Bewegungsspektrum des Auges Schwenken (PAN) und Neigen (TILT) beinhaltet. Die sprunghaften sakkadischen Bewegungen können eher durch harte Schnitte oder eventuell durch Reißschwenks umgesetzt werden.

5.2.3 Stereoskopisches Sehen

Ein stereoskopischer Film (ein tatsächlich dreidimensional aufgenommener Film) wird gleichzeitig mit zwei Kameras aufgenommen.

- Wie müssen Bildaufnahme und Bildwiedergabesystem arbeiten?

Stereoskopie

Durch die **stereoskopische** Anordnung der Augen haben beide Augen beim Sehen eine unterschiedliche Perspektive auf das gesehene Objekt. Das Gehirn ist genau dadurch in der Lage, aus den Unterschieden der beiden Bilder (Abb. 1) auf die 3D-Information (Tiefeninformation) des Objekts zu schließen: Je kleiner der Abstand zwischen Objekt und Betrachter ist, umso größer ist der Unterschied der Bilder der beiden Augen.

→ **Räumliches Sehen entsteht durch die Auswertung des perspektivischen Unterschiedes der beiden Stereobilder.**

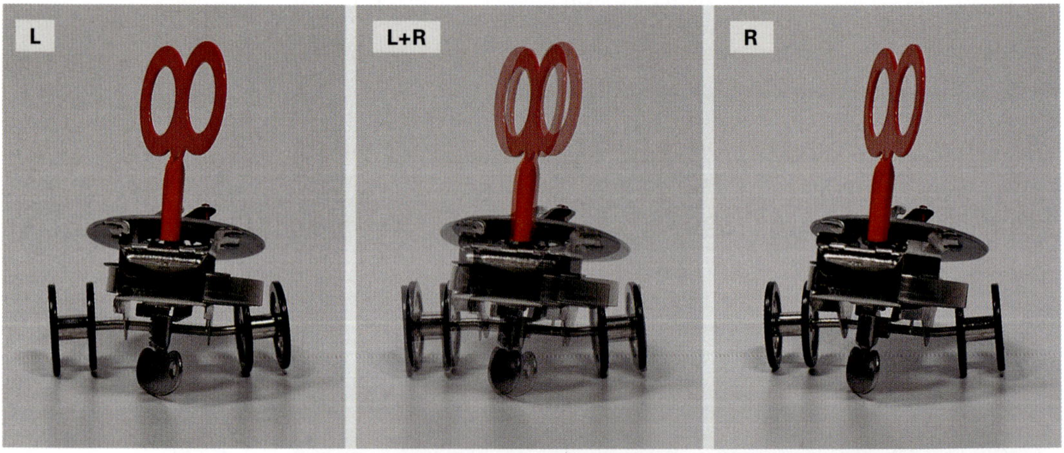

Abb. 1 Perspektiven bei stereoskopischem Sehen

3D-Film

→ **Um eine 3D-Szene zu produzieren, müssen entweder durch eine Stereooptik oder zwei Kameras gleichzeitig zwei Perspektiven der Szene aufgenommen werden. Damit der Zuschauer den Film nun tatsächlich räumlich sieht, muss das Bildwiedergabesystem dafür sorgen, dass die jeweilige Perspektive dem richtigen Auge zugeordnet wird. Dazu sind in der Regel spezielle Wiedergabetechniken und optische Hilfsmittel wie beispielsweise 3D-Brillen erforderlich.**

5.2.4 Technische Daten des visuellen Systems

Die technischen Daten des visuellen Systems sind eine wichtige Grundlage zur technischen Auslegung von Geräten der Medientechnik. So erfolgt beispielsweise die Bewertung lichttechnischer Größen auf der Basis der **Augenempfindlichkeitskurve V(λ)**. Die V(λ)-Kurve zeigt, wie empfindlich das menschliche Auge auf bestimmte Lichtwellenlängen reagiert. Tagsüber ist die Empfindlichkeit für (himmel-) blaues Licht besonders gering (Abb. 1), während sie nachts maximal ist.

Augenempfindlichkeitskurve V(λ)

→ **Die V(λ)-Kurve zeigt die Empfindlichkeit des Auges für einzelne Lichtfarben.**

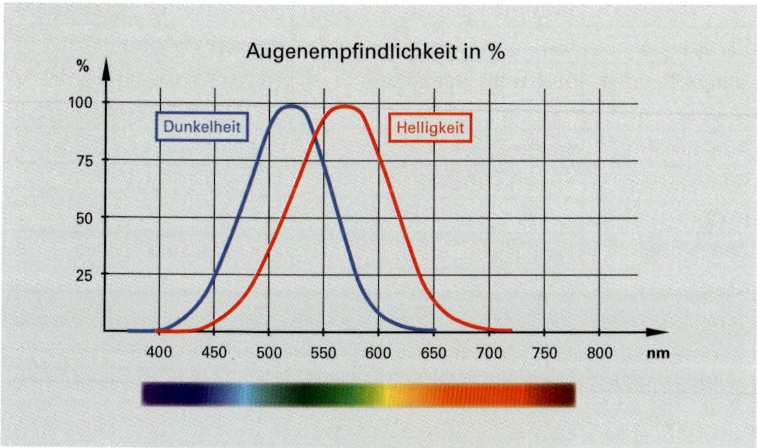

Abb. 1 V(λ)-Augenempfindlichkeitskurve bei Helligkeit bzw. Dunkelheit

Die nun folgende Tabelle 1 gibt einen Überblick über die wichtigsten Daten des menschlichen visuellen Systems.

Tabelle 1 Technische Daten des menschlichen visuellen Systems

Eigenschaft	Daten
sichtbarer Wellenlängenbereich	380 nm bis 780 nm
IR-Empfindlichkeit	keine
UV-Empfindlichkeit	keine
Verarbeitungsgeschwindigkeit	10 bis 14 Einzelbilder pro Sekunde
Phi-Effekt	ab ca. 12 Bildern pro Sekunde
horizontales Sehfeld	ca. 200 Grad
vertikales Sehfeld	ca. 70 bis 80 Grad
Schärfetrichter	ca. 1 bis 2 Grad
kleinstes erkennbares Objekt	ca. 1 mm (bei 3 Metern Abstand)
Bewegungsspektrum	**Pan** und **Tilt**
mögliche Objektentfernung	ca. 10 cm bis unendlich
möglicher Helligkeitsbereich	0,1 lux bis 100.000 lux
Kontrastumfang	1 : 1000000
unterscheidbare Farben	ca. 400000

Pan: Schwenken der Kamera

Tilt: Neigen der Kamera

Das visuelle System des Menschen und die Funktionsweise einer elektronischen Videokamera ähneln sich in vielen Bereichen. Die folgende Tabelle 1 auf Seite 148 stellt Gemeinsamkeiten und Unterschiede der beiden Systeme heraus.

Makro: Nahfeldaufnahme mit einem Kameraabstand von wenigen Zentimetern

Tabelle 1 Vergleich von Auge und Kamera

Bereich	Auge	Kamera
Sehtyp	stereoskopisch (dreidimensional)	monoskopisch (zweidimensional)
Blendschutz	Augenbraue	Sonnenblende
Optik	Augenkammer, Augenlinse und Glaskörper	mehrere verschiedene optischen Linsen
Blende	Augeniris (Minimalöffnung ~ 3 mm)	mechanische Blende (Minimalöffnung „Close“)
Brennweite	fest	variable (Zoom)
Schärfebereich	10 cm bis unendlich	10 cm bis unendlich zusätzlich Makrobereich
Bildaufnahme	elektrochemische Netzhaut	elektronischer CCD-Chip
Bildverarbeitung	visueller Cortex	Videoelektronik
Bewegung	Pan, Tilt	Pan, Tilt, Roll, Zoom

Um eine völlig unauffällige natürliche Kameraführung zu erzielen, muss sich die Kameraarbeit am natürlichen Sehen orientieren. Daher sollten unnatürliche und damit auffällige Kamerabewegungen wie Zoom oder Roll, aber auch unnatürlich nahe Objektentfernungen, wie sie mit Makroaufnahmen zu realisieren sind, vermieden werden.

5.3 Störungen des visuellen Systems

Gerade in Medienberufen ist eine gute Sehfähigkeit unerlässlich. Eine regelmäßige Kontrolle ist daher genauso wichtig wie die Beachtung der Betriebsgefahren, die für die eigenen Augen von den medientypischen Arbeitsgeräten ausgehen.

5.3.1 Schärfefehlsichtigkeit

Ein Kurzsichtiger arbeitet ohne Brille mit einer EB-Kamera. Über den Dioptrienausgleich hat er das Sucherbild für sich scharf gestellt.

- Ist das aufgezeichnete Kamerabild jetzt auch unscharf, weil der Kameramann ohne Brille durch den Sucher schaut?

Normalsichtigkeit

Bei **Normalsichtigkeit** (Abb. 1 links, Seite 149), d. h. bei einem gesunden Auge, wird das Bild vom optischen System korrekt auf die Netzhaut abgebildet. Ist das nicht der Fall, so handelt es sich um eine der häufig vorkommenden Fehlsichtigkeitsformen: Kurzsichtigkeit oder Weitsichtigkeit. Eine Fehlsichtigkeit ist entweder angeboren oder eine Wachstums- bzw. Alterserscheinung.

Kurzsichtigkeit

Bei **Kurzsichtigkeit** (Abb. 1 mittig, Seite 149) entsteht das scharfe Bild schon vor der Netzhaut, weil entweder die Brechkraft der Linse zu hoch und/oder der Augapfel gestreckt ist. Kurzsichtigkeit kann mit einer Brille oder Kontaktlinsen korrigiert werden, sodass das Bild wieder scharf auf der Netzhaut abgebildet wird.

Bei **Weitsichtigkeit** (Abb. 1 rechts, Seite 149) entsteht das scharfe Bild hinter der Netzhaut, weil entweder die Brechkraft der Linse zu schwach ist und/oder der Augapfel gestaucht ist. Auch die Weitsichtigkeit kann mit einer Brille oder Kontaktlinsen korrigiert werden, sodass das Bild wieder scharf auf der Netzhaut abgebildet wird.

Weitsichtigkeit

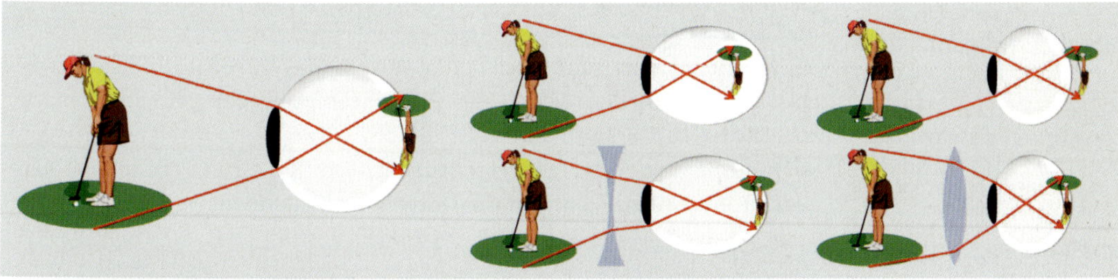

Abb. 1 Fehlsichtigkeit mit Korrektur

Die Form der Augenmuschel einer EB-Kamera ist nicht für Brillenträger ausgelegt. Ein Brillenträger kann daher seine Fehlsichtigkeit mithilfe des **Dioptrienausgleichs** am Kamerasucher (Abb. 2) ausgleichen, um so auch ohne Brille das Sucherbild scharf sehen zu können.

Abb 2: Dioptrienverstellung am Kamerasucher

Die Bildschärfe des Suchermonitorbildes selbst, die der Bildschärfe des aufgezeichneten Kamerabildes exakt entspricht, wird dabei überhaupt nicht beeinflusst. Das aufgezeichnete Kamerabild ist also nicht zwangsläufig unscharf, weil der kurzsichtige Kameramann ohne Brille durch den Sucher schaut.

Dioptrienausgleich

5.3.2 Farbfehlsichtigkeit

Ein „Rot-Grün-Fehlsichtiger“ möchte als Cutter, Kameramann oder als Videoreporter arbeiten.

- Wie sind dessen beruflichen Perspektiven zu bewerten?

Farbfehlsichtigkeit, fälschlicherweise oft Farbenblindheit genannt, betrifft mehrheitlich Männer und ist erblich bedingt. Farbfehlsichtigkeit bedeutet nicht, dass Betroffene bestimmte Farben nicht sehen können, sondern lediglich, dass sie bestimmte Farben nicht voneinander unterscheiden können.

→ **Farbfehlsichtige können bestimmte Farben nicht unterscheiden.**

Rot-Grün-Sehschwäche

Es existieren unterschiedlich starke Ausprägungen von Farbfehlsichtigkeit bis hin zum totalen Verlust der Farbsehfähigkeit, der „Monochromasie". Die **Rot-Grün-Sehschwäche** ist die am häufigsten auftretende Farbfehlsichtigkeit. Die Abb. 1 veranschaulicht, wie Rot-Grün-Fehlsichtige verglichen mit Normalsichtigen die Umwelt wahrnehmen.

Abb. 1 Vergleich Normal- zur Rot-Grün-Fehlsichtigkeit

!

Für Medienberufe wie Cutter, Kameramann oder Videoreporter ist die Fähigkeit zur korrekten Beurteilung von Bildfarben von grundlegender Bedeutung. Medienunternehmen achten daher in der Regel schon bei der Einstellung von Mitarbeitern auf eine entsprechende Augenuntersuchung und einen erfolgreich durchgeführten Sehtest.

5.3.3 Gefahren in der Medienpraxis

?

Für einen Magazinbeitrag soll ein Kamerateam eine Sonnenfinsternis mit einer Kamera mit optischen Suchern dokumentieren.

- Bestehen hier gesundheitliche Gefahren für das Kamerateam?

Gefährdung durch Strahlung

Die Netzhaut reagiert nicht auf Strahlung aus dem UV- und IR-Bereich, weshalb die natürlichen Schutzmechanismen der Augen wie der Lidschlussreflex oder das Verengen der Iris versagen. Natürliche Strahlungsquellen, wie etwa die Sonne, aber auch künstliche Lichtbögen, wie sie beim Schweißen oder auch bei bestimmten TV-Scheinwerfern (z. B. HMI-Lampen) vorkommen, senden diese UV- und IR-Strahlung aus.

Auch sichtbares Licht kann zu Schäden führen, wenn die Leistungsdichte der Strahlungsquelle, wie z. B. bei Lasern oder Laserpointern, so hoch ist, dass die natürlichen Schutzmechanismen der Augen nicht schnell genug reagieren können, sodass es zu einer Schädigung der Netzhaut kommt.

Wird eine gefährliche Strahlungsquelle (Abb. 1) über abbildende Optiken wie Teleskope, Ferngläser oder einen optischen Kamerasucher betrachtet, so wird die Strahlung direkt in den gelben Fleck der Netzhaut fokussiert, wo sie maximalen Schaden anrichten kann.

Abb. 1 Augengefährdende Strahlungsquellen

→ **Niemals direkt oder durch Optiken in Strahlungsquellen blicken!**

Dieselben Mechanismen, die die Netzhaut schädigen, können auch den Bildaufnahmechip der Kamera schädigen. Hier kann es strahlungsbedingt zu bleibenden Pixelausfällen kommen.

→ **Was die Augen schädigt, kann auch die Kamera schädigen!**

Gefährdung durch mechanische Einwirkung

Durch den Kamerasucher ist die Sicht auf die direkte Umgebung der Kamera nur eingeschränkt möglich. Insbesondere dann, wenn dabei das andere Auge geschlossen gehalten wird, können bei Kamerabewegungen Hindernisse im Sucher nicht rechtzeitig erkannt werden, sodass es zu Kollisionen oder Stürzen kommen kann. Zudem wird jeder Stoß, der die Kamera trifft, über den Sucher direkt auf die Augenregion übertragen und dieser kann dort zu Verletzungen führen.

→ **Beim Blick durch den Sucher beide Augen offen halten!**

Gefährdung durch Krankheitserreger

Nicht nur Leihkameras von Equipment-Verleihern, sondern auch die von TV-Produktionsfirmen verwendeten Kameras werden oft abwechselnd von verschiedenen Personen benutzt. Über die Augenmuschel des Kamerasuchers, die bei der Arbeit direkten Hautkontakt hat, können so Krankheiten übertragen werden. Die **Augenmuschel** sollte daher vor Drehbeginn mit einem Reinigungsmittel desinfiziert werden.

Augenmuschel: Weicher Auflagering am Kamerasucher

→ **Die Desinfektion der Augenmuschel schützt vor Krankheiten!**

Bei der Produktion des Magazinbeitrags besteht durch die Verwendung des rein optischen Kamerasuchers eine besonders hohe Gefahr für die Augen. Durch den optischen Sucher blickt der Kameramann direkt in die Strahlungsquelle, die so auf seine Netzhaut fokussiert wird.

5.4 Aufgaben und Übungen

1. Das menschliche Auge kann nur bestimmte Wellenlängen des elektromagnetischen Strahlungsspektrums verarbeiten.

    a) Benennen Sie den Wellenlängenbereich des sichtbaren Spektrums!
    b) Entscheiden Sie, zu welchen Arten von Strahlung die Wellenlängen 850 nm und 300 nm gehören!

2. Beschreiben Sie die Entstehung und die Auswirkungen des PHI-Effekts!

3. Erklären Sie anhand des Aufbaus des menschlichen Auges, wieso ein Schärfetrichter entsteht!

4. In einem Museum hängt ein Gemälde im Format 400 cm × 320 cm. Der Besuchersessel für das Betrachten des Bildes steht in einer Entfernung von 6 Metern.

    a) Schätzen Sie ab, welchen Durchmesser der Schärfekreis in dieser Entfernung hat!
    b) Berechnen Sie, wie viele Sakkaden und Fixationen zum Erfassen des gesamten Bildes theoretisch nötig sind!

5. Die Leinwand eines Kinos hat eine Höhe von 3 Metern. Berechnen Sie, wie weit Sie von der Leinwand entfernt sitzen müssen, damit Ihr Schärfetrichter die gesamte Leinwandhöhe abdeckt!

6. Das Bewegungsspektrum des menschlichen Auges unterscheidet sich von den Bewegungsmöglichkeiten einer Kamera.

    a) Beschreiben Sie, wie in diesem Zusammenhang natürliche Kamerabewegungen definiert sind!
    b) Nennen Sie Beispiele für unnatürliche Kamerabewegungen!

7. Erklären Sie, wieso der Lichtpunkt von grünen, roten und blauen Laserpointern mit jeweils gleicher Leistung unterschiedlich hell wahrgenommen wird!

8. Recherchieren Sie, wieso Rot-Grün-Fehlsichtigkeit relativ häufig auftritt, eine Rot-Blau-Fehlsichtigkeit dagegen äußerst selten!

9. Erörtern Sie, welcher Linsentyp in die Brille eines Weitsichtigen eingebaut werden muss, um dessen Schärfefehlsichtigkeit zu korrigieren!

10. Begründen Sie, weshalb die Dokumentation eines Schweißprozesses mit einer Kamera mit optischem Sucher Risiken birgt!

6 Optische Grundlagen

Nicht nur die Funktionsweise des menschlichen Auges, sondern auch die Funktionsprinzipien einer Reihe von Geräten der Video- und Lichttechnik können mithilfe der Gesetze der physikalischen Optik erklärt werden. Ein optischer Effekt, wie beispielsweise der „geknickt" aussehende Bleistift im Wasserglas (Abb. 1), entsteht immer dort, wo sich eine optische Grenzfläche befindet. In diesem Fall trennt die Wasseroberfläche als eine solche Grenzfläche die beiden unterschiedlichen optischen Medien Luft und Wasser voneinander.

Optisches Medium

Optisches Medium: Material, in dem sich Licht ausbreiten kann.

➔ **Optische Effekte entstehen nur an Grenzflächen, die optisch unterschiedliche Medien trennen.**

Abb. 1 Optischer Effekt an der Grenzfläche von Luft und Wasser

Die Tabelle 1 gibt einen Überblick über Arbeitsbereiche in der Medienbranche, bei denen Kenntnisse in der Optik vorausgesetzt werden.

Tabelle 1 Arbeitsbereiche, in denen Optik-Kenntnisse wichtig sind

Bezeichnung	Tätigkeitsfelder
Kameramann • Cameraman • Camera Operator	• Arbeitet mit der Kameraobjektiven • Stellt Blende, Schärfe, Bildwinkel und damit die Schärfentiefe ein
Kamera-Assistent (EB) • EB-Assistent • „Kamera-Assi"	• Bereitet die Kameraobjektive vor • Wechselt die Kameraobjektive und stellt diese drehfertig ein
Schärfe-Assistent (Film) • 1st Assistant Cameraman • Focus Puller	• Ist für die Bildschärfe zuständig • Stellt die Bildschärfe und damit die Lage der Schärfentiefe ein
Fotograf • Photographer • Set Photographer	• Arbeitet mit den Fotoobjektiven • Stellt Blende, Schärfe, Bildwinkel und damit die Schärfentiefe ein

6.1 Reflexion

Die Reflexion von Licht ist ein Vorgang, bei dem die auftreffende Lichtenergie von der Oberfläche eines Gegenstands wieder zurückgestrahlt (reflektiert) wird. Dabei hängt es von der Beschaffenheit der Oberfläche ab, wie viel der eingestrahlten Lichtenergie reflektiert wird.

Reflektor

So ist beispielsweise ein Spiegel ein guter **Reflektor**, der nahezu die gesamte Lichtenergie reflektiert, während schwarzer Samtstoff als Absorber fast die gesamte Lichtenergie absorbiert (schluckt) und sich dadurch erwärmt. Durchsichtige Gegenstände, wie beispielsweise Fensterglas, erwärmen sich dagegen wenig, weil sie die Lichtenergie kaum absorbieren, sondern zum größten Teil transmittieren (durchlassen) und zu einem kleineren Teil reflektieren.

➜ **Licht kann reflektiert, absorbiert oder transmittiert werden.**

Die Anwendung dieser Effekte in der Medientechnik reicht vom verspiegelten Scheinwerferreflektor mit möglichst hoher Reflexion bis hin zur entspiegelten Kameraoptik mit möglichst hoher Transmission.

6.1.1 Gerichtete Reflexion

Untersicht: Kamera schaut von unten auf das Objekt.

Bei einer Fernsehfilm-Produktion soll eine extrem untersichtige Halbtotale (Abb. 1) einer stehenden Person gedreht werden.

Abb. 1 Halbtotale, extrem untersichtig

Die Einstellung soll vom Kameramann direkt am Set realisiert werden, ohne dass sie später in der Postproduktion nachbearbeitet werden muss.

- Wie kann diese Einstellung ohne großen Aufwand realisiert werden?
- Wie muss dann die Kamera positioniert werden?

Glatte Oberflächen wie Spiegel oder polierte Metallflächen reflektieren das einfallende Licht fast vollständig in eine Richtung. Die Reflexionsrichtung lässt sich nach dem **Reflexionsgesetz** mathematisch sehr einfach bestimmen (Abb. 1):

Reflexionsgesetz

$$\text{Einfallswinkel } \alpha = \text{Ausfallswinkel } \beta$$

→ **Reflexionsgesetz: Einfallswinkel = Ausfallswinkel**

Eine der zahlreichen Anwendungen des Reflexionsgesetztes zeigt die folgende Abbildung 1. Mit der Oberfläche eines Faltreflektors wird bei einem Interview das Sonnenlicht auch auf die sonnenabgewandte Gesichtsseite des Interviewten reflektiert.

Faltreflektor: Großflächige, flexible, faltbare Reflexionsfläche mit weißer, silber- oder goldfarbener Oberfläche, die glatt oder rau sein kann

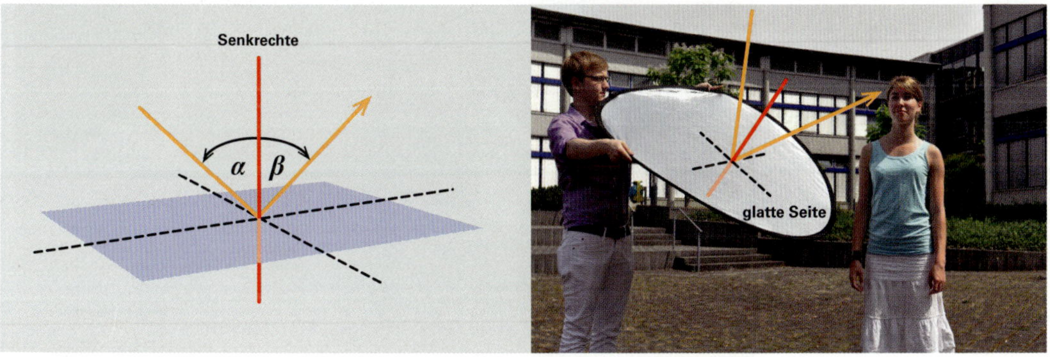

Abb. 1 Reflexionsgesetz und Anwendung des Faltreflektors

Das Reflexionsgesetz gilt auch für gekrümmte Oberflächen (Abb. 2). Unterschieden werden hier **konkave** (lat. *concavus*: ausgehöhlt), hohle Formen und **konvexe**, bauchige Formen von gekrümmten Oberflächen. So bündelt die konkave Form des Scheinwerferreflektors das Licht, während die konvexe Form einer Disco-Kugel das Licht in alle Richtungen streut.

konkav

konvex

→ **Reflexion an konkaven Flächen bündelt das Licht,**

→ **Reflexion an konvexen Flächen streut das Licht.**

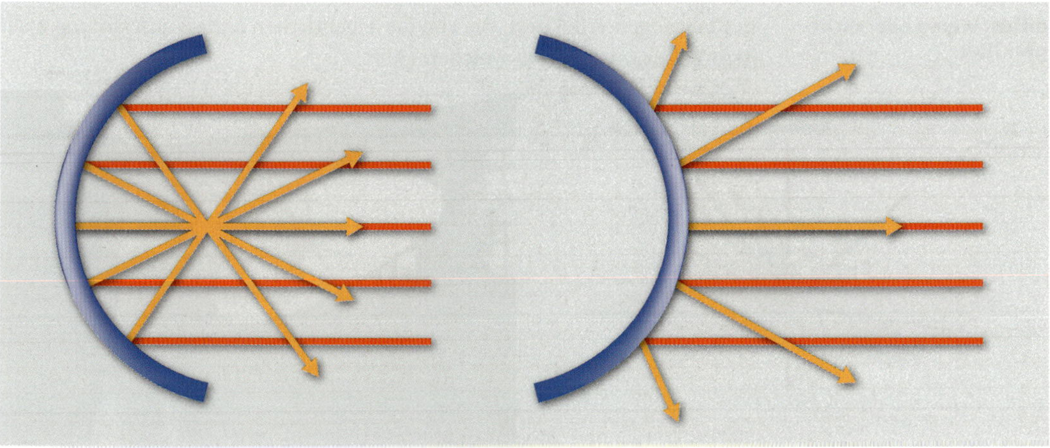

Abb. 2: Verhalten von konkaven und konvexen Spiegeln

Die untersichtige Halbtotale kann mithilfe der gerichteten Reflexion leicht realisiert werden. Eigentlich müsste sich die Kamera dafür unterhalb der Füße der Person befinden. Da die Kamera jedoch nicht im Boden versenkt werden kann, hilft hier ein Spiegel, der vor der Person auf den Boden gelegt wird. Da das Bild auf dem Kopf steht, muss es in der Nachbearbeitung horizontal gespiegelt werden (Abb. 1).

Abb. 1 Spiegeltrick bei einer untersichtigen Einstellung

6.1.2 Diffuse Reflexion

Bei der Produktion eines Interviews im Innenraum richtet der Kameramann den Scheinwerfer, den er in der Lichtfunktion „Aufhellung" benutzt, nicht direkt auf den Interviewpartner, sondern schräg gegen die hell gestrichene Zimmerdecke.

- Welchen Zweck verfolgt der Kameramann mit dieser Art der Ausleuchtung?
- Würde diese Art der Ausleuchtung auch dann funktionieren, wenn die Zimmerdecke verspiegelt wäre?

diffuse Reflexion

diffus: wenig oder nicht gerichtet

Raue Oberflächen erzeugen eine **diffuse Reflexion**. Je rauer die Oberfläche ist, umso stärker wird Licht bei der Reflexion gestreut, d. h., es wird auch in Richtungen reflektiert, die von der eigentlichen Reflexionsrichtung nach dem Reflexionsgesetz abweichen (Abb. 2).

Abb. 2 Diffuse Reflexion und Anwendung des Faltreflektors

Das Reflexionsgesetz gilt aber prinzipiell weiterhin, auch wenn das reflektierte Licht zunehmend diffuser wird und dadurch zunehmend Lichtenergie in andere Raumrichtungen reflektiert wird.

→ **Auch bei diffuser Reflexion gilt das Reflexionsgesetz.**

Auch dann, wenn die raue Seite des Faltreflektors benutzt wird, muss bei der Positionierung des Reflektors das Reflexionsgesetz beachtet werden.

Der Kameramann richtet den EB-Scheinwerfer nach dem Prinzip des Reflexionsgesetzes über die Zimmerdecke auf den Interviewpartner aus. Durch das diffus abgestrahlte Licht der üblicherweise mattweiß gestrichenen und damit rauen Zimmerdecke wird so nicht nur der Interviewpartner aufgehellt, sondern zusätzlich der gesamte umgebende Raum.
Wäre dagegen die Zimmerdecke verspiegelt, würde es nicht zu einer diffusen, sondern zu einer gerichteten Reflexion kommen, mit der die gewünschte Aufhellung des gesamten Sets nicht zu realisieren ist.

6.1.3 Totale Reflexion

Auf der Suche nach ästhetischen Einstellungen für einen Magazinbeitrag zum Thema „Regen“ entschließt sich das Dreh-Team, eine Pfütze auf einem Feldweg so zu drehen, dass sich darin der bewölkte Himmel spiegelt.

- Bei welcher Kameraposition und bei welchem Kamerablickwinkel spiegelt sich der Himmel besonders gut in der Pfütze?

Totalreflexion: Nahezu vollständige Reflexion des Lichts an einer Grenzfläche.

Bei transparenten Materialien wie beispielsweise Fensterglas oder Wasser stellt sich unter bestimmten Bedingungen **Totalreflexion** ein. Das Licht, das unter normalen Bedingungen größtenteils durchgelassen (transmittiert) wird, trifft dann unter einem relativ flachen Winkel auf der Oberfläche des transparenten Materials und wird genau deshalb nahezu vollständig (total) reflektiert.

→ **Wenn Licht unter einem ausreichend flachen Winkel auf eine transparente Oberfläche trifft, wird es fast vollständig reflektiert.**

Bei dieser Totalreflexion tritt das Licht nicht mehr vom ersten Material in das zweite über. Die eigentlich durchsichtige Grenzfläche wird quasi zum Spiegel. Der Auftreffwinkel, ab dem sich dieser Effekt einstellt, wird Totalreflexionswinkel genannt.

→ **Bei Totalreflexion wird das Licht an einer transparenten Oberfläche wie an einem Spiegel reflektiert.**

Totalreflexion wird in der Medientechnik beispielsweise genutzt, um Video- und Audiosignale, in Lichtsignale umgewandelt, über große Entfernungen in Glasfaserdatenleitungen zu übertragen.

Glasfaser

Wenn Glasfasern allerdings stark gebogen oder sogar geknickt verlegt werden, so verlässt das Lichtsignal die Faser an Biege- oder Knickstelle, da dort der Totalreflexionswinkel unterschritten wird. An dieser Stelle ist die Signalstrecke dann unterbrochen.

Wird der zulässige Biegeradius nicht unterschritten, verlässt das Lichtsignal den Glasfaserkern nicht, weil es die Grenzfläche zwischen Kern und Mantel stets so trifft, dass Totalreflexion entsteht (Abb. 1).

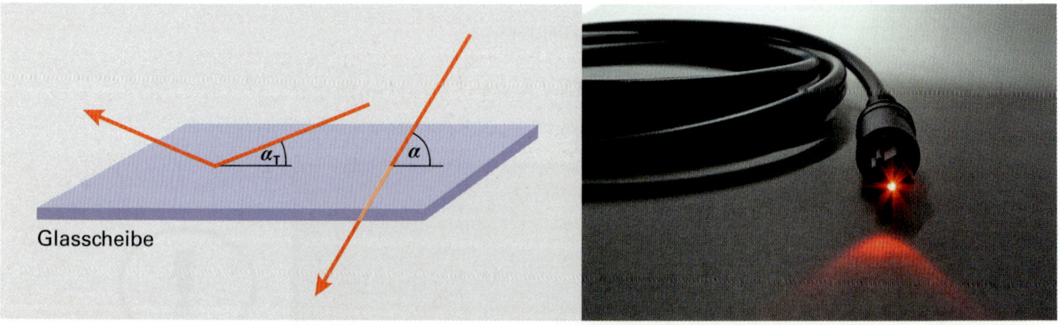

Abb. 1 Totalreflexion und deren Anwendung in Glasfasern

Beim Dreh für den „Regen"-Magazinbeitrag muss die Kamera so aufgebaut werden, dass sich Totalreflexion in der eigentlich transparenten Wasseroberfläche der Pfütze einstellt, d. h., die Kamera muss bezogen auf die Pfütze einen flachen Blickwinkel einnehmen.
Je steiler der Blickwinkel der Kamera wird, d. h., je weiter sich der Kamerablickwinkel vom Totalreflexionswinkel entfernt, umso dunkler wird die Himmelsreflexion und umso mehr Pfützenboden ist im Kamerabild zu sehen. Dieser Effekt kann nicht nur bei Wasseroberflächen, sondern auch bei Eisflächen beobachtet werden (Abb. 2).

Abb. 2 Reflexionen an einer Eisfläche

6.2 Brechung

Trifft ein Lichtstrahl schräg auf eine Grenzfläche auf, so wird ein Teil des Lichts gemäß dem Reflexionsgesetz reflektiert. Ein weiterer Teil des Lichts tritt aber durch die Grenzfläche hindurch in das zweite optische Medium ein, wobei das Licht in der Grenzfläche seine Richtung ändert.

Diese Richtungsänderung erfolgt beim Durchtritt durch die Grenzfläche, d. h., der Lichtstrahl hat in der Grenzfläche einen Knick.

→ **Lichtbrechung ist das Abknicken eines Lichtstrahls in der Grenzfläche.**

Dieser optische Effekt (Abb. 1) wird „Lichtbrechung“ oder auch nur „Brechung“ genannt. Er ist die Grundlage aller optischen Systeme, die mit optischen Linsen arbeiten, angefangen von der Brille bis hin zu Kamera- oder Projektionsobjektiven.

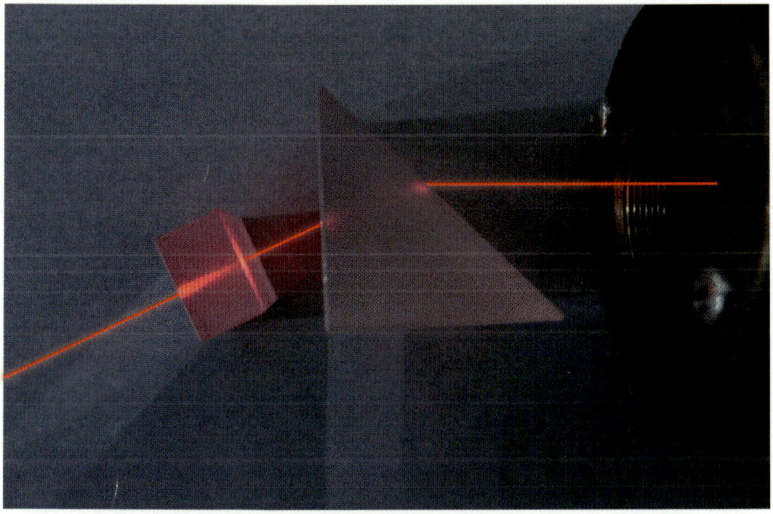

Abb. 1 Brechung eines Laserstrahls beim Übergang von Luft in Glas

6.2.1 Brechungsgesetz nach Snellius

Der gut sichtbar eingebauten Stufenlinse hat der Scheinwerfertyp „Stufenlinsenscheinwerfer“ seinen Namen zu verdanken (Abb. 2). In Fernsehproduktionsstudios gehört der Stufenlinsenscheinwerfer zu den am häufigsten verwendeten Scheinwerfertypen.

- Welche wichtigen Vorteile hat die Stufenlinse gegenüber einer „normalen“ Linse bei Scheinwerfern?
- Wieso werden Stufenlinsen in der Regel nur in Scheinwerfern eingebaut, nicht aber in Kameras oder Projektoren?

Abb. 2 Stufenlinsen in TV-Scheinwerfern

Stufenlinse

Willebrod Snellius (1580–1626)

Bei der Untersuchung des Abknickens von Lichtstrahlen beim Durchgang durch eine Grenzfläche fand der Physiker Snellius heraus, dass der Knickwinkel von den Materialeigenschaften (Brechungsindex n) und dem Auftreffwinkel α_1 abhängen (Abb. 1).

Brechungsgesetz: $\sin \alpha_1 / \sin \alpha_2 = n_2 / n_1$

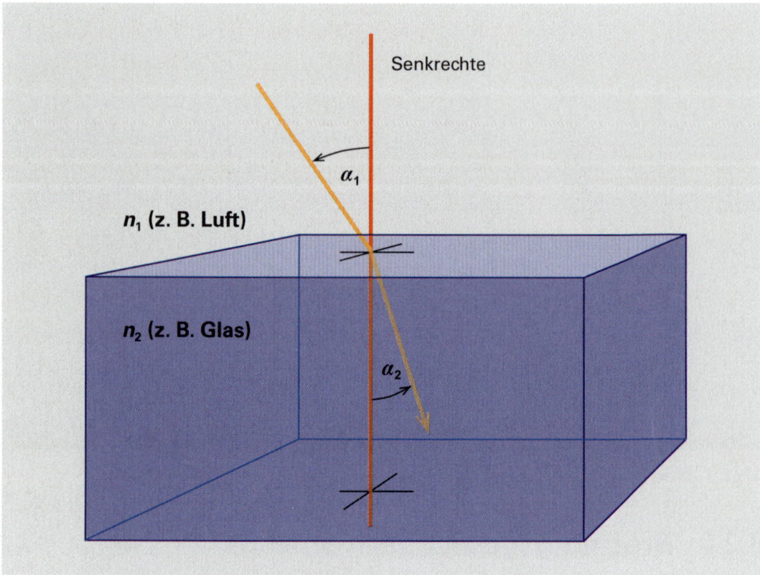

Abb. 1 Brechungsgesetz nach Snellius

Dieses Brechungsgesetz kann an allen Oberflächen angewendet werden, durch die Licht tritt. Ein wichtiges Anwendungsgebiet des Brechungsgesetzes sind optische Linsen. Durch die Krümmung der Linsenoberfläche treffen parallel verlaufende Lichtstrahlen auf unterschiedlich schräg stehende Oberflächenbereiche, wodurch es nach dem Brechungsgesetz zu unterschiedlichen Brechwinkeln kommt.

➜ **Optische Linsen basieren auf dem Brechungsgesetz.**

Durch die unterschiedliche Oberflächenkrümmung können Konvexlinsen (bauchig) das Licht in einen Brennpunkt bündeln (Sammellinse), während Konkavlinsen (ausgehöhlt) das Licht zerstreuen (Streulinse).

Konkave Linse: Streulinse
Konvexe Linse: Sammellinse, Lupe

➜ **Konkave Linsen vergrößern das Bild bzw. bündeln das Licht.**
➜ **Konvexe Linsen verkleinern das Bild bzw. streuen das Licht.**
➜ **Je stärker die Krümmung der Linse, um so stärker ist ihre Wirkung.**

Meniskuslinse

Die **Meniskuslinse** ist eine Mischform beider Typen, die das Licht nur dann bündelt, wenn die konvexe Seite stärker gekrümmt ist als die konkave Seite (positiver Meniskus).

Ist die konkave Seite dagegen stärker gekrümmt, verhält sich die Meniskuslinse (negativer Meniskus) wie eine Streulinse.

Tabelle 1 zeigt eine Übersicht über das Verhalten optischer Linsen.

Tabelle 1 Optische Funktion verschiedener Linsentypen

Linsentyp	Bauform und Funktionsweise
plan-konvex	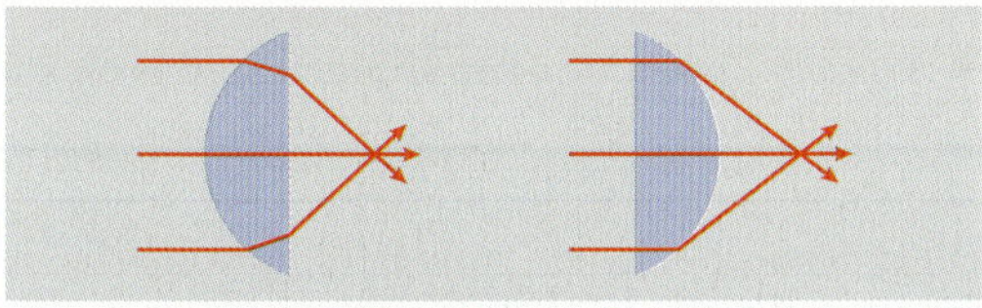
bi-konvex	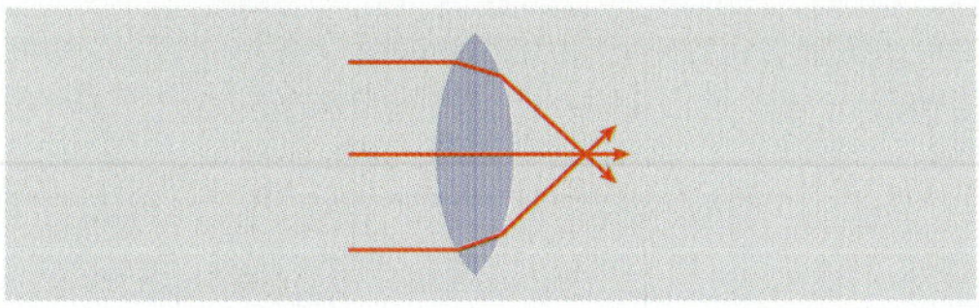
plan-konkav	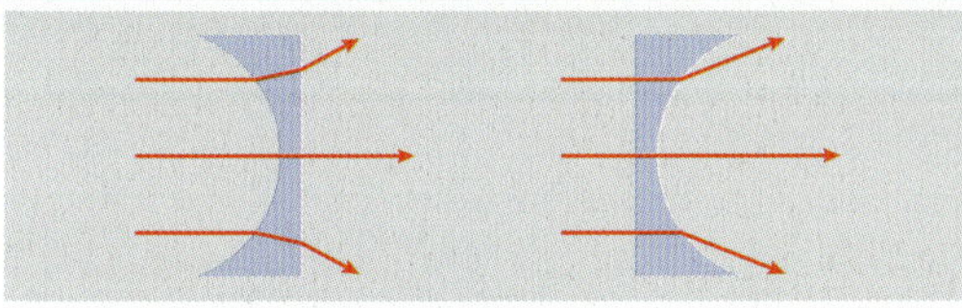
bi-konkav	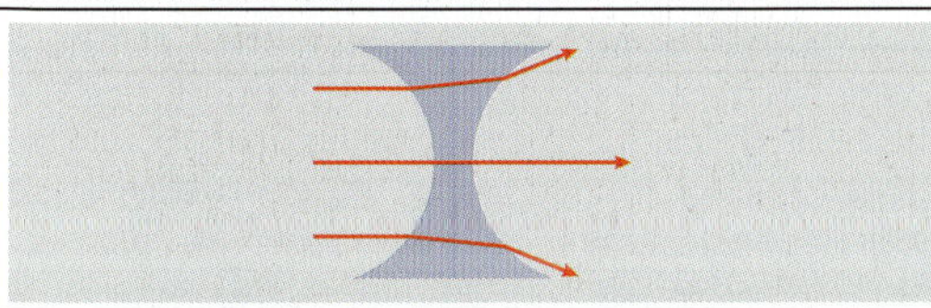
positiver Meniskus	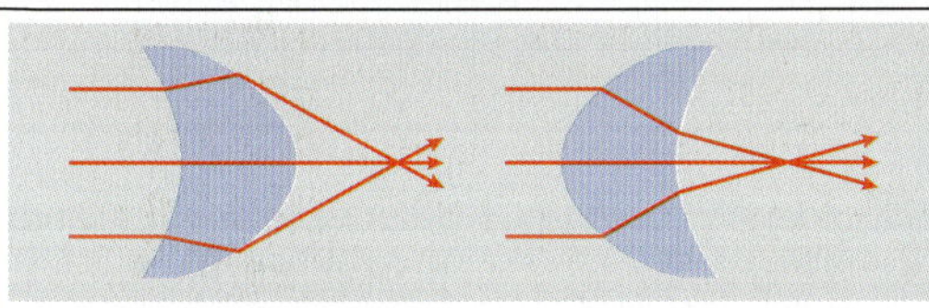
negativer Meniskus	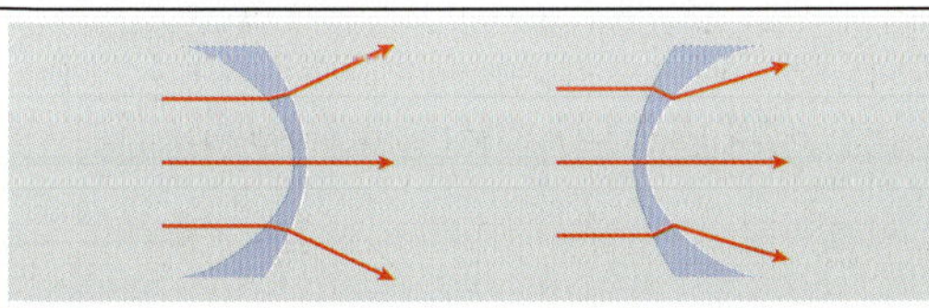

Die **Fresnel-Linse (Stufenlinse)** beruht auf der Erkenntnis, dass die Position der flachen Oberfläche einer Linse für die Lichtbrechung keine Rolle spielt, solange sie senkrecht vom Licht getroffen wird. Für die Wirkung einer Linse ist allein die gekrümmte Fläche verantwortlich (Abb. 1).

Fresnel-Linse

Stufenlinse

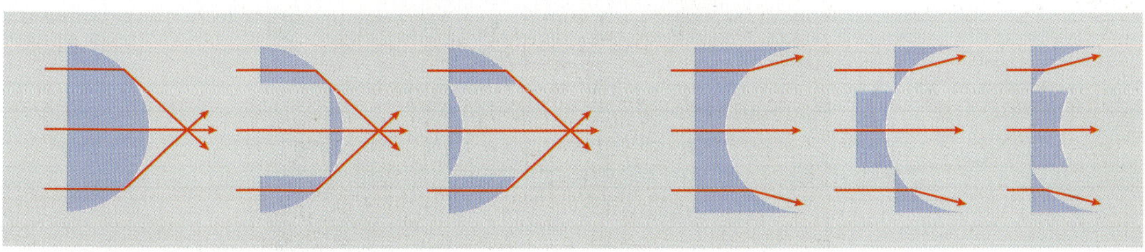

Abb. 1 Bauprinzip der Fresnel-Linse

Oberflächenkrümmung

Durch Ausnutzung dieser Tatsache kann die Dicke der Linse und damit die Glasmenge, die zur Herstellung benötigt wird, erheblich reduziert werden. So entsteht trotz starker **Oberflächenkrümmung** eine flache und leichte Linse, allerdings mit Mängeln in der optischen Abbildungsqualität.

→ **Fresnel-Linsen sind für Kameras und Projektoren nicht geeignet.**

Hotspot: lokale begrenzte starke Erwärmung

Scheinwerfer, bei denen typischerweise starke Linsenkrümmungen benötigt werden, sind ein wichtiges Anwendungsgebiet für Fresnel-Linsen. Diese sind nicht nur wesentlich leichter, sondern auch kostengünstiger herzustellen als normale Linsen.
Zudem würde die starke Wärmestrahlung des Scheinwerfers durch Reflexionen innerhalb einer normalen Linse auf einen Punkt im Glas, den sogenannten „Hotspot" (Abb. 1), fokussiert. Durch die so entstehende lokale Überhitzung des Glases könnte die Linse zerplatzen. Dieses Problem haben Fresnel-Linsen nicht, da der „Hotspot" außerhalb des Glases liegt.

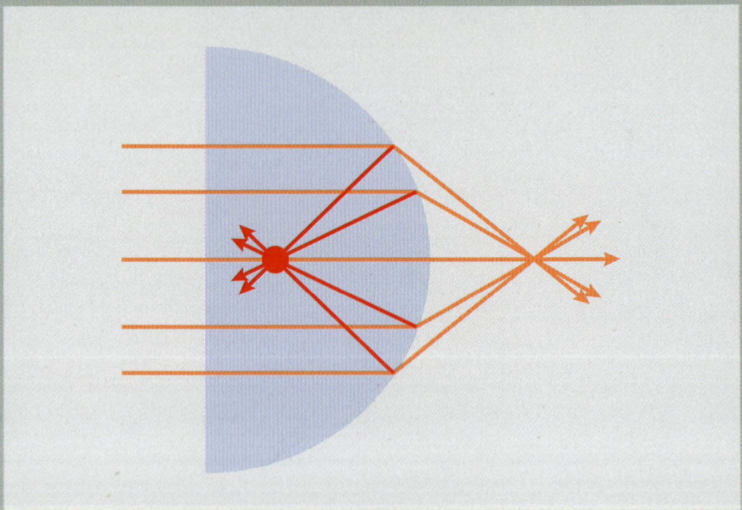

Abb. 1 Hotspot in einer normalen, dicken Linse

Aufgrund der erheblichen optischen Mängel in der Abbildungsqualität werden Fresnel-Linsen in der Regel nur in Lampen, nicht jedoch in Kameras oder Projektoren eingebaut, obwohl auch hier eine Gewichtsreduktion große Vorteile hätte.

6.2.2 Brechung bei optischen Linsen

In einer szenischen Produktion soll folgende Sequenz gedreht werden: Nachdem es an der Wohnungstür geklingelt hat, blickt der Darsteller ängstlich durch den Türspion hinaus in den Flur. Die Anschluss-Einstellung ist ein Point-Of-View-Shot, bei dem der Zuschauer das sehen soll, was der Darsteller durch den Türspion sieht. Der Kameramann schlägt vor, dass die Anschluss-Einstellung mit einem Fisheye-Objektiv gedreht werden soll.

- Wieso macht der Kameramann diesen Vorschlag?

Bei einem schrägen Auftreffen auf die Glasoberfläche einer optischen Linse knickt das Licht aufgrund der Brechung in Richtung des Glases ab (Abb. 1 links). Das Brechungsgesetz nach Snellius beschreibt, dass das Abknicken umso stärker erfolgt, je schräger das Licht auf die Glasoberfläche auftrifft.

→ **Der Knickwinkel bei der Lichtbrechung ist umso stärker, je flacher das Licht auf die Grenzfläche auftrifft.**

Bei einem schrägen Austritt aus dem Glas in die Luft verhält sich alles identisch. Auch hier knickt das Licht aufgrund der Brechung in Richtung des Glases ab (Abb. 1 Mitte) und das Abknicken erfolgt ebenfalls umso stärker, je schräger das Licht auf die Glasoberfläche auftrifft.

Nur dann, wenn das Licht senkrecht auf das Glas auftrifft oder wieder aus dem Glas austritt (Abb. 1 rechts), erfolgt kein Abknicken des Lichtstrahls.

→ **Trifft Licht senkrecht auf eine Grenzfläche, so erfolgt kein Abknicken des Lichtstrahls.**

Selbst negative Menisken wie Türspione oder Fish-Eye-Optiken, die eine extrem großen Bildwinkel besitzen, können so erklärt werden.

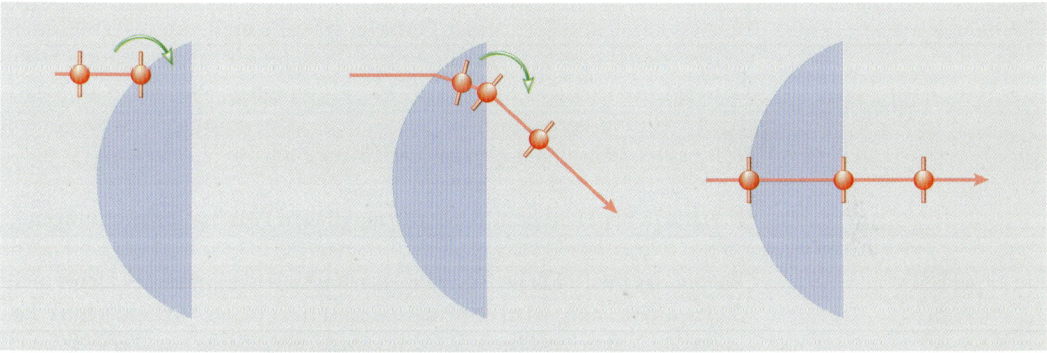

Abb. 1 Ermittlung des Brechverhaltens

Für den Point-Of-View-Shot soll der Blick durch einen Türspion möglichst realistisch dargestellt werden. Der Türspion ist eine Linse mit einem sehr großen Bildwinkel von bis zu 180 Grad. Leider erzeugt diese Linse naturgemäß starke Bildverzerrungen.
Der Kameramann schlägt genau deshalb die Verwendung einer Fish-Eye-Optik als Vorsatzoptik vor, da diese einen ähnlich großen Bildwinkel hat wie ein Türspion. Da eine Fish-Eye-Optik zudem sehr ähnliche Bildverzerrungen erzeugt, lässt sich der Blick durch den Türspion so sehr realistisch darstellen.

→ **Eine Fish-Eye-Optik hat einen sehr großen Bildwinkel (annähernd 180 Grad) und erzeugt starke Bildverzerrungen.**

Die Türspionoptik ist im einfachsten Fall eine einzelne plan-konkave Linse mit einem Bildwinkel von deutlich weniger als 180 Grad.

Fish-Eye-Optik

Fisheye-Optiken mit sehr großen Bildwinkeln sind in der Regel als Meniskuslinse ausgeführt. Die optische Konstruktion ist entsprechend aufwendiger und die Bildverzerrungen sind erheblich (Abb. 1).

Abb. 1 Funktionsweise einer Fish-Eye-Optik

6.3 Polarisation

Transversalwelle

Licht breitet sich in Form einer **Transversalwelle** im Raum aus. Eine Transversalwelle ist eine Schwingung, die senkrecht zur Ausbreitungsrichtung schwingt (Abb. 2). Die Richtung dieser Schwingung wird dabei als Polarisationsrichtung bezeichnet. In natürlichem Licht kommen alle möglichen Polarisationsrichtungen gleichermaßen vor.

→ **Natürliches Licht beinhaltet alle möglichen Polarisationsrichtungen.**

Obwohl das menschliche Auge die Polarisationsrichtungen des Lichts nicht wahrnehmen kann, wird der Polarisationseffekt in der Medientechnik ausgenutzt.

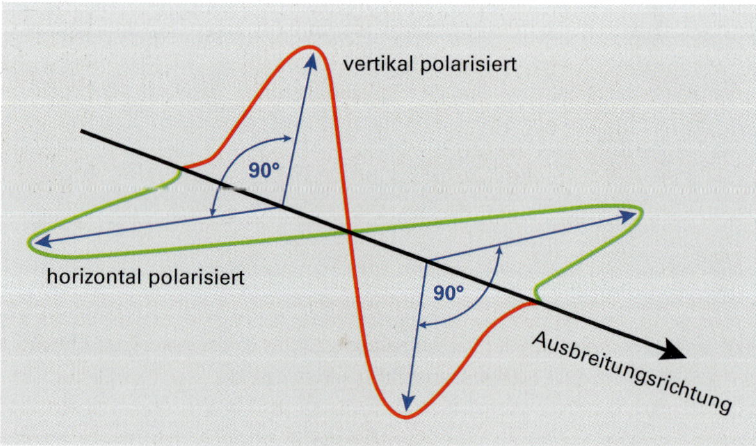

Abb. 2 Ausbreitung von Transversalwellen

6.3.1 Selektion einer Polarisationsrichtung

Bei den Dreharbeiten für einen TV-Krimi soll bei Tageslicht die Unterhaltung zweier Fahrzeuginsassen während der Fahrt gedreht werden. Die Kamera, die durch die Windschutzscheibe in das Fahrzeuginnere filmt, wird mit einem Spezialstativ außen am Fahrzeug befestigt.

- Welche optischen Probleme entstehen hier?
- Welche Maßnahmen müssen an der Kamera durchgeführt werden, um die optischen Probleme dieser Einstellung in den Griff zu bekommen?

Eine Reihe von Materialen des täglichen Lebens haben aufgrund ihrer molekularen Struktur eine polarisierende Wirkung auf Licht, d. h., sie reflektieren oder transmittieren nur bestimmte Polarisationsrichtungen. Eine solche polarisierende Wirkung kann aber auch künstlich erzeugt werden, beispielsweise durch mechanische Bearbeitungsschritte wie Walzen (z. B. Fensterglas), Ziehen bzw. Strecken (z. B. Kunststofffolien) oder durch Strömungsbewegungen (z. B. bei Wasser).

→ **Ein polarisierendes Material wirkt auf verschiedene Polarisationsrichtungen des Lichts unterschiedlich.**

Polarisationsfilter

Eine der medientechnischen Anwendungen dieses Polarisationseffekts ist der **Polarisationsfilter** für Kameras, bei dem ein polarisierendes Material in einen Filterrahmen eingebaut ist. Der Teil des Lichts, dessen Polarisationsrichtung mit der Filterstruktur übereinstimmt, wird durchgelassen, während der andere Teil des Lichts, dessen Polarisationsrichtung quer zur Filterstruktur verläuft, reflektiert wird. Durch Drehen des Filters kann so eine bestimmte Polarisationsrichtung ausgesucht werden.

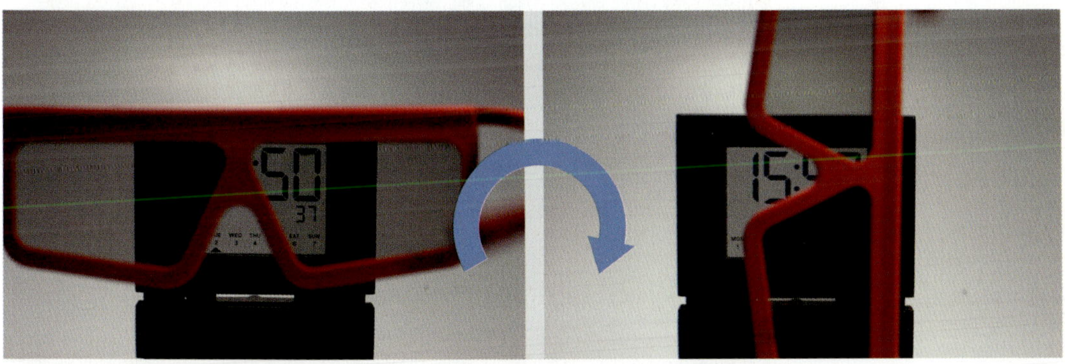

Abb. 1 Polarisationsbrille eines 3D-Kinos vor einer polarisierten LCD-Anzeige

Polarisationsbrille

Nach diesem Polarisationsprinzip arbeitet eine Variante des 3D-Kinos. Einer der beiden Projektoren liefert seine Bilder nur mit vertikal polarisiertem Licht, während der andere nur mit horizontal polarisiertem Licht arbeitet. Über eine **Polarisationsbrille** (Abb. 1), die jeweils ein horizontal und ein vertikal polarisierendes Filter als Brillenglas hat, können den Augen des Zuschauers die jeweiligen Projektorbilder richtig (stereoskopisch) zugeordnet werden.

➜ **Polarisationsfilter lassen nur Licht durch, das der eigenen Polarisationsrichtung entspricht.**

Filterkompendium: Filterträger zur Befestigung von Filtern vor dem Kameraobjektiv.

Bei Dreharbeiten taucht häufiger das optische Problem auf, durch eine reflektierende Oberfläche hindurch drehen zu müssen. Gelöst werden kann die Aufgabe durch den Einsatz eines Polarisationsfilters im **Filterkompendium** der Kamera.

Die Windschutzscheibe ist, genau wie normales Fensterglas, herstellungsbedingt polarisierend. Die Reflexionen, die an der Windschutzscheibe entstehen, haben daher zu einem großen Teil eine einzige Polarisationsrichtung: quer zur Gitterstruktur des Scheibenglases.

Durch geschickte Einstellung des Polarisationsfilters der Kamera bezogen auf die Polarisationsrichtung der Windschutzscheibenreflexionen kann nahezu vollständig verhindert werden, dass die Windschutzscheibenreflexionen von der Kamera aufgenommen werden. Stattdessen nimmt die Kamera nur Licht mit Polarisationsrichtungen auf, die genauso verlaufen wie die innere Struktur des Windschutzscheibenglases, also nur das Licht, das durch die Scheibe nach innen gelangt ist (Abb. 1).

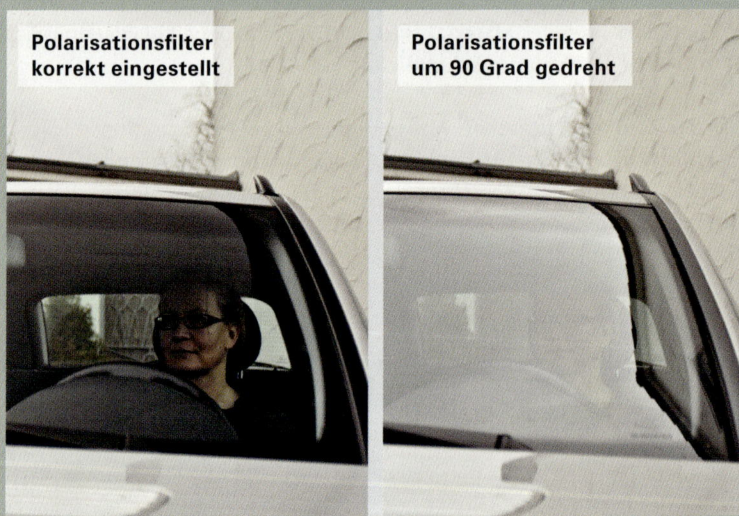

Abb. 1 Polarisationsfiltereinsatz an der Windschutzscheibe

6.3.2 Wechseln von Polarisationsrichtungen

Für einen Magazinbeitrag zum Thema „Mode“ soll die Auslage eines Bekleidungsgeschäfts von außen durch die Scheibe gezeigt werden. Als besonderer Effekt sollen bei dieser Einstellung die Spiegelungen auf der reflektierenden Schaufensterscheibe plötzlich verschwinden und die Schaufensterscheibe durchsichtig werden, sodass jetzt die Kleidungsstücke in der Auslage zu sehen sind.

- Wie kann dieser Effekt mit der Kamera realisiert werden?

In Abhängigkeit davon, ob die innere Struktur eines Materials mit der jeweiligen Polarisationsrichtung des auftreffenden Lichts übereinstimmt, wird die jeweilige Polarisationsrichtung entweder reflektiert oder durchgelassen.

An Glasscheiben wird das Licht, dessen Polarisationsrichtung mit der Walzrichtung übereinstimmt, durchgelassen, während das Licht der anderen Polarisationsrichtung von der Scheibe größtenteils reflektiert wird (Abb. 1). In Filterkompendium einer Kamera ist der Polarisationsfilter fast immer drehbar gelagert. Durch das Drehen des Filters kann dann fließend zwischen den beiden Polarisationsrichtungen gewechselt werden.

→ **Polarisationsfilter sind drehbar gelagert, um das Licht bestimmter Polarisationsrichtungen auszuwählen. Dabei wird das Pol-Filter in die gewünschte Polarisationsrichtung gedreht.**

Abb. 1 Wechsel zwischen den Polarisationsrichtungen

> Um die beabsichtigte Aufnahme durchzuführen, wird ein Polarisationsfilter vor das Kameraobjektiv montiert und so eingestellt, dass es nur die Reflexionen des Schaufensters durchlässt, nicht aber das Licht, das durch das Schaufenster auf die Schmuckstücke fällt. Für die Kamera ist das Schaufenster dadurch fast so undurchsichtig wie ein Spiegel.
> Während der Aufnahme wird das Pol Filter um 90 Grad herumgedreht. Als Folge dessen gelangt nun fast ausschließlich Licht in die Kamera, das von der Schaufensterscheibe durchgelassen wird. Die Reflexionen sind fast vollständig verschwunden und stattdessen ist jetzt die Auslage gut zu sehen. Während des Herumdrehens des Filters ist der Wechsel von der einen Polarisationsrichtung zur anderen nicht abrupt, sondern fließend.

6.4 Abbildung

Beim Drehen eines Kinofilms wird das Filmset durch das Kameraobjektiv je nach Art der Kamera auf Filmmaterial oder einen Bildaufnahme-Chip abgebildet. Bei der späteren Vorführung des Films im Kino läuft dieser Bildaufnahmeprozess rückwärts ab. Die Lichtquelle des Projektors beleuchtet dann den entwickelten Film bzw. den Bilderzeuger-Chip. Das Filmbild wird dann vom Projektionsobjektiv auf der Kinoleinwand abgebildet.

→ **Aufnahme- und Projektionsobjektive gehorchen den gleichen optischen Gesetzmäßigkeiten und sie sind sehr ähnlich aufgebaut.**

optische Linsen

Stellvertretend für diese teilweise sehr komplex aufgebauten Projektions- und Kameraobjektive werden in den folgenden Kapiteln die optischen Eigenschaften optischer Linsen beschrieben. Für diese **optischen Linsen** gelten bezüglich ihres Einflusses auf die Bildqualität und die Bildeigenschaften die gleichen optischen Gesetze wie für die weit komplexer aufgebauten Objektive.

6.4.1 Bildschärfe und Schärfentiefe

Zu Beginn der Dreharbeiten muss der Kameraassistent das Objektiv der Kamera prüfen und gegebenenfalls neu einstellen. Das dafür benötigte Testbild „Siemensstern" (Abb. 1) gehört zur Standardausstattung jedes EB-Teams.

Abb. 1 Siemensstern

- Welche optischen Eigenschaften eines Objektivs können mit einem Siemensstern überprüft werden?
- Welchen Vorteil hat die Verwendung des Siemenssterns im Vergleich zu anderen Testmustern, wie beispielsweise einem karierten oder gestreiften Kleidungsstück?

Bei der optischen Abbildung werden Gegenstände vor dem Objektiv in die sogenannte Schärfeebene hinter dem Objektiv abgebildet. Vor und hinter dieser Schärfeebene wird die Abbildung mit zunehmendem Abstand immer unschärfer, d. h., einzelne Bildpunkte zerfließen zu immer größeren unscharfen Flecken.

Beim Filmen werden normalerweise mehrere, in der Raumtiefe angeordnete, Objekte gleichzeitig abgebildet. Es kann aber jeweils nur eine einzige Objektentfernung (Tiefenebene) scharf in die Schärfeebene abgebildet werden, während die anderen Objektentfernungen davor und dahinter zwangsläufig unscharf abgebildet werden.

Als Schärfentiefe wird der Bereich um die Schärfeebene herum bezeichnet, in dem die Unschärfe noch so gering ist, dass sie nicht wahrgenommen wird. Objekte, die sich im Schärfentiefebereich befinden, werden gleichzeitig scharf wahrgenommen (Abb. 1).

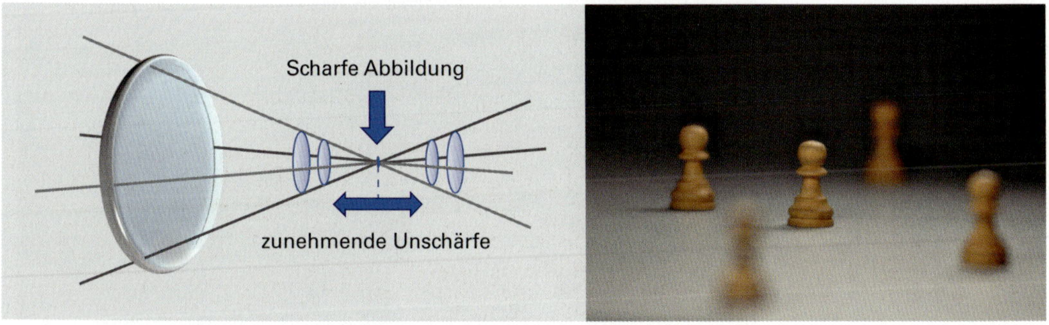

Abb. 1 Schärfentiefebereich und Unschärfeverteilung

➜ **Die Schärfentiefe ist der Tiefenbereich des Bildes, in dem Objekte als scharf abgebildet wahrgenommen werden.**

Siemensstern

Bildunschärfen können mit dem Testbild **„Siemensstern"**, dessen keilförmige Strukturen zur Bildmitte hin immer feiner werden, deutlich sichtbar und damit auch messbar gemacht werden. Mit zunehmender Unschärfe beginnen die feinsten Strukturen immer stärker ineinander zu verlaufen und bilden so in der Mitte des Siemenssterns einen grauen Fleck, dessen Durchmesser mit zunehmender Abbildungsunschärfe immer größer wird (Abb. 2).

➜ **Der Siemensstern dient zur Messung der Bildunschärfe.**

Unschärfekreis

So kann die Schärfeebene, dargestellt durch den minimal erreichbaren Durchmesser des **Unschärfekreises** im Siemensstern, in der Bildtiefe ausgemessen werden.

Abb. 2 Unschärfekreis beim Siemensstern

Der Kameraassistent benutzt den Siemensstern, um zu überprüfen, ob sich beim Zoomen die Bildschärfe ändert, d. h., ob sich der Durchmesser des Unschärfekreises ändert, denn dann sind Einstellarbeiten am Objektiv erforderlich (Abb. 1). Darüber hinaus kann er mit dem Siemensstern feststellen, ob eine bestimmte Ebene in der Bildtiefe exakt scharf eingestellt ist.

Abb. 1 Siemensstern im EB-Einsatz

Eine rein qualitative Aussage, ob ein Bild nun scharf oder eher unscharf ist, lässt sich sicherlich auch mit einem geeigneten Testmuster wie einem karierten oder gestreiften Kleidungsstück treffen. Eine genaue Beobachtung der Bildschärfe beim Zoomen oder eine quantitative Aussage über die Bildschärfe (z. B. „doppelt so scharf") lässt sich aber nur mithilfe des Siemensterns realisieren, indem der Durchmesser des Unschärteflecks ausgemessen wird.

6.4.2 Blende und Schärfentiefe

Für einen Magazinbeitrag über ein Schachturnier soll die Schachfigur „weiße Dame" auf einem Schachbrett so gedreht werden, dass diese allein scharf im Bild zu sehen ist (selektive Schärfe), während die anderen Schachfiguren unscharf erscheinen.

- Welche Einstellungen müssen am Kameraobjektiv vorgenommen werden, um die Einstellung zu realisieren?

Blendenöffnung

Die Kamerablende, auch Iris genannt, ist innerhalb des Objektivs im Lichtweg platziert. Sie besteht in der Regel aus lichtundurchlässigen Lamellen, die so gegeneinander verschoben werden können, dass sich dabei der Durchmesser der **Blendenöffnung** und damit die Bildhelligkeit ändern. Die Veränderung des Durchmessers der Blendenöffnung hat einen starken Einfluss auf die Schärfentiefe des Bildes (Tabelle 1).

Tabelle 1 Blende und Schärfentiefe

Blendenöffnung	Schärfentiefe
klein	groß
groß	klein

Bei kleinem Durchmesser der Blendenöffnung ist der Bereich, in dem die Abbildung eine noch nicht wahrnehmbare Unschärfe besitzt, weiter ausgedehnt als bei einer großen Blendenöffnung. Die Schärfentiefe nimmt also mit größer werdender Blendenöffnung ab (Abb. 1).

→ **Je kleiner die Blendenöffnung, umso größer die Schärfentiefe.**

Abb. 1 Einfluss der Blende auf Schärfentiefe und Bildhelligkeit

Gerade bei szenischen Produktionen wird aus Gründen der Blickführung (selektive Schärfe) oft eine möglichst geringe Schärfentiefe gewünscht. So ist auch bei den Dreharbeiten am Schachbrett ein Schärfentiefebereich von wenigen Zentimetern erforderlich, um die „weiße Dame“ selektiv scharf darzustellen.

Das ist nur mit möglichst weit geöffneter Kamerablende zu erreichen (Abb. 2). Als Begleiterscheinung der weit geöffneten Blende wird das Bild deutlich heller.

Daher sollte das Licht am Set entsprechend reduziert werden, bzw. der **Kamera-Shutter** oder ND-Filter zum Einsatz kommen. Der Kamera-Shutter begrenzt die Belichtungszeit der Kamera, wodurch das Bild dunkler wird, ohne dass sich die Schärfentiefe ändert.

Kamera-Shutter

Abb. 2 Ergebnis mit offener Blende

6.4.3 Brennweite, Bildwinkel und Schärfentiefe

Um den Blick des Zuschauers gezielt zu führen, soll die Bildschärfe in einer Dialogsequenz zwischen zwei Darstellern so verlagert werden, dass nur der jeweils Sprechende scharf im Bild zu sehen ist (Abb. 1).

- Welche Brennweite des Kameraobjektivs ist dafür optimal?

Abb. 1 Verlagerung der Bildschärfe

Brennpunkt, Fokus

Brennweite: engl. *focal length*

Ein **Brennpunkt** entsteht, wenn parallel einfallendes Licht von einer optischen Linse in einen Punkt gebündelt (**fokussiert**) wird. Der Abstand von diesem Brennpunkt zur Linse (Abb. 2 links) ist deren **Brennweite**, die, wie in Tabelle 1 dargestellt, von der Krümmung der Linse abhängt:

Tabelle 1 Linsenkrümmung und Brennweite

Linsenkrümmung	Brennweite
stark	kurz
schwach	lang

→ **Je stärker die Linsenkrümmung, umso kürzer die Brennweite.**

Brennweite, Bildwinkel

Bei einer festen **Brennweite** hängt der maximale **Bildwinkel** von der maximalen Abbildungsgröße, d. h. der Größe des Bildwandler-Chips bzw. des Filmformats ab (Abb. 2).

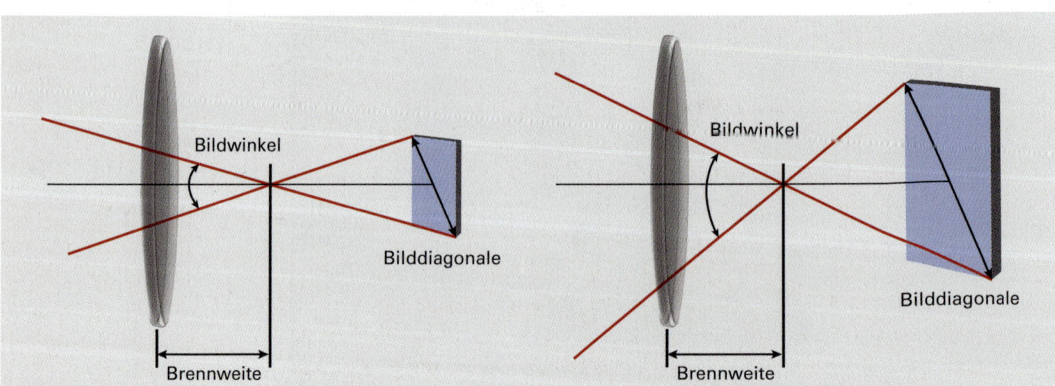

Abb. 2 Abhängigkeit des Bildwinkels von der Abbildungsgröße

Je großformatiger der Bildwandler-Chip bzw. das Filmmaterial ist, umso größer ist der maximal erreichbare Bildwinkel bei einer bestimmten Brennweite.

➜ **Bei gleicher Brennweite hat das großformatigere Bild den größeren Bildwinkel.**

Abbildungsgröße

In der Film- und Fernsehpraxis muss häufig sowohl mit großem Bildwinkel (Weitwinkel), z. B. großes Objekt in geringer Entfernung, als auch mit kleinem Bildwinkel (Tele), z. B. kleines Objekt in großer Entfernung, gedreht werden. Da die **Abbildungsgröße** bzw. das Bildformat bei Film- und Fernsehkameras normalerweise nicht geändert werden können, muss die Veränderung des Bildwinkels über die Veränderung der Brennweite erfolgen.

Tabelle 1 stellt den Zusammenhang zwischen Brennweite und Bildwinkel dar.

Tabelle 1 Brennweite und Bildwinkel

Brennweite	Bildwinkel
kurz	groß (Weitwinkel)
lang	klein (Tele)

➜ **Je länger die Brennweite, umso kleiner der Bildwinkel.**

Zoom-Objektiv

Bei Fernsehproduktionen kommen daher häufig **Zoom-Objektive** (Objektive mit einstellbarer Brennweite) zum Einsatz, die durch komplexe Bewegungen verschiedener Optiken im Inneren des Objektivs eine schnelle Änderung der Brennweite und damit des Bildwinkels (auch während des Drehens) ohne Objektivwechsel möglich machen (Abb. 1).

Abb. 1 Änderung des Bildwinkels mit einem Zoom-Objektiv

Festbrennweite

Die Veränderung der Brennweite wird bei Filmproduktionen häufig dadurch erreicht, dass verschiedene **Festbrennweiten**-Objektive zum Einsatz kommen, die je nach Bedarf ausgetauscht werden.

Genau wie die Veränderung der Blendenöffnung hat auch die Veränderung des Bildwinkels einen Einfluss auf die Schärfentiefe des Bildes. Bei einer langen Brennweite (Tele) liegen die Schärfeebenen der in der Raumtiefe angeordneten Objekte weiter auseinander als bei einer kurzen Brennweite (Tabelle 1, Seite 174).

Tabelle 1 Brennweite und Schärfentiefe

Brennweite	**Schärfentiefe**
kurz (Weitwinkel)	groß
lang (Tele)	klein

→ **Je länger die Brennweite, umso kleiner die Schärfentiefe.**

Die Veränderung der Schärfentiefe bei Veränderung der Brennweite ist in Abb. 1 dargestellt.

Abb. 1 Schärfentiefe bei großer und kleiner Brennweite

Größenunterschied

Neben diesem Effekt auf die Schärfentiefe hat eine Veränderung der Brennweite auch Auswirkungen auf die Wahrnehmung der Raumtiefe im Bild. Bei kleiner Brennweite werden gleich große Objekte mit unterschiedlichem Abstand zur Kamera mit einem deutlichen **Größenunterschied** abgebildet, wie in Abb. 2 zu sehen. Bei großen Brennweiten ist dieser Größenunterschied nur sehr gering.

Abb. 2 Abbildungsgrößen bei verschiedenen Brennweiten

Das menschliche Sehen entspricht den optischen Verhältnissen bei kleinen Brennweiten. Daher werden in der menschlichen Wahrnehmung Größenunterschiede mit Entfernungsunterschieden in Verbindung gebracht. Haben zwei gleichgroße Objekte im Bild einen deutlichen Größenunterschied, so konstruiert das menschliche Gehirn daraus eine große Bildtiefe bzw. einen großen Abstandsunterschied. Wie in Abb. 2 gut zu erkennen, verschwindet die wahrgenommene Bildtiefe mit zunehmender Brennweite, da der Größenunterschied der Objekte immer geringer wird. Die

Objekte scheinen dichter beieinander zu stehen und das Bild verliert an Tiefe. Dieser Effekt wird daher **„perspektivische Verflachung"** genannt.

perspektivische Verflachung

Damit die Schärfeverlagerung in der Dialogsequenz deutlich zu erkennen ist, muss die Schärfentiefe klein sein. Dazu wird das Kameraobjektiv auf eine große Brennweite (Tele) eingestellt. Zusätzlich wird eine möglichst große Blendenöffnung eingestellt.

!

6.4.4 Objektentfernung und Schärfentiefe

Beim Drehen der Dialogsequenz aus 6.4.3 positioniert der Kameramann die beiden Darsteller für einen Dialog unnatürlich weit auseinander. Zusätzlich stellt er die Kamera in größerer Entfernung von den beiden Darstellern auf. (Abb. 1).

- Wieso sind diese Maßnahmen hilfreich?

?

Abb. 1 Dreharbeiten zu der Dialogsequenz

Jedes Objekt in der Raumtiefe hat bei der Abbildung über ein Kameraobjektiv eine eigene Schärfeebene. Diese Schärfeebenen liegen immer umso dichter beieinander, je weiter die Objekte von der Kamera entfernt sind. Mit zunehmendem Abstand von der Kamera wird so die Schärfentiefe, also der Raumtiefebereich, in dem Objekte gleichzeitig scharf dargestellt werden, immer größer (Tabelle 1). Allerdings hat die Vergrößerung des Objektabstands im Vergleich zur Veränderung des Bildwinkels nur einen kleinen Effekt auf die Schärfentiefe.

Tabelle 1 Objektentfernung und Schärfentiefe

Objektentfernung	Schärfentiefe
groß	groß
klein	klein

→ **Je größer die Objektentfernung, umso größer die Schärfentiefe.**

Durch die geringe Brennweite ist der Bildwinkel so klein, dass ein Mindestabstand zu den Darstellern eingehalten werden muss, wodurch sich die Schärfentiefe minimal vergrößert. Um das zu kompensieren, vergrößert der Kameramann den Abstand der beiden Darsteller zueinander. Durch die große Brennweite kann der Zuschauer den unnatürlich großen Abstand der beiden Darsteller zueinander nicht erkennen.

!

6.5 Aufgaben und Übungen

1. Drei Kisten stehen in der Sonne: eine schwarze, eine weiße und eine verspiegelte. Entscheiden Sie, welche der Kisten sich am langsamsten und welche sich am schnellsten erwärmt!

2. Bei EB-Produktionen wird anstelle eines Faltreflektors eine weiße Styropor-Platte aus dem Baumarkt eingesetzt. Klären Sie, ob die Styropor-Platte diffus oder gerichtet reflektiert!

3. Skizzieren Sie den prinzipiellen Strahlengang für das Licht, das durch die folgenden Linsen fällt! Alle verwendeten Linsen haben dabei die gleiche Krümmung und den gleichen Durchmesser.

   a) Plan-Konvexlinse und Bi-Konvexlinse
   b) Plan-Konkavlinse und Bi-Konkavlinse

4. Konstruieren Sie den Strahlengang des Lichts beim Durchgang durch die folgenden Linsen jeweils von beiden Seiten!

   a) Dreistufige plankonvexe Fresnel-Linse
   b) Dreistufige plankonkave Fresnel-Linse

5. Analysieren Sie, wie sich zwei gestreckte transparente Kunststofffolien verhalten, wenn sie so übereinandergelegt werden, dass sich ihre Streckungsrichtungen kreuzen!

6. Benennen Sie die Einstellungen am Kameraobjektiv, mit der Sie eine möglichst große Schärfentiefe erreichen können!

7. Erklären Sie, weshalb bei einer Kompakt-Videokamera mit sehr kleiner Bauform das gestalterische Element der selektiven Schärfe kaum zu realisieren ist!

8. Entscheiden Sie, ob eine Schärfeverlagerung besser mit einer möglichst geringen oder mit einer möglichst großen Schärfentiefe gelingt!

9. Erklären Sie, wieso bei Teleaufnahmen die Tiefenwirkung des Bildes verloren geht!

10. Erklären Sie, wieso ein Zoom der Kamera nicht dasselbe Ergebnis liefert wie ein Perspektivwechsel (z. B. ein Ransprung)!

7 Kameratechnik

Die Kameratechnik der professionellen TV-Produktionen liefert heute hochauflösende Bilder im High-Definition-Television-Standard (HDTV) in einer bisher unerreichten Qualität. Das führt jedoch häufig zu der Annahme, dass mit einer Top-Kamera automatisch ein besserer TV-Beitrag oder Film gelingt als mit einer Consumerkamera. Tatsächlich hängt die Qualität der Bilder wesentlich stärker vom bildgestalterischen Geschick und dem handwerklichen Können des Kameramanns ab als von der verwendeten Kameratechnik.

Das schlechte Bild macht nicht die Kamera, sondern der Kameramann!

Die Tabelle 1 gibt einen Überblick über die Arbeitsbereiche rund um die Kameratechnik, deren Bezeichnungen und deren Tätigkeitsfelder:

Tabelle 1 Arbeitsbereiche rund um die Kameratechnik

Bezeichnung	Tätigkeitsfelder
Kameramann • Lichtsetzender Kameramann • DoP (= Director of Photography)	• Bestimmt die Kameraeinstellung • Macht Vorgaben für die Lichtgestaltung und die Lichtsetzung
Kamera-Assistent • Schwenker (TV-Studio) • Camera Operator (Film)	• Führt die Kamera nach Weisung der Bildregie / Regie bzw. des lichtsetzenden Kameramanns
Kamera-Assistent (EB) • Ton-Assistent • „Ton-Assi“	• Macht Kamera und Licht betriebsbereit • Bedient den Tonmischer während der Aufnahme
Schärfe-Assistent (Film) • 1st Assistant Cameraman • Focus Puller	• Misst den Abstand zwischen Objekt und Kamera • Stellt die Schärfe an der Kamera bzw. an der Schärfefernbedienung ein
Material-Assistent (Film) • 2nd Assistant Cameraman • Clapper/Loader	• Bedient die Filmklappe • Wechselt Filmkassette, Objektive und Filter der Kamera • Führt Negativbericht
Kamera-Bühne • Dolly Grip • Grip	• Kümmert sich um Kamerastative, Schienen, Dolly, Kamerakran • Bewegt das Dolly bei Fahraufnahmen
Steadycam-Operator • Steadycam Operator	• Kameramann, führt die Kamera mit dem Kamerastabilisierungssystem „Steadycam“
Steadycam-Assistent • Assistant Steadycam	• Assistiert dem Steadycam-Operator • Macht das Steadycam-System betriebsbereit
Videojournalist • VJ • Video Reporter	• Erstellt fertige journalistische TV-Beiträge, bei denen er die Kamera selbst führt und selbst schneidet

7.1 Stative in der TV-Produktion

Grundsätzlich erfüllen alle Stative in der TV- und Filmproduktion dieselbe Aufgabe: der Kamera einen sicheren Halt zu geben, um so verwackelungsfreie Bilder und eine ruhige Kameraführung zu ermöglichen. Dazu werden die einzelnen Baugruppen der unterschiedlichen Stative auf den jeweiligen Anwendungsfall und die verwendete Kamera eingestellt.

7.1.1 Stativtypen

Bei den Dreharbeiten für einen Kriminalfilm ist ein Perspektivwechsel als komplizierte Kamerabewegung geplant, um Täter und Opfer unmittelbar nach der Tat zu zeigen: Aus der Startperspektive „Nah, Normalsicht, 170 cm Kamerahöhe, frontal, Täter mit Blick nach unten" soll die Kamera in die Endperspektive „Totale, Aufsicht, 300 cm Kamerahöhe, Leiche liegt vor Täter auf dem Boden" bewegt werden (Abb. 1).

- Wie kann ein solcher Perspektivwechsel als Kamerabewegung exakt umgesetzt werden und welcher Stativtyp ist für diese spezielle Aufgabe am besten geeignet?

Abb. 1 Start- und Endperspektive einer komplexen Kamerabewegung

In der Bildgestaltung werden Bewegungen **im** Bild, d. h. Objektbewegungen, als „Bewegungen erster Art" bezeichnet, während Bewegungen ***des*** Bildes bzw. der Bildränder, d. h. Kamerabewegungen, als „Bewegungen zweiter Art" genannt werden.

→ **Bewegungen erster Art sind Bewegungen von Bildobjekten.**

→ **Bewegungen zweiter Art sind Bewegungen des Bildes.**

Kamerabewegungen

Das Bewegungsspektrum der Kamera umfasst fünf **Einzelbewegungen**:
- Fahrbewegung horizontal: vorwärts, rückwärts und seitwärts
- Fahrbewegung vertikal: aufwärts und abwärts
- Drehbewegung horizontal: Schwenken bzw. PAN
- Drehbewegung vertikal: Neigen bzw. TILT
- Drehbewegung um Kameraachse: Rollen bzw. ROLL

Bei Filmen werden oft Kombinationen dieser Einzelbewegungen eingesetzt, wie beispielsweise eine Umfahrt als Kombination aus einer Fahr- und einer Schwenkbewegung (Abb. 1).

→ **Die Bewegungsmöglichkeiten der Kamera umfassen die Drehbewegungen PAN, TILT und ROLL sowie vertikale und horizontale Kamerafahrten.**

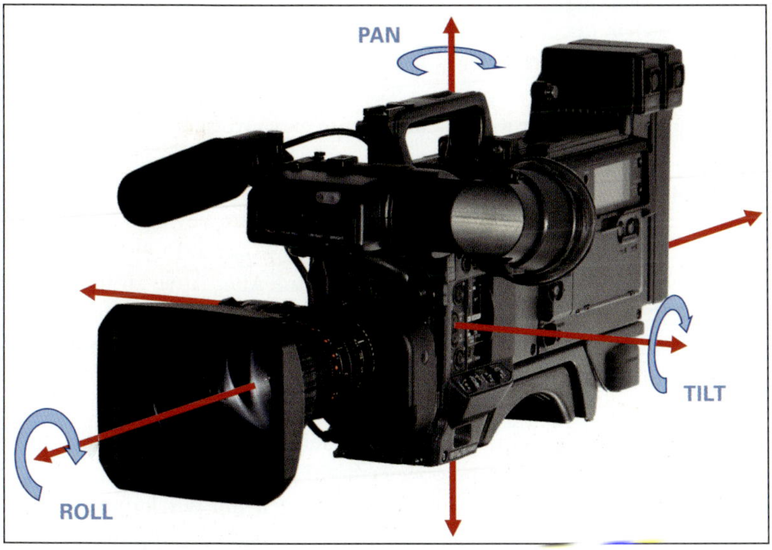

Abb. 1 Räumliche Bewegungsrichtungen der Kamera

Neben den Standardstativen für den EB- und Studioeinsatz (Abb. 2) gibt es für viele ungewöhnliche Aufnahmesituationen zusätzliche Spezialstative der unterschiedlichsten Bauarten und Anschaffungspreise.

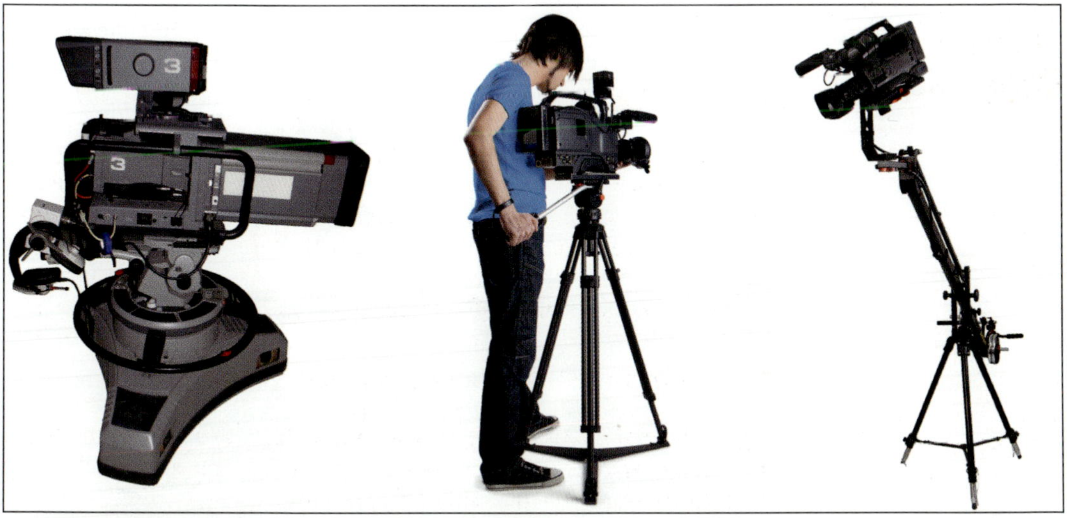

Abb. 2 Studio-Pumpstativ, EB-Stativ und Kamerakran

Im EB-Bereich ist das **EB-Dreibeinstativ** weit verbreitet. Es benötigt zwar mehr Standfläche als das Einbeinstativ, bietet dafür aber mehr Standfestigkeit

EB-Dreibeinstativ

und die Möglichkeit zum gedämpften Schwenken und Neigen. In verkürzter Ausführung gibt es dieses Dreibeinstativ auch als Tischstativ oder als Ministativ, auch „Froschstativ“ genannt.

Rollspinne

Wird das EB-Stativ auf eine **Rollspinne** montiert, so wird daraus ein fahrbares Stativ. Die Rollen ermöglichen der Kamera während der Dreharbeiten schnelle Positionswechsel. Für Kamerafahrten ist das System nicht gedacht, da das geringe Gewicht des Gesamtsystems und die ungefederten Räder einen absolut glatten Untergrund erfordern, damit die Fahrten nicht holprig aussehen.

➜ **Rollspinnen sind für Kamerafahrten normalerweise nicht geeignet.**

Dolly

Kamerafahrten gelingen gut mit einem Schienensystem, auf dem sich die Kamera auf einem Kamerawagen **(Dolly)** montiert bewegt. Ruckelfreie und reproduzierbare Kamerafahrten sind jedoch nur auf dem durch den Schienenverlauf festgelegten Weg möglich. Eine Alternative zu herkömmlichen Dolly-Schienensystemen ist das KeyWest-System. Hierbei bestehen die Schienen aus luftgefüllten Schläuchen ohne Mittelstege, die schnell aufgebaut und in nahezu beliebiger Streckenführung verlegt werden können.

(Studio-) Pumpe

Pumpe: Der Name kommt daher, dass einfache Modelle dieses Stativs den nötigen Luftdruck durch eine integrierte Luftpumpe herstellen.

In der TV-Produktion werden im Gegensatz zur Filmproduktion in der Regel Kamerakräne benutzt, bei denen der Kameramann nicht mitfährt.

Hauptsächlich bei Studioproduktionen finden sich schwergewichtige **Studio-Pumpstative**, auch **Pumpe** oder **Pedestal** genannt. Mit diesen Stativen können definierte Auf- und Abwärtsbewegungen mit der Kamera und je nach Tragfähigkeit mit zusätzlichen schweren Anbauteilen wie einem Teleprompter nahezu ohne Kraftaufwand des Kameramanns durchgeführt werden. Die Hauptaufgabe des integrierten Fahrwerks sind schnelle Positionswechsel, aber auch Kamerafahrten.

In einigen TV-Studioproduktionen wie beispielsweise „TV total“ kommen Kamerakräne, zum Teil motorisiert und mit ferngesteuert bewegten Kameraköpfen (Abb. 1), zum Einsatz, mit denen sehr interessante Kamerabewegungen durchgeführt werden können.

Abb. 1 Kamerakran im Einsatz

Für den Betrieb von **Kamerakränen** im Studio gelten besondere Sicherheitsbestimmungen, da Personen im Schwenkbereich des Krans gefährdet sind. Vorwiegend in der Filmproduktion werden mobile Kamerakräne eingesetzt, die sich entweder auf einem eigenen Fahrzeug oder mit einem eigenen Fahrwerk bewegen. Oft wird hier zusätzlich noch ein längenverstellbarer Kranausleger, der **Jib-Arm**, eingesetzt.

Kamerakran

Jib-Arm

➜ **Bei dem Betrieb von Kränen, insbesondere über Personen, gelten besondere Sicherheitsvorschriften.**

Bei **Kamerastabilisierungssystemen** geht es vor allem darum, dass sich die Kamera möglichst frei im Set bewegen kann, ohne dass es zu unerwünschten Bildwacklern kommt. Kostengünstigere und kleinere Kamerastabilisierungssysteme sind nur für leichte Kameras geeignet, da die Kamera samt Stabilisierungssystem auf einem Griff balanciert und mit einer Hand getragen werden muss.

Kamerastabilisierungssysteme

Das 30 kg schwere **Steadycam**-System ist ein Kamerastabilisierungssystem, das sich der Kameramann umschnallt. Es dämpft nach exaktem Auswiegen und Einbalancieren alle Kamerabewegungen und hält die Kamera stabil in jeder Position, in die sie gebracht wurde. Bei einem gut eingestellten System kann der Kameramann auf- und abhüpfen oder Treppen steigen, ohne dass die Kamera dabei aus der Balance gerät. So kann die Kamera völlig frei im Set bewegt werden.

Steadycam

Da sich mittlerweile eine Reihe von Kameraleuten als Steadycam-Operatoren spezialisiert hat, werden Steadycam-Systeme heute bei diversen TV-Produktionen im Sport-, Musik und Showbereich verstärkt eingesetzt. Im TV-Bereich wird die freie Bewegung der Steadycam erst durch akkuversorgte Funkübertragungssysteme für Video- und Audiosignale ermöglicht, die der Steadycam-Operator zusätzlich tragen muss.

Das Steadycam-System wurde von Garrett Brown entwickelt und im Film „Bound for Glory" (1976) erstmals eingesetzt.

➜ **Steadycam-Systeme ermöglichen völlig freie Kamerabewegungen.**

Die folgende Tabelle gibt einen Überblick über die Stativbewegungen.

Tabelle 1 Bewegungsbereich (■ = möglich, □ = nicht möglich)

Stativtyp	Drehbewegungen	Fahrbewegungen
EB-Stativ	■ Schwenken ⇆ ■ Neigen ⇅ □ Rollen ↻↺	□ rechts-links ⇔ □ vor-zurück ⇳ □ auf-ab ⇧⇩
Fahrstativ Dolly	■ Schwenken ⇆ ■ Neigen ⇅ □ Rollen ↻↺	■ rechts-links ⇔ ■ vor-zurück ⇳ □ auf-ab ⇧⇩
Studiopumpe	■ Schwenken ⇆ ■ Neigen ⇅ □ Rollen ↻↺	■ rechts-links ⇔ ■ vor-zurück ⇳ ■ auf-ab ⇧⇩
Kran Steadycam	■ schwenken ⇆ ■ Neigen ⇅ ■ Rollen ↻↺	■ rechts-links ⇔ ■ vor-zurück ⇳ ■ auf-ab ⇧⇩

Bei dem geplanten Perspektivwechsel müssen zeitgleich und ruckelfrei eine Neigebewegung nach unten und eine Aufwärtsbewegung durchgeführt werden, um von der Normalsicht in die Aufsicht zu gelangen. Prinzipiell ist das sowohl mit einem Kamerakran als auch mit einem Studiopumpstativ möglich. Die maximale Betriebshöhe eines Pumpstativs ist allerdings auf 200 cm begrenzt. Daher kommt nur ein Kamerakran in Frage, bei dem die Kamera nach unten geneigt werden kann, während der Kran aufwärts bewegt wird. Ideal für diese Aufgabe sind computergesteuerte motorisierte Kräne, bei denen der gesamte Bewegungsablauf per Motion-Control einprogrammiert werden kann. Der Kameramann überwacht in dem Fall das Bild über einen Kontrollmonitor und muss sich zusätzlich nur um die (ferngesteuerten) Kamera- und Objektiveinstellungen kümmern, während das Kranpersonal die Kran- und Kamerabewegung durchführt. Der computergesteuerte Bewegungsablauf des Krans kann dann bei Bedarf jederzeit exakt wiederholt werden.

7.1.2 Baugruppen des Stativs

In einem überfüllten Raum findet eine Pressekonferenz statt. Ein EB-Team soll für ein Nachrichtenmagazin das Statement des Pressesprechers aufzeichnen. Um zwischen den Pressefotografen hindurch filmen zu können, wird die EB-Kamera auf dem Stativ in eine Betriebshöhe von ca. 180 cm gebracht.

- Was muss beim Einsatz von EB-Stativen in dieser besonderen Situation beachtet werden?

Stative – hier am Beispiel des EB-Stativs dargestellt – können in einzelne Baugruppen zerlegt werden, die jeweils für bestimmte Eigenschaften des Stativs verantwortlich sind (Abb. 1).

Abb. 1 Baugruppen eines Kamerastativs

Stativplatte ist Kamerazubehör.

Keilplatte ist Stativzubehör.

Stativplatte

Stativkopf

Die **Stativplatte** [1], in der die Kamera mit einem Schnellverschluss eingerastet und verriegelt wird, ist mittels spezieller Schrauben [2] mit der Keilplatte [3] fest verschraubt. Die Keilplatte rastet im verschiebbaren, aber unverlierbaren Stativschlitten [4] ein, der mit einer Verriegelung [5] fixiert werden kann. Mit dem Stativarm [6] kann dann der **Stativkopf** [7] geschwenkt und geneigt werden. Die Kopfkugel [8] wird mithilfe einer Knebelmutter [9] mit der dazu passenden Kopfpfanne [10] verschraubt. An dieser Kopfpfanne sind drei ein- bis dreistufige Teleskopbeine [11] befestigt, die entweder von einer ausziehbaren Mittelspinne oder einer ausziehbaren Bodenspinne [12] zusammengehalten werden. Beim Transport können die Stativbeine mit dem elastischen Hakenzugseil gegen ein Auseinanderklappen gesichert werden.

In der Regel bestehen Stativbeine aus lackiertem Aluminiumrohr. Bei teureren Stativen gibt es auch die deutlich leichteren Kohlefaserstativbeine.

Bei den gebräuchlichen Stativköpfen handelt es sich um fluidgedämpfte oder reibungsgedämpfte Schwenk-Neige-Köpfe mit einstellbarer Dämpfung, durch die ruckelfreie und flüssige Kamerabewegungen möglich sind (Abb. 1).

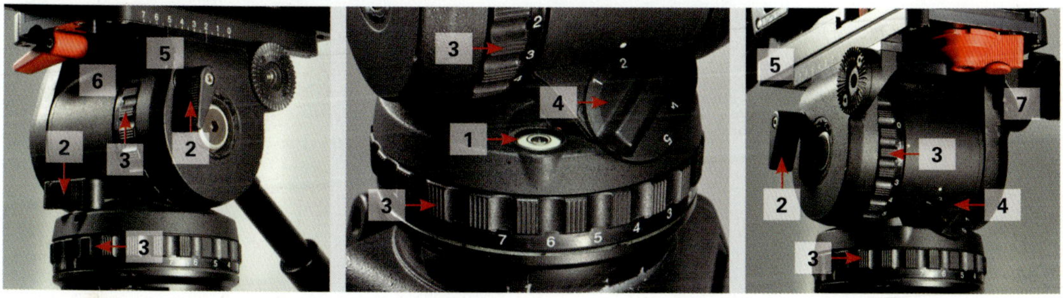

Abb. 1 Schwenk-Neige-Kopf eines Kamerastativs

Der Durchmesser der Kopfkugel und der dazugehörigen Kopfpfanne bestimmt die maximale Traglast des Stativs.

➔ **Die Traglast eines Stativs darf nicht überschritten werden.**

Auch bei schrägem Untergrund lässt sich der gesamte Stativkopf in der Kopfpfanne mithilfe der Libelle [1] in die Waagerechte ausrichten und fixieren. Nach dem Lösen der Bremsen [2] kann die vertikale und horizontale **Dämpfung** [3] eingestellt werden. Sind schnelle Kamerabewegungen geplant, sollte eine geringere Dämpfung gewählt werden als bei langsamen. Das Qualitätskriterium für gedämpfte Kameraköpfe ist das ruckelfreie Anfahren und Anhalten, da eine Kamerabewegung gewöhnlich eine stehende Starteinstellung (Startbild) mit einer stehenden Endeinstellung (Endbild) verbindet.

Libelle: Runde, knopfförmige Wasserwaage, mit der Abweichungen von der Waagerechten festgestellt werden können.

Stativdämpfung

Dämpfungen erlauben einen ruckelfreien Start und ein ruckelfreies Ende der Kamerabewegung und zudem eine gleichmäßige flüssige Kamerabewegung. Erreicht wird das durch eine kostenintensive hydraulische Dämpfung (Fluiddämpfung) oder die kostengünstigere, aber dafür veschleißbehaftete Reibungsdämpfung.

➔ **Der Stativkopf darf nicht mit angezogenen Bremsen bewegt werden. Defekte drohen.**

Mit der Rückstellung [4] des Stativkopfs lässt sich die Kraft der Rückstellfeder einstellen, mit der die Kamera in der Waagerechten gehalten wird bzw. aus der Neigung wieder in die Waagerechte zurückgedrückt wird. Sind vorwiegend stark geneigte Einstellungen geplant, sollte mit einer entsprechend geringeren Rückstellkraft gearbeitet werden.

Um die Kamera auszuwiegen, kann der Schlitten [5] an der Verriegelung [6] gelöst werden. Dann kann die gesamte Kamera mit Stativplatte nach vorn oder hinten bewegt werden, bis sie im Gleichgewicht ist. Mit der Entriegelung [7] kann die Stativplatte aus dem Schlitten [5] gelöst werden.

Kabelschürze

Für zusätzliche Beweglichkeit der Kamera sorgt eine Rollspinne mit absenkbaren **Kabelschürzen** (Abb. 1), die am Boden verlegte Kabel vor sich herschieben, anstatt sie zu überfahren. Ein normales EB-Stativ wird mit Gummiklemmen auf der Rollspinne montiert.

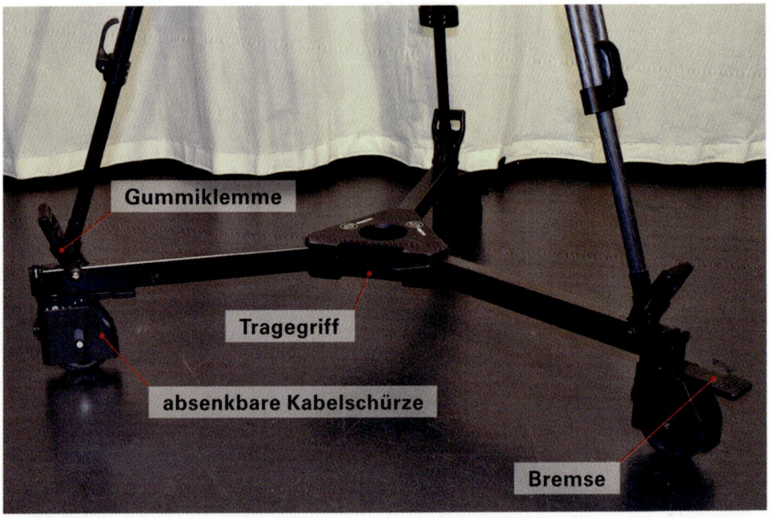

Abb. 1 Rollspinne

> Die Aufnahme des Pressesprecherstatements erfordert ein voll ausgezogenes EB-Stativ. Das bei dieser Arbeitshöhe zur Erhöhung der Standsicherheit zwingend erforderliche Auseinanderziehen der Mittel- oder Bodenspinne ist wegen der räumlichen Enge nicht möglich, wodurch die Kamera leicht umstürzen kann. Auf die Standsicherheit muss hier besonders geachtet werden.

7.2 Kameras in der TV-Produktion

Die typische berufliche Karriere führte in der Vergangenheit von der Materialassistenz über die Kameraassistenz bis hin zum Kameramann. Die technische, aber auch die preisliche Entwicklung der Kameratechnik hat hier neue Perspektiven geschaffen, sodass neue Berufsbilder wie das des Videojournalisten entstehen konnten, das in Konkurrenz zum klassischen Dreierteam aus Redakteur, Kameramann und Tonassistent steht. Trotz der immer besser werdenden technischen Bildqualität der neuen Kameras führt auch heute der Weg zu gestalterisch hochwertigen Bildern über das solide handwerkliche Arbeiten mit diesen immer leistungsstärker werdenden Kameras.

7.2.1 Kameratypen

> Berufsstarter im Bereich der AV-Medien wählen nicht selten eine selbstständige Tätigkeit. Die dann erforderliche Anschaffung des eigenen Produktions-Equipments, insbesondere die Anschaffung einer kostenintensiven Kamera, muss sinnvoll und wirtschaftlich sein.
>
> - Nach welchen Kriterien sollte die Anschaffung einer Videokamera für einen angehenden Videojournalisten erfolgen?

Bei den Kameras, die in der Medientechnik eigesetzt werden, gibt es sowohl preislich als auch technologisch eine enorme Bandbreite. Die Spanne reicht dabei vom einfachen 1-Chip-Camcorder bis hin zur digitalen Kinofilmkamera, mit der Produktionen wie „Star Wars – Episode one" ohne den Umweg über den Negativfilm direkt in einer digitalen Produktionskette geschaffen werden. Für viele Bereiche gibt es Spezialkameras, wie z. B. die **Slowmotion**-Kamera (Slomo) für Zeitlupenaufnahmen bei Sportübertragungen.

Camcorder: Camera Recorder

Slowmotion

In der TV-Produktion können die Kameras über ihr Einsatzgebiet kategorisiert werden:

- Consumer- und semiprofessionelle Camcorder
- Professionelle Camcorder
- Tragbare Studiokameras
- Nicht tragbare Studiokameras

Consumer- und semiprofessionelle Camcorder

Basierend auf dem, mittlerweile von vielen Sendeanstalten akzeptierten, Einsatz semiprofessioneller Consumer-Camcorder (Abb. 1) hat sich der Beruf des Videojournalisten, kurz VJ, entwickelt, der die Berufsbilder Journalist, Kameramann und Cutter in einer Person vereint. So kommen diese Camcorder bei der Produktion von TV-Magazinbeiträgen oder bei Low-Budget-Produktionen zum Einsatz, aber auch dann, wenn eine große Kamera zu sehr auffallen würde, wie beispielsweise bei Reality-Soaps oder falls dieser Amateurlook gewünscht ist.

Reality-Soap: z. B. „Niedrig & Kuhnt" oder „Lenßen & Partner"

Abb. 1 Consumer- und semiprofessionelle Camcorder

Consumer-Camcorder haben eine kompakte Bauform, die in der Regel nicht für den Schulterkamerabetrieb geeignet ist. Die Handhabung der, im Vergleich zu Profi-EB-Kameras unergonomisch angeordneten, Bedienelemente ist oft so umständlich, dass die Kamera zum Einstellen abgesetzt werden muss. Die für Consumer-Camcorder typische Fülle von Automatikfunktionen (Auto-White, Auto-Iris, Autofokus usw.) arbeitet unter professionellen Gesichtspunkten nicht unbedingt zufriedenstellend.

EB: Elektronische Berichterstattung oder Electronic Broadcasting

ENG: Electronic News Gathering (elektronisches Sammeln von Nachrichten)

Tonaufnahmen nach professionellen Standards gelingen mit den vom Kamerahersteller mitgelieferten bzw. eingebauten Mikrofonen oft nicht. Für den Anschluss professioneller Mikrofone fehlt diesen Camcordern in der Regel der XLR-Mikrofoneingang mit Phantomspeisung.

→ **Professionelle Kameras haben XLR-Anschlüsse für externe professionelle Mikrofone.**

Zoombereich

Durch die preisbedingt kleinen Bildwandlerchips haben Consumer-Camcorder trotz Weitwinkelbereich einen vergleichsweise kleinen Bildwinkel, der aufgrund der fehlenden Möglichkeit zum Objektivwechsel nur mit einem Weitwinkelvorsatz vergrößert werden kann. Der durch die kompakte Bauform beschränkte optische **Zoombereich** wird häufig um einen elektronischen Zoombereich erweitert.

→ **Der optische Zoom ist eine echte optische Vergrößerung, während die Vergrößerung beim elektronischen Zoom rechnerisch erfolgt. Durch elektronischen Zoom wird das Bild grobkörniger.**

Damit auch Nicht-Profis so oft wie möglich scharfe Aufnahmen gelingen, erzeugen Consumer-Camcorder einen verhältnismäßig großen Schärfentiefebereich. Für den professionellen Einsatz ist das nachteilig, da so der Einsatz des gestalterischen Mittels der selektive Schärfe (-ntiefe) erschwert wird. Die Aufzeichnung (Recorder-Teil) des Videomaterials kann je nach Camcordermodell, magnetisch (Magnetband oder Festplatte), optisch (CD oder DVD) oder elektronisch (Speicherkarten) erfolgen.

Professioneller Camcorder

Professionelle Camcorder (Abb. 1) werden von EB-Teams, bestehend aus Redakteur, Kameramann und (Ton-) Assistent, vorrangig bei non-fiktionalen Produktionen, aber auch im tagesaktuellen Bereich bei Reportagen und im News-Bereich genutzt.

Abb. 1 Professioneller Camcorder

Die Bauform professioneller Camcorder ist für den Schulterkamerabetrieb optimiert. Alle Bedienelemente sind so ergonomisch angeordnet, dass die Kamera für die Bedienung nicht heruntergenommen werden muss. Professionelle Camcorder verfügen in der Regel über weniger Automatikfunktionen (oft nur Auto-White und Auto-Iris), die im professionellen Bereich zudem nur sporadisch genutzt werden.

Für Tonaufnahmen nach professionellen Standards verfügen professionelle Camcordern neben dem vom Hersteller mitgelieferten und montierten Kameramikrofon (ugs. „Japaner") noch zusätzlich über XLR-Mikrofoneingänge mit Phantomspeisung, die über einen in die Kamera integrierten Tonmischer gesteuert werden können. Viele Profi-Camcorder können zudem einen **Testton** generieren, mit dem externe Audiogeräte gepegelt werden können.

Testton

➜ **Mithilfe des kamerainternen Testtongenerators werden externe Audiogeräte gepegelt.**

Durch die größeren Bildwandlerchips in Kombination mit Wechselobjektiven haben Profi-Camcorder gute Zoom-, Weitwinkel- und Schärfentiefebereiche, die aber bisher immer noch unter den optischen Möglichkeiten von Filmkameras liegen.

Genau wie beim Consumer-Camcorder kann die Aufzeichnung (Recorder-Teil) des Videomaterials auch hier magnetisch (Magnetband oder Festplatte), optisch (CD oder DVD) oder elektronisch (Speicherkarten) erfolgen.

Tragbare Studiokamera

Die tragbare Studiokamera ist Teil des **Kamerazuges**. Ein Kamerazug besteht aus:

- der Kamera,
- der Kamerakontrolleinheit (CCU), über die die Kamera an die Regie angeschlossen ist und
- der Kamerafernbedienung (RCP oder OCP) am Bildtechnikarbeitsplatz, über die die Kamera vom Bildtechniker in der Regie eingestellt wird.

Kamerazug

CCU: Camera Control Unit

RCP: Remote Control Panel

OCP: Operating Control Panel

Triax-Kabel: dreipoliges Kabel mit koaxialer Polanordnung. Bidirektionale Signalverbindung der Kamera mit der Studioregie.

Abb. 1 Kamera mit Triax-Adapter

Die Einstellung und die Kontrolle aller wichtigen Bildparameter (Farben, Kontraste usw.) wird durch den Bildtechniker („Bild-Ing") vom Bildmessplatz aus über das Triax-Kabel vorgenommen (Abb. 1).

Daher wird der Studiokameramann (Camera Operator) oft als „Schwenker" bezeichnet, da er nur für die Bildschärfe und die Durchführung von Kamerabewegungen verantwortlich ist. Die Kameraperspektive, d. h. die Position und Blickrichtung der Kamera, sowie die Einstellungsgröße stellt er nach Vorgaben des Bildregisseurs oder Regisseurs ein.

→ **Einstellungen an Studiokameras werden in der Regel vom Bildtechnikarbeitsplatz aus vorgenommen.**

Triax-Adapter

An professionellen EB-Camcordern, die einen abnehmbaren Dockrecorder besitzen, kann anstelle des Dockrecorders ein **Triax-Adapter** montiert werden, über den die Kamera dann im Studio betrieben werden kann.

Die Bauform, die Ergonomie und die optischen Eigenschaften einer tragbaren Studiokamera entsprechen bis auf den nicht vorhandenen Recorderteil weitgehend denen eines professionellen Camcorders. Da im Studio die Audioaufnahmen über die Regie erfolgen, werden die, in die XLR-Eingänge der Studiokamera bzw. des Triax-Adapter gesteckten Mikrofone von der Studioregie aus gesteuert und aufgenommen.

Nicht tragbare Studiokamera

Die nicht tragbare Studiokamera wird genau wie die tragbare Studiokamera als Teil eines Kamerazuges betrieben. Sie verfügt in der Regel über ein wesentlich größeres leistungsfähigeres Objektiv und einen großen Suchermonitor. Zudem wird sie aufgrund des hohen Gewichts in der Regel auf einem Pumpstativ montiert (Abb. 1).

Abb. 1 Nicht tragbare Kamera

Aufgrund ihrer Länge können die Objektive nicht tragbarer Studiokameras einen erheblich vergrößerten Zoombereich besitzen. Durch den größeren Durchmesser der Objektivlinsen sind sie außerdem lichtstärker, d. h., sie lassen mehr Licht durch als Objektive mit kleinerem Durchmesser.

→ **Nicht tragbare Studiokameras haben in der Regel lichtstärkere Objektive mit einem größeren Zoombereich.**

Aus Budgetgründen kommen für die Tätigkeit als Videojournalist oft nur Consumer-Camcorder oder semiprofessionelle Camcorder in Frage. Maßgeblich ist dabei, ob die Kunden, d. h. die Verwerter der journalistischen Beiträge, also die Produktionsfirmen oder Sendeanstalten, die Bildqualität und das gespeicherte Datenformat akzeptieren.
Aufgrund der deutlich besseren Farb- und Bewegungsauflösung sollte die teurere 3-Chip-Kamera einer 1-Chipkamera vorgezogen werden. Die bei Consumerkameras oft anzutreffende elektronische oder optische Bildstabilisierung hilft zwar bei der Handkameraführung, erspart aber definitiv nicht die Anschaffung eines hochwertigen, bewegungsgedämpften EB-Stativs.
Camcorder ohne mechanisches Laufwerk (Flash-Speicher) sind im Vergleich zu den Camcorderlaufwerken mit mechanischem Laufwerk (alle anderen: DVD, HD, Band) langlebiger und unempfindlicher. Der für Consumer-Camcorder typische LCD-Monitor zum Herausklappen (Abb. 1) bietet für Videojournalisten einen echten Vorteil, wenn er sich zusätzlich nach vorn drehen lässt: Bei der Anmoderation eines Betrags ist kein Kameramann erforderlich, da der Videojournalist durch den herumgedrehten LCD-Monitor den Bildausschnitt selbst kontrollieren kann.

Abb. 1 Camcorder für Videojournalisten

Zugunsten einer schnellen ergonomischen Bedienung der Kamera sollten möglichst viele wichtige Standardfunktionen sofort über die Bedientasten der Kamera und nicht umständlich über das Kameramenü erreichbar sein. Die im Folgenden aufgelisteten Kriterien sind wichtige Entscheidungshilfen, wenn ein Kamerakauf ansteht. Ausschlaggebend ist aber letztlich der Einsatzzweck und natürlich das zur Verfügung stehende Budget.

- **Kamerakopf:** hohe Bildauflösung, Bildstabilisierung abschaltbar, weiter Zoombereich, großer Bildwinkel im Weitwinkelbereich, Montagemöglichkeit für Standardfilter bzw. Filterkompendium
- **Ausstattung:** XLR-Adaper zum Betrieb professioneller Mikrofone, Automatikfunktionen vollständig abschaltbar, Schulterauflage-Adapter für Schulterkameraführung, Videosignalausgang für Produktionsmonitor, Befestigungsmöglichkeiten für Kamerakopflicht, herausklappbarer LCD-Monitor
- **Energieversorgung:** geringe Stromaufnahme, lange Akkulaufzeit, Aufladen des Akkus in der Kamera, separates Ladegerät, separates Kameranetzteil, Ersatzakkus

7.2.2 Baugruppen der Kamera

Eine TV-Sendung muss trotz ausgefallener Klimaanlage aufgezeichnet werden. Während der Produktion heizt sich das Studio stark auf und der Kameramann stellt fest, dass schwarze Bildanteile zunehmend heller dargestellt werden und das Bild an Helligkeitskontrast verliert (Abb. 1).

- Wie entsteht der Kontrastverlust?
- Wie können die Bildfehler korrigiert werden?

Abb. 1 Bildfehler durch die Erwärmung der Kamera

Eine TV-Kamera besteht aus den in Abb. 2 dargestellten Funktionsgruppen Objektiv [1], Kamerakopf [2] und Kameraanbauteile [3].

Abb. 2: Funktionsgruppen einer TV-Kamera

Das Kameraobjektiv

An einer TV-Kamera können sowohl Objektive mit fester Brennweite als auch Zoomobjektive montiert und betrieben werden. **Festbrennweiteobjektive** haben einen festen Bildwinkel und werden eher im Spielfilmbereich eingesetzt, da zur Änderung des Bildwinkels ein neues Objektiv mit anderer Brennweite montiert werden muss. In der tagesaktuellen TV-Produktion, wo kurze Reaktionszeiten gefragt sind, hat sich das Zoomobjektiv aufgrund seines einstellbaren Bildwinkels deshalb etabliert.

Festbrennweiteobjektiv

→ **Festbrennweiteobjektive haben eine feste Brennweite, Zoomobjektive eine variable Brennweite.**

Generell bestehen Objektive stets aus denselben Funktionsgruppen, die aus abbildungsoptischen Gründen in der Regel in der gleichen Abfolge hintereinander angeordnet sind (Abb. 1):

- Gegenlichtblende [1]
- Fokussiergruppe [2]
- Zoomgruppe [3]
- Irisblende [4]
- Relaisgruppe [5]
- Objektivflansch [6]
- Rangextender (optional) [7]

Abb. 1 Funktionsgruppen des Kameraobjektivs

Kameraobjektiv – Gegenlichtblende [1]

Die Hauptaufgabe der **Gegenlichtblende** – auch Sonnenblende genannt – besteht darin zu verhindern, dass Lichtquellen direkt von vorn in das Objektiv strahlen bzw. die vordere Objektivlinse direkt beleuchten. Fällt Licht direkt auf die vordere Objektivlinse, so verringert sich der Bildkontrast und das Bild wird „flau“, da dunkle Bildanteile aufgehellt werden. Schlimmstenfalls entstehen im Bild gut sichtbare und störende Artefakte.

Gegenlichtblende

→ **Die Gegenlichtblende soll direkte Lichteinstrahlung in das Objektiv verhindern.**

Um Lichtreflexionen zu vermeiden, ist die mattschwarze Innenseite der Gegenlichtblende zusätzlich geriffelt. Gegenlichtblenden bestehen in der Regel aus einem elastischen Kunststoffmaterial und schützen so das empfindliche Objektiv zusätzlich vor Stößen (Abb. 1).

Abb. 1 Artefakte im Bild und Gegenlichtblende

Kameraobjektiv – Fokussiergruppe [2]

Bei der Filmproduktion misst der „Focus Puller" die Entfernung zwischen Objekt und Kamera mit einem Maßband oder Entfernungsmesser und stellt diese am Fokusring ein.

Innen fokussierte Objektive sind aufgrund der aufwendigeren Mechanik teurer.

Die Aufgabe der Fokussiergruppe besteht darin, mit dem Fokussierring die Schärfeebene und damit den Schärfentiefebereich in Richtung der Bildtiefe zu verschieben (Abb. 2). An der Skalierung des Fokussierrings in Meter „m" bzw. Fuß „ft" lässt sich die genaue Entfernung zwischen Schärfeebene und Kamera ablesen.

In Bezug auf die Fokussiergruppe gibt es zwei verschiedene Objektivtypen, die an der Form der Gegenlichtblende erkennbar sind:
- **innen fokussierte Objektive**, bei denen sich die **eckige** Gegenlichtblende beim Scharfstellen nicht mitdreht und
- **außen fokussierte Objektive**, bei denen sich die **runde** Gegenlichtblende beim Scharfstellen mitdreht.

→ **Mit dem Fokussierring wird Lage der Schärfeebene eingestellt.**

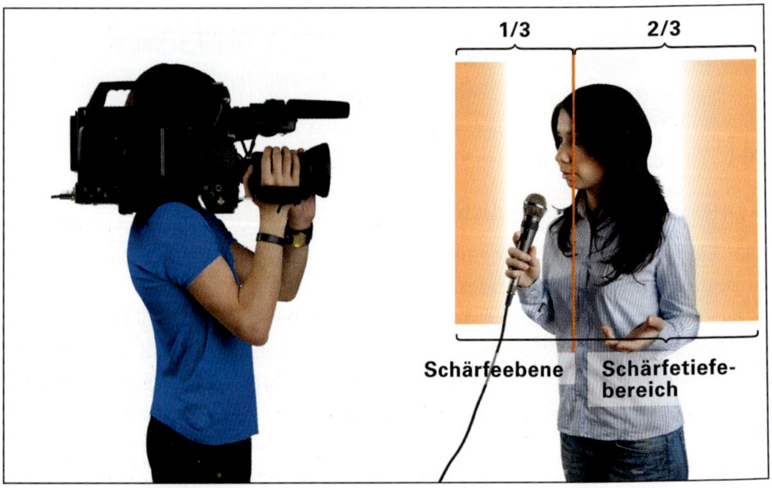

Abb. 2 Funktion der Fokussiergruppe

Kameraobjektiv – Zoomgruppe [3]

Ein Zoomobjektiv wird auch als Transfocator oder umgangssprachlich als „Gummilinse" bezeichnet.

Mit der Zoomgruppe kann durch das Betätigen der Zoomwippe bzw. der Zoomfernbedienung oder durch Drehen am Zoomring die Objektivbrennweite und damit der Bildwinkel geändert werden, ohne dabei die Perspektive auf das Objekt zu ändern. Ein Zoom wirkt daher wie die Ausschnittvergrößerung eines Bildes (Abb. 1) und kann keine Kamerafahrt (Vorwärts- oder Rückwärtsfahrt) ersetzen, die zwangsläufig einen Perspektivwechsel beinhaltet.

→ **Mit dem Zoomring wird die Brennweite und damit der Bildwinkel der Kamera eingestellt.**

Abb. 1 Funktion der Zoomgruppe

Auf der Skala des Zoomrings sind die möglichen Brennweiten in Millimetern notiert. Der Aufdruck [15 × 7.8] auf dem Typenschild eines TV-Objektivs bedeutet, dass es sich um ein Zoomobjektiv mit 15-facher Vergrößerung des Bildwinkels bei einer Weitwinkelbrennweite von 7,8 mm handelt. Der Brennweitenbereich dieses Objektivs beträgt dann:

7.8 mm (Weitwinkel)
$15 \cdot 7.8$ mm = 117 mm (Tele)

→ **Zoomobjektive haben eine Start- und eine Endbrennweite.**

Die Baulänge eines Zoomobjektivs ist mindestens so lang wie seine maximale Telebrennweite. In den kurzen Objektiven der Consumer-Camcordern kann daher kein großer Zoombereich realisiert werden.

→ **Ein Objektiv ist mindestens so lang wie seine maximale Brennweite.**

Rangeextender

Manche Objektive sind zusätzlich mit einem **Rangeextender** ([7] Abb. 1 Seite 191) ausgestattet, der bei Betätigung ein Linsenpaket in das Objektiv einschwenkt, das leider auch einen spürbaren Helligkeitsverlust erzeugt. Mit einem Verdoppler lässt sich beispielsweise die Telebrennweite verdoppeln, ohne dass sich dadurch die Länge des Objektivs ändern muss.

→ **Rangeextender vergrößern die maximale Brennweite.**

Kameraobjektiv – Irisblende [4]

Irisblende

Durch das Drehen am Blendenring werden die Öffnung der **Irisblende** (kurz: Blende) und damit der Lichteinfall in die Kamera reguliert. Zudem wird der Schärfentiefebereich mit zunehmender Größe der Blendenöffnung kleiner. In der Regel verfügen Kameras über die Möglichkeit, die Blende durch ein Belichtungsprogramm gesteuert automatisch einzustellen. Als Skalierung des Blendenrings sind **Blendenzahlen** in einer sogenannten Blendenreihe auf dem Objektiv notiert:

Blendenzahl

1,4 – 2 – 2,8 – 4 – 5,6 – 8 – 11 – 16 – 22 – C

Diese Blendenzahlen sind ein Maß für die Abblendung und nicht für die verbleibende Blendenöffnung, d. h., je größer die Blendenzahl ist, umso kleiner ist die Blendenöffnung und umso dunkler ist das Bild. Von einer Blendenzahl zur nächsten verdoppelt oder halbiert sich die einfallende Lichtmenge (Abb. 1).

→ **Eine größere Blendenzahl bedeutet ein dunkleres Bild. Von einer Blendenzahl zur nächsten halbiert oder verdoppelt sich die Lichtmenge – je nach Drehrichtung.**

Der Buchstabe „C" ist keine Blendenzahl, sondern sie steht für „*close*" (geschlossen). Diese Möglichkeit, die Blende ganz zu schließen, ist für die Einstellung und den Abgleich der Kameraelektronik erforderlich.

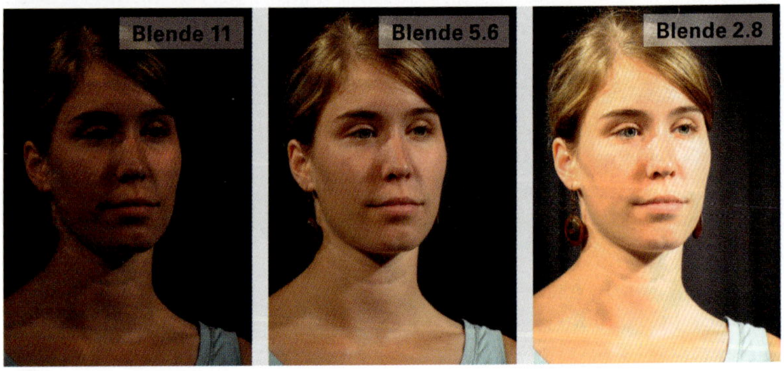

Abb. 1 Funktion der Irisblende

Kameraobjektiv – Relaisgruppe [5] und Objektivflansch [6]

Eine Relaisgruppe ist ein einstellbares Linsenpaket, mit dem das Objektiv an den Kamerakopf angepasst wird. In Bezug auf die Relaisgruppe gibt es zwei verschiedene Objektivtypen:

Makro

Makroaufnahme: Nahfeldaufnahme von Objekten, die sich so nah an der Kamera befinden, dass sie mit dem Fokussierring normalerweise nicht scharf gestellt werden können.

- **makrofähige Objektive**, bei denen die Relaisgruppe zusätzlich einen Makroring besitzt, sowie
- **nicht makrofähige Objektive**, bei denen die Relaisgruppe keinen zusätzlichen Makroring hat.

Bei der für tragbare Profikameras üblichen Objektivbefestigung wird der Objektivflansch von einem Klemmring auf die Auflagefläche des Kamerakopfes gepresst. Mit einem Einstellring wird dann die hintere Linse der Relaisgruppe so positioniert, dass das scharfe Bild genau auf der Oberfläche des Bildwandlerchips fokussiert wird.

Weil mit der Relaisgrupe das Auflagemaß bzw. die Flanschbrennweite eingestellt wird, heißt dieser Einstellring auch Auflagemaßring (Abb. 1).

→ **Die Relaisgruppe adaptiert das Objektiv an den Flansch.**

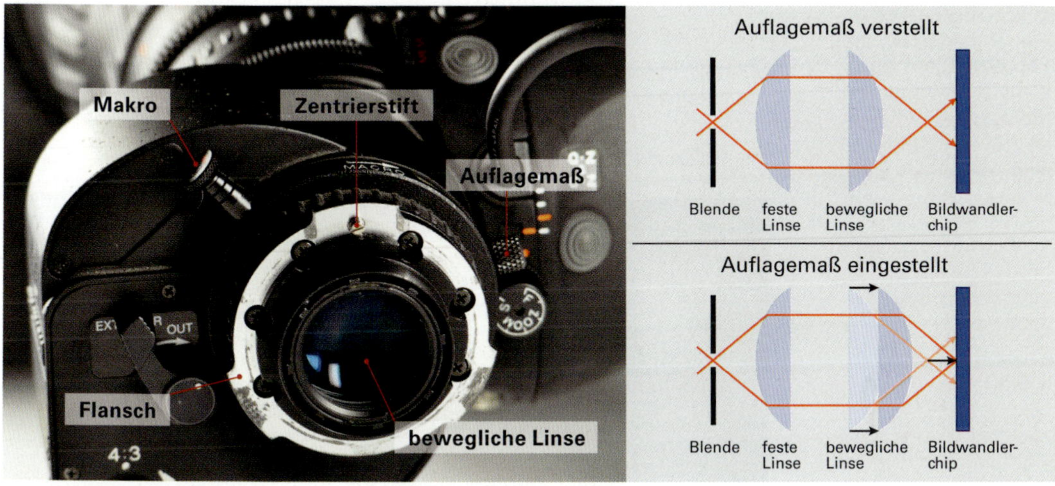

Abb. 1 Einstellen des Auflagemaßes bzw. der Flanschbrennweite

Nach der Einstellung des Auflagemaßes wird der Auflagemaßring mit einer kleinen Feststellschraube (s. Abb. 1) von Hand (nicht mit Werkzeug!) am Objektiv so verschraubt, dass er sich nicht verstellen kann.

Bei einem nicht korrekt eingestelltes Auflagemaß geht beim Zoomen die eingestellte Bildschärfe verloren. Das Auflagemaß kann sich nicht nur durch einen Objektivwechsel verstellen, sondern auch durch starke Temperaturschwankungen oder Erschütterungen. Daher sollte das Auflagemaß stets vor Beginn der Dreharbeiten kontrolliert und korrigiert werden.

Achtung! Wird beim Anziehen der Feststellschraube zu viel Kraft aufgewendet, kann diese abreißen oder das Feststellschraubengewinde kann zerstört werden. Beides hat extrem kostspielige Reparaturen zur Folge.

→ **Nach Transport, Objektivmontage, oder wenn sich beim Zoomen die Bildschärfe ändert, muss das Auflagemaß eingestellt werden.**

In der Makroeinstellung können Objekte je nach Objektiv bis unmittelbar vor der vordersten Linse scharfgestellt werden (Abb. 2).

Abb. 2 Makrofunktion

Dabei werden dann alle Objekte außerhalb des Makrobereichs stark unscharf. In der Praxis wird das Makro daher gern genutzt, um damit eindrucksvolle Schärfeverlagerungen durchzuführen.

Praxistipp: Auch mit Objektiven ohne Makroring sind Makroaufnahmen durch die Verstellung des Auflagemaßrings möglich. Danach muss das Auflagemaß allerdings neu eingestellt werden.

Die Relaisgruppe von makrofähigen Objektiven hat zusätzlich einen Makroring, mit dem die Flanschbrennweite für Makroaufnahmen vergrößert werden kann. Das Makro ist also nichts anderes als das absichtliche Verstellen des Auflagemaßes (Abb. 1).

➜ **Makroring und Auflagemaßring bewirken optisch das Gleiche.**

Abb. 1 Makroring

Praxistipp: Da Makroring und Auflagemaßring dasselbe bewirken, müssen beide zur Einstellung des Auflagemaßes unbedingt miteinander verkoppelt sein!

Aus diesem Grund sind Makroring und Auflagemaßring im Normalbetrieb (und bei der Einstellung des Auflagemaßes) miteinander verkoppelt, d. h., der Makroring ist im Auflagemaßring eingerastet. Für eine Makroaufnahme wird diese Verbindung gelöst und der Makroring (und damit das Auflagemaß) verstellt. Nach der Makroaufnahme wird der Makroring wieder im Auflagemaßring eingerastet, wodurch das vorher eingestellte Auflagemaß wieder hergestellt ist.

➜ **Wird der Makroring wieder eingerastet, ist das Auflagemaß wieder hergestellt.**

Der Kamerakopf

Technisch gesehen ist ein Kamerakopf ein Gerät, das ein über das Objektiv abgebildete „Lichtbild" in ein Videosignal umwandelt. Das gefilmte Bild wird durch das Objektiv in den Kamerakopf abgebildet, wo es zunächst farblich gefiltert wird, bevor es im Bildwandler in ein elektronisches Signal umgewandelt wird. Danach durchläuft das Signal noch eine Reihe von Verarbeitungsstufen, bevor es als fertiges Videosignal den Kamerakopf verlässt. Ein Kamerakopf besteht aus folgenden Baugruppen:

- optische Filter [1]
- optoelektronischer Bildwandler [2]
- Signalelektronik [3]

Kamerakopf – Optische Filter [1]

IR-Sperrfilter

Im Eingangsbereich des Kamerakopfes reduziert ein fest montiertes **IR-Sperrfilter** (Filterprinzip: Interferenzfilter) das Eindringen von Wärmestrahlung erheblich. Da der Bildwandler der Kamera, anders als das menschliche Auge, auch auf Infrarotstrahlung reagiert, würde sich zu dem normalen gesehenen Bild zusätzlich ein Wärmebild addieren. Das führt zu unerwünschten Aufhellungen im Bild, die vor allem in dunklen Bildbereichen auffallen.

→ **Eine Fehlbelichtung durch IR-Strahlung wird durch das IR-Sperrfilter verhindert.**

Zusätzlich schützt das IR-Sperrfilter den Bildwandler vor energiereicher IR-Strahlung, wie sie beispielsweise von der Sonne oder von starken Halogenscheinwerfern ausgeht. Ohne IR-Sperrfilter könnte der Bildwandler thermisch beschädigt werden.

Hinter dem IR-Sperrfilter befindet sich ein drehbares Konversionsfilterrad, mit dem die Kamera an verschiedene Beleuchtungssituationen angepasst werden kann (Abb. 1).

Abb. 1 Funktion des Konversionsfilterrades im Kamerakopf

Konversionsfilter

ND-Filter

Dazu können verschiedene **Konversionsfilter** für Kunst- oder Tageslicht, teilweise in Kombinationen mit **ND-Filtern**, in den optischen Weg zwischen Objektiv und Bildwandler hineingedreht werden. Der Kamerakopf kann die aktuelle Filterradstellung feststellen und diese Information in der elektronischen Signalbearbeitung weiterverwenden. Ein typisches Farbfilterrad einer Kamera hat folgende Stellungen:

- 3200 K (Kunstlicht, Originalhelligkeit)
- 5600 K (Tageslicht, Originalhelligkeit)
- 5600 K + 1/8 ND (Tageslicht, 1/8 Originalhelligkeit)
- 5600 K + 1/64 ND (Tageslicht, 1/64 Originalhelligkeit)

Bildwandler sind häufig bereits herstellerseitig für den Kunstlichtbetrieb (3200 K) optimiert, sodass im Filterrad nur für Tageslicht (5600 K) Konversionsfilter montiert sind.

➜ **Konversionsfilter der Kamera werden auf die vorhandene Lichtsituation eingestellt.**

Da gerade bei Tageslicht oft hohe Beleuchtungsstärken auftreten, hat das Filterrad weitere zusätzliche Tageslichtkonversionsfilter, die mit ND-Filtern kombiniert sind, um so Überbelichtungen zu vermeiden.

➜ **Konversionsfilter mit ND-Filterfunktion reduzieren die Bildhelligkeit.**

Kamerakopf – Optoelektronischer Bildwandler [2]

1-Chip-Kameras benötigen zur Farbauflösung Farbfilter (Mosaikfilter bzw. Streifenfilter), die direkt vor dem CCD-Chip positioniert sind.

Der optoelektronische Bildwandler ist das eigentliche Herzstück einer Kamera, da genau hier die Wandlung des „Lichtbildes“ in ein „elektronisches Bild“ erfolgt. 3-Chip-Kameras (professionelle und semiprofessionelle Consumer-Camcorder der gehobenen Preisklasse) besitzen einen aus Prismenteiler und drei **CCD-Chips** bestehenden Bildwandler.

CCD-Chip

➜ **Der CCD-Chip setzt Licht in ein elektronisches Signal um.**

Weitere Bezeichnungen für den Prismenteilers sind Strahlteiler, Strahlteilerprisma, Farbprisma und Farbteilerprisma.

CCD: Charge Coupled Device

Der Prismenteiler besteht aus Glasprismen, deren Oberflächen mit hochwertigen Interferenzfiltern beschichtet sind. Beim Durchgang durch diese Prismenanordnung wird das farbige Bild in die drei Grundfarben der additiven Farbmischung: Rot, Grün und Blau (RGB) zerlegt. Jeweils einem CCD-Chip wird dabei eine Grundfarbe zugeleitet und zwar so, dass die zurückgelegte optische Wegstrecke bei allen drei Farben exakt gleichlang ist (Abb. 1), damit das Bild auf allen drei CCD-Oberflächen gleichzeitig ankommt.

Prismenteiler

➜ **Der Prismenteiler zerlegt das Licht in die RGB-Bestandteile.**

Abb. 1 Farbzerlegung des Prismenteilers im Kamerakopf

Die Zerlegung des Bildes in die drei Grundfarben RGB ist notwendig, weil ein CCD-Chip unabhängig von der Strahlungsfarbe auf Licht reagiert, sodass ohne farbliche Zerlegung mit CCD-Technik nur Schwarzweißbilder möglich wären.

Die Bandbreite der in der Medientechnik eingesetzten CCD-Chips reicht vom ¼′′-CCD bis hin zum 1′′-CCD. Abbildung 1 zeigt die CCD-Chipformate und Filmformate im Größenvergleich.

¼′′ = ¼ Zoll
1 Zoll sind 2,54 cm

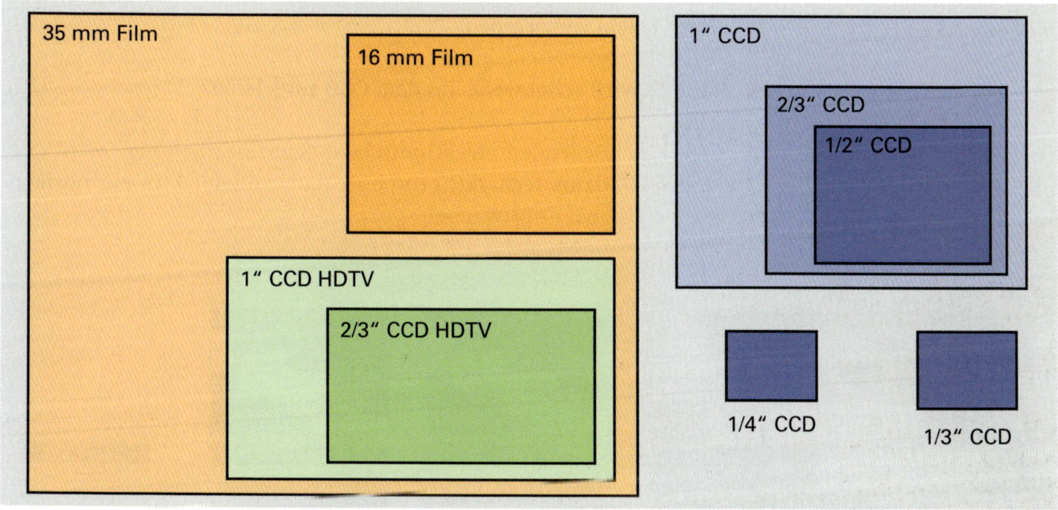

Abb. 1 CCD-Chipformate und Filmformate im Größenvergleich

Neben der Tatsache, dass das größere **Chipformat** einen kleineren Schärfentiefebereich ermöglicht, führen die unterschiedlichen Chipformate bei gleicher Objektivbrennweite zu sehr unterschiedlichen Bildausschnitten bzw. Bildwinkeln.

Chipformate

→ **Größere Chip-Formate ermöglichen kleinere Schärfentiefebereiche und größere Bildwinkel bei gleicher Brennweite.**

Die Tabelle 1 zeigt die gebräuchlichsten CCD-Formate mit ihrer typischen Auflösung und ihrem typischen Einsatzbereich.

Tabelle 1 Stativtypen und ihre Eigenschaften

CCD-Format	Einsatzbereich
1/4 ′′ (4:3)	Consumer
1/3 ′′ (4:3)	Consumer
1/2 ′′ (4:3)	EB
1/2 ′′ (16:9) **HDTV**	EB
2/3 ′′ (4:3)	EB + TV-Studio
2/3 ′′ (16:9) HDTV	EB + TV-Studio
1 ′′ (4:3)	Kino + TV-Film
1 ′′ (16:9) HDTV	Kino + TV-Film

HDTV: High Definition Television, hochauflösendes TV

Der CCD-Chip einer Kamera ist ein zweidimensionales Feld (Array) von lichtempfindlichen Zellen. Während eines Belichtungsvorgangs häuft jede dieser Zellen analog zur Dauer und Stärke ihrer jeweiligen Belichtung **Ladungen** an.

Ladung

Ein solcher Eimerkettentransportmechanismus wird in der Digitaltechnik „Schieberegister" genannt.

Das so entstandene „Ladungsbild" wird dann zeilenweise ausgelesen (Abb. 1), indem es innerhalb des CCD-Chips von Zelle zu Zelle wie bei einer Eimerkette weitergegeben wird, was dem CCD-Chip seinen Namen eingebracht hat: charge-coupled-device, d. h. ladungsgekoppeltes Bauelement. Jede CCD-Zelle kann also nicht nur Ladungen speichern, sondern diese auch an andere Zellen weitergeben.

➜ **Das Bild wird zeilenweise aus dem CCD ausgelesen.**

In der anschließenden elektronischen Signalbearbeitung wird das „Ladungsbild" dann verstärkt, bearbeitet und schließlich in ein normgerechtes Videosignal umgewandelt.

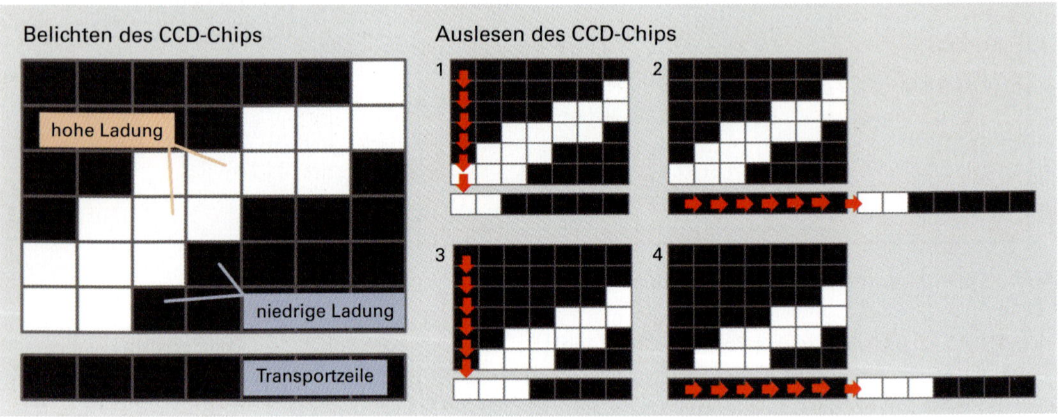

Abb. 1 Belichtung eines CCD und Abtransport des „Ladungsbildes"

In Kameras können vier verschiedene CCD-Chiptechnologien eingesetzt werden, die sich im Wesentlichen durch den Abtransport des „Ladungsbildes" unterscheiden:

- Frame Transfer (FT)
- Interline Transfer (IT)
- Frame Interline Transfer (FIT)
- Multiple Frame Interline Transfer (M-FIT)

Frame: Vollbild

Vollbild:
Zeilen 1, 2, 3, 4, ...

Field: Halbbild

1. Halbbild:
Zeilen 1, 3, 5, ...

2. Halbbild:
Zeilen 2, 4, 6, ...

Beim **Frame-Transfer-Chip (FT)** ist die CCD-Oberfläche in zwei gleich große Teile unterteilt: eine Sensorfläche, die belichtet werden kann und eine baugleiche Speicherfläche, die lichtdicht abgedeckt ist.

➜ **Der FT-Chip hat eine separate, lichtdicht abgedeckte Speicherfläche direkt an der Sensorfläche.**

Eimerkettenprinzip

Das belichtete „Ladungsbild" wird nun im **Eimerkettenprinzip** von den Zellen der Sensorfläche zeilenweise in die Speicherfläche transportiert, von wo aus das Bild zeilenweise ausgelesen wird.

Während des Transports darf die Sensorfläche nicht neu belichtet werden. Dieser Transportmechanismus ist in Abbildung 1 dargestellt.

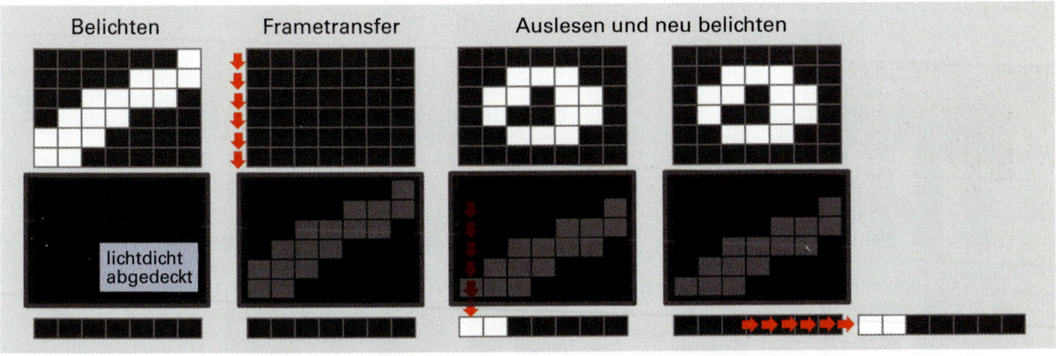

Abb. 1 Funktionsprinzip des Frame-Transfer-CCD (FT)

Shutter

Vertical Smear

Für die Dauer des Transports wird die Sensorfläche von einer mechanischen Blende **(Shutter)** abgedeckt, damit das Bild durch eine Belichtung während des Transports nicht vertikal „verschmiert" wird. Dieser sogenannte **„Vertical Smear"** würde sich als senkrecht verlaufende helle Streifen im Bild äußern, die beim Transport des „Ladungsbildes" entstehen, wenn Transportzellen oder benachbarte Zellen so stark belichtet werden, dass sie zusätzlich Ladung in das transportierte Bild einkoppeln.

Trotz des Vorteils der dicht stehenden Sensorzellen macht der mechanische Shutter die FT-Technologie vergleichsweise teuer.

➜ **FT-Chips benötigen einen mechanischen Shutter.**

Interline-Transfer-Chip

Beim **Interline-Transfer-Chip (IT)** besteht die CCD-Oberfläche aus Sensorspalten, die belichtet werden können, und dazwischen liegenden Speicherspalten, die lichtdicht abgedeckt sind. Das belichtete „Ladungsbild" wird aus den Sensorspalten in die Speicherspalten transferiert und dann in der Speicherspalte im Eimerkettenprinzip von Zelle zu Zelle weitergereicht. Während des Auslesens des Bildes aus den Speicherspalten wird die Sensorfläche bereits neu belichtet.

Der Transport vom Sensor in die Speicherspalten geschieht sehr viel schneller als der Frametransfer beim FT-CCD, weshalb hier auch ohne mechanischen Shutter kaum „Vertical Smear" entsteht (Abb. 1 nächste Seite). Da durch den Wegfall des Shuttervorgangs nun keine Belichtungszeit verloren geht, ist die Lichtempfindlichkeit des IT-CCD höher.

➜ **IT-Chips sind lichtempfindlicher und benötigen keinen mechanischen Shutter.**

Durch die Speicherspalten können die Sensorzellen nicht dicht beieinander stehen und das Licht, das auf die Speicherspalten fällt, kann nicht zur Belichtung genutzt werden. Deshalb bringen einige Hersteller vor den Sensorzellen Mikrolinsen an. Diese sorgen dafür, dass das Licht, das normalerweise auf die

Speicherspalten fallen würde, auf die Sensorspalte umlenkt. Weil die Mikrolinsen direkt auf dem CCD-Chip angebracht sind, wird diese Technologie als **„Lens On Chip“** (LOC) bezeichnet. Durch die LOC-Technologie wird die Lichtempfindlichkeit des IT-Chips deutlich erhöht.

Lens On Chip (LOC)

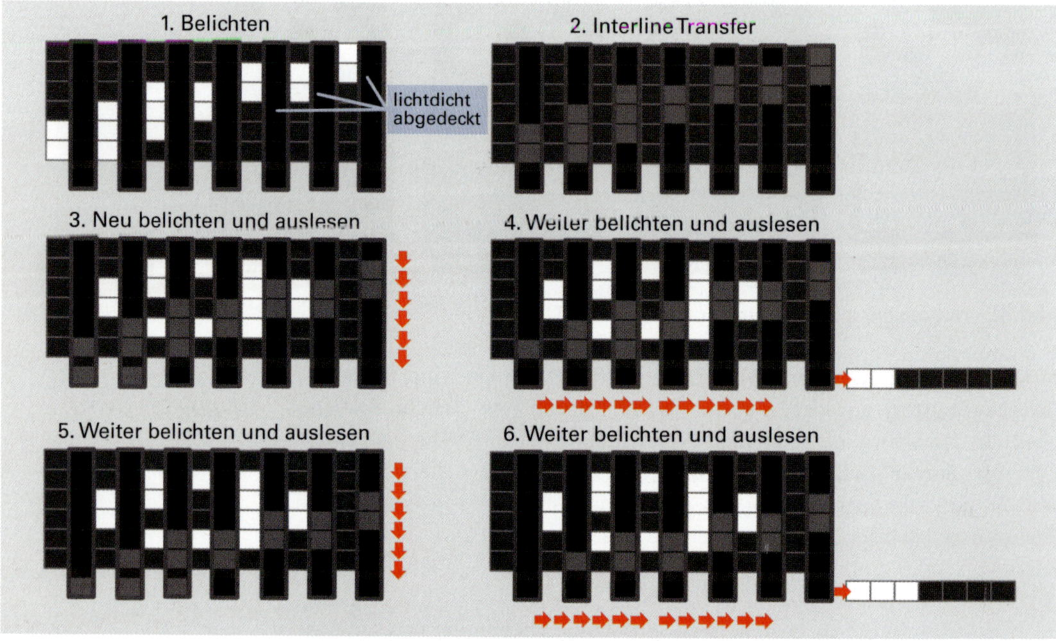

Abb. 1 Funktionsprinzip des Interline-Transfer-CCD (IT)

Frame-Interline-Transfer-Chip

Der **Frame-Interline-Transfer-Chip (FIT)** kombiniert die Technologien von FT- und IT-CCD. Die CCD-Oberfläche ist in zwei Teile unterteilt: einen Sensorfläche mit Sensorspalten und dazwischen liegenden Speicherspalten, die lichtdicht abgedeckt sind und eine Speicherfläche, die ebenfalls lichtdicht abgedeckt ist (Abb. 2). Das belichtete „Ladungsbild“ wird aus den Sensorspalten sehr schnell in die Speicherspalten und dann in die Speicherfläche transferiert, von wo aus das Bild zeilenweise ausgelesen wird, während die Sensorfläche bereits neu belichtet wird.

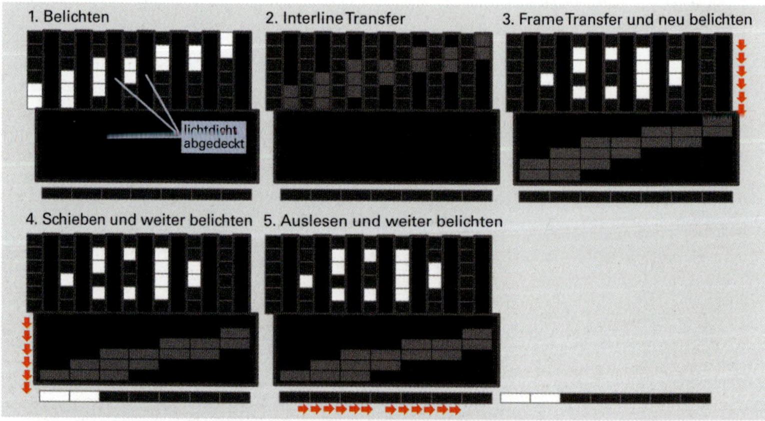

Abb. 2 Funktionsprinzip des Frame-Interline-Transfer-CCD (FIT)

Durch den schnellen Transport vom Sensor in die Speicherspalten und von den Speicherspalten in die Speicherfläche ist die Gefahr von „vertical smear“ minimal, sodass dafür kein mechanischer Shutter benötigt wird. Ohne Shuttervorgang geht genau wie beim IT-CCD keine Belichtungszeit verloren, wodurch die Lichtempfindlichkeit verbessert wird. Durch die Speicherspalten geht auch beim FIT-CCD der Vorteil der hohen Sensorzellendichte verloren. Durch das „Lens On Chip“-Verfahren kann aber auch hier eine Verbesserung erzielt werden.

→ **FIT-Chips vereinen die Vorteile von FT- Und IT-Chips und sie benötigen keinen mechanischen Shutter.**

Multiple-Frame-Interline-Transfer-Chip

Der **Multiple-Frame-Interline-Transfer-Chip (M-FIT)** unterscheidet sich vom FIT-CCD lediglich durch die Verdopplung der Speicherfläche. Dadurch können alle Zeilen eines Vollbildes (frame) gleichzeitig gespeichert werden und nicht nur die eines Halbbildes (field). Diese Speicherart wird als **„Progressive scan“** bezeichnet. Der FIT-CCD, der nur ein Halbbild (Field) speichern kann, arbeitet dagegen im **„Interlaced scan“**.

Progressive scan (p)

Interlaced scan (i)

→ **p = „progressive scan“ verarbeitet Vollbilder.**
→ **i = „interlaced scan“ verarbeitet Halbbilder.**

Videokameras, die mit einem M-FIT-CCD ausgestattet sind, können im Betriebsmodus **25p** (25 frames per second, progressive scan) eine ähnliche Bewegungsdarstellung wie Filmkameras erreichen, die mit **24p** arbeiten.

24p, 25p

→ **M-FIT-Chips verarbeiten genau wie Filmkameras Vollbilder.**

Kamerakopf – Signalelektronik [3]

Mit den Funktionen der Signalelektronik (Abb. 1) können eine ganze Reihe von Bildeigenschaften beeinflusst werden, bevor am Ende der Bearbeitung ein normgerechtes Videosignal erzeugt wird.

Praxistipp: Auch wenn Sie nicht vorhaben hier irgendetwas einzustellen, sollten die aktuellen Einstellungen überprüft werden!

Abb. 1 Bedienelemente der Signalelektronik

Auf die Funktionen kann entweder direkt durch Schalter und Tasten am Kamerakopf oder über die Menüstruktur der Kamera zugegriffen werden. Bei Studiokameras können all diese Funktionen auch während der laufenden Produktion vom Bildtechnikarbeitsplatz aus ferngesteuert bedient und unter Verwendung geeigneter Videomesstechnik eingestellt werden. In der EB-Praxis werden in der Regel vor Produktionsbeginn im Rahmen des Kamera-Setups die in Tabelle 1 genannten Kamerakopffunktionen zur Signalelektronik eingestellt.

→ **Alle Signalelektronikeinstellungen sind vor Drehbeginn zu prüfen.**

Tabelle 1 Signalelektronik im Kamerakopf

Funktion	Bedienelement des Kamerakopfs
Schwarzwert	Black (-set)
Weißabgleich	Preset / A / B White (-balance) Auto Tracing White (ATW)
Belichtung	Auto Iris Zebra Shutter
Konturschärfe	Detailing Skin Detailing
Kontrast	DCC (Dynamic Contrast Control)
Videoverstärkung	Gain Hypergain
Testsignal	Bars (EBU 100/75 und EBU 100/100)

Kamerakopf – Signalelektronik [3] – Schwarzwert

Dunkelstrom

Wenn die Objektivblende geschlossen ist (Stellung „C"), sollte das Kamerabild einen korrekten Schwarzwert zeigen. Tatsächlich entstehen jedoch im Bildwandler Bildsignale mit schwacher Helligkeit, die von sogenannten **Dunkelströmen** herrühren. Diese entstehen einerseits durch das Eigenrauschen der CCD-Chips und andererseits durch die Wärmestrahlung im Kamerakopf, die eine innere Infrarotbelichtung der CCD-Chips erzeugt.

Ein fehlerhafter Schwarzwert verfälscht die Bilddarstellung der Kamera durch eine künstliche Aufhellung des Bildes, die vor allem bei dunklen Bildbereichen störend auffällt. Dabei können die einzelnen CCD-Chips durchaus unterschiedlich starke Störungen aufweisen, was dann zu einer Färbung der dunklen Bildanteile führt.

→ **Mit der Einstellung des Schwarzwerts wird der Temperaturdrift der Kamera kompensiert und eine korrekte Darstellung dunkler Bildanteile erreicht.**

Schwarzwert

Um den Schwarzwert zu korrigieren, kann bei betriebswarmer Kamera eine Schwarzwertkorrektur durchgeführt werden. Nach dem Betätigen des Schalters für die **Schwarzwert**korrektur „Black(-set)" führt die Kamera folgende etwa zehn Sekunden dauernde Prozedur vollautomatisch aus, bei der sowohl der Helligkeitsdrift als auch der Farbdrift im Bildschwarz kompensiert werden:

1. Blendenautomatik aktivieren, Blende schließen „C"
2. Dunkelstrommessung, Schwarzkorrektur aktivieren
3. Blende auf den vorherigen Wert öffnen
4. Blendenautomatik deaktivieren

Da mit der Schwarzwertkorrektur (Abb. 1) auch die Einflüsse der Umgebungstemperatur kompensiert werden, empfiehlt es sich, die Schwarzwertkorrektur unmittelbar vor Aufzeichnungsbeginn erneut durchzuführen.

Abb. 1 Kamerabild vor (links) und nach (rechts) der Schwarzwertkorrektur

Kamerakopf – Signalelektronik [3] – Weißabgleich

Da ein weißes Papierblatt die Lichtfarbe der Beleuchtung annähernd unverändert reflektiert, erscheint es bei farbiger Beleuchtung mit dem rötlichen Licht der Abendsonne ebenfalls rotstichig. Im Gegensatz zur Kamera, die das Blatt tatsächlich rotstichig abbildet, nimmt das visuelle System des Menschen das Papierblatt ohne diesen rötlichen Farbstich als weiß wahr. Der Grund dafür ist, dass sich das visuelle System des Menschen an diese rotstichige Beleuchtung anpasst, in dem es die Wahrnehmung (Empfindlichkeit) für rotes Licht absenkt und so das „normale" Sehen wieder herstellt. Deshalb sieht der Träger einer Brille mit gelben Gläsern die Umgebung nur für begrenzte Zeit gelblich, bevor das visuelle System diesen „Gelbstich" ausgleicht. Beim Absetzen der Brille läuft dieser Prozess umgekehrt ab, d. h. für kurze Zeit erscheint die Umwelt in der **Komplementärfarbe** Blau.

Komplementärfarbe

Damit die Kamera das farbig beleuchtete Blatt genau so darstellt, wie der Mensch es sieht – nämlich ohne Farbstich – sollte mithilfe einer Weißkarte, zur Not auch mit dem Blatt selbst, vor Drehbeginn ein manueller Weißabgleich, wie in Tabelle 1 auf der nächsten Seite aufgelistet, durchgeführt werden, um den jeweiligen Farbkorrekturwert zu ermitteln. Nach dem Weißabgleich wird das Kamerabild permanent mit dem gemessenen Korrekturwert farblich korrigiert.

Die Weißkarte wird üblicherweise mit der Kamera mitgeliefert.

→ **Der Weißabgleich kompensiert farbige Beleuchtung, sodass die Bildfarben der menschlichen Wahrnehmung angepasst werden.**

Tabelle 1 Durchführung eines manuellen Weißabgleichs	
Arbeitsschritte	**Durchführungshinweise**
1. Schritt: Objekt kadrieren	Das ausreichend hell beleuchtete, weiße Objekt muss den Bildbereich mindestens zu 80 % abdecken.
2. Schritt: Farbfilterrad einstellen	Das Farbfilterrad bei rötlichem Licht auf 3200 K (Kunstlicht) und bei bläulichem Licht auf 5600 K (Tageslicht) einstellen.
3. Schritt: Speicherplatz wählen	Zu jeder Filterradstellung können zwei Weißabgleichskorrekturwerte gespeichert werden. Der Speicherplatz wird mit dem Wahlschalter festgelegt: A oder B.
4. Schritt: Weißabgleich starten	Nach Betätigen des Schalters „White (Whitebalance)" misst die Kamera die aktuelle Bildfarbe und korrigiert sie zu Weiß. Der Korrekturwert wird auf dem gewählten Speicherplatz gespeichert. Die Kamera zeigt die gemessene Farbtemperatur an.

Ein falscher Weißwert (Abb. 1) fällt besonders bei Hautfarbtönen auf, da der Mensch bei Hauttönen auch ohne Farbreferenz unnatürliche Fehlfarben feststellen kann.

Abb. 1 Korrektur der Farbtemperaturen durch einen Weißabgleich

➜ **Ein falscher Weißwert ist bei Hauttönen besonders auffällig.**

Preset

In besonderen Fällen, z. B. bei exakten Kunstlicht- oder Tageslichtsituationen, können mit den herstellerseitig gespeicherten Preset-Weißabgleich akzeptable Ergebnisse erzielt werden. Durch Einstellen des Wahlschalters auf **„Preset"** wird dieser Preset-Weißabgleich zu jeder Farbfilterradstellung abgerufen.

Über den Weißabgleich können die Bildfarben nicht nur korrigiert, sondern auch absichtlich mithilfe farbiger Objekte oder farbiger Beleuchtung verfälscht werden. Da die kompletten Bildfarben per Weißabgleich korrigiert werden, verbleibt dann im Kamerabild ein Farbstich mit der jeweiligen Komplementärfarbe des farbigen Objekts (Abb. 1 auf der nächsten Seite).

➜ **Ein Weißabgleich auf eine farbige Vorlage führt zu einem Farbstich im Bild in der jeweiligen Komplementärfarbe.**

Abb. 1 Farbstich im Bild mit der Komplementärfarbe der Abgleichfarbe

Farbkonstanz

Das visuelle System des Menschen arbeitet nach dem Prinzip der **Farbkonstanz**, d. h., es führt permanent einen „Weißabgleich" durch, sodass die gravierende Änderung der Lichtfarbe im Tagesverlauf nicht auffällt: Ein weißes Papierblatt wird deshalb morgens, mittags und abends gleich weiß wahrgenommen. Eine ähnliche Funktion kann bei Kameras durch das Betätigen des Schalters „Auto Tracing White" **(ATW)** aktiviert werden. Die Kamera führt dann während des Filmens permanent einen Weißabgleich durch, was bei nichtgesättigten Farben wie Pastellfarbtönen dazu führt, dass diese mit fortschreitender Drehzeit immer stärker verblassen. Daher sollte diese Funktion nur in besonderen Situationen eingesetzt werden, wenn sich während des Drehens einer Einstellung die Farbtemperatur der Beleuchtung ändert, z. B. wenn Fußballspieler mit der Kamera aus der Umkleidekabine (Kunstlicht) auf das Spielfeld (Tageslicht) begleitet werden sollen. Da der eigentlich notwendige Farbfilterwechsel im Bild zu sehen wäre und daher unterbleiben muss, werden die Bildfarben per ATW angeglichen.

ATW

→ **In der ATW-Stellung führt die Kamera den Weißabgleich permanent durch.**

Kamerakopf – Signalelektronik [3] – Belichtung

Durch das Drehen am Blendenrad des Objektivs wird die Öffnung der Irisblende, und damit der Lichteinfall in den Bildwandler normalerweise manuell reguliert. Durch Betätigen des Schiebeschalters „Auto Iris" am Handgriff des Objektivs wird die Blendenautomatik aktiviert, die die Blendenöffnung auf der Basis der Bildhelligkeiten steuert.

Die automatische Blendensteuerung führt in der Praxis oft zu unerwünschten Blendenbewegungen („Blendenpumpen"), wenn beispielsweise mit der Kamera über dunkle bzw. helle Objekte geschwenkt wird oder wenn sich ein dunkles oder helles Objekt durch das Bild bewegt. Während das Objekt im Bild zu sehen ist, vergrößert bzw. verkleinert die Blendenautomatik die Blendenöffnung. Die Blendenautomatik verhindert zudem beabsichtigte Low Key und bei High Key Aufnahmen, indem sie versucht, die Bildhelligkeit von Normalstil-Aufnahmen zu erzwingen.

Low Key: Dunkler Beleuchtungsstil

High Key: Heller Beleuchtungsstil

→ **Die Blendenautomatik versucht, jeder Helligkeitsänderung im Bild mit Blendenbewegungen entgegenzuwirken (Abb. 1).**

Abb. 1 Blenden- und Schärfepumpen durch Automatikfunktionen

Blendenautomatik

Zudem arbeitet die **Blendenautomatik** oft nur bei einer relativ gleichmäßigen Helligkeitsverteilung (Normal-Situation) im Bild optimal. So führt ein helles Objekt vor dunklem Hintergrund (Spotlight-Situation) bei Verwendung der Blendenautomatik oft zu einer Überbelichtung des Objekts, während ein dunkles Objekt vor hellem Hintergrund (Backlight-Situation) zu einer Unterbelichtung des Objekts führen kann. Einige Hersteller haben daher spezielle Belichtungsprogramme („iris modes") in die Kamera integriert, um genau in diesen häufig anzutreffenden Situationen ein besseres Ergebnis zu erzielen.

→ **Die Blendenautomatik liefert bei starken Helligkeitsunterschieden im Bild keine zufriedenstellenden Ergebnisse.**

Zebra

Bei der professionellen Kameraarbeit wird aus diesen Gründen in der Regel auf den Einsatz der Blendenautomatik verzichtet und stattdessen mit manueller Blende gearbeitet. Zur Kontrolle der Belichtung lässt sich mit dem Schalter **„Zebra"** ein Belichtungsindikator im Sucherbild aktivieren. Dabei werden auf Bildbereichen, die eine bestimmte Helligkeit besitzen, Muster erzeugt, die im Sucher, nicht jedoch auf der Videoaufnahme zu sehen sind. Professionelle Kameras verfügen in der Regel über zwei „Zebras":

- 70 %-Zebra: zeigt die korrekte Belichtung im Bild an
- 100 %-Zebra: zeigt die Überbelichtungen im Bild an

Bei der Belichtung von Personen wird das 70 %-Zebra eingesetzt, da der europäische Hautton bei korrekter Belichtung etwa 70 % der maximalen Bildhelligkeit aufweist. Das Zebra-Muster sollte dann auf den hellsten Bereichen des Gesichts zu sehen sein: Stirnpartie, Nasenspitze, Wangen und Kinn.

→ **Das Zebra ist eine Belichtungshilfe, die als Schraffur im Sucherbild eingeblendet wird.**

Neben der Belichtungsstärke, die durch die Blendenöffnung eingestellt wird, kann die Belichtungszeit durch den elektronischen Shutter beeinflusst werden, der mit dem Schalter „Shutter" aktiviert werden kann.

Im normalen Betrieb wird aus den CCD-Chips 50 Mal pro Sekunde ein Halbbild (field) ausgelesen, bevor der Belichtungsvorgang erneut startet. Daher beträgt die maximale Belichtungszeit etwa 20 ms (1/50 Sekunde).

Mit dem, zum Teil stufenlos einstellbaren, Shutter wird die Ladung des CCD schon vor dem Ablauf eines Halbbildes vorzeitig abtransportiert. Nur die dann bis zum Ende der Belichtungszeit des Halbbildes neu generierte und entsprechend geringere Ladungsmenge wird dann für das Videobild genutzt (Abb. 1). Da die Ladungsmenge sich direkt als Bildhelligkeit auswirkt, wird das Bild durch den Einsatz des Shutters dunkler.

Bei 24p- bzw. 25p-Kameras wird 24 bzw. 25 Mal pro Sekunde ein Vollbild (frame) ausgelesen, daher beträgt hier die maximale Belichtungszeit etwa 1/24 bzw. 1/25 Sekunde.

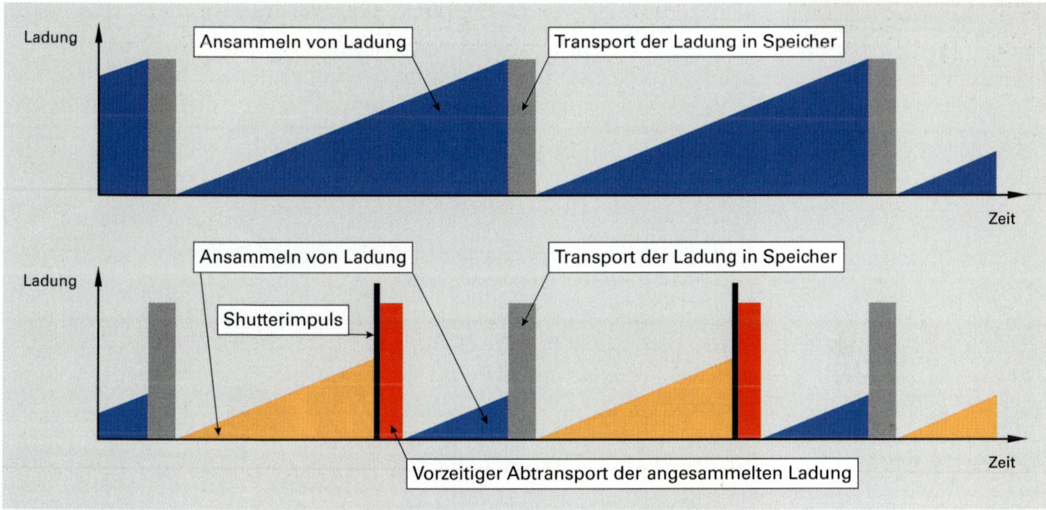

Abb. 1 Funktionsweise des elektronischen Shutters

Der Shutter wird beispielsweise benutzt, um die Kamera an die Flickerfrequenz externer Lichtquellen wie Computermonitore (z. B. 75 Hz) oder Leuchtstofflampen (z. B. 100 Hz) anzupassen und so flickerfreie Bilder zu produzieren. Deshalb wird der Betriebszustand des Shutters häufig als **Shutterfrequenz** und nicht als Belichtungszeit angegeben. Die „**Clear Scan**"-Funktion einiger Kameras adaptiert die Shutterfrequenz automatisch an die nicht flickerfreie Lichtquelle im Bild.

Shutterfrequenz

→ **Der Shutter greift in die Belichtungszeit ein und adaptiert die Kamera an nicht-flickerfreie Lichtquellen.**

Eine Shutterfrequenz von 1000 Hz bedeutet jedoch nicht, dass nun pro Sekunde 1000 Belichtungszyklen stattfinden, sondern dass die Belichtungszeit von 1/50 Sekunde auf 1/1000 Sekunde reduziert wurde und damit gleichzeitig die Bildhelligkeit auf 1/20 abgesunken ist.

→ **Durch den Shuttereinsatz verändert sich die Bildrate nicht.**

Der Shutterbetrieb hat Auswirkungen auf die Darstellung bewegter Objekte im Bild. Durch die relativ lange Belichtungszeit von 20 ms werden bewegte Objekte im Bild in Bewegungsrichtung unscharf (verschmiert) dargestellt, da sie, während die Belichtung läuft, ihre Position im Bild ändern. Mit zunehmender Shutterfrequenz wird diese **Bewegungsunschärfe** immer geringer, es entsteht eine unnatürliche Bewegungsschärfe. Dieser Effekt lässt sich bildgestalterisch, beispielsweise bei homogenen Bewegungen

Bewegungsunschärfe

wie einem tropfenden Wasserhahn oder bei Sportaufnahmen wirkungsvoll einsetzen (Abb. 1).

➜ **Das Erhöhen der Shutterfrequenz erzeugt mehr Bewegungsschärfe.**

Abb. 1 Bewegungsunschärfe ohne und mit Shutterbetrieb

Kamerakopf – Signalelektronik [3] – Konturschärfe

Texturen sind Oberflächenstrukturen, wie beispielsweise ein Schachbrettmuster.

Bei der Bildschärfe sind die Konturen (Ränder) von Objekten oder Texturen von entscheidender Bedeutung. Ein unscharfes Bild hat im Bildsignal einen Helligkeitsverlauf an solchen Rändern, während ein scharfes Bild dort einen steilen Helligkeitssprung aufweist (Abb. 2).

➜ **In einem unscharfen Bild entstehen an Objektkonturen Helligkeitsverläufe, wo ein scharfes Bild Helligkeitssprünge hätte.**

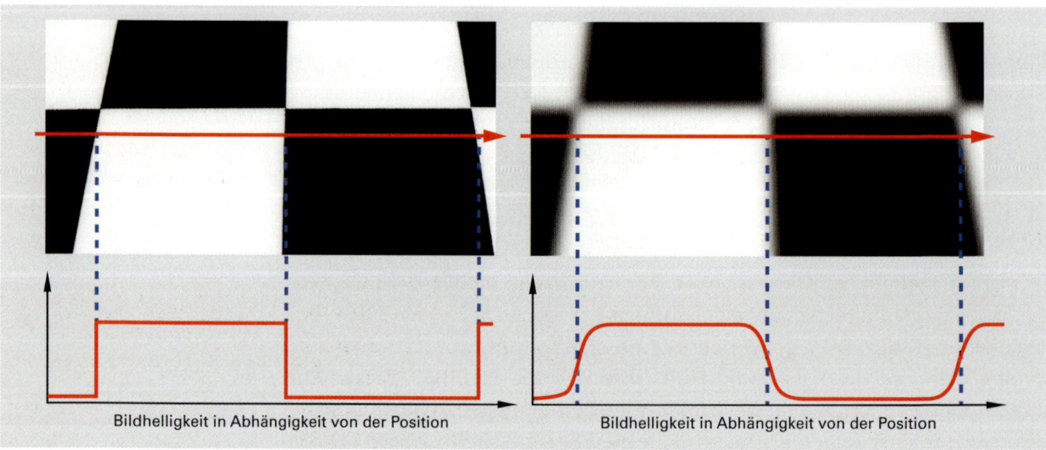

Abb. 2: Helligkeitsverläufe bei scharfen und unscharfen Bildern

Detailing

Mit der Funktion **„Detailing“**, die bei einer Reihe von Kameras nicht als Schalter, sondern als Menüoption realisiert ist, kann elektronisch in diesen Verlauf der Helligkeitskurve eingegriffen werden, indem das Bildsignal mit einem Korrektursignal (Abb. 1) überlagert wird. So kann die Konturschärfe künstlich angehoben (positive Detailingwerte) oder abgesenkt werden (negative Detailingwerte).

Der erhöhte Schärfeeindruck bei positiven Detailingwerten wird insbesondere dadurch verstärkt, dass der dunkle Bildbereich einen noch dunkleren Rand erhält, während der angrenzende, helle Bildbereich einen noch helleren Rand aufweist.

➜ **Mit der Detailing-Funktion kann in die Konturenschärfe von Objekten im Bild eingegriffen werden.**

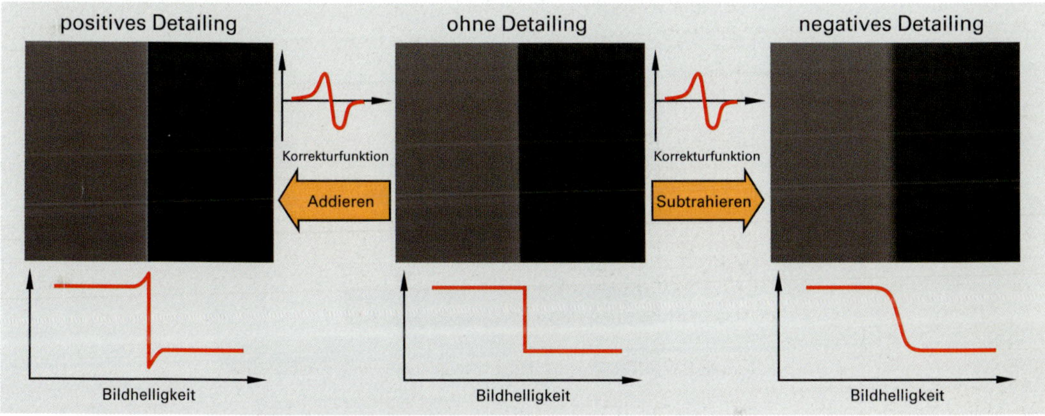

Abb. 1 Auswirkung von positivem und negativem Detailing

Skin Detailing

Bei der Darstellung der menschlichen Haut erzeugt eine hohe Konturschärfe einen unangenehmen, fleckigen Look. Daher besitzen viele professionelle Kameras einen **„Skin Detailing“**-Schalter, mit dem die Konturschärfe von vorher definierten Hauttönen abgesenkt werden kann, ohne die Konturschärfe des restlichen Bildes zu beeinflussen. Dieses negative Skin Detailing wird beispielsweise eingesetzt, um im TV bei der Darstellung von Gesichtern dem Filmlook näher zu kommen.

Filmlook: Hochwertige visuelle Ästhetik des (Kino-) Films, die sich von den harten Kontrasten und der geringen Auflösung des TV-Bildes abhebt.

➜ **Skin Detailing verändert die Konturenschärfe ausschließlich bei Bildbereichen mit einer vorher festzulegenden Farbe im Farbbereich der Hauttöne.**

Kamerakopf – Signalelektronik [3] – Kontrast

Objektkontrastumfang

Bei großen Helligkeitsunterschieden innerhalb des Objekts, dem sogenannten **Objektkontrastumfang**, stößt die TV-Kamera insbesondere bei den hellen Bildbereichen schnell an ihre Darstellungsgrenze, d. h., es kommt zum Zeichnungsverlust durch Über- oder Unterbelichtung. Bei einem hellen Himmel geht beispielsweise das Wolkenbild verloren, stattdessen erscheint eine weiße, überbelichtete Fläche im Bild und helle Bildbereiche, wie beispielsweise der Himmel, werden strukturlos.

Um den nutzbaren Kontrastumfang des Objekts zu vergrößern, kann über das Kameramenü ein Helligkeitswert eingestellt werden, oberhalb dessen die Kamera mit geringerer Empfindlichkeit arbeitet. An diesem Helligkeitswert knickt die Helligkeitsübertragungskurve der Kamera (Abb. 1) wie ein abgewinkeltes Bein ab, weswegen dieser Punkt Kniepunkt (*knee*) genannt wird.

Kniepunkt, knee

Kniefunktion

➜ **Die Kniefunktion greift in die Helligkeitsübertragungskurve ein und ermöglicht so einen höheren Objektkontrastumfang.**

DCC

Mit dem Schalter **„DCC“** (Dynamic Contrast Control) wird eine automatische Kniepunkteinstellung aktiviert. In Abhängigkeit vom Objektkontrastumfang steuert diese Kamerafunktion die Lage des Kniepunkts dynamisch.

➜ **Die DCC-Funktion steuert die Kneefunktion automatisch.**

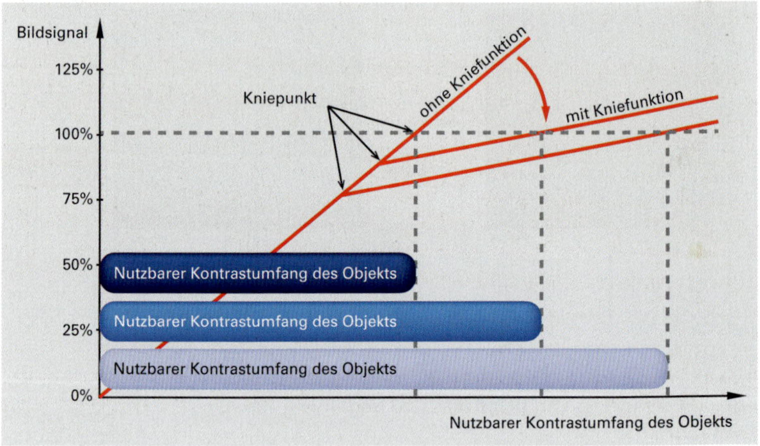

Abb. 1 Erweiterung des Kontrastumfangs durch die Kniefunktion

Kamerakopf – Signalelektronik [3] – Videoverstärkung

Gain

Wenn das Objekt trotz offener Blende zu wenig Licht liefert, kann Lichtempfindlichkeit des Bildwandlers durch Einstellen des **„Gain“**-Schalters verstärkt werden. Die Stufen des „Gain“-Schalters tragen typischerweise folgende Bezeichnung:

- L (ow) entspricht einer Verstärkung um 0 dB
- M (edium) entspricht einer Verstärkung um +9 dB
- H (igh) entspricht einer Verstärkung um +18 dB

➜ **Die Erhöhung des Gainwerts führt als Videoverstärkung zu helleren Kamerabildern bei gleicher Beleuchtung des Objekts.**

Hypergain

Die Verstärkungsfaktoren der Stufen L, M, und H können bei einer Reihe von Kameras über das Kameramenü zwischen –6 dB und +30 dB festgelegt werden. Einige Kameras verfügen zusätzlich über einen **„Hypergain“**-Schalter der eine Verstärkung von bis zu 35 dB erzeugen kann. Durch die Verstärkung nimmt nicht nur die Lichtempfindlichkeit, sondern auch das Bildrauschen in gleichem Maß zu. Das Rauschen wird

Bildrauschen

auch schon bei geringer Verstärkung in den dunklen Bildbereichen sichtbar. Bei größeren Verstärkungswerten ist das **Bildrauschen** als Schnee im Bild (Abb. 1) deutlich zu sehen. Derartige Bilder sind in der Regel nicht mehr sendefähig.

➜ Hohe Gainwerte führen zu Bildrauschen in dunklen Bildbereichen.

Abb. 1 Entstehung von Bildrauschen durch Gain

Kamerakopf – Signalelektronik [3] – Testsignal

Bars

In die Signalelektronik ist bei professionellen TV-Kameras ein Signalgenerator für Testsignale integriert. Durch Betätigen des Schalters **„Bars"** wird ein vorher im Kameramenü ausgewähltes Testsignal im Suchermonitor angezeigt und über den Videoausgang herausgegeben, wodurch der S/W-Suchermonitor bzw. ein, an den Videoausgang angeschlossener, Produktionsmonitor abglichen werden kann.

➜ Die Funktion „Bars" aktiviert den Testbildgenerator der Kamera.

EBU

Typischerweise werden die von der **EBU** genormten Farbbalken-Testsignale EBU 100/75 oder EBU 100/100 verwendet (Abb. 2).

Abb. 2 Farbbalken-Testsignale EBU 100/75 und EBU 100/100

EBU 100/75

EBU 100/100

Beim **EBU 100/75** haben alle Farbflächen nur 75 % der maximalen Helligkeit (außer der weißen, die 100 % Helligkeit aufweist) während beim **EBU 100/100** alle Farbflächen die maximalen Helligkeit 100 % aufweisen.

Auch ohne Messgerät können diese Farbbalken-Testsignale anhand der gelben Farbfläche unterschieden werden. Beim EBU 100/75 ist sie ockergelb, während sie beim EBU 100/100 leuchtend sonnengelb ist.

→ **Der EBU 75/100 hat einen sonnengelben Balken, der beim EBU 75/100 ockergelb ist.**

Kameraanbauteile

An eine TV-Kamera können eine Reihe von Anbauteilen mit den unterschiedlichsten Funktionen angebaut werden (Abb. 1).

Abb. 1 Kamera mit unterschiedlichen Anbauteilen

Filterkompendium

French Flag

Das **Filterkompendium** [1], dessen Trägersystem mit dem Kameraboden verschraubt wird, bietet mehrere Filtereinschübe, die für den Einsatz von Polfiltern oder Effektfiltern [1a] gegeneinander verdreht werden können. Die großformatige und verstellbare Gegenlichtblende kann noch um eine Metallblende **(French Flag)** [1b] erweitert werden. Am Objektivhandgriff mit den integrierten Motorantrieben für Blende und Zoom kann eine Zoomfernbedienung [2] eingesteckt werden, die am Stativarm befestigt wird. Am Objektiv kann ein zusätzlicher Motorantrieb [3] für die Schärfe angeschraubt werden, der zwecks Energieversorgung im Objektivhandgriff eingesteckt wird. Die am zweiten Stativarm befestigte Schärfefernbedienung [4] wird mit diesem Motorantrieb verbunden. Alternativ kann die Schärfefernbedienung auch manuell per Bouwdenzug [4a] oder per Anbaugetriebe [4b] erfolgen.

Audioaufnahmen können über das Kameramikrofon [5] („Japaner") oder über externe Mikrofone [6] erfolgen, die entweder direkt oder über einen externen Tonmischer [7] mit der Kamera verbunden werden. Die Audiosignale können schon während der Aufnahme über den Kopfhörer [8] oder den im Dockrecorder [9] integrierten Lautsprecher abgehört werden. Anstelle des Dockrecorders für den EB-Betrieb kann ein Triax-Adapter [10] für den Studiobetrieb über Triax-Kabel [10a] montiert werden, der EB-Sucher [11] durch einen Studiosucher [12] ersetzt und ein Konzepthalter [13] montiert werden. Zur Kontrolle der Bildfarben dient der Produktionsmonitor [14].

> Durch die starke Erwärmung des TV-Studios erwärmt sich auch die Kamera, wodurch die Wärmestrahlung (IR-Strahlung) im Inneren der Kamera ansteigt. Das wiederum führt neben dem Anstieg des Dunkelstromes auch zu einer zusätzlichen IR-Belichtung der CCD-Chips, was sich in einem Anstieg der Bildhelligkeit und im Verlust des Bildkontrastes äußert. Besonders bei dunklen Bildanteilen ist das gut zu erkennen, da diese allmählich grau werden. Zur Korrektur der Bildfehler sollte eine Schwarzwertkorrektur durchgeführt werden.

→ **Der Schwarzabgleich korrigiert den Verlust des Bildkontrasts.**

7.3 Setup von Stativen und Kameras

Bevor mit der TV-Aufnahme begonnen werden kann, müssen Stativ und Kamera so eingestellt werden, dass damit ein professionelles und fehlerfreies Arbeiten möglich ist. Die korrekte Grundeinstellung von Stativ und Kamera, der sogenannte Stativ- bzw. Kamera-Setup, wird in den folgenden Kapiteln beschrieben.

7.3.1 Stativ-Setup

> Ein EB-Team reist mit dem gesamten Equipment per Flugzeug zu einem Drehtermin. Unter anderem muss dabei das EB-Stativ transportiert werden.
> - Wie sollten Stativdämpfung, -bremsen und -arm für den Transport eingestellt werden und welche Transportverpackung sollte gewählt werden?

Kameraposition

Die gewünschte Kameraperspektive gibt die **Kameraposition** vor. Dort wird das Stativ aufgebaut und drehbereit gemacht, sodass unmittelbar danach mit den Dreharbeiten angefangen werden kann.

→ **Das EB-Stativ sollte direkt an der geplanten Kameraposition aufgebaut werden.**

Wie in den folgenden drei Tabellen dargestellt, erfolgt der Setup eines EB-Stativs in drei Schritten:

1. Aufbau des Stativs
2. Montage der Kamera
3. Auswiegen der Kamera

Tabelle 1 Aufbau des Stativs

Schritte	Durchführungshinweise	Tipps
Spinne montieren	weicher Untergrund: Mittelspinne glatter Untergrund: Bodenspinne	
Spinnendurchmesser einstellen	bei großer Kamerahöhe: groß bei kleiner Kamerahöhe: klein	Je größer die Arbeitshöhe, umso größer sollte der Spinnendurchmesser sein
Stativarm(e) montieren	Stativarm so fixieren, dass er bequem benutzt werden kann.	
Stativkopf ausrichten	Mit der Wasserwaage einstellen und mit Knebelschraube fixieren.	
Kopfbremsen anziehen	Bremsen der Neige- und Schwenkbewegung festziehen.	
Kopfschlitten fixieren	Kopfschlitten mit Schlittenbremse festklemmen.	
Stativplatte montieren	Stativplatte mit Keilplatte im Kopfschlitten sicher einrasten lassen.	

Bevor nun die Kamera auf dem Stativ montiert wird, empfiehlt es sich, die Standsicherheit des Stativs zu prüfen:

- Sind alle Bremsen angezogen?
- Ist der Kopfschlitten fixiert?
- Ist die Stativplatte sicher eingerastet?

Tabelle 2 Montage der Kamera

Schritte	Durchführungshinweise	Tipps
Kamera einrasten	Kamera im Schnellverschluss der Stativplatte einrasten lassen.	Einrasten unbedingt überprüfen!
Anbauteile montieren	Fernbedienungen, Mikrofone usw. und alle Kabel anbauen.	Kabel zwischen Schulterpolster und Stativplatte hindurchführen.
Betriebsmittel einlegen	Akku, Band oder Datenträger in die Kamera einlegen.	

Das nun folgende Auswiegen des Stativkopfs, die Einstellung der Rückstellfeder und die Einstellung der Dämpfungen sollten im Hinblick auf die geplanten Dreharbeiten erfolgen. Es macht zum Beispiel keinen Sinn, hohe Dämpfungen einzustellen, wenn beim Dreh schnelle Kamerabewegungen nötig sind.

Ebenso unsinnig ist die Einstellung einer hohen Rückstellkraft, wenn beim Dreh vorwiegend aufsichtige oder untersichtige Einstellungen verwendet werden.

➜ **Bei der Stativeinstellung ist die spätere Drehsituation zu berücksichtigen.**

Tabelle 1 Auswiegen der Kamera

Schritte	Durchführungshinweise	Tipps
Dämpfungen deaktivieren	Dämpfung der Neige- und Schwenkbewegung auf Minimum einstellen.	
Rückstellung deaktivieren	Rückstellung der Neigebewegung auf Minimum einstellen.	
Kopfbremsen lösen	Alle Bremsen lösen und dabei Kamera festhalten!	
Stativschlitten lösen	Klemmvorrichtung lösen und dabei Kamera festhalten!	
Stativschlitten einstellen	Schlitten verschieben, bis die Kamera weder nach vorn noch nach hinten kippt.	Muss wiederholt werden, wenn nachträglich etwas montiert wird.
Stativschlitten fixieren	Klemmvorrichtung des Stativschlittens festziehen und die Fixierung des Schlittens überprüfen.	
Dämpfungen einstellen	Dämpfung der Neige- und Schwenkbewegung einstellen.	Für schnelle Kamerabewegungen eher kleine Dämpfungen wählen.
Rückstellung einstellen	Rückstellung der Neigebewegung einstellen.	Für auf- und untersichtige Aufnahmen eher geringe Rückstellung wählen.
Kopfbremsen anziehen	Bremsen der Neige- und Schwenkbewegung fixieren.	Kamera stets vollständig gebremst übergeben.

Für den Transport per Flugzeug muss das EB-Stativ so verpackt werden, dass es unbeschadet, d. h. ohne Beulen Knicke oder Brüche an den Stativbeinen am Zielort ankommt. Als Transportverpackung sind Flightcases, Hartschalenkoffer oder Kunststofftrommeln den Stativtaschen bzw. Softbags vorzuziehen, da beim Beladen eines Flugzeugs nicht gerade zimperlich mit Gepäckstücken umgegangen wird.
Damit der empfindliche Stativkopf etwaige Stöße besser ableiten kann, sollten alle Kopfbremsen gelöst und kleinste Dämpfungswerte eingestellt werden, sodass der Kopf während des Transports beweglich bleibt.
Im Flugzeug, aber auch bei allen anderen Verkehrmitteln, kommt es zu Vibrationen, bei denen sich die Verzahnungen von Stativkopfgehäuse und Stativarm gegenseitig abreiben können, falls der Stativarm nicht richtig festgeschraubt ist. Für den Transport sollte der Stativarm daher entweder gut festgeschraubt sein oder besser komplett demontiert werden.

7.3.2 Kamera-Setup

Für ein TV-Magazin soll ein Beitrag zum Thema „Alkoholbedingte Gesundheitsgefahren" gedreht werden. Um die Dramatik des Beitrags zu erhöhen, bittet der Redakteur den Kameramann vor Ort, den Beitrag so zu drehen, dass die Person bei ihrem Statement möglichst ungesund aussieht.

- Welche technischen und gestalterischen Mittel kann der Kameramann nutzen, um dem Wunsch des Redakteurs nachzukommen?

Nachdem der Stativ-Setup durchgeführt worden ist, wird die fertig aufgebaute Kamera durch einem Kamera-Setup drehfertig gemacht. Vorher muss jedoch die für den Dreh verwendete Beleuchtungssituation funktionsfähig eingerichtet worden sein. Nach einer kurzen Funktionsprüfung (Zoom, Blende, Suchermonitor usw.) erfolgt dann der Setup der Kamera in drei Schritten (Tabelle 1):

- Grundeinstellung
- Abgleich
- Blende und Schärfe einstellen

→ **Der Kamera-Setup muss stets vor Beginn der Dreharbeiten durchgeführt werden.**

Die genaue Grundeinstellung der Kamera ergibt sich natürlich aus den speziellen Anforderungen der Drehsituation. Daher können die dann erforderliche Grundeinstellungen in einzelnen Punkten von den in Tabelle 1 beschriebenen allgemeinen Grundeinstellungen abweichen.

Tabelle 1 Allgemeine Grundeinstellung der Kamera

Bedieneinrichtung	Einstellung
Filterrad	auf korrekte Farbtemperatur
Auto-Tracing- White (ATW)	„aus“
Gain	„L“ bzw. „0 dB“
Shutter	„aus“
Auto-Iris	„aus“
Zebra	„ein“ bzw. „70 %“
Detailing / Skindetailing	„aus“
DCC (dynamic contrast control)	„aus“

Testtafeln werden in der TV-Branche auch als „**Testcharts**“ bezeichnet.

Für den Abgleich der Kamera werden zwei **Testtafeln** bzw. **Testcharts** benötigt, ein Siemensstern und eine Weißkarte, die in einer bestimmten Art und Weise im Set positioniert werden müssen:

Siemensstern

Der **Siemensstern** sollte in einer maximalen Entfernung von der Kamera aufgestellt werden, aber nur so weit entfernt, dass dessen Muster in der Weitwinkelstellung des Objektivs noch zu erkennen ist. In der Regel sind das etwa drei bis fünf Meter.

Weißkarte

Die **Weißkarte** sollte dort aufgestellt bzw. hingehalten werden, wo sich der bildwichtige Teil des Objekts befindet (z. B. bei Menschen vor das Gesicht), und zwar so, dass sie von der tatsächlich beim Drehen verwendeten Beleuchtung angestrahlt wird.

Beide Testtafeln gehören in jede EB-Ausrüstung. Falls sie dennoch vergessen wurden, kann zur Not anstelle des Siemenssterns auch die Titelseite einer Boulevardzeitung und anstelle der Weißkarte auch ein weißes Papierblatt brauchbare Ergebnisse erzielen (Abb. 1).

Abb. 1 Testtafeln für den Kameraabgleich

Der Schwarzabgleich wird in der Regel vor dem Weißabgleich durchgeführt, da beide in den Gesamtkontrast des Bildes eingreifen. Allerdings sollten die Kamera für den Schwarzabgleich ihre Betriebstemperatur erreicht haben. Es macht daher Sinn, unmittelbar vor der Aufnahme den Schwarzabgleich erneut durchzuführen.

→ **Schwarzabgleich kurz vor der Aufnahme mit betriebswarmer Kamera erneut durchführen.**

Vor jedem Dreh sollte das Objektiv auf Verunreinigungen oder Fingerabdrücke untersucht werden. Zur Reinigung sollten keinesfalls Haushaltsreiniger oder die leider oft anzutreffenden Lederläppchen verwendet werden, da Haushaltsreiniger und Staub- oder Sandkörner im Lederlappen die Vergütung der Linsen dauerhaft beschädigen können. Optiken sollten ausschließlich mit zugelassenen Reinigungsmitteln bzw. mit hochreinem Industriealkohol oder einem weichen Optikpinsel/Blasebalgpinsel bzw. mit frischem Reinigungspapier oder Mikrofasertüchern, jedoch ohne fest aufzudrücken gereinigt werden.

→ **Kameraoptiken dürfen nur mit zugelassenen Reinigungsmitteln und ohne starken Druck gereinigt werden.**

In der Tabelle 1 auf der nächsten Seite wird der typische Abgleich einer EB-Kamera beschrieben. Bei Studiokameras ist der Ablauf prinzipiell identisch, allerdings erfolgt die Bedienung der Kameras über die **RCPs (Remote Control Panel)** am Bildtechnikarbeitsplatz. Der Abgleich der Kamera kann situationsbedingt von diesem allgemeinen Abgleich abweichen.

RCP

Tabelle 1 Allgemeiner Abgleich der Kamera

Arbeitsschritte	Durchführungshinweise	Tipps
Auflagemaß prüfen	(mit Siemensstern) 1. Heranzoomen (max. Tele) 2. Scharfstellen (mit Schärfering) 3. Aufziehen (max. Weitwinkel)	Geht beim Zoomen die Bildschärfe verloren, muss das Auflagemaß neu eingestellt werden.
Auflagemaß einstellen	(mit Siemensstern) 1. Makroring einrasten 2. Auflagemaßring lösen 3. Blende ganz öffnen 4. Auflagemaß einstellen: Punkte a) bis d) dreimal wiederholen: a) Heranzoomen (max. Tele) b) Scharfstellen (Schärfering) c) Aufziehen (max. Weitwinkel) d) Scharfstellen (Auflagemaßring) 5. Auflagemaßring festschrauben 6. Auflagemaß prüfen	Wenn das Bild bei ganz geöffneter Blende überstrahlt, entweder Farbfilterrad auf Filter mit ND drehen, externen Graufilter benutzen oder Shutter einschalten, um die Belichtung zu reduzieren. Ist kein Siemensstern zur Hand, funktioniert auch ein kontrastreiches Titelblatt der täglichen Boulevardpresse oder ein anderes grob strukturiertes Motiv.
Schwarzabgleich	(mit betriebswarmer Kamera) 1. Taste „Black“ drücken 2. Schwarzabgleich läuft automatisch	Unmittelbar vor Drehbeginn Schwarzabgleich wiederholen
Weißabgleich	(mit Weißkarte und eingeschaltetem betriebswarmem Beleuchtungsmittel) 1. Weißkarte vollformatig filmen 2. Taste „White“ drücken 3. Weißabgleich läuft automatisch	Falls die Kamera eine Überbelichtung meldet („high light“), mit externen ND-Filter oder Shutter die Belichtung reduzieren.
Suchermonitorabgleich	(mit Bars-Testbild vom Kameratestbildgenerator) 1. Sucherhelligkeit auf Minimum 2. Sucherkontrast auf Mittelstellung 3. Helligkeit aufdrehen, bis der schwarze Balken des Testbildes leicht heller als der umgebende tiefschwarze Bildrand wird. 4. Kontrast so einstellen, dass der weiße Balken nicht überstrahlt	Eine Beschreibung des Monitorabgleichs findet sich im Kapitel 8.

Nach dem erfolgreichen Abgleich der Kamera können die Dreharbeiten beginnen. Für jede zu drehende Einstellung werden jeweils die Blendenstellung und die Bildschärfe nach folgendem Verfahren eingestellt (Tabelle 1):

Tabelle 1 Blende und Schärfe einstellen

Arbeitsschritte	Durchführungshinweise
Blende einstellen	(mit beleuchtetem Objekt) 1. Auf bildwichtigen Bereich zoomen 2. Blende korrekt einstellen (z. B. Zebramuster auf den hellsten Stellen des Bildes / des Gesichts)
Scharfziehen	(mit Objekt) 1. Heranzoomen (max. Tele) auf scharf zu stellende Bildtiefenebene 2. Scharfstellen (Schärfering) 3. Bildausschnitt einstellen (Zoom)

Damit die Person wie gewünscht ungesund aussieht (Abb. 1), sollte sie eine ungesunde, leicht grünliche Hautfarbe bekommen. Da der Zuschauer für die restlichen Bildfarben außer der Hautfarbe ohne Farbreferenz nicht richtig einschätzen kann, hat hier ein Weißabgleich auf leicht gesättigtes Magenta, der Komplementärfarbe von Grün den gewünschten Effekt.
Bei einem Weißabgleich auf farbiges Papier ergibt sich immer die Komplementärfarbe als Farbstich im Bild. Das kann aus bildgestalterischer Sicht durchaus gewollt sein. Daher ist es sinnvoll, immer ein entsprechendes Set an bunten Blättern dabei zu haben.

→ **Mit gefärbten Papierblättern lassen sich über den Weißabgleich gezielt Farbstiche herstellen.**

Abb. 1 Ein „ungesunder" Weißabgleich

7.4 Aufgaben und Übungen

1. Beschreiben Sie das Funktionsprinzip des Steadycam-Systems und vergleichen Sie Steadycam, Dolly und Stativ bezüglich der Bewegungs- und Filmgestaltungsmöglichkeiten!

2. Erklären Sie, weshalb die einstellbare Dämpfung des Stativkopfs für die Kameraarbeit unverzichtbar ist!

3. Beschreiben Sie den funktionellen Unterschied zwischen optischem und elektronischem Zoom und die jeweilige Auswirkung auf die Qualität des Kamerabildes!

4. Berechnen Sie den Brennweitenbereich eines Zoomobjektivs mit dem Typenschildaufdruck „22 × 6,4"!

5. Berechnen Sie, um welchen Wert sich die in das Objektiv einfallende Lichtmenge verändert, wenn Sie von der Blendenzahl 2 auf die Blendenzahl 11 wechseln!

6. Zur Relaisgruppe gehören Makro- und Auflagemaßring.

   a) Beschreiben Sie, welche Aufgabe der Makroring hat!
   b) Erklären Sie, weshalb sich bei einer Auflagemaßeinstellung der Makroring in der eingerasteten Stellung befinden muss!

7. Beschreiben Sie die Unterschiede zwischen FT-, IT- und FIT-CCD-Chips!

8. Der Weißabgleich greift in die Bildfarben der Kamera ein!

   a) Überlegen Sie, welcher Farbstich im Kamerabild entsteht, wenn Sie einen Weißabgeich mit einer hellblauen Bildvorlage durchführen!
   b) Beschreiben Sie, welche Auswirkungen die ATW-Funktion bei einer längeren Aufnahme auf die Bildfarben hat!

9. Beschreiben Sie die Funktion sowie die Vorteile und Nachteile folgender Kamerafunktionen:

   a) Automatische Blendensteuerung
   b) Automatischer Weißabgleich ATW
   c) Shutter
   d) Gain

10. Erklären Sie, wieso mit einem Siemensstern eine quantitative und qualitative Schärfebeurteilung möglich ist!

8 Displaytechnik

Die Displaytechnik in der professionellen TV-Produktion umfasst alle Geräte, die Bilder wiedergeben können. Dabei kommen sehr unterschiedliche Bilderzeugungstechnologien zum Einsatz, die sich in zwei Gruppen unterteilen lassen:

- **aktive Bildschirme**, deren Bilderzeugungseinheiten selbst Licht abgeben,
- **passive Bildschirme**, deren Bilderzeugungseinheiten eine zusätzliche Lichtquelle benötigen.

➜ **Die Bildelemente aktiver Bildschirme erzeugen Licht.**

Tabelle 1 zeigt die aktuell verbreiteten Standards SDTV (Standard Definition Television) und HDTV (High Definition Television) mit den nativen Bildseitenverhältnissen 4:3 und 16:9.

„Natives Bildseitenverhältnis" bedeutet, dass das Gerät für dieses Bildseitenverhältnis vom Hersteller ausgestattet wurde.

SDTV, HDTV

Tabelle 1 TV-Standards

Typ	Vollbild	sichtbarer Bildbereich
SDTV (4:3)	625 Bildzeilen 834 Bildpunkte je Zeile 521 250 Bildpunkte	575 Bildzeilen 766 Bildpunkte je Zeile 440450 Bildpunkte
HDTV (16:9)	1125 Bildzeilen 2000 Bildpunkte je Zeile 2 250 000 Bildpunkte	1080 Bildzeilen 1920 Bildpunkte je Zeile 2 073 600 Bildpunkte

In den in Tabelle 2 exemplarisch aufgeführten Arbeitsbereichen wird regelmäßig mit Monitoren gearbeitet.

Tabelle 2 Arbeitsbereiche rund um die Displaytechnik

Bezeichnung	Tätigkeitsfelder
Bildtechniker • Bildingenieur • Bild-Ing	• Arbeitet mit Messmonitoren • Überprüft Monitore und gleicht sie ab
Kamera-Assistent (EB) • EB-Assistent • „Ton-Assi"	• Arbeitet mit EB- und Produktionsmonitoren • Führt Sucher- und Produktionsmonitor-Setup durch
Bühnentechniker • Fachkraft für Veranstaltungstechnik • Radio- und Fernsehtechniker	• Arbeitet mit Splitrechnern • Arbeitet mit Videoprojektoren • Baut Monitor- und LED-Walls auf und betreibt diese
Servicetechniker • Videotechniker • Radio- und Fernsehtechniker	• Wartet, überprüft und stellt Monitore ein • Wartet den Monitorwall • Montiert und wartet Suchermonitore

8.1 Monitore in der TV-Produktion

Monitor

Das Empfangsteil des Fernsehers ist der Tuner.

Ein **Monitor** ist nicht das gleiche wie ein Fernseher. Im Gegensatz zu Fernsehern haben Monitore keinen eingebauten **Tuner** und können daher auch kein Fernsehprogramm empfangen. Der Tuner des Fernsehers trennt aus einer Vielzahl von TV-Programmen, die gleichzeitig über den Antenneneingang empfangen werden, das gewünschte Programmsignal heraus und stellt es auf dem Bildschirm dar.

Ein Monitor benötigt aufgrund des fehlenden Tuners ein reguläres Videosignal am Signaleingang. Monitore haben keinen Antenneneingang, Fernseher haben allerdings in der Regel zusätzlich zum Antenneneingang noch einen Eingang für Videosignale.

➜ **Monitore können nur Videosignale verarbeiten.**

8.1.1 Monitortechnologien

Bei allen professionellen Kameras, angefangen von der EB-Kamera bis hin zur großen Studiokamera, fällt auf, dass die Sucher ein Schwarzweiß-Bild zeigen (Abb. 1), obwohl bereits 1967 in Deutschland das Farbfernsehen eingeführt wurde. Die Begründung von Kameraleuten lautet, dass sich mit einem Schwarzweiß-Sucher die Bildschärfe besser beurteilen lässt als mit einem Farbsucher, wie er bei Consumer-Camcordern üblich ist.

- Warum werden heute noch Schwarzweiß-Sucher verwendet?

Abb. 1: Kamerasucher

In der Medientechnik werden unterschiedliche Monitortechnologien zur Bildwiedergabe eingesetzt:

- Bildröhren
- Flüssigkristall-Displays
- Plasma-Displays
- Leuchtdioden-Displays

Bildröhre

Ihren Namen „Kathodenstrahlröhre“, auch **„CRT“**, verdankt die **Bildröhre** (Abb. 1) der Glühkathode [1], die Elektronen freisetzt. Stark beschleunigt durch eine sehr hohe Spannung (im kV-Bereich) bewegen sich diese Elektronen als unsichtbarer Elektronenstrahl [2] gebündelt von der Fokussiereinrichtung [3] durch das Vakuum der Bildröhre, bis sie auf die Leuchtschicht [4] des Leuchtschirms [5] treffen. Der Ort, wo der Leuchtschirm getroffen wird, kann über eine magnetische Ablenkeinheit [6] horizontal und vertikal gesteuert werden.

CRT: Cathode Ray Tube

Bildröhre, CRT

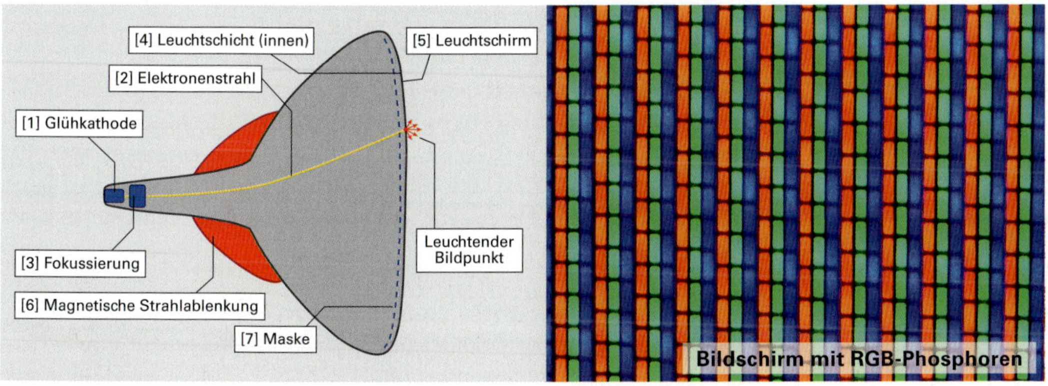

Abb. 1 Schnittbild einer Bildröhre und Detailvergrößerung des Leuchtschirms

→ **Bei einer Bildröhre „schreibt“ ein unsichtbarer Elektronenstrahl das Bild Zeile für Zeile.**

Die Leuchtschicht besteht aus roten, grünen und blauen, punktförmig oder streifenförmig angeordneten Leuchtstoffen (Abb. 1, rechts), den sogenannten Phosphoren. Diese Leuchtstoffe wandeln die Energie des auftreffenden Elektronenstrahls nach dem Prinzip der additiven Farbmischung (RGB-Farbmischung) in sichtbares farbiges Licht um. Die Bildröhre gehört somit in die Gruppe der aktiven, d. h. selbstleuchtenden Bildschirme.

→ **Leuchtstoffe, die der Elektronenstrahl zum Leuchten anregt, machen das Bild sichtbar.**

Jedes **Pixel** einer Farbbildröhre besteht aus drei Phosphoren (RGB), die unabhängig voneinander zum Leuchten angeregt werden können und so nach dem Prinzip der additiven Farbmischung arbeiten. Aus diesem Grund erzeugt eine Farbbildröhre drei separate Elektronenstrahlen, die jeweils einer Phosphorfarbe zugeordnet sind. Um sicherzustellen, dass jeder Elektronenstrahl den jeweils zugeordneten Phosphor genau trifft, ist vor der Leuchtschicht eine Loch- bzw. Streifen- oder Schlitzmaske [7] angebracht.

Pixel: Kunstwort, zusammengesetzt aus „Picture Element“

→ **CRT-Farbbilder kommen durch die RGB-Phosphore zustande.**

Flüssigkristall-Display

In der Bildzelle (Bildpunkt) eines Flüssigkristall-Displays (Abb. 1), auch **LCD** genannt, befindet sich eine dünne Schicht einer kristallinen Flüssig-

LCD: Liquid Crystal Display

keit mit länglichen, beweglichen Kristallen [1], die zwischen einer hinteren [2] und vorderen [3] Polarisationsfilterscheibe eingeschlossen sind. Die Polarisationsfilter besitzen dabei senkrecht zueinander stehende Polarisationsrichtungen.

Da die LCD-Bildzellen nicht selbstständig leuchten, wird eine Hintergrundbeleuchtung [4] benötigt. Diese strahlt Licht ab, das vom hinteren Polarisationsfilter [2] polarisiert wird und nach dem Durchgang durch die Kristallschicht [1] auf das vordere Polarisationsfilter [3] trifft. Die Bildzellen werden dabei über hauchdünne, durchsichtige, metallische Leiterbahnen [5] angesteuert.

Die besondere Eigenschaft der Flüssigkristallschicht besteht darin, dass sie die Polarisationsrichtung des vertikal polarisierten Lichts, das vom hinteren Polarisationsfilter kommt, um 90 Grad dreht, sodass es auch das vordere horizontale Polarisationsfilter passieren kann. Die Bildzelle ist in diesem spannungslosen Zustand (Abb. 1, rechts) hell, denn sie lässt die Hintergrundbeleuchtung durch.

Sobald allerdings eine Spannung an der Bildzelle anliegt, kann die Flüssigkristallschicht die Polarisationsrichtung des Lichts nicht mehr um 90 Grad drehen. Solange diese Spannung anliegt (Abb. 1, links), ist die Bildzelle dunkel, denn sie lässt die Hintergrundbeleuchtung nicht durch.

➜ **Die Funktion von LCDs basiert auf Polarisationsfiltern.**

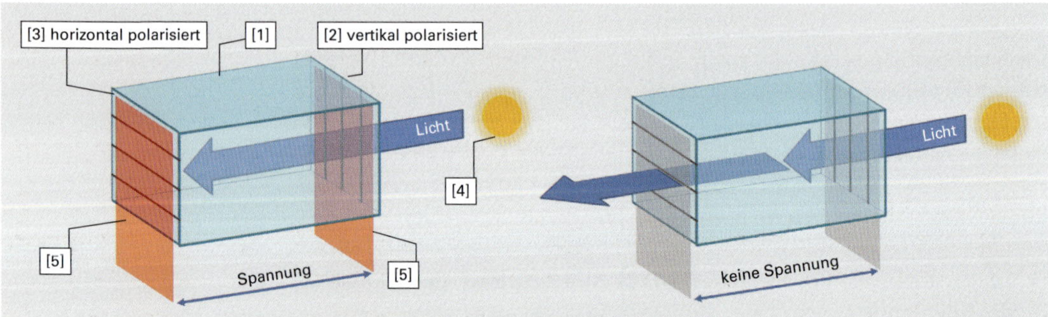

Abb. 1 Funktion eines LCD-Pixels

LCDs gehören zu den passiven Bildschirmen, da sie eine Hintergrundbeleuchtung benötigen. In der Regel werden dafür Leuchtstoffröhren oder Leuchtdioden verwendet. LCDs, bei denen Leuchtdioden als Lichtquelle zum Einsatz kommen, werden in der Unterhaltungselektronik oft fälschlicherweise als Leuchtdioden-Displays **(LED-Displays)** angepriesen, obwohl es sich hier nur um LED-beleuchtete LCDs handelt.

LED-Display: Display, bei denen jeder Pixel aus drei einzelnen Leuchtdioden besteht.

Bei einer farbigen Flüssigkristallanzeige bilden jeweils eine rote, grüne und blaue Bildzelle zusammen ein farbiges Pixel.

➜ **LCD-Farbbilder kommen durch RGB-Farbfilterung zustande.**

Plasma-Display

Das Funktionsprinzip des **Plasma-Displays (PMD)** (Abb. 1) beruht auf der Entladung eines Gasplasmas. In der länglichen Bildzelle [1] ist zwischen der vorderen [2] und hinteren [3] Glasscheibe Xenongas eingeschlossen. Wenn an den Streifenelektroden [4] eine Spannung angelegt wird, gibt das Xenongasplasma unsichtbares UV-Licht ab, das von der Phosphorbeschichtung der Zellenwände [5] absorbiert und als sichtbares Licht durch den Farbfilter [6] in der vorderen Glasplatte [2] abgestrahlt wird.

PMD: Plasma Display
Plasma: ionisiertes Gas

→ **Die Funktion von Plasma-Displays basiert auf Gasentladung.**

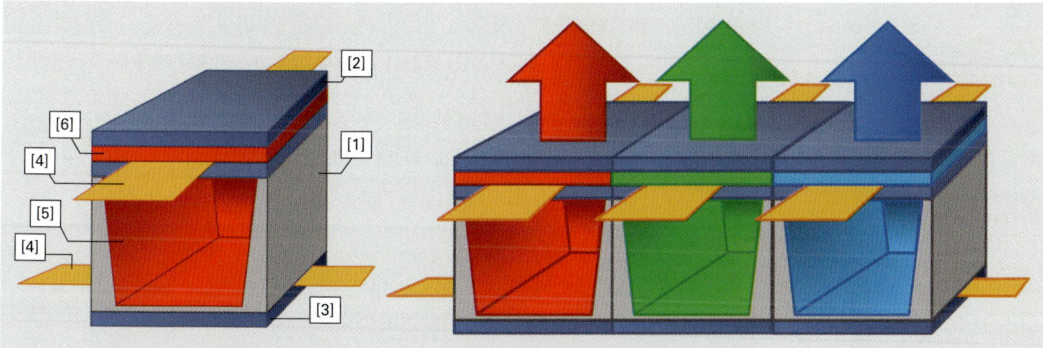

Abb. 1 Plasmazelle und Plasma-Pixel, bestehend aus drei RGB-Zellen

Das Plasma-Display ist genau wie die Bildröhre ein aktiver Bildschirm, denn es gibt selbstständig Licht ab.

Beim farbigen Plasmabildschirm werden jeweils eine rote, grüne und blaue Bildzelle zu einem farbigen Pixel zusammengefasst.

→ **PMD-arbbilder kommen durch die RGB-Farbzellen zustande.**

Leuchtdioden-Display

Die Bildzellen eines Leuchtdioden-Displays (Abb. 2) sind **Leuchtdioden (LED)**, die Licht aussenden, wenn sie von einem Strom durchflossen werden.

LED: Light Emitting Diode

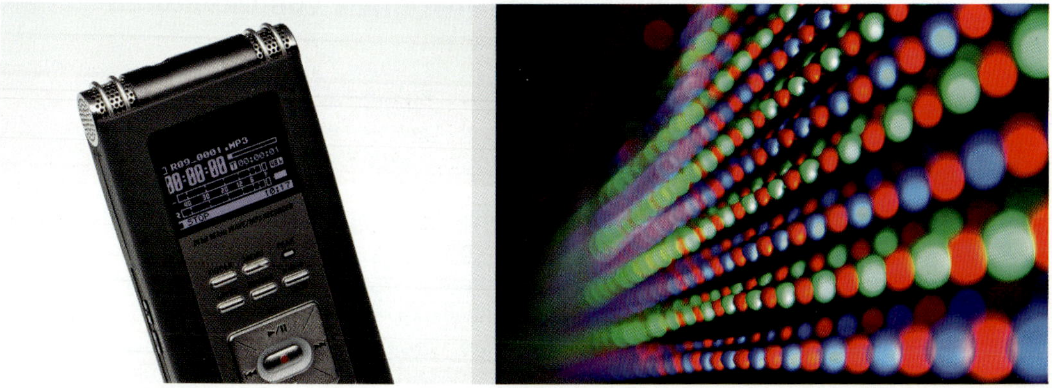

Abb. 2 LED-Display und Detailansicht eines LED-Videowalls

→ **Die Funktion von LED-Displays basiert auf der Lichterzeugung mit Leuchtdioden.**

Beim farbigen LED-Display bilden jeweils eine rote, grüne und blaue LED zusammen ein farbiges Pixel.

→ **LED-Farbbilder kommen durch die RGB-LEDs zustande.**

Genau wie Plasma-Displays und Bildröhren gehören LED-Displays in die Gruppe der aktiven Bildschirme, denn sie geben selbstständig Licht ab.

LED-Wall

Einzelne LED Module können beispielsweise in der Veranstaltungs- und Eventbranche zu riesigen **LED-Walls** zusammengesetzt werden.

Sehr dünne und leichte LED-Displays, wie sie in MP3-Playern oder Handys verwendet werden, können mittlerweile sogar als biegsame LED-Folie hergestellt werden.

Die kleinste Bildeinheit ist bei allen vorgestellten Monitortechnologien das Pixel. Um einen Farbbildschirm herzustellen, müssen bei allen Monitortechnologien jeweils drei Bildzellen (RGB) zu einem farbigen Pixel zusammengefasst werden. Bei einem Schwarzweiß-Monitor reicht dagegen eine Bildzelle pro Pixel.

Bildschirmfläche

Die Bildschirmfläche eines Monitors ergibt sich dann aus der Auflösung des Monitors und der Größe eines Pixels. Bei gleicher Auflösung benötigt ein Farbmonitor die dreifache **Bildschirmfläche** des Schwarzweiß-Monitors der gleichen Technologie, da er pro Pixel die dreifache Menge an Bildzellen benötigt.

Zur Beurteilung der Bildschärfe eines Kamerabildes ist eine möglichst hohe Bildschirmauflösung des Suchers von Vorteil. Allerdings sind Kamerasucher aufgrund ihres Einsatzgebietes in ihrer Größe begrenzt, sodass die Wahl hier zugunsten eines Schwarzweiß-Suchers ausfällt. Der klare Nachteil, dass sich so die Bildfarben nicht beurteilen lassen, wird in Kauf genommen. Die Beurteilung der Bildschärfe hat hier eine höhere Priorität als die Beurteilung der Bildfarben.

8.1.2 Ausstattungsmerkmale von Monitoren

Zur Grundausstattung eines Videoschnittplatzes gehört neben den Computermonitoren auch ein zusätzlicher Videomonitor.

- Welchen Zweck erfüllt der Videomonitor und weshalb können die Computermonitore seine Aufgaben nicht übernehmen?

Nachdem die Bildröhre Jahrzehnte lang die dominierende Bildwiedergabetechnologie war, werden heute nicht nur im Ü-Wagen-Bereich, sondern auch in allen anderen TV-Produktionsbereichen vorrangig die gewichts-, platz- und energiesparenden LCD-Monitore verwendet. Lediglich im Bereich der Suchermonitore von Kameras finden sich auch jetzt noch Schwarzweiß-Bildröhren.

→ **Bildröhren werden heute noch als Suchermonitore in Kameras eingesetzt.**

Die Abbildung 1 zeigt die Außen- und Innenansicht eines modernen Ü-Wagens mit einer Regie, die mit einer Vielzahl von LCD-Monitoren ausgestattet ist. Der Platzgewinn durch die deutlich flachere Monitortechnik macht den Ü-Wagen geräumiger für das Produktionsteam. Zudem entsteht durch die LCD-Technik weniger Abwärme, sodass die Klimatisierung des Ü-Wagens kostengünstiger ausgelegt werden kann.

Abb. 1 Außen- und Innenansicht eines Ü-Wagens

Wie Tabelle 1 zeigt, unterscheiden sich die einzelnen Monitortechnologien bezüglich ihres **Kontrastverhältnisses** und ihrer Lebensdauer deutlich.

Kontrastverhältnis: Verhältnis zwischen hellstmöglichem und dunkelstem Bild.

Tabelle 1 Monitortechnologien im Vergleich

Typ	Kontrastverhältnis	Lebensdauer
CRT - Bildröhre	~ 120:1	~ 80 000 h
TFT - Flüssigkristall	~ 1500:1	~ 80 000 h
PMD - Plasma	~ 10000:1	~ 10 000 h
LED - Leuchtdiode	~ 10000:1	~ 100 000 h

➜ **Plasma-Displays haben, verglichen mit anderen Monitortechnologien, eine deutlich geringe Lebensdauer.**

Ein professioneller Monitor verfügt über eine Reihe von produktionswichtigen Ausstattungsmerkmalen. Auf das Anschlussfeld des Monitors können in der Regel verschiedene analoge und digitale Videosignale aufgesteckt werden.

Zum Teil haben die Eingänge einen **Signaldurchschliff**, an den beispielsweise ein Videomessgerät zur Messung der Videosignale angeschlossen werden kann.

Signaldurchschliff

Zusätzlich besteht die Möglichkeit, ein externes Remotesignal anzuschließen, um den Monitor mit weiteren Geräten zu vernetzen oder fernzusteuern. So kann für den Einsatz in der Bildregie beispielsweise das **Tally-Licht** angesteuert werden.

Tally: Studiorotlicht direkt über dem Bildschirm zeigt der Studiocrew an, dass das, was der Monitor zeigt, gerade gesendet wird.

Professionelle Monitore sollten sich in Bezug auf Helligkeit, Farbe und Kontrast in vollem Umfang (0 % bis 100 %) einstellen lassen. Weitere wichtige Ausstattungsmerkmale für das Abgleichen und Einstellen von Monitoren sind die Betriebsmodi „Underscan“ und „Blue-only“.

Underscan

Blue-only

Im **„Underscan“**-Modus wird das Bild so weit gestaucht, dass sich um das geschrumpfte Bild herum ein tiefschwarzer Rand bildet. Nach dem Drücken der Taste **„Blue-only“** werden ausschließlich blaue Bildanteile angezeigt, um so das Bild farblich korrekt einstellen zu können.

Zu Mess- bzw. Referenzzwecken oder zur Qualitätsbeurteilung kommen in der TV-Regie oder in der Bildtechnik auch qualitativ besonders hochwertige Monitore, sogenannte „Klasse 1“ oder „Class A“-Monitore mit erweiterten Einstellmöglichkeiten zum Einsatz.

Der zusätzliche Videomonitor an dem Videoschnittplatz dient dazu, als Referenzmonitor Bildfarben, -kontrast und -helligkeit so darzustellen, dass sie korrekt beurteilt werden können. Dazu sollte die Darstellung in der TV-Zielauflösung erfolgen. Wie Tabelle 1 zeigt, unterscheiden sich TV-Auflösungen von der Bildschirmauflösungen handelsüblicher PC-Monitore.

Tabelle 1 Video-Monitor und PC-Monitore im Vergleich

Typ	Auflösung	Pixel
SDTV (TV)	766 × 575	440 450
XGA (PC)	1024 × 768	786 432
SXGA (PC)	1280 × 1024	1 310 720
UXGA (PC)	1600 × 1280	2 048 000
HDTV (TV)	1920 × 1080	2 073 600

Zudem kann der Videomonitor als Bildreferenz exakt abgeglichen werden und so als Helligkeits-, Kontrast- und Farbreferenz dienen. Computermonitore können nicht in dieser Form abgeglichen werden, sodass sich die Bildparameter einer verlässlichen und normgerechten Überprüfung entziehen, was zu unerwünschten Farb-, Kontrast- und Helligkeitsabweichungen des Endprodukts führen kann.

8.2 Monitore in der Praxis

Mit Monitoren wird zu Produktionsbeginn ein Setup durchgeführt, um optimale und unverfälschte Bildwiedergabeverhältnisse herzustellen. Insbesondere bei Sucher- und Produktionsmonitoren sind Setups besonders wichtig, da diese am Produktionsort oft die einzige Möglichkeit bieten, Bildeigenschaften verlässlich einzustellen und zu überwachen.

8.2.1 Abgleich von Monitoren

Nach einem aufwendigen Drehtag sichtet das Kamerateam das gedrehte Material und stellt mit Erschrecken fest, dass alle Einstellungen überbelichtet sind und einen Farbstich aufweisen. Deshalb müssen alle Einstellungen ein zweites Mal gedreht werden.

- Woher kommt das Problem und wie lässt es sich vermeiden?

Das Ziel des Abgleichs von Bildwiedergabegeräten ist es, zu gewährleisten, dass die Bildfarben, -helligkeiten und -kontraste korrekt dargestellt werden, um diese als Bildreferenz nutzen zu können.

Zu Drehbeginn müssen daher Sucher und Produktionsmonitore immer abgeglichen werden. Projektoren, die für Vorführungen und Abnahmen von TV-Produktionen genutzt werden, sollten ebenfalls vorher abgeglichen werden. Deshalb enthält dieses Kapitel Anleitungen zum

- Produktionsmonitorabgleich,
- Suchermonitorabgleich,
- Projektorabgleich.

➔ **Zu Drehbeginn müssen alle Monitore abgeglichen werden.**

EBU 100/75

Für den Abgleich wird das Bildwiedergabegerät mit dem Testsignal **EBU 100/75** versorgt, das entweder der in der Kamera integrierte Testbildgenerator oder ein separater Testbildgenerator bereitstellt. Wichtig für den Monitorabgleich ist dabei, dass nur die Farben Weiß, Cyan, Magenta und Blau einen Blauanteil besitzen, die anderen aber keinen. Im „Blue-only"-Modus zeigt der Monitor daher alle Balken mit Blauanteil hell an (Abb. 1).

➔ **„Blue-only" zeigt nur die blauen Bildanteile an.**

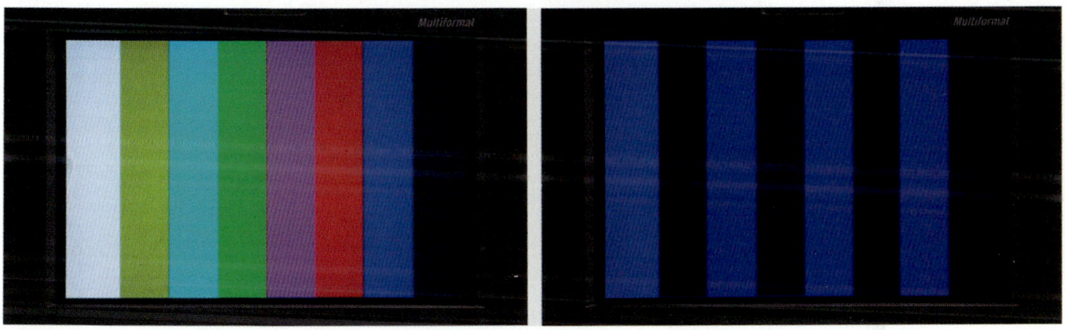

Abb. 1 Testsignale zum Abgleich von Bildwiedergabegeräten

Produktionsmonitorabgleich

Um einen Produktionsmonitor abzugleichen, wird dieser entweder vom Testbildgenerator der Kamera oder von einem separaten Testbildgenerator mit einem EBU 100/75-Signal versorgt. Zusätzlich wird der „underscan"-Modus aktiviert, bei dem sich um das gestauchte Bild ein tiefschwarzer Rand bildet. Mit den drei Reglern für Bildhelligkeit (Brightness), Bildkontrast (Contrast) und Bildfarben (Color), deren Funktionen in Tabelle 1 beschrieben sind, wird nun der Monitor abgeglichen.

Tabelle 1 Helligkeits- Kontrast- und Farbregler am Monitor

Regler	Zuständigkeit	Funktionsprinzip
Helligkeit	Schwarzwert	• Ändert dunkle Bildanteile • Beim Aufdrehen werden dunkle Bildbereiche heller
Kontrast	Weißwert	• Ändert helle Bildanteile • Beim Aufdrehen werden helle Bildbereiche heller
Farbe	Farbsättigung	• Ändert die Farbintensität • Kein Einfluss auf die Bildhelligkeit

Alle Schritte des Monitorabgleichs sind in Tabelle 1 beschreiben

Tabelle 1 Abgleich eines Produktionsmonitors	
1. Schritt: Starteinstellung einstellen	
	• Signaleingang: EBU 100/75 • Underscan: einschalten • Helligkeitsregler: Minimum • Kontrastregler: Mittelstellung • Farbregler: Minimum
2. Schritt: Bildhelligkeit einstellen	
	• Helligkeitsregler: aufdrehen → bis sich der schwarze Balken minimal vom tiefschwarzen Bildrand (Underscan-Rand) abhebt
3. Schritt: Bildkontrast einstellen	
	• Kontrastregler: einstellen → bis sich der weiße und gelbe Balken deutlich voneinander abheben, der weiße Balken dabei weder überstrahlt, noch gräulich wirkt
4. Schritt: Bildfarben einstellen	
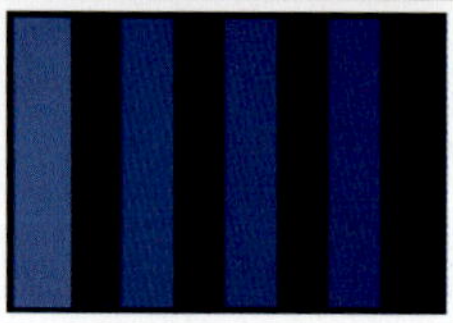	• Blue-only: einschalten • Farbregler: aufdrehen → bis die Balken Gelb, Grün, Rot und Schwarz gleich schwarz und die Balken Cyan, Magenta und Blau gleich hell sind

Der Weiße Balken wird beim Einstellen der Bildfarben über Blue-only nicht berücksichtigt, da er der einzige Balken mit 100 % Helligkeit ist.

Beim Monitorabgleich werden nur dann optimale Ergebnisse erzielt, wenn der Abgleich unter optimalen Betrachtungsbedingungen erfolgt. Fällt während des Monitorabgleichs Störlicht auf den Bildschirm, wird die Helligkeits- und Kontrastdarstellung verfälscht.

→ **Beim Monitorabgleich sollte kein Licht auf den Bildschirm fallen.**

Suchermonitorabgleich

Um einen Suchermonitor abgleichen zu können, müssen Kamerahilfsfunktionen Zebra und Peaking deaktiviert werden, da sie das Sucherbild beeinflussen. Das „Zebra" (vgl. Kapitel 7) würde ein Streifenmuster auf korrekt belichteten Teilen des Bildes erzeugen und sollte daher abgeschaltet werden.

Peaking

Die zweite Funktion, die das Bild verändert, ist das **„Peaking"**, eine Hilfsfunktion zum Finden und genauen Einstellen der Bildschärfe. Peaking versieht die Objektkonturen und -strukturen genau dann mit einer starken Kontrastanhebung, wenn sie exakt scharf gestellt sind.

→ **Zum Suchermonitorabgleich Zebra und Peaking deaktivieren.**

An den hellweißen Peaking-Rändern (Abb. 1), die dann im Bild an den betreffenden Objektkonturen und -strukturen entstehen, erkennt der Kameramann sofort, dass das Objekt scharf gestellt ist.

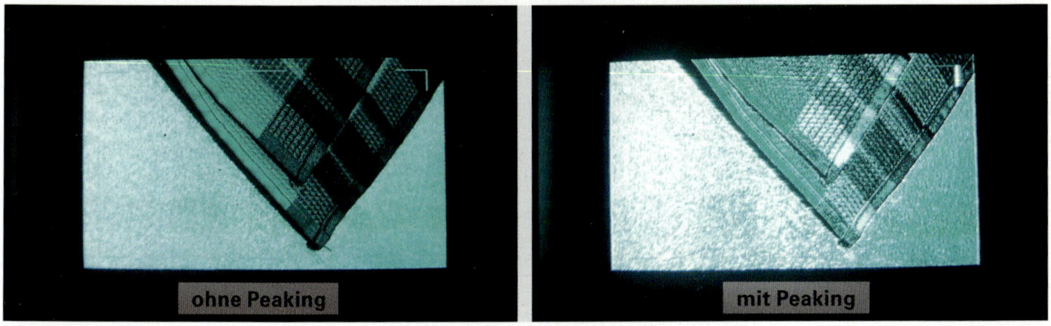

Abb. 1 Peaking im Suchermonitor

Detailing

Das „Peaking“ entspricht vom Prinzip her dem **„Detailing“** mit positiven Detailingwerten (vgl. Kapitel 7). Im Gegensatz zum „Detailing“, das sich auf das Videobild der Kamera auswirkt, ist das „Peaking“ eine reine Sucherfunktion, die sich nur auf das Sucherbild auswirkt.

→ **Detailing ist für den Suchermonitorabgleich nicht relevant.**

Das normalerweise für den Abgleich erforderliche Umschalten des Monitors in den „underscan“-Modus entfällt, da sich Suchermonitore permanent im „underscan“-Modus befinden. Da es sich sowohl beim EB-Kamerasucher als auch beim Studiosucher in der Regel um einen Schwarzweiß-Monitor handelt, ist kein Farbabgleich erforderlich. Der Suchermonitorabgleich erfolgt nun in folgenden drei Schritten, die in Tabelle 1 exakt beschrieben werden:

Tabelle 1 Abgleich eines Suchermonitors	
1. Schritt: Starteinstellung einstellen	
	• Signaleingang: EBU 100/75 (Bars) • Helligkeitsregler: Minimum • Kontrastregler: Mittelstellung
2. Schritt: Bildhelligkeit einstellen	
	• Helligkeitsregler: aufdrehen → bis sich der schwarze Balken minimal vom tiefschwarzen Bildrand abhebt
3. Schritt: Bildkontrast einstellen	
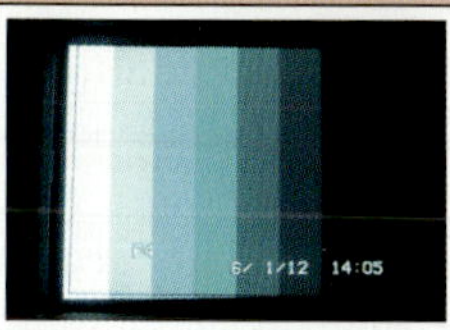	• Kontrastregler: einstellen → bis sich der weiße und gelbe Balken deutlich voneinander abheben, der weiße Balken dabei weder überstrahlt, noch gräulich wirkt

Farbfehler im aufgezeichneten Videomaterial treten immer dann auf, wenn die Sucher- und Produktionsmonitore vor Produktionsbeginn nicht korrekt abgeglichen wurden. Während des ganzen Drehtags sind Überbelichtungen und Fehlfarben im Bild nicht aufgefallen, weil sie auf dem Monitorbild so nicht sichtbar waren. Zum Beispiel können die tatsächlich gedrehten Unterbelichtungen durch die zu hohe Helligkeitseinstellung des Monitors kompensiert worden sein. Diese Fehler müssen nun in der Postproduktion – falls überhaupt korrigierbar – zeit- und geldintensiv behoben werden.
Mit ein bisschen Übung dauert der Sucherabgleich etwa 20 Sekunden und der Abgleich des Produktionsmonitors etwa eine Minute. Soviel Zeit sollte dafür immer übrig sein, denn das garantiert eine risikolose Produktion ohne böses Erwachen.

8.2.2 Umgebungshelligkeit

Betrachtungssituationen für Monitore, Sucher oder Leinwände unterscheiden sich bezüglich der Umgebungshelligkeit erheblich. In einer Fernsehregie ist das Umgebungslicht während des normalen Betriebs zwar gedimmt, aber nicht ausgeschaltet. Ein Kino wird dagegen bei der Filmvorführung bis auf die vorgeschriebene Notbeleuchtung vollständig abgedunkelt. Wie das nachfolgende Bild zeigt, haben Suchermonitore in der Regel Störlichtblenden und auch der Sucher von EB-Kameras verfügt über eine Augenmuschel, die den Lichteinfall des Umgebungslichts von außen unterbindet.

- Wieso wird in der Regie Umgebungslicht toleriert, im Kino und bei Suchermonitoren aber nicht?

Abb. 1 Störlichtblende bei einem Suchermonitor

Mindestumgebungshelligkeit

Die Tatsache, dass ein Kino bei der Filmvorführung bis auf eine minimale Restbeleuchtung völlig abgedunkelt werden kann, während beim Fernsehen zuhause eine **Mindestumgebungshelligkeit** nicht unterschritten werden sollte, liegt daran, dass das menschliche Auge in der Lage ist, sich an vorgefundene Helligkeiten anzupassen. Ob nun eine zusätzliche Raumbeleuchtung gebraucht wird oder nicht, hängt in erster Linie davon ab, ob die Bildfläche das Sehfeld vertikal mindestens zu etwa 30 Grad und horizontal mindestens zu etwa 40 Grad abdeckt (Abb. 1), da dieser Bereich des Sehfeldes zur **Helladaption** verwendet wird.

Helladaption: Gewöhnung des Auges an Helligkeit durch Reduktion der Empfindlichkeit.

Dunkeladaption: Gewöhnung des Auges an Dunkelheit durch Erhöhung der Empfindlichkeit.

➜ **In völlig abgedunkelten Räumen sollte der vertikale Betrachtungswinkel der Bildfläche mehr als 30 Grad und der horizontale mehr als 40 Grad betragen, sonst setzt eine Dunkeladaption ein.**

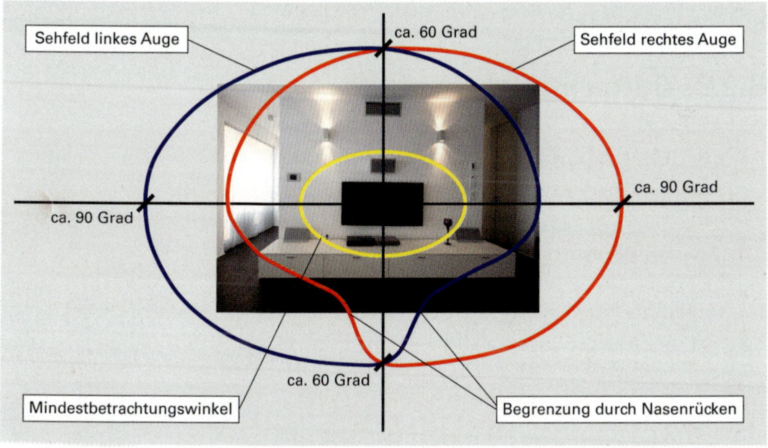

Abb. 1 Nicht ausreichender Betrachtungswinkel

Offensichtlich sind sogar großformatige TV-Bildschirme oder Studiomonitore in normalen Betrachtungssituationen nicht in der Lage, diesen großen Sehfeldbereich abzudecken. Damit das Auge nun keine Dunkeladaption durchführt, die dazu führen würde, dass das TV-Bild als zu hell und mit reduziertem Kontrast wahrgenommen werden würde, sollte eine Mindestumgebungshelligkeit von etwa 10 % bis 20 % der maximalen Bildschirmhelligkeit eingerichtet werden.

➜ **Ist die Bildfläche zu klein, sollte der Raum nicht völlig abgedunkelt werden.**

Da es bei der professionellen Arbeit mit Monitoren bei der TV-Produktion im Studio oder am Set auf eine korrekte Beurteilung der Bildhelligkeiten und -kontraste ankommt, muss für eine Umgebungshelligkeit gesorgt werden, die zur jeweiligen Betrachtungssituation passt.

Umgebungshelligkeit

Generell führt eine zu große **Umgebungshelligkeit** zu einer Helladaption des Auges, die ebenfalls zur reduzierten Wahrnehmung von Bildhelligkeit und Bildkontrast führt. Eine direkte Sonneneinstrahlung auf die Bildfläche eines CRT-, TFT-, LED- oder Plasma-Monitors erzeugt aufgrund der geringen Eigenhelligkeit der Monitore einen Lichtbelag auf der Bildfläche, die das Bild quasi unsichtbar machen kann.

➜ **Zu hohe Umgebungshelligkeiten und direkte Lichteinstrahlung auf die Bildfläche sollten vermieden werden.**

Die geschilderten Situationen zeigen, wie sich der Winkel des Sehfeldes, den eine Bildfläche ausfüllt, auf die erforderliche Umfeldleuchtdichte auswirkt.
In der Regie wird durch die relativ hohen Betrachtungsabstände der horizontale Sehwinkel von ca. 40 Grad deutlich unterschritten, wodurch eine reguläre Umfeldbeleuchtung erforderlich wird. Im Kino, beim EB-Sucher und annähernd auch beim Studiosucher wird dieser erforderliche Mindestsehwinkel erreicht, weshalb auf Umfeldbeleuchtung verzichtet werden kann. Störlichtblende und Augenmuschel sollen das Sucherbild vor direkter Beleuchtung durch starke Lichtquellen schützen.

8.2.3 Betrachtungsabstände

Bei der Platzwahl im Kino spielt der Betrachtungsabstand neben anderen Kriterien eine wesentliche Rolle.

- Gibt es einen optimalen Zuschauersitzplatz und welche Kriterien müssen von diesem erfüllt werden?

Im Gegensatz zum Kinofilm besteht das Bild eines Monitors oder eines Videoprojektors aus einem Bildraster mit einzelnen Pixeln (Abb. 1).

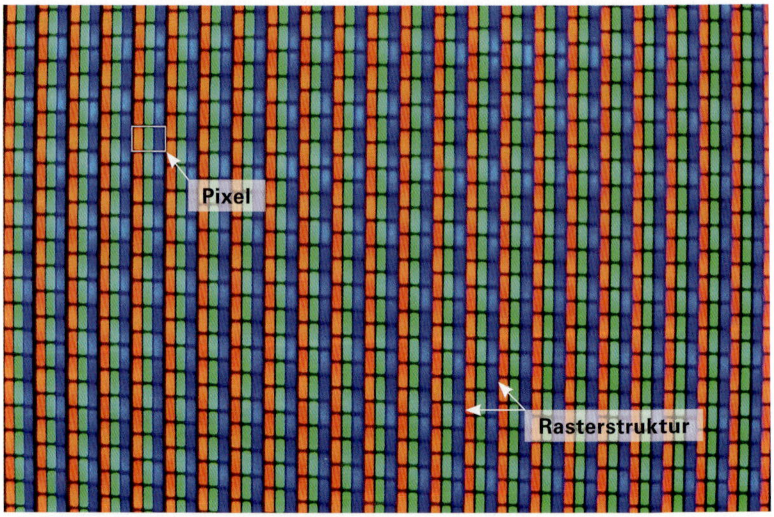

Abb. 1 Bildraster eines Monitorbildes

Die Größe der Pixel hängt, wenn die Bildschirmauflösung festgelegt ist, ausschließlich von der Größe des Bildschirms bzw. des projizierten Bildes ab.

optimaler Betrachtungsabstand

Der **optimale Betrachtungsabstand** sollte daher so nah wie möglich, jedoch mindestens so weit entfernt gewählt werden, dass einzelne Pixel nicht mehr zu erkennen sind und so der Eindruck eines kontinuierlichen Bildes entsteht.

→ **Der Betrachtungsabstand ist dann optimal, wenn bei Bildschirmen die Pixelstruktur und bei Projektoren das Pixelraster gerade nicht mehr zu erkennen sind.**

Die Tabelle 1 zeigt eine Übersicht über die bei Monitoren und Videoprojektoren verwendeten Bildschirmauflösungen.

Tabelle 1 Auflösung von Monitoren und Projektoren

Typ	Name	Auflösung	Pixel
VGA	Video Graphicy Array	640 × 480	307 200
SDTV	Standard Definition TV	766 × 575	440 450
SVGA	Super VGA	800 × 600	480 000
XGA	Extended VGA	1024 × 768	786 432
WXGA	Wide XGA	1366 × 768	1 049 088
SXGA	Super XGA	1280 × 1024	1 310 720
UXGA	Ultra XGA	1600 × 1200	1 920 000
HDTV	High Definition TV	1920 × 1080	2 073 600
QXGA	Quad XGA	2048 × 1536	3 145 728
QSXGA	Quad SXGA	2560 × 2048	5 242 880
QUXGA	Quad UXGA	3200 × 2400	7 680 000

Maßgeblich für den Betrachtungsabstand ist das Grenzauflösungsvermögen des Auges. Theoretisch kann das Auge aus einem Meter Abstand einzelne Pixel nicht mehr erkennen, falls diese kleiner als 0,2 mm sind.

In der Praxis erkennt das Auge einzelne Pixel bereits ab einer Größe von 0,3 mm nicht mehr, wie Ray D. Kell schon 1934 in Reihenversuchen mit Testpersonen gezeigt hat (Abb. 1). Deshalb wird hier ein ihm benannter Korrekturfaktor **(Kell-Faktor F_K)** von 1,5 verwendet:

Kell-Faktor F_K

$$0{,}2\ \text{mm} \cdot F_K = 0{,}3\ \text{mm}$$

In einem Meter Entfernung kann das Auge folglich Objekte, die kleiner als 0,3 mm sind, nicht als mehr Einzelobjekte erkennen.

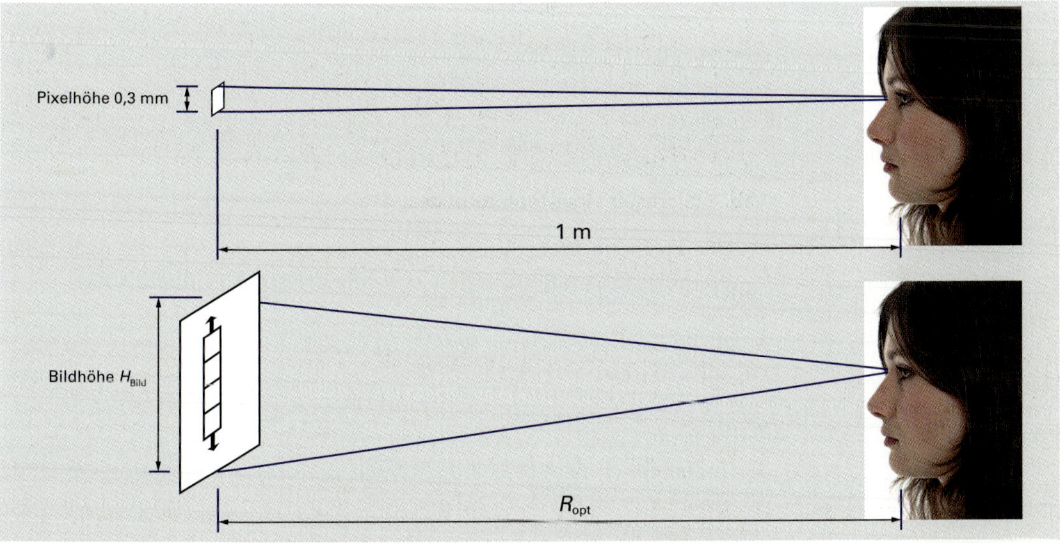

Abb. 1 Abhängigkeit des Betrachtungsabstands R_{opt} von Pixel- und Bildhöhe

So lässt sich der optimale Betrachtungsabstand R_{opt} in Millimetern bzw. in Metern aus der realen Höhe des Pixels H_{Pixel} rechnerisch herleiten:

$$R_{opt}\ [mm] = 3400 \cdot H_{Pixel}\ [mm]$$
$$R_{opt}\ [m] = 3{,}4 \cdot H_{Pixel}\ [mm]$$

Mindestbetrachtungs-abstand

→ **Der Mindestbetrachtungsabstand hängt von der Pixelhöhe ab.**

Daraus ergeben sich folgende Betrachtungsabstände (Tabelle 1).

Tabelle 1 Betrachtungsabstand im Bezug auf Pixelgröße

Pixelhöhe H_{Pixel}	Pixelfläche	Betrachtungsabstand R_{opt}
0,1 mm	0,01 mm^2	0,4 m
0,2 mm	0,04 mm^2	0,7 m
0,5 mm	0,25 mm^2	1,7 m
0,7 mm	0,49 mm^2	2,4 m
1,0 mm	1,0 mm^2	3,4 m
2,0 mm	4,0 mm^2	7,0 m
5,0 mm	25,0 mm^2	17 m
7,0 mm	49,0 mm^2	24 m
10,0 mm	100,0 mm^2	34 m

In der jeweiligen Fernsehnorm, z. B. HDTV oder SDTV, ist die Anzahl der Bildzeilen Z_{Bild} festgelegt. Die Bildhöhe H_{Bild} ergibt sich dann direkt aus der Pixelhöhe der Pixel H_{Pixel}:

$$H_{Bild} = Z_{Bild} \cdot H_{Pixel}$$

So kann der optimale Betrachtungsabstand auch direkt aus der Bildhöhe und der Anzahl der Bildzeilen errechnet werden:

$$H_{Pixel} = H_{Bild} / Z_{Bild}$$
$$R_{opt} = (3400/ Z_{Bild}) \cdot H_{Bild}$$

Für die Bildschirmauflösungen SDTV mit 575 sichtbaren Zeilen und für HDTV mit 1080 sichtbaren Zeilen ergeben sich dann folgende optimale Betrachtungsabstände:

$$R_{opt\ SDTV} = (3400/\ 575) \cdot H_{Bild} \approx 6 \cdot H_{Bild}$$
$$R_{opt\ HDTV} = (3400/\ 1080) \cdot H_{Bild} \approx 3 \cdot H_{Bild}$$

→ **Der optimale Betrachtungsabstand für SDTV ist etwa die sechsfache Bildhöhe (6H) und für HDTV etwa die dreifache Bildhöhe (3H).**

Aufgrund der noch höheren Auflösung von Film ist im Kino teilweise sogar ein optimaler Betrachtungsabstand von nur 2H möglich. Diese Erkenntnisse sind für die professionelle Medientechnik von großer Bedeutung. So werden Schnittplätze, Ü-Wagen oder Fernsehregien unter Berücksichtigung der in Tabelle 1, Seite 239 aufgelisteten optimalen Betrachtungsabstände für SDTV- und HDTV-Auflösungen geplant und eingerichtet. Lediglich der Fernsehkonsument selbst verwendet aus Unkenntnis oder aus wohnästhetischen Gründen oft viel größere Betrachtungsabstände.

Tabelle 1 Betrachtungsabstand für Monitorformate

Gerät	Bildschirm-diagonale	$R_{opt\,SDTV}$ (4:3)	$R_{opt\,HDTV}$ (16:9)
EB-Sucher	1" ≈ 2,5 cm	0,09 m	0,04 m*
Studio-Sucher	4" ≈ 10 cm	0,36 m	0,15 m
Studio-Sucher	7" ≈ 18 cm	0,65 m	0,27 m
Kontrollmonitor	12" ≈ 30 cm	1,08 m	0,45 m
Kontrollmonitor	14" ≈ 36 cm	1,30 m	0,54 m
Vorschaumonitor	20" ≈ 51 cm	1,84 m	0,77 m
Programmmonitor	25" ≈ 63 cm	2,27 m	0,95 m
Kompakt-TV	17" ≈ 43 cm	1,55 m	0,65 m
Standard-TV	32" ≈ 81 cm	2,92 m	1,22 m
Großbild-TV	50" ≈ 127 cm	4,57 m	1,91 m
Projektion	118" ≈ 3 m	11 m	5 m
Projektion	197" ≈ 5 m	18 m	8 m
Projektion	394" ≈ 10 m	36 m	15 m
Projektion	1181" ≈ 30 m	108 m	45 m

* Rechnerisch beträgt der Betrachtungsabstand 4 cm. Distanzen unter 9 cm können mit dem Auge allerdings nicht scharf gestellt werden.

Bei der Suche nach dem optimalen Sitzplatz im Kino spielen eine ganze Reihe von Aspekten eine wichtige Rolle:

- Betrachtungsabstand
- Bildbreite
- Schärfetrichter
- Beschallung

Bezogen auf die Bildauflösung des Filmbildes sollte der Betrachtungsabstand zwischen 2H und 3H liegen. Bei großen Bildbreiten wie beispielsweise **Cinemascope** mit einem Bildseitenverhältnis von 1 : 2,35 sollte eher 3H bevorzugt werden, damit die Augen weniger **Quersakkaden** machen müssen und die Bildhöhe etwa dem Durchmesser des Schärfetrichters entspricht.

Cinemascope

Sakkade: Blickverlagerungsbewegung

Beim Sitzen auf einem optimalen Sitzplatz (Platz Nummer 5, Abb. 1) müssen sich die Augen sowohl vertikal als auch horizontal mittig vor der Leinwand befinden. Bei einer aufsteigenden Bestuhlung haben sowohl Randsitzplätze als auch Sitzplätze zu weit vorn oder hinten eine Trapezverzerrung.

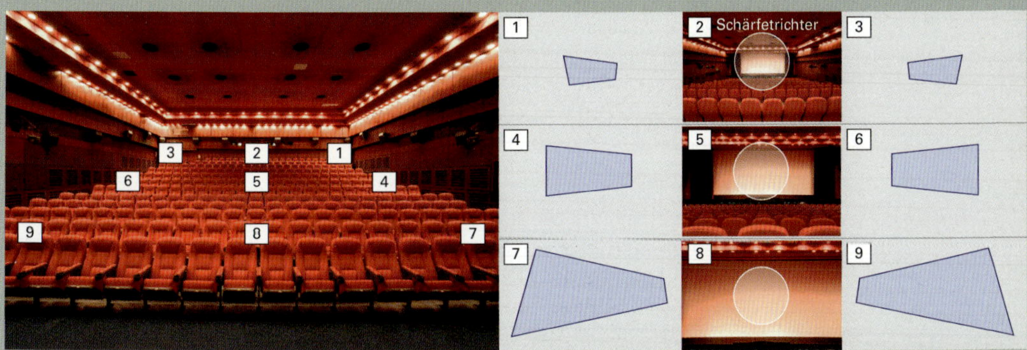

Abb. 1 Sitzplätze im Kino

Sweetspot: begrenzter Bereich, in dem die Beschallungsanlage optimale Ergebnisse erzielt.

Die Beschallungsanlagen moderner Kinos sind Surround-Systeme, die prinzipbedingt nicht für alle Sitzplätze eine gleich gute Klangqualität liefern können. Der optimale Sitzplatz muss sich also in dem sogenannten **„Sweetspot“** der Beschallungsanlage befinden, also in dem begrenzten Bereich, in dem die Beschallung ein optimales räumliches Klangbild erzeugen kann. Falls das Kino tatsächlich unter Berücksichtigung dieser Aspekte konzipiert und gebaut worden ist, gibt es eigentlich nur einen optimalen Sitzplatz im Kino und um diesen Platz herum noch eine begrenzte Zahl guter Sitzplätze. Normalerweise befinden sich diese optimalen Sitzplätze etwa in der Mitte der hinteren Reihen des mittleren Drittels der Sitzreihen. An diesem Platz mit optimalem Surround-Sound in maximal 3H Abstand zur Leinwand befinden sich die Augen genau mittig vor der Leinwand und müssen nur Quersakkaden durchführen.

8.3 Aufgaben und Übungen

1. Beschreiben Sie den Unterschied zwischen aktiven und passiven Bildschirmen!

2. Erklären Sie, worin sich Monitore und Fernseher voneinander unterscheiden!

3. Beschreiben Sie, wie bei CRT-, LCD- und Plasmamonitoren ein Farbbild zustande kommt!

4. Erklären Sie, zu welchem Zweck professionelle Monitore mit einem Signaldurchschliff am Signaleingang ausgestattet sind!

5. Begründen Sie, weshalb vor Drehbeginn alle Monitore abgeglichen werden müssen!

6. Erklären Sie, wieso mit dem „Blue-only“-Modus die Farben des Monitors abgeglichen werden können!

7. Beim Betrachten von Monitoren sollte das Auge keine Adaptionen durchführen. Beschreiben Sie, wie Sie diese Anforderung erfüllen können!

8. Berechnen Sie den optimalen Betrachtungsabstand für einen HDTV-Fernseher mit einem 16:9-Bildformat und einer Bildschirmdiagonalen von 80“!

9. Der HDTV-Fernseher (16:9) soll im Wohnzimmer in einem Abstand von 6 Metern vor der Couch aufgestellt werden. Berechnen Sie, welche Bildschirmdiagonale der Fernseher haben muss, damit der optimale Betrachtungsabstand eingehalten wird!

10. Die Größe eines Bildelements (Pixels) eines 4:3-LED-Großdisplays in SDTV-Auflösung beträgt 10 cm × 10 cm. Berechnen sie die Abmessungen des Displays und den optimalen Betrachtungsabstand!

9 Physiologie des Gehörs

Das Gehör des Menschen kann, anders als das Auge, nicht bewusst geschlossen werden. Selbst im Schlaf ist das Gehör aktiv und nimmt alle Umgebungsgeräusche wahr (Abb. 1), d. h., der ankommende Schall wird auch dann noch im Hirnstamm erfasst und bewertet.

Abb. 1 Das Gehör arbeitet auch während des Schlafs

→ **Das Gehör schläft nie, es ist 24 Stunden täglich aktiv.**

Die Tabelle 1 gibt einen Überblick über Arbeitsbereiche in der Medienbranche, bei denen Kenntnisse über den Hörvorgang wichtig sind:

Tabelle 1 Arbeitsbereiche mit Kenntnissen über den Hörvorgang

Bezeichnung	Tätigkeitsfelder
Tontechniker • Ton-Assi • Boom Operator	• Macht Tonaufnahmen • Arbeitet mit Mikrofonen und Tonmischern bei der Aufnahme
Toningenieur • Tonmeister • Sound Engineer	• Verantwortet den Programmton • Entscheidet über Klang und Mischung der Aufnahme
Sounddesigner • Sound Editor • Sound Effects	• Verantwortet die Klangstimmung • Arbeitet mit Synthesizern, Mischern und Effektgeräten
Geräuschemacher • Foley Artist • Sound effects	• Erzeugt Geräusche und Klänge • Arbeitet mit Utensilien, die Geräusche und Klänge produzieren, passend zur Spielhandlung des Films

Die emotionalisierende Wirkung der Tonebene im Film ist mindestens ebenso intensiv wie die der Filmbilder selbst. Fehlt der Ton, so leidet die gesamte Wirkung des Films erheblich. Bei Stummfilmen trägt die Begleitmusik (damals live, heute oft aufgezeichnet) stark zur Stimmungserzeugung bei. Diese Erkenntnisse haben dazu geführt, dass heutzutage der

Beruf des Sounddesigners eine große Bedeutung erlangt hat. Die Tonebene bietet zusätzlich einen hohen Informationsgehalt. So kann zum Beispiel eine **NiF** bei einem möglichen Bildausfall die Informationen noch transportieren, während die Bildebene allein bei einem möglichen Tonausfall nur schwer verständlich ist.

NiF: Nachricht im Fernsehen

9.1 Auditive Wahrnehmung

Die Aufgabe des Gehörs besteht biologisch betrachtet darin, den in das Ohr eindringenden Schall in Nervenimpulse (elektrische Energie) umzuwandeln und an das Hörzentrum im Gehirn weiterzuleiten. Mit seinem Gehör kann der Mensch Richtung, Lautstärke, Entfernung und die räumliche Anordnung von Schallquellen wahrnehmen bzw. unterscheiden. Die **Raumakustik** beschreibt, wie der Raum den Schall beeinflusst, während die **Hörakustik** beschreibt, wie das Ohr den Schall in Nervenimpulse umwandelt. Die **Psychoakustik** behandelt die Wahrnehmung, Empfindung und Verarbeitung von Schall durch das Gehirn. Die **Elektroakustik** beinhaltet die Schallaufzeichnung und -wiedergabe.

Raumakustik

Hörakustik

Psychoakustik

Elektroakustik

→ **Die Akustik umfasst die vier Gebiete: Raum-, Hör-, Psycho- und Elektroakustik.**

9.1.1 Aufbau und Funktion des Gehörs

?

Bei der Produktion einer „Tatort"-Folge soll in einer Großaufnahme der Schuss aus einer Pistole gefilmt werden. Dazu steht die Kamera nahe am Ort des Geschehens. Der erfahrene Tonmann gibt dem Kameramann den Tipp, zur eigenen Sicherheit während des Knalls den Mund offen zu halten.

- Was ist der Hintergrund dieses Tipps?

Gehör

Das **Gehör** beinhaltet zwei Sinnesorgane, das Hör- und das Gleichgewichtsorgan, die anatomisch eine Einheit bilden.

Das Gehör besteht aus drei unterschiedlichen Bereichen, die im Zusammenwirken den Hörvorgang ermöglichen (Abb. 1):

- Außenohr
- Mittelohr
- Innenohr

Wie die folgenden beiden Abbildungen zeigen (Abb. 1 u. 2, Seite 243), beginnt der Hörvorgang an der Ohrmuschel (1). Von hier aus gelangt der Schall durch den äußeren Gehörgang (2) zum Trommelfell (3).

Das Trommelfell, als Grenze zwischen Außen- und Mittelohr, wandelt die Schallwellen in mechanische Schwingungen der Gehörknöchelchen (4) Hammer, Amboss und Steigbügel um. Diese sind gelenkig miteinander verbunden und übertragen die Schwingung der Schallwellen zum Innenohr, der Hörschnecke (5). Hierbei verstärkt sich der Schalldruck um ein Mehrfaches. Das Mittelohr ist zum Druckausgleich über den Trompetengang (6), auch Ohrtrompete genannt, mit dem Rachenraum verbunden.

→ Das Trommelfell trennt Mittel- und Außenohr.

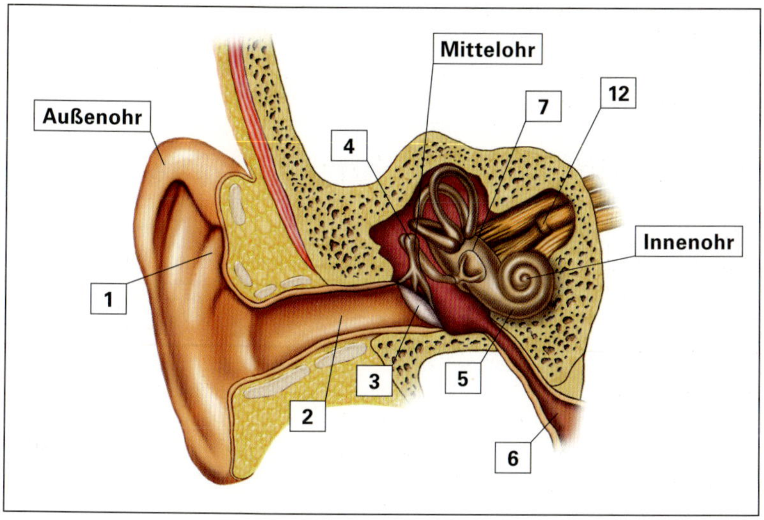

Abb. 1 Schematische Darstellung von Außen-, Mittel- und Innenohr

Die mit Flüssigkeit gefüllte **Schnecke** (5) besteht aus drei Gängen und besitzt ein ovales Fenster (7), über das der Steigbügel Schallschwingungen in das Innenohr einkoppelt.

Hörschnecke

Über die Basilarmembran (8) nimmt der innere Schneckengang (9) die Wellenbewegung der Schneckenflüssigkeit auf und überträgt sie auf das Corti-Organ (10). Dort wandeln die sensorischen Haarzellen (11) die Schwingungen in elektrische Nervenimpulse um.

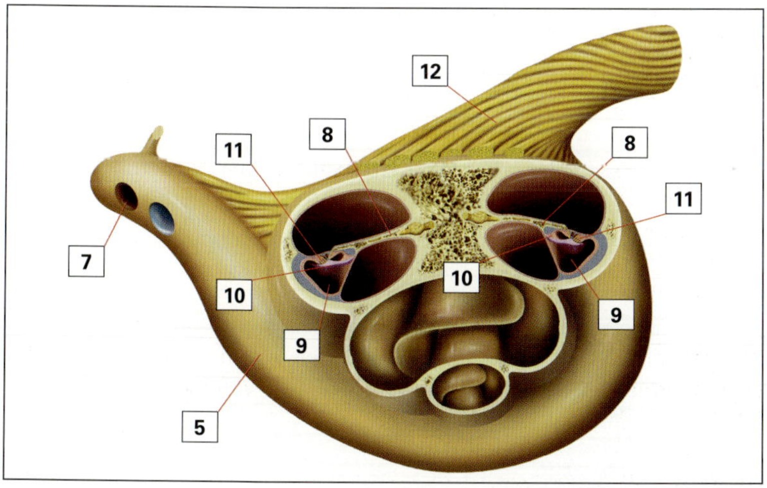

Abb. 2 Aufbau des Innenohrs

Hohe Frequenzen werden in der Nähe des ovalen Fensters (7) wahrgenommen, tiefe Frequenzen dagegen in der Nähe der Schneckenspitze. So besitzt jede Tonfrequenz ihren eigenen Bereich zur Wahrnehmung innerhalb der Schnecke (5).

Die elektromagnetischen Nervenimpulse werden durch den Hörnerv (12) in das Hörzentrum des Gehirns geleitet und dort weiter verarbeitet. Der Weg des Hörnervs zum Gehirn wird Hörbahn genannt.

➜ **Jede Tonfrequenz stimuliert die Gehörschnecke an einer anderen Stelle.**

Tabelle 1 zeigt die einzelnen Komponenten des auditiven Systems und ihre jeweilige Funktion.

Tabelle 1 Funktion der Komponenten des auditiven Systems

Komponente	Funktion
Ohrmuschel	Individuell geformt, leitet den Schall in den Gehörgang
Gehörgang	Leitet den Schall von der Ohrmuschel zum Trommelfell
Trommelfell	Membran, überträgt Schallschwingungen auf die Gehörknöchelchen
Gehörknöchelchen	Leiten die Schwingung direkt zum Ovalen Fenster
Schnecke	Flüssigkeitsgefüllter, knöcherner innerer Gehörgang
Trompetengang	Sorgt für Druckausgleich vom Mittelohr zur Rachenhöhle
Ovales Fenster	Membran, überträgt Schwingung in die Schnecke
Basilarmembran	Überträgt Schneckenflüssigkeitswellen auf inneren Schneckengang
Innerer Schneckengang	Flüssigkeitsgefüllt, beinhaltet das Corti-Organ
Corti-Organ	Sitzt auf Basilarmembran, beinhaltet die Haarzellen und den Hörnervabgang
Sensorische Haarzellen	Wandeln Basilarmembranschwingung in elektrische Nervenimpulse um
Hörnerv	Leitet die elektrischen Impulse zum Hörzentrum des Gehirns

Ein durch Schall im Mittelohr vor der Schnecke entstehender Überdruck kann durch den Trompetengang in den Mund-/Rachenraum abgeleitet werden. Ist das nicht möglich, weil beispielsweise der Mund geschlossen ist oder weil die Ohrtrompete aufgrund einer Erkältung zugeschwollen ist, so besteht insbesondere bei extrem lautem Schall die Gefahr, dass das Ohr Schaden nimmt.

Genau diesen Zusammenhang hatte der erfahrene Tonmann im Sinn, als er dem Kameramann diesen wichtigen Tipp gegeben hat. Gerade bei lauten Schallereignissen (Knall, Explosion, Schuss usw.) beugt das Offenhalten des Mundes zum Druckausgleich möglichen Beschädigungen des Gehörs vor.

9.1.2 Audiowahrnehmung im Gehirn

Während einer Videoproduktion wird ein Verkehrsunfall inszeniert: Ein Mann begegnet in seinem Auto einem Geisterfahrer. Es kommt zur Kollision beider Fahrzeuge. Aus Kostengründen ist es nicht möglich, einen tatsächlichen Unfall mit einer Stunt-Szene durchzuführen. Stattdessen ist in der letzten Einstellung der Protagonist im fahrenden Auto nah aufgenommen zu sehen, wie er kurz vor dem unvermeidlichen Zusammenstoß die Gefahr erkennt (Abb. 1).

Abb. 1 Letztes Filmbild vor der Schwarzblende

Danach erfolgt eine Blende in Schwarz. Für die Dauer dieses Schwarzbildes ist ein lautes Reifenquietschen, gefolgt von einem Aufprallgeräusch, zu hören. Der Zusammenstoß selbst wird gar nicht gezeigt.

- Wieso hat der Zuschauer trotz des Schwarzbildes deutliche Unfallbilder vor seinem „inneren Auge"?

Hörbahn

Über die **Hörbahn** gelangen die elektrischen Nervenimpulse über verschiedene Stationen in das Hörzentrum im Gehirn. Auf diesem Weg wird das Gehörte so gefiltert, dass der Mensch die für ihn wichtige Information deutlich hört, während die unwichtigen Informationen in der Wahrnehmung reduziert werden. So entsteht beispielsweise die selektive Wahrnehmungsfähigkeit für Sprachschall.

→ **Das Hörzentrum im Gehirn sorgt für das selektive Hören.**

Auch die individuellen Vorlieben für bestimmte Musikinstrumente sind nach wissenschaftlichen Erkenntnissen im Hörzentrum des Großhirns begründet. So ist der Klang eines Cellos für den Einen eine Wohltat und für einen Anderen ein ganz schreckliches Geräusch.

Da das Gehirn des Menschen akustische Informationen in assoziativer Form speichert, können akustische Informationen ihrerseits Assoziationen aus der Erinnerung abrufen. Das Geräusch eines Martinshorns erzeugt vor dem inneren Auge sofort eine individuell abgespeicherte Assoziationskette mit unterschiedlichen visuellen, akustischen und sogar emotionalen Inhalten (Unfallbilder, Schmerzen usw.).

→ **Geräusche können Assoziationen aus der Erinnerung abrufen.**

> Diese Assoziation entsteht ebenso beim Hören des Reifenquietschens und der Aufprallgeräusche. Der Zuschauer assoziiert durch diese auditiven Impulse bereits gesehene und gespeicherte Unfallbilder, sodass sich die kostenintensive Inszenierung eines „echten" Unfalls tatsächlich erübrigt.

9.2 Leistungsfähigkeit des Gehörs

Die Schallempfindung von Menschen ist individuell sehr unterschiedlich. So kann dieselbe Tonhöhe von verschiedenen Menschen völlig unterschiedlich wahrgenommen werden. Die grundsätzliche Leistungsfähigkeit (Performance) des Gehörs ist jedoch bei allen Menschen ähnlich.

Jeder Sounddesigner sollte die Performance des Gehörs sehr gut kennen, um ein Hörerlebnis mit optimaler Wirkung zu kreieren, denn AV-Medienprodukte, insbesondere Werbung oder Kinofilme, leben wesentlich von ihrer Klanggestaltung.

9.2.1 Hören von Lautstärke

> In einem Werbefilm sollen sich zwei Darstellerinnen „stylisch" über einen Schokoriegel und den damit verbundenen Genuss unterhalten. Der akustische Hintergrund soll mit Musik gestaltet werden. Die Musik muss zu der Szene passen und hat als gestalterisches Mittel die Aufgabe, eine gute Stimmung und einen zeitgemäßen Groove zu vermitteln.
>
> - Wie sind die Lautstärkeverhältnisse zwischen Musik und Sprache gehörrichtig zu gestalten, wenn dabei wichtige Aspekte des menschlichen Gehörs berücksichtigt werden sollen?

Hörschwelle

Schmerzgrenze

Die untere Grenze der akustischen Wahrnehmung wird **Hörschwelle** (Schalldruckpegel 0 dB) genannt. Als Hörschwelle wird die geringste Lautstärke bezeichnet, ab der das menschliche Ohr seine Wahrnehmung beginnt. Die Unbehaglichkeitsschwelle (95 dB) beschreibt die Lautstärke, die als unangenehm empfunden wird, bis hin zur **Schmerzgrenze** (120 dB), ab der das Gehör Schaden nehmen kann. Über 120 dB kann das Gehör auch schon bei sehr kurzen Schallereignissen geschädigt werden.

→ **Das Hören erstreckt sich im Lautstärkebereich von 0 dB bis 120 dB.**

Ähnlich wie sich das Auge an unterschiedliche Helligkeiten anpassen kann, passt sich das Ohr an den jeweils herrschenden Umgebungsgeräuschpegel an: Das Gehör gewöhnt sich an diesen Geräuschpegel und blendet ihn aus der bewussten Wahrnehmung aus. Das kann sich je nach Situation ganz unterschiedlich auswirken.

Bei einem Rockkonzert wird der hohe Geräuschpegel (Abb. 1) durch diesen Gewöhnungseffekt nach einer Weile nur noch reduziert wahrgenommen. Unmittelbar nach dem Konzertbesuch ist das Gehör deshalb schwerhörig, d. h., bei Gesprächen muss dann lauter gesprochen werden, bis sich das Gehör wieder an die neuen, geringeren Geräuschpegel gewöhnt hat.

➜ **Das Gehör adaptiert permanent vorhandene Geräuschkulissen.**

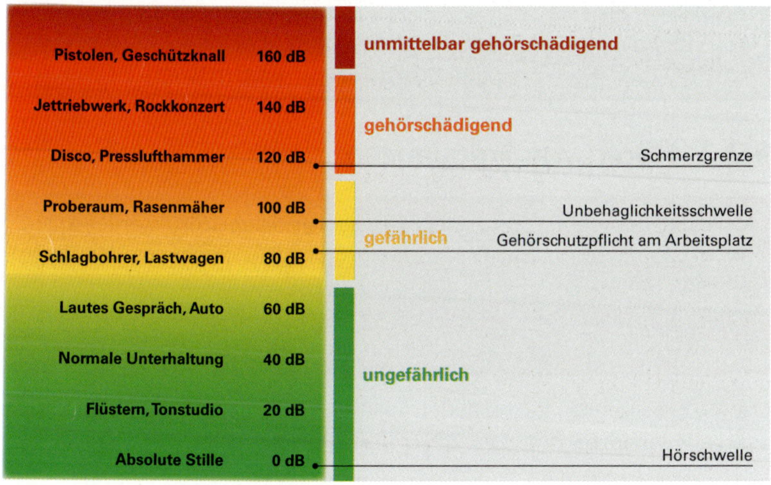

Abb. 1 Wahrnehmung der Lautstärke verschiedener Schallquellen

Ein auf das Ohr einwirkender Grundgeräuschpegel (Stimmengewirr, Hintergrundmusik usw.), wie er beispielsweise bei einer Party vorhanden ist, führt zu einer reduzierten Wahrnehmung dieser Geräuschkulisse. Durch das „Ausblenden" dieser Geräuschkulisse aus der bewussten Wahrnehmung können sich Partygäste trotz des hohen Grundgeräuschpegels miteinander unterhalten. Diese Eigenschaft des Gehörs wird **„Cocktailparty-Effekt"** genannt.

Cocktailparty-Effekt

➜ **Der Cocktailparty-Effekt beschreibt das Ausblenden eines vorhandenen Grundlautstärkepegels.**

Das Ticken eines Weckers während des Schlafs ist ein weiteres Beispiel für dieses Ausblenden eines permanenten Geräuschs bzw. Grundgeräuschpegels. Nach kurzer Zeit hat sich das Gehör an das Ticken gewöhnt, so dass es vom Hörzentrum ausgeblendet wird und beim Schlafen nicht stört (und manchmal sogar beim Einschlafen hilft).

Eine weitere wichtige Eigenschaft des Gehörs ist, dass laute Geräusche die Wahrnehmung leiser Geräusche vermindern oder sogar unterbinden können, sofern beide Geräusche zeitlich nah beieinander liegen. Diese Eigenschaft des Gehörs wird **Verdeckungseffekt** genannt: Das laute Geräusch verdeckt das leise Geräusch.

Verdeckungseffekt

Die Werbebotschaft wird akustisch über den Dialog (Information) und die Musik (Emotion) transportiert. Musik und Sprache müssen aufeinander abgestimmt sein, da sie um die Aufmerksamkeit des Rezipienten kon-

kurrieren. Ist die Musik lauter als das Gespräch der beiden Darstellerinnen, so wird die Sprachwahrnehmung von der Musik gestört (Verdeckungseffekt). Die Musik (ohne gesungenen Text) wirkt emotionalisierend, ohne dass sie dafür bewusst wahrgenommen und verarbeitet werden muss. Wird die Musik zu leise eingestellt, so kann sie durch das Gespräch der Darstellerinnen teilweise so verdeckt werden, dass sie an bestimmten Stellen nicht wahrgenommen wird und daher auch nicht die gewünschte Wirkung erzielen kann.
Wenn Musik und Sprache etwa gleich laut sind, so wird die Musik als störend empfunden, da sie die Sprachverständlichkeit behindert. Zudem kann der Dialog die Werbebotschaft nicht mehr transportieren.

9.2.2 Hören von Frequenzen

Ein Handyklingelton, der aus dem Internet heruntergeladen werden kann, hat eine Frequenz von ca. 19 kHz. Die Werbung verspricht der Zielgruppe Schüler, dass sie sich so gefahrlos in der Schule anrufen lassen können, da Lehrer im Gegensatz zu Schülern diesen Klingelton nicht hören können.

- Ist diese Werbeaussage richtig?

Die Wahrnehmung des gesunden menschlichen Gehörs beschränkt sich auf die Frequenzen zwischen 20 Hz und 20 kHz (Tabelle 1).

Tabelle 1 Nutzung unterschiedlicher Frequenzbereiche

Schallart	Frequenzbereich	Nutzungsbeispiele
Infraschall	0 Hz – 20 Hz	Seismographie
Hörschall	20 Hz – 20 kHz	Gehör des Menschen
Ultraschall	20 kHz – 1 GHz	Orientierung von Fledermäusen
Hyperschall	1 GHz – 10 THz	Aerodynamik

Das Gehör nimmt unterschiedliche Frequenzen unterschiedlich laut wahr. Besonders gut hört das Gehör den Bereich der menschlichen Stimme: Diese Frequenzen liegen zwischen 500 Hz und 5 kHz.

Sprachschall

→ **Das Gehör ist für Sprachschall besonders empfindlich.**

Das Fletcher-Munson-Diagramm (Abb. 1, Seite 249) stellt die frequenzabhängigen Verläufe der Hörschwelle, der Unbehaglichkeitsgrenze und der Schmerzgrenze dar. Am Verlauf der Hörschwelle ist gut zu erkennen, dass das Gehör genau in dem mittleren Frequenzbereich zwischen 500 Hz und 5 kHz, in dem der Sprachschall liegt, empfindlicher ist als für Frequenzen unter 500 Hz und über 5 kHz. Um sicherzustellen, dass der gesamte Frequenzbereich gleich laut wahrgenommen wird, müssen tiefe und hohe Frequenzen lauter sein als die mittleren. Aus diesem Grund befinden sich zum Beispiel an den meisten HiFi-Verstärkern Loudness- oder Contour-Tasten zur Anhebung dieser hohen und tiefen Frequenzbereiche.

→ **Hohe und tiefe Frequenzen werden leiser gehört als mittlere.**

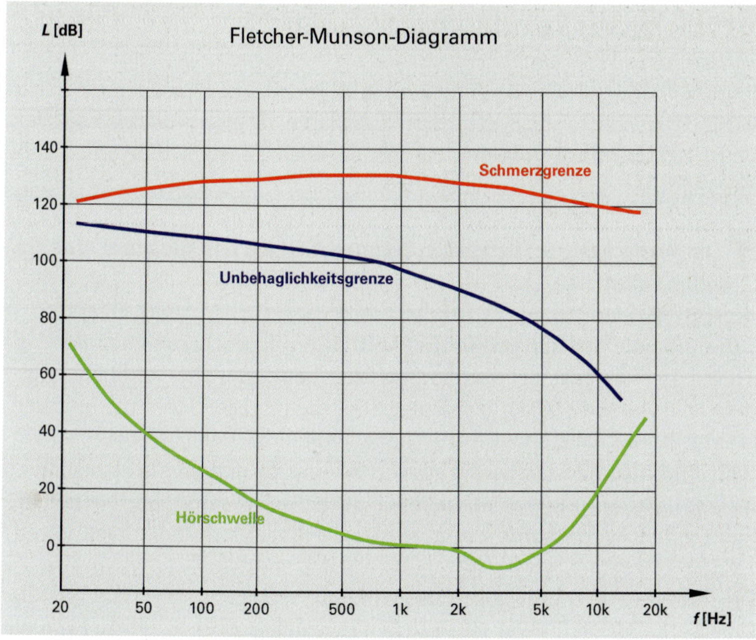

Abb. 1 Fletcher-Munson-Diagramm

Fletcher-Munson-Diagramm

Das Gehör kann die verschiedenen Frequenzen im Bereich des Hörschalls klar unterscheiden. Selbst sehr ähnliche Tonfrequenzen können vom Gehör eindeutig voneinander unterschieden werden.

Bedingt durch die Bauweise des Innenohres kommt es allerdings nicht nur in Bezug auf Lautstärke, sondern auch in Bezug auf benachbarte Frequenzen zu **Verdeckungseffekten** (Abb. 2), d. h., ein Störpegel verhindert auch dann, dass ein Nutzsignal gehört werden kann, wenn die Frequenzen der Signale nicht übereinstimmen.

Verdeckungseffekt

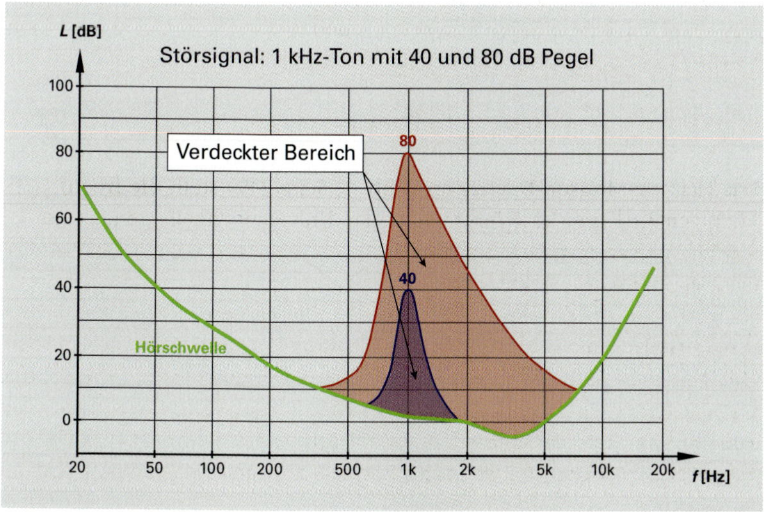

Abb. 2 Wirkungsweise des Verdeckungseffekts

→ **Laute Signale können leise Signale verdecken.**

Beim Gehör verdeckt eine Frequenz mit einer hohen Lautstärke benachbarte Frequenzen mit geringerer Lautstärke. Dieser Verdeckungseffekt betrifft einen umso größeren Frequenzbereich, je lauter die verdeckende Frequenz ist.

→ **Die Verdeckung betrifft einen Frequenzbereich und nicht nur eine einzelne Frequenz.**

Sprachverständlichkeit

Um eine gute **Sprachverständlichkeit** zu erreichen, muss auch der Verdeckungseffekt beachtet werden. Da sich beispielsweise weibliche Stimmen eher im oberen Frequenzbereich der menschlichen Stimme befinden, ist Musik, die über einen relativ hohen Anteil an tiefen Frequenzen verfügt, unproblematisch. Dies könnte z. B. eine basslastige Musik, eventuell in Kombination mit eine männlichen Singstimme, sein. Eine zweite ähnliche weibliche Singstimme könnte hier die Sprachverständlichkeit stören.

Die Fähigkeit der Lautstärkewahrnehmung verändert sich im Laufe des Lebens. Die Sensibilität der sensorischen Haarzellen im Corti-Organ kann mit zunehmendem Alter insgesamt nachlassen und damit zur Schwerhörigkeit führen. Das bedeutet, dass die Hörschwelle immer weiter ansteigt. Die Ursachen dafür sind individuell unterschiedlich.

→ **Mit zunehmendem Alter lässt die Lautstärkewahrnehmung nach.**

Altersschwerhörigkeit

Auf natürliche Weise entsteht mit zunehmendem **Alter** auch eine frequenzbezogene **Schwerhörigkeit**. Das Gehör verliert zunehmend die Fähigkeit hohe Frequenzen wahrzunehmen. Dabei verschiebt sich die Grenze der gerade noch wahrnehmbaren obersten Frequenz immer weiter in Richtung tieferer Frequenzen (Abb. 1).

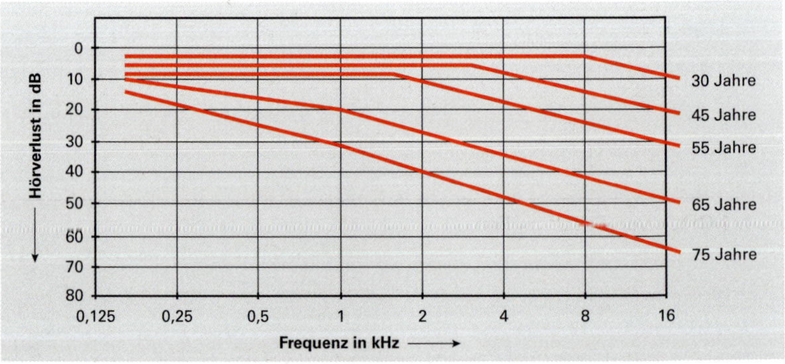

Abb. 1 Altersbedingte frequenzbezogene Schwerhörigkeit

Um die Fähigkeit der individuellen Frequenzwahrnehmung des Gehörs festzustellen, sollten zum Berufseintritt und dann in regelmäßigen Abständen Hörtests vorgenommen werden.

→ **Die Wahrnehmung höherer Frequenzen lässt im Alter nach.**

Die Werbeaussage stimmt daher nur dann, wenn beim betroffenen Lehrer bereits eine altersbedingte frequenzbezogene Schwerhörigkeit vorliegt. Als fleißiger Discothekenbesucher oder iPod-Nutzer besteht für den Schüler allerdings auch die „Chance", dass er, bedingt durch eine Gehörschädigung, das 19-kHz-Handyklingeln auch nicht hören kann.

9.2.3 Binaurales Hören

Bei den Dreharbeiten für eine Pokerszene eines Fernsehfilms in Stereoton wird gleichzeitig mit zwei Mikrofonen aufgenommen.

- Welchen Vorteil bietet die Verwendung von zwei Mikrofonen und wie sollten sie bei der Aufnahme aufgestellt werden?

Binaurales Hören

Der Begriff **„Binaurales Hören"** bedeutet das „Hören mit zwei Ohren". Räumliches Hören ist ohnehin nur durch das Hören mit zwei Ohren möglich. Durch den Abstand beider Ohren zueinander erreicht der Schall ein Ohr früher als das andere. Zudem wird durch die Form und die Anordnung der Ohren der Schall mit jedem Ohr unterschiedlich laut wahrgenommen. Durch den Laufzeit-, Intensitäts- und Klangunterschied kann das Gehör Schallquellen im Raum orten (Abb. 1).

Abb. 1 Orten von Schallquellen

Schallquellenortung

→ **Durch binaurales Hören kann der Mensch Geräuschquellen orten.**

Die Laufzeitunterschiede kommen durch unterschiedlich lange Schallwege zustande, während die Intensitätsunterschiede entstehen, weil das der Schallquelle zugewandte Ohr den Schall lauter wahrnimmt als das der Schallquelle abgewandte. Die Klangunterschiede entstehen, wenn der Schall der Quelle aus verschiedenen Richtungen auf den Kopf und die Ohrmuschel des Hörenden trifft. Neben der Form der Ohrmuschel erzeugen eine Reihe weiterer Faktoren wie Kopfform, Haarlänge, Frisur oder Körpergewicht Klangveränderungen.

→ **Schallquellenortung basiert auf Intensitäts-, Laufzeit- und Klangunterschieden.**

Die Ortung von Schallquellen ist die Auswertung aller drei Verfahren. Bei der Produktion im Stereo- oder Mehrkanalton wird bei der Aufstellung der Mikrofone und bei der Abmischung des Ergebnisses auf diesen Prinzipien aufgebaut.

Bei der Pokerszene sitzen die Akteure rechts und links am Pokertisch. Damit der Zuschauer die Schallquellen (Akteure) binaural orten kann, muss der Ton des rechts Sitzenden von rechts kommen (rechter Lautsprecher des TV-Geräts) und der des links Sitzenden von links (linker Lautsprecher des TV-Geräts) (Abb. 1).

Abb. 1 Realisierung einer Pokerszene

Das kann nur mit zwei Mikrofonen realisiert werden, deren Signale jeweils auf den rechten oder linken Lautsprecher des Fernsehers geschaltet werden. Die Hörwahrnehmung ist hierbei ganz natürlich, denn in einer realen Situation würde der Schall der Personen auch aus der jeweiligen Richtung kommen.

9.2.4 Technische Daten des Gehörs

Für einen Magazinbeitrag soll ein EB-Team in einer Bahnhofshalle die Stimmung in Bild und Ton möglichst authentisch aufnehmen.

- Was bedeutet in diesem Fall eine authentische Tonaufnahme?
- Welche Aspekte des Gehörs spielen bei der Mikrofonauswahl eine wichtige Rolle?

Die technischen Daten des Gehörs sind eine wichtige Grundlage zur technischen Auslegung von Geräten der Medientechnik. So basiert beispielsweise die Entwicklung des MP3-Formats unter anderem auf der Lautstärkewahrnehmung und dem Verdeckungseffekt des Gehörs.

→ **MP3 basiert auf Erkenntnissen aus der Hör- und Psychoakustik.**

Mikrofone sind gewissermaßen die Ohren der Tontechnik. Genau wie beim Gehör wird im Mikrofon Schall in elektrische Energie gewandelt, um weiter verarbeitet werden zu können.

Die Tabelle 1 zeigt die wichtigsten technischen Daten des Gehörs.

Tabelle 1 Technische Daten des Gehörs

Eigenschaft	Technische Daten
Hörbarer Frequenzbereich	20 Hz bis 20 000 Hz
Infraschall-Empfindlichkeit	keine
Ultraschall-Empfindlichkeit	keine
Horizontale Auflösung (rechts, links)	ca. 3 Grad
Vertikale Auflösung (oben, unten)	ca. 17 Grad
Kleinster hörbarer Laufzeitunterschied	ca. 3 µs
Lautstärkebereich	0 bis 120 dB
Unterscheidbare Lautstärkestufen	ca. 1 000 000 Stufen
Kleinster hörbarer Frequenzunterschied	ca. 0,5 %

Eine authentisch klingende Mikrofonaufnahme erzeugt ein exaktes und realitätsnahes **akustisches Abbild** der Szene. Genau wie beim realen Hören müssen dabei Schallquellen, die weiter weg stehen, leiser sein. Im Falle einer Stereoaufnahme sollten auch die Richtungen der Schallquellen mit der Realität übereinstimmen.

akustisches Raumabbild

→ **Eine authentische klingende Aufnahme bildet Klang, Lautstärke und Richtung der Schallquellen korrekt ab.**

Da in der Bahnhofshalle viele unterschiedliche Tonquellen aus unterschiedlichsten Richtungen gleichzeitig aktiv sind (Abb. 1), sollten die Mikrofone sowohl bei einer Mono- als auch bei einer Stereoaufnahme in Hörhöhe und möglichst am Ort des Hörens aufgebaut werden. Soll nach der Aufnahme das akustische Raumabbild ergänzt werden, indem einzelne Quellen gezielt dazu gemischt werden, empfiehlt sich vorher die gezielte Aufnahme einzelner Geräuschquellen mit einem Richtmikrofon.

Abb. 1 Bahnhofshalle als Geräuschkulisse

9.3 Störung der auditiven Wahrnehmung

Genauso wie Farbfehlsichtigkeiten erschweren auch Gehördefekte die Ausübung von Medienberufen. Manchmal erwächst aus der Medientechnik selbst die Gefahr der Störung oder sogar Schädigung des Gehörs. Hierbei wird zwischen dauerhafter Schädigung und kurzzeitiger Störung eines oder beider Ohren unterschieden.

9.3.1 Frequenzbezogene Schwerhörigkeit

Durch einen elektronischen Defekt eines Videomonitors ist im Videoschnittraum wochenlang ein permanenter Piepton mit konstanter Frequenz aus diesem Monitor zu hören.

- Welchen Gefahren ist der Cutter hier ausgesetzt?

Problematisch ist, dass der Cocktailparty-Effekt die bewusste Wahrnehmung von Dauertönen reduziert.

Durch die dauerhafte Einwirkung einer konstanten Tonfrequenz auf das Gehör werden die für diese spezielle Frequenz zuständigen sensorischen Haarzellen permanent gereizt, sodass eine Störung der Haarzellen eintreten kann. Unter Umständen kann sich aus dieser Störung eine irreparable Schädigung entwickeln, bei der dann keine Regeneration mehr möglich ist. Das Gehör ist dann für diese konstant einwirkende Tonfrequenz entweder vorübergehend oder dauerhaft taub.

Gehörschädigung

→ **Dauertöne können das Gehör schädigen.**

Setzt sich der Cutter längere Zeit diesem Dauerton aus, kann sein Gehör diese frequenzbezogene Schwerhörigkeit entwickeln.

9.3.2 Lautstärkebezogene Schwerhörigkeit

Bei der Aufzeichnung eines Live-Konzerts einer Death-Metal-Band befindet sich ein Kameramann mit einer Handkamera auf der Bühne.

- Mit welchen Gefahren muss der Kameramann rechnen?

Die lautstärkebezogene Schwerhörigkeit stellt sich ein, wenn das Gehör einem zu hohen Geräuschpegel ausgesetzt wird. Der Grad der Schädigung des Gehörs hängt wesentlich davon ab, wie hoch Geräuschpegel und Einwirkdauer waren. Ob die Schädigung vorübergehend oder dauerhaft ist, hängt davon ab, wie stark die sensorischen Haarzellen des Innenohres geschädigt wurden.

→ **Die Gefahr für das Gehör hängt von der Schallenergie ab, d. h. von der Schallleistung und der Einwirkdauer.**

Knalltrauma

Ein **Knalltrauma** ist eine Schädigung des Gehörs, das durch ein kurzzeitig sehr lautes Schallereignis ausgelöst wird. Das kann beispielsweise auch eine plötzliche Rückkopplung mit hoher Schallleistung sein, aber auch der Schlag auf die Snare-Drum, während sich jemand mit seinem Ohr direkt neben der Snare-Drum befindet. Dabei ist die schädigende Lautstärke individuell sehr unterschiedlich.

Eine Schädigung führt zum partiellen Hörverlust und kann schlimmstenfalls den Riss des Trommelfells, die Schädigung der Gehörknöchelchen und eine dauerhafte Schädigung der sensorischen Haarzellen bedeuten.

Der Kameramann ist auf der Bühne genau diesen Gefahren ausgesetzt. Die Lautstärke des Bühnenmonitoring-Systems, und auch die direkte Nähe zum Schlagzeug können unter Umständen Gehörschäden verursachen. Außerdem ist der dauerhaft hohe Geräuschpegel auf der Bühne insgesamt dazu geeignet, Schädigungen des Gehörs zu verursachen, weil die zulässige Lärmdosis häufiger überschritten wird.

9.3.3 Lärmdosis

Beim Soundcheck für das Death-Metal-Konzert gibt es eine Rückkopplung durch das Mikrofon des Sängers. Der Audio-Engineer hatte währenddessen einen Kopfhörer auf.

- Besteht eine Gefahr für das Gehör des Audio-Engineers?

Dauerbelastungen des Gehörs, wie sie auf Konzerten oder in Diskotheken auftreten, können das Gehör irreparabel schädigen. Das geschieht entweder in einem langsamen Prozess oder spontan durch plötzlich auftretende laute Schallereignisse. Dabei ist die Fehleinschätzung der subjektiv empfundenen Lautstärke gefährlich.

Lärmdosis

Nach den arbeitsrechtlichen Bestimmungen darf die tägliche **Lärmdosis** bei einem achtstündigen Arbeitstag den festgelegten Tages-Lärmexpositionspegel $L_{EX,8h}$ von 85 dB nicht überschreiten, da sonst die Gefahr einer Gehörschädigung besteht.

Bei Lärmpegeln von über 100 dB, wie sie in Diskotheken, aber auch bei MP3-Player-Kopfhörern regelmäßig vorkommen, kann es bei häufigem Gebrauch schon nach 15 Minuten täglich zu Gehörschäden kommen (Abb. 1).

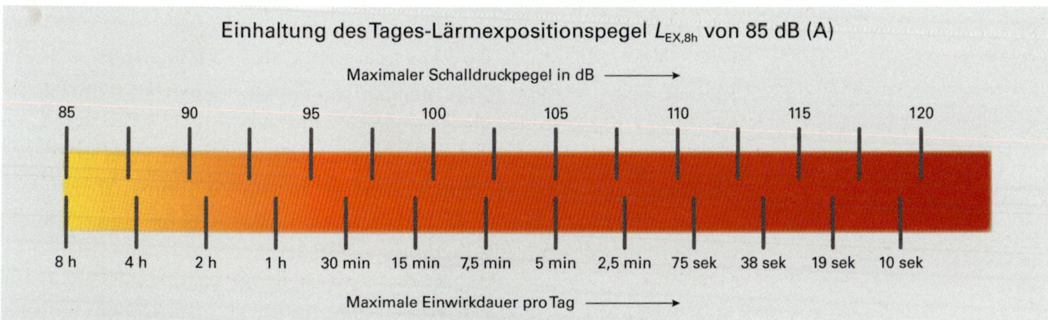

Abb. 1 Lärmdosis in Abhängigkeit von Intensität und Einwirkdauer

In der Audiotechnik schützen ein besonnener Umgang und der korrekte Einsatz der Gerätschaften das Gehör des Benutzers und der Kunden. Durch falsche Handhabung von Geräten, wie bei der geschilderten Rückkopplung, die der Audio-Engineer sehr laut im Kopfhörer hört, kann das Gehör dauerhaft geschädigt werden.

9.4 Aufgaben und Übungen

1. Als Passagier eines Verkehrsflugzeuges erleben Sie beim Landeanflug ein starkes Druckgefühl in den Ohren. Zudem klingt das, was Sie hören, zunehmend dumpfer. Beschreiben Sie, welche Gegenmaßnahmen sinnvoll sind und welche Rolle der Trompetengang in diesem Zusammenhang spielt!

2. Ermitteln Sie mithilfe des Diagramms auf Seite 250 den wahrscheinlichen Hörverlust eines 65-jährigen bei einer Frequenz von 2 kHz!

3. Durch den Einsatz bestimmter Geräusche werden in Filmen gezielte Assoziationen beim Zuschauer abgerufen, die sich dann auf die Rezeption des Films auswirken. Erstellen Sie eine Liste von mindestens zehn akustischen Ereignissen mit ihren dazugehörigen assoziierten Erinnerungen bzw. Empfindungen nach folgendem Muster: Zahnarztbohrergeräusch – Schmerzen, Schuss – Mord!

4. Erklären Sie die folgenden Begriffe sowie die jeweils zugrunde liegenden Mechanismen des Gehörs:

   a) Knalltrauma,
   b) lärmbedingte Schwerhörigkeit und
   c) Cocktailpartyeffekt.

5. Das Fletcher-Munson-Diagramm stellt die Hörschwelle als Kurve dar. Bestimmen Sie, welchen Schalldruckpegel ein 100-Hz-Ton haben muss, um genau so laut wahrgenommen zu werden wie ein 1-kHz-Ton an der Hörschwelle!

6. Klären Sie mithilfe eines geeigneten Diagramms, ob Sie einen Ton von 2 kHz mit einem Schalldruckpegel von 40 dB wahrnehmen können, wenn gleichzeitig ein 1-kHz-Ton mit einem Schalldruckpegel von 80 dB ertönt.

7. Beschreiben Sie die drei Mechanismen, mit denen die räumliche Ortung einer Schallquelle durch das Gehör erfolgt!

8. Erklären Sie, wieso es durch Dauergeräusche zu frequenzbezogener Schwerhörigkeit kommen kann, obwohl das Gehör diese Dauergeräusche ausblendet (Cocktailparty-Effekt)!

9. Im Probenraum einer Band beträgt der Schalldruckpegel bei der wöchentlichen Probe im Durchschnitt 105 dB. Bestimmen Sie, wie lange die Probe maximal dauern darf, damit die Musiker nicht gefährdet sind!

10. Erörtern Sie, weshalb es zwingend notwendig ist, den Tageslärmexpositionspegel an Arbeitsplätzen einzuhalten!

10 Akustische Grundlagen

Heute werden hohe Anforderungen an die Audioproduktionen in Fernseh-, Radio- und Onlinemedien gestellt, damit einerseits das Türknarren im Horrorfilm auch wirklich gruselig klingt und andererseits der Sprecher einer Nachrichtensendung gut zu verstehen ist. Alle diese in Medien verwendeten Schallquellen, wie beispielsweise Musik, Geräusche oder Sprache, basieren auf den gleichen akustischen Prinzipien der Schallerzeugung und der Schallausbreitung, die in den folgenden Kapiteln behandelt werden.

Die Tabelle 1 gibt einen Überblick über Arbeitsbereiche in der Medienbranche, bei denen Kenntnisse in der Akustik essenziell sind.

Tabelle 1 Arbeitsbereiche bei denen Akustikkenntnisse wichtig sind

Bezeichnung	Tätigkeitsfelder
(Ton-) Studioplaner • Akustikplaner • Raumakustiker	• Plant die Akustik von Räumen • Arbeitet mit Schallresonatoren, -absorbern und -reflektoren
Toningenieur • Tonmeister • Sound Engineer	• Beeinflusst die Aufnahmeakustik • Arbeitet mit Hallgeräten, Effektgeräten und Regelverstärkern
Veranstaltungmeister • Bühnenmeister • Live-Mischer	• Ist für die Beschallung zuständig • Plant und betreibt Beschallungsanlagen von Veranstaltungsorten
Veranstaltungstechniker • Bühnentechniker • Tontechniker	• Arbeitet mit Beschallungsanlagen • Installiert Beschallungsanlagen bei Events und Konzerten

10.1 Schallerzeugung

Schall entsteht, wenn Gegenstände in mechanische Schwingungen versetzt werden, genauso wie das bei einer Stimmgabel, einer Gitarrensaite oder einer Lautsprechermembran der Fall ist. Ob dieser Schall hörbar ist oder nicht, liegt an der Lautstärke und der Frequenz des Schalls. Der Mensch kann nur den kleinen Ausschnitt des Schallspektrums zwischen **Infra-** und **Ultraschall** wahrnehmen und auch nur dann, wenn die Lautstärke des Schalls oberhalb seiner Hörschwelle liegt.

Ohne schwingungsfähige Materie kann Schall nicht existieren.

Infraschall, Ultraschall

→ **Der Mensch kann Infraschall und Ultraschall nicht hören.**

10.1.1 Schallschwingungen

Zwei Musiker spielen bei einer Aufnahme im Tonstudio mit ihren Instrumenten nacheinander einen exakt gleichen Ton mit exakt gleicher Lautstärke, allerdings mit unterschiedlichen Instrumenten. Obwohl die Instrumente perfekt gestimmt und auch aufeinander abgestimmt sind, hören sich die beiden Töne sowohl live im Aufnahmestudio selbst als auch später auf der Aufnahme völlig unterschiedlich an.

Zudem kann ein Zuhörer, obwohl dieser nicht bei der Aufnahme anwesend war, beim späteren Anhören der Aufnahmen absolut treffsicher erkennen, dass es sich um zwei verschiedene Instrumente handelt und um welche Instrumente es sich handelt (Abb. 1).

- Wie lässt sich dieser deutlich hörbare Unterschied im Tonstudio und auf der Aufnahme erklären?

Abb. 1 Holzblas- und Streichinstrument (Saxophon und Violine)

Ton, Grundton

Schwingungsamplitude

Schall, der aus einer reinen Sinusschwingung besteht, wird als **Ton** oder **Grundton** bezeichnet. Die Frequenz dieser **Schwingung** ist dabei für die gehörte Tonhöhe und die **Amplitude** für die wahrgenommene Lautstärke des Tons verantwortlich (Abb. 2).

→ **Ein Ton ist eine reine Sinusschwingung.**

Schwingungsfrequenz

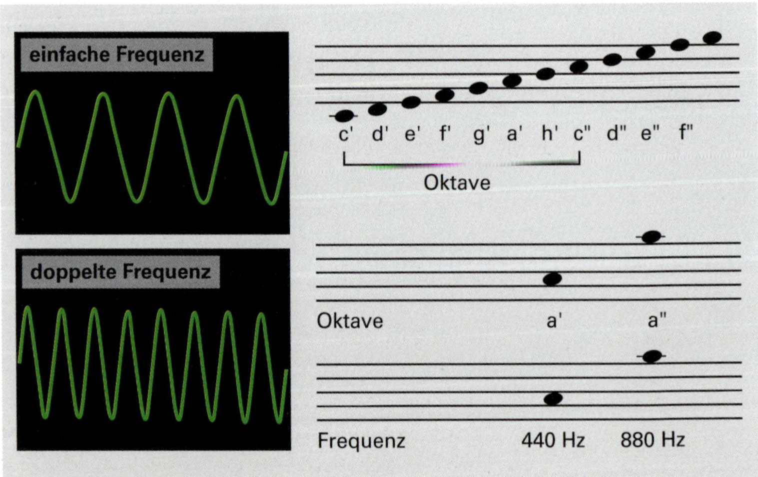

Abb. 2 Tonhöhen, Noten und Tonintervalle

In der Musiktheorie werden die verschiedenen Tonhöhen in einem international bekannten **Notensystem** mit fünf Notenlinien aufgezeichnet und mit Buchstaben bezeichnet.

Notensystem

Die Frequenzunterschiede und damit die verschiedenen Abstände zwischen zwei Tonhöhen werden in Tonintervalle unterteilt. Eine Oktave ist ein **Tonintervall**, das eine Verdopplung der Frequenz beschreibt.

Tonintervall

→ **Tonintervalle bezeichnen Frequenzunterschiede zwischen zwei Tönen.**

Immer dann, wenn der Schall mit realen Schallerzeugern wie beispielsweise den Saiten einer Gitarre oder den menschlichen Stimmbändern erzeugt wird, so besteht dieser Schall in der Regel nicht nur aus der reinen Sinusschwingung, dem Grundton. Beispielsweise durch das Mitschwingen des Gitarrenkorpus bzw. des Kehlkopfes entstehen zusätzliche Schwingungen, sogenannte **Obertöne**.

Obertöne

→ **Reale Schallerzeuger erzeugen in der Regel Grundschwingungen mit Obertönen.**

Diese Obertöne haben andere Frequenzen und Amplituden und sie überlagern sich dann mit der Grundschwingung des eigentlichen Schallerzeugers (Abb. 1).

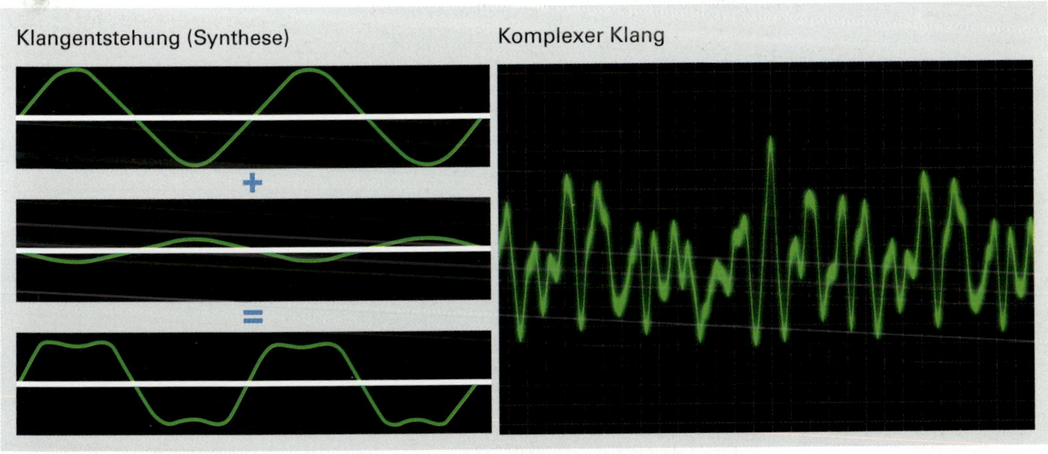

Abb. 1 Entstehung von Schwingungen durch Überlagerung

Bei dieser Überlagerung (Klangsynthese) verschiedener Schallquellen entsteht durch Addition der einzelnen Schwingungen in der Regel ein komplexer zeitlicher Signalverlauf des Schalls.

→ **Schallschwingungen überlagern sich.**

In der Realität ist es sehr unwahrscheinlich, einen reinen Ton bzw. eine reine Sinusschwingung als Schallereignis anzutreffen. Stattdessen gibt es eine Vielzahl von realen hörbaren Schallereignissen, die aus der additiven Überlagerung verschiedener Schallquellen hervorgehen.

Bei einer Gitarre schwingt nicht nur die Saite, sondern auch der Korpus.

Für reale hörbare Schallereignisse wird, ausgehend von einem reinen Ton, die in der folgenden Tabelle 1 dargestellte Klassifizierung anhand der Zusammensetzung des Schalls vorgenommen.

Klang

Rauschen

Geräusch

Tabelle 1 Klassifizierung von Schallsignalen

Schallereignis	Beschreibung
Ton	• rein sinusförmig • eine Frequenz • eine Amplitude
Tongemisch	• mehrere unterschiedliche Töne • mehrere unterschiedliche Frequenzen • mehrere unterschiedliche Amplituden
Klang	• Grundton mit Obertönen • mehrere unterschiedliche Frequenzen • mehrere unterschiedliche Amplituden
Rauschen	• viele unterschiedliche Frequenzen • weißes Rauschen: alle Frequenzen mit gleichen Amplituden • rosa Rauschen: alle Frequenzen, allerdings mit unterschiedlichen Amplituden
Geräusch (z. B. Papierrascheln)	• kann keiner Tonhöhe zugeordnet werden • hat keinen Grundton • anteilig Töne • anteilig Klänge • anteilig Rauschen
Impuls (z. B. Schuss)	• beliebiges Schallereignis • einmalig • kurze Dauer

Die beiden Musiker im Tonstudio können zwar mit gleicher Lautstärke spielen, jedoch gelingt es keinem der beiden, einen (reinen) Ton erzeugen. Vielmehr erzeugt jedes Instrument anstelle eines reinen Tons einen Klang. Tatsächlich ist hier ein Widerspruch zu entdecken. Das, was in der Musik „Ton" genannt wird, ist aus akustischer Sicht ein Klang. So kann der Musiker zwar versuchen, den in seinem Notenblatt notierten (Grund-) Ton zu spielen, aber sein Musikinstrument macht daraus stets einen Klang. In der Realität entsteht zusätzlich zum Grundton immer eine Vielzahl von Obertönen.

→ **Alle realen Schallerzeuger produzieren nie einen Ton allein, sie erzeugen immer einen Klang!**

Dass ein Zuhörer in der Lage ist, sowohl live als auch auf der Aufnahme Instrumente zu unterscheiden, ist also auf diese zusätzlichen klangtypischen Obertöne zurückzuführen. So ist auch das Geheimnis des Klangs der berühmten Stradivari-Geigen nicht in den Grundtönen, sondern in deren Obertönen verborgen.

10.1.2 Eigenschaften von Schallquellen

In einem Tonstudio soll eine Band aufgenommen werden. Die Besetzung der Band besteht aus Gesang (weiblich), Schlagzeug (akustisch), Keyboard, E-Gitarre, E-Bass, Saxophon und Trompete.

- Wie sollten die Schallquellen im Tonstudio aufgenommen werden, damit sie später in einer Abmischung (Mixdown) zusammengemischt werden können?
- Welche Eigenschaften der verschiedenen Schallquellen müssen bereits bei der Aufnahme berücksichtigt werden?

Schallquellen

Zu den natürlichen **Schallquellen** zählen neben der menschlichen Sprech- und Singstimme auch die akustischen Musikinstrumente, während künstlicher Schall in der Regel mit einem elektronischen Synthesizer erzeugt **(synthetisiert)** wird. Da in der Medientechnik Schall in der Regel aufgenommen oder wiedergegeben werden soll, ist eine Einordnung der Schallquellen nach den von ihnen erzeugten Schallarten, wie in Tabelle 1, sinnvoll.

Synthetisieren: Herstellen, zusammensetzen

Nutzschall

Störschall

Lärm

Tabelle 1 Klassifizierung von Schallquellen

Schallart	Beschreibung
Nutzschallquellen	Quellen, die zur Schallaufnahme oder direkter Schallwahrnehmung genutzt werden sollen. Dazu zählen: • Sprecher, Moderatoren, Interviewpartner • Musikinstrumente • Umgebungsgeräusche (Atmo) • Studiobeschallungseinrichtungen • Studioabhöreinrichtungen • usw.
Störschallquellen	Quellen, die die Schallaufnahme oder die direkte Schallwahrnehmung beeinträchtigen. Dazu zählen: • Publikum im Studio, Passanten • Verkehr (Hintergrundgeräusche) • Maschinen (Hintergrundgeräusche) • Laufwerke (z. B. das der Kamera) • Echos (bei Sprache) • Rückkopplungen • usw.
Lärmquellen	Quellen, die die Schallaufnahme behindern und bei der direkten Schallwahrnehmung durch ihre Lautstärke und ihre Klangstruktur eine störende, belastende oder sogar gesundheitsschädigende Wirkung auf den Menschen haben. Dazu zählen: • Maschinen, Werkzeuge • Düsenflugzeuge • Waffen • usw.

Sprachverständlichkeits-index

Gerade bei der Sprachaufnahme wird die Qualität von Aufnahme und Wiedergabe durch das Verhältnis von Nutzschall zu Störschall, dem **Sprachverständlichkeitsindex** (Artikulationsindex) beschrieben. Generell sollte bei Aufnahmen das Verhältnis von Nutzschall zu Störschall so hoch wie möglich gewählt werden, denn der aufgezeichnete Störschall erschwert die spätere Audio-Postproduktion erheblich.

→ **Angestrebt wird stets ein hohes Nutzschall- zu Störschallverhältnis.**

Klangphasen

Bei natürlichen Schallquellen kann der erzeugte Klang aufgrund der mechanischen Schallerzeugung weder beliebig schnell starten noch beliebig schnell enden. Stattdessen durchläuft der **Klang** einer natürlichen Schallquelle drei **Phasen**:

- Phase 1: Einschwingen (Start des Klangs)
- Phase 2: Quasistationäre Schwingung (Klang)
- Phase 3: Ausklingen (Ende des Klangs)

Während das Einschwingen eines natürlichen Klangs, das maßgeblich die Wahrnehmung des Klangs bestimmt, normalerweise im Bereich von 15-50 ms liegt, kann das Ausklingen je nach Schallquelle deutlich länger dauern.

ADSR

Künstliche Schallquellen wie Keyboards oder Synthesizer imitieren dieses Schwingungsverhalten der natürlichen Schallquellen, indem das An- bzw. Abklingen der elektronischen Signalschwingung mithilfe von **ADSR**-Parametern realisiert wird (Abb. 1):

- **A**ttack: Zeit nach dem Drücken der Taste, bis das Signal das Maximum erreicht
- **D**ecay: Zeit, bis das Signal Sustainlevel erreicht
- **S**ustain: Haltepegel in % des Signalmaximums
- **R**elease: Zeit nach dem Loslassen der Taste bis zum Ausklingen des Tons

ADR

→ **Die künstliche Klangformung geschieht mithilfe der ADSR-Kurve oder der ADR-Kurve.**

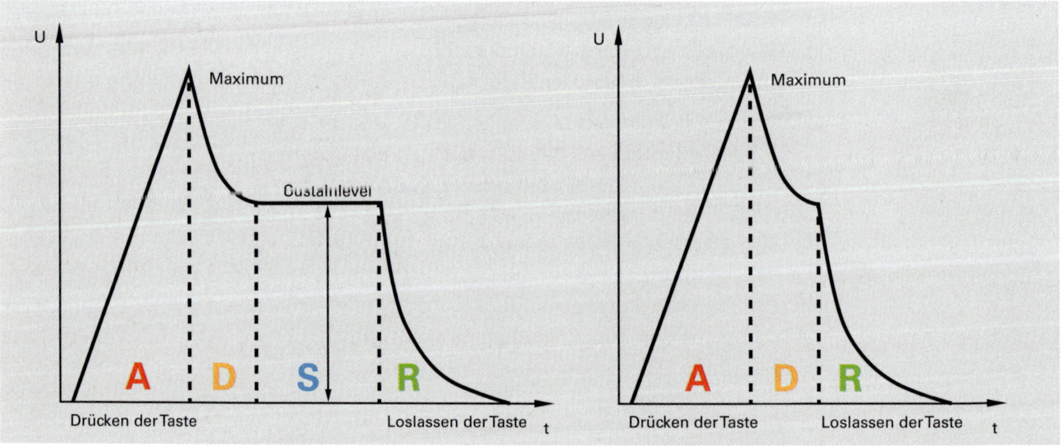

Abb. 1 ADSR- und ADR-Kurve bei der elektronischen Klangerzeugung

Zur definierten Beeinflussung der Klangeigenschaften bei der Abmischung oder beim Sounddesign ist die Kenntnis des Frequenzbereichs der natürlichen Nutzschallquelle hilfreich, da dieser nicht wie bei künstlichen Schallquellen eingestellt werden kann. Dieser Frequenzbereich wird bei Sprech- und Singstimmen, aber auch bei Musikinstrumenten **Tonumfang** genannt. Wie Tabelle 1 zeigt, unterscheiden sich die **Sprechstimmen** von Männern, Frauen und Kindern sowohl bei der Sprechtonhöhe (Grundfrequenz) als auch im gesamten verwendeten Sprachfrequenzbereich.

Tonumfang

Sprechstimme

→ **Der genutzte Frequenzbereich einer Schallquelle wird Tonumfang genannt.**

Tabelle 1 Frequenzbereiche der menschlichen Stimme

Sprechstimme	Mann	Frau und Kind
Grundfrequenz	110 Hz – 160 Hz	220 Hz – 330 Hz
Frequenzbereich	100 Hz – 10 kHz	200 Hz – 10 kHz

Bei den Singstimmen werden in der Musik verschiedene **Stimmlagen** unterschieden, die jeweils einen bestimmten Grundtonumfang (Frequenzbereich) abdecken (Tabelle 2):

Stimmlage

→ **Singstimmen werden Stimmlagen und damit bestimmten Frequenzbereichen zugeordnet.**

Singstimme

Tabelle 2 Stimmlagen der menschlichen Singstimme

Singstimme	normal	maximal
Bass	82 Hz – 330 Hz	220 Hz – 330 Hz
Bariton	98 Hz – 392 Hz	200 Hz – 10 kHz
Tenor	124 Hz – 494 Hz	110 Hz – 587 Hz
Alt	175 Hz – 699 Hz	165 Hz – 880 Hz
Mezzo-Sopran	220 Hz – 880 Hz	196 Hz – 1047 Hz
Sopran	262 Hz – 1047 Hz	247 Hz – 1319 Hz

Der **Klang** eines Musikinstrumentes hängt von der Bauart und Baugröße des Instruments und von der Art der Klangerzeugung ab. Prinzipiell kann jedes Bauteil eines Musikinstruments schwingen und dabei Schall abgeben. Dabei hängt der Klang eines Bauteils stark von der Form und dem Material ab. Die Kunst des Instrumentenbaus besteht darin, den Klang aller schwingungsfähigen Bereiche eines Instruments zu einem Gesamtklangbild zusammenzufügen. Das wird nicht nur durch die Bauteile selbst beeinflusst, sondern auch durch die Zusammensetzung und Schichtdicke der verwendeten Lacke.

Klang

→ **Der Klang eines Musikinstruments ist die Summe der Klänge all seiner schwingungsfähigen Bauteile.**

Musikinstrumente werden aufgrund der Art und Weise, wie sie Klänge erzeugen, in verschiedene Kategorien eingeteilt, die in der folgenden Tabelle 1 dargestellt sind:

Saxophon und Querflöte werden zu den Holzblasinstrumenten gezählt, obwohl bei der Flöte kein einziges Bauteil aus Holz besteht und beim Saxophon lediglich das Rohrblatt.

Tabelle 1 Kategorisierung von Musikinstrumenten

Kategorie	Beispiele	Klangerzeugung
Streichinstrumente	Violine Viola Violoncello Kontrabass	Durch das Vorbeistreichen an den Saiten mit einem Bogen, der mit Rosshaaren bespannt ist
Zupfinstrumente	Gitarre Banjo Mandoline Bassgitarre Harfe	Durch Zupfen an den Saiten mit den Fingern oder einem Plektrum
Tasteninstrumente	Klavier Cembalo Orgel	Mit einer Hammermechanik (Klavier), einem Zupfmechanismus (Cembalo) oder Gebläseluft (Orgel) auf Tastendruck
Blechblasinstrumente	Trompete Posaune Horn Tuba	Durch Variation der Lippenspannung und der Rohrlänge bei gleichzeitigem Einpressen von Luft
Holzblasinstrumente	Saxophon Klarinette Flöte Oboe Fagott	Durch Anblasen einer Kante (Flöte) oder durch Schwingungen eines Einzel- oder Doppelrohrblatts
Schlagzeug	Trommel Pauke Becken Triangel Percussion	Durch Anschlagen mit Stöcken (Sticks) oder durch Reiben oder gegeneinander Schlagen.
Elektronisch	E-Gitarre E-Piano E-Orgel	Elektronische Abnahme von schwingenden Saiten und Metallstäben oder rotierenden Metallscheiben
Synthesizer	analog digital monophon polyphon	Durch vollelektronische Klangsynthese mithilfe von elektronischen Signalgeneratoren und Filtern

Grundtonumfang

Die einzelnen Kategorien der Musikinstrumente unterscheiden sich nicht nur in der Art der Klangerzeugung, sondern auch in ihrem **Grundtonumfang** (Grundfrequenzbereich). Generell gilt, dass ein Instrument mit einem größeren Bauvolumen bei gleicher Bauart einen tieferen Grundtonbereich besitzt.

Die folgende Abbildung zeigt den Grundtonumfang bei einer exemplarischen Auswahl von Instrumenten im Vergleich zum Grundtonumfang der menschlichen Stimmlagen.

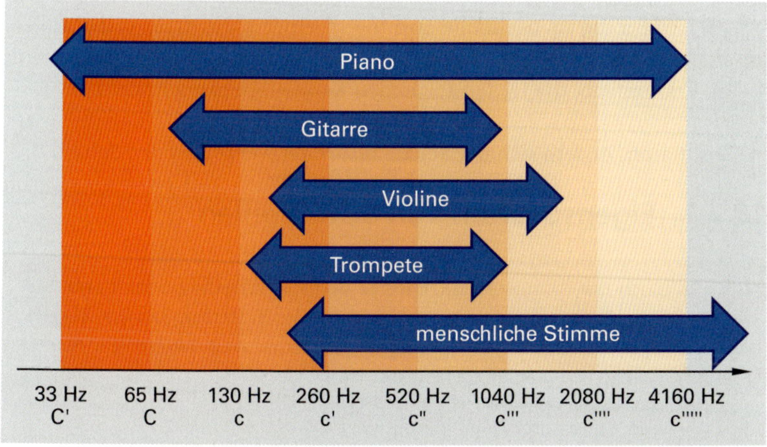

Abb. 1 Grundtonumfang von Musikinstrumenten und menschlicher Stimme

In der Band treffen natürliche Schallquellen (Singstimme, Schlagzeug, Saxophon und Trompete) auf elektronische Schallquellen (E-Gitarre, E-Bass und Keyboard). Im Gegensatz zur Aufnahme natürlicher Schallquellen sind bei der Aufnahme elektronischer Schallquellen weder Mikrofone noch eine anspruchsvolle Raumakustik erforderlich.
Während elektronische Schallquellen einfach über ihren Signalausgang aufgenommen werden, muss bei der Gesangsaufnahme ein Gesangsmikrofon im richtigen Abstand zum Mund eingesetzt werden.
Das Schlagzeug ist eine Gruppe verschiedenen Schallquellen (Trommeln, Becken usw.). Deshalb wird eine Schlagzeugaufnahme immer mehrkanalig und mit mehreren Mikrofonen gleichzeitig durchgeführt.
Für das Saxophon wird genau wie bei der Trompete ein spezielles Instrumentenmikrofon vor dem Schalltrichter eingesetzt. Die Schallabstrahlung erfolgt beim Saxophon allerdings nicht nur über den Schalltrichter, sondern auch seitlich über die Klappen. Deshalb muss bei der Saxophonaufnahme auch dieser seitliche abgestrahlte Schall mit aufgenommen werden. Neben dem Klang, den das Saxophon erzeugt, gibt es beim Spielen durch die Klappenmechanik auch Störgeräusche (Griffgeräusche, Klappengeräusche usw.) ab, die nach Möglichkeit nicht oder möglichst wenig mit aufgenommen werden sollten.
In einer Abmischung (Mixdown) werden die einzelnen Instrumente bzw. Singstimmen der Band zusammengemischt. Für die spätere Abmischung ist es erforderlich, dass die verschiedenen Schallquellen einzeln oder in sinnvoll zusammengestellten Kleingruppen als separate Aufnahmen vorliegen, damit für jede Quelle bzw. Gruppe die akustische Eigenschaften wie beispielsweise Lautstärke oder Klang einzeln eingestellt werden können.
Das Einspielen eines Songs mit der kompletten Bandbesetzung wird normalerweise nicht durchgeführt. Würden die Quellen bereits zusammen aufgenommen, so ist die nachträgliche Trennung einzelner Quellen in der Tonpostproduktion kaum noch möglich.

Störgeräusche, die schon bei der Aufnahme vermieden werden, müssen nachträglich nicht aufwendig in der Postproduktion beseitigt werden.

10.2 Schallausbreitung

Raumakustik

Der Schall, den eine Schallquelle abgibt, wird von der **Raumakustik** der gesamten Umgebung der Schallquelle beeinflusst und verändert. So klingt beispielsweise die menschliche Stimme in einer Kathedrale völlig anders als auf einer verschneiten Wiese. Der tatsächliche Klang hängt dabei von vielen Faktoren ab, die in den folgenden Kapiteln behandelt werden.

➜ **Der Raum, in dem sich der Schall ausbreitet, verändert den Schall.**

10.2.1 Eigenschaften von Schallwellen

Das Geräusch des Raumschiffs „Enterprise" im Vorbeiflug oder beim Einschlag eines „Photonentorpedos" ist jedem Science-Fiction-Fan ein Begriff, genauso wie der Knall bei der Explosion eines weit entfernten Sterns. Obwohl solche Science-Fiction-Filme im Hinblick auf die physikalisch-technische Glaubwürdigkeit oft gut geplant und recherchiert sind, erlauben sich die meisten Produzenten hier aus dramaturgischen Gründen einen Fehler in der Darstellung.

- Welche akustischen Fehler werden bei Science-Fiction-Filmen aus dramaturgischen Gründen oft in Kauf genommen?

Wenn bei einem Krimi geschossen wird, dann geschieht das in der Regel mit Platzpatronen. Beim Schuss explodiert die mit Schießpulver gefüllte Patrone, und die Verbrennungsgase dehnen sich schlagartig aus. Dabei schieben sie die Luftmoleküle in der direkten Umgebung des Pistolenlaufs mit großer Kraft und hoher Geschwindigkeit in alle Richtungen auseinander. Die Luftmoleküle geben ihren Bewegungsimpuls an benachbarte Luftmoleküle weiter.

➜ **Schall breitet sich durch die Weitergabe von Bewegungsimpulsen aus.**

Schallwelle

Diese Weitergabe der Bewegungsimpulse setzt sich von der Pistolenmündung, ausgehend als Wellenbewegung, immer weiter fort. Treffen die **Schallwellen** dann auf das Gehör, so werden diese Bewegungsimpulse von den Luftmolekülen auf das Trommelfell im Ohr übertragen und daraus entsteht das Hörereignis „Knall".

➜ **Schall breitet sich als Druckwelle im Raum aus.**

Übertragungsmedium

Die Luft arbeitet hier als **Übertragungsmedium**, mit dem der Schall und damit das Explosionsgeräusch vor der Pistole zum Ohr transportiert werden. Tatsächlich wird Schall nur dann übertragen, wenn ein Schallträgermedium vorhanden ist.

➜ **Schall benötigt ein Übertragungsmedium. Ohne Übertragungsmedium ist keine Schallausbreitung möglich.**

Die Schallwelle bewegt sich mit Schallgeschwindigkeit. Die Schallgeschwindigkeit ist vom Material des Übertragungsmediums abhängig.

Erst wenn die Schallwelle das Ohr erreicht (Abb. 1), wird sie wahrgenommen.

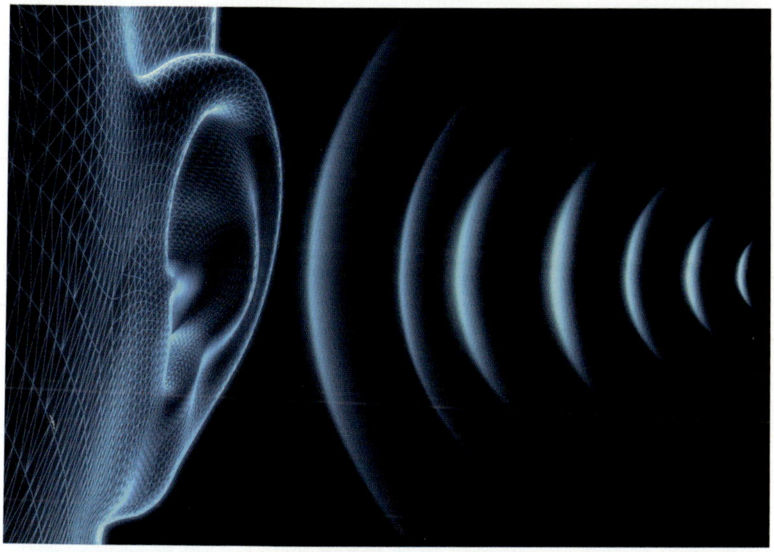

Abb. 1 Die Schallwellen des Schusses treffen auf das Ohr

Wie Tabelle 1 zeigt, muss das Schallträgermedium nicht zwingend gasförmig sein, es kann auch fest oder flüssig sein:

Tabelle 1 Verschiedene Schallträgermedien

Schallträgermedium	Materialbeispiele	Schallart
Gase	Luft, Helium	Luftschall
Flüssigkeiten	Wasser, Öl	Flüssigkeitsschall
Feststoffe	Metall, Beton	Körperschall

→ **Schallausbreitung ist auch in nicht-gasförmigen Stoffen möglich.**

Bei einer großen Distanz zur Pistole kann es sein, dass das Mündungsfeuer schon zu sehen war, während beispielsweise der Schuss erst eine Sekunde später zu hören ist. Der Grund dafür ist, dass sich der Schall deutlich langsamer ausbreitet als Licht:

- **Luftschallgeschwindigkeit**: ca. 340 m/s
- Lichtgeschwindigkeit: ca. 300 000 000 m/s

Luftschall-geschwindigkeit

Schall benötigt in der Luft für eine Strecke von einem Kilometer etwa drei Sekunden. In Flüssigkeiten und Feststoffen kann die Schallgeschwindigkeit erheblich höher sein (Tabelle 2):

So funktioniert auch die Entfernungsabschätzung bei Gewittern: Die Zeit nach dem Blitz in Sekunden bis zum Donner, geteilt durch drei, ist die Entfernung des Gewitters in Kilometern.

Tabelle 2 Verschiedene Schallgeschwindigkeiten

Schallträgermedium	Schallgeschwindigkeit
Luft	ca. 340 m/s
Wasser	ca. 1500 m/s
Eisen	ca. 5000 m/s

Wellenfront

Von der Pistole geht eine Druckwelle aus, die kugelförmig ist und deren Durchmesser mit der Zeit immer größer wird. In genügend großem Abstand wird aus der kugelförmigen **Wellenfront** näherungsweise eine ebene Wellenfront.

→ **Eine Punktschallquelle (z. B. Pistole) strahlt eine Kugelwelle ab. In großem Abstand zur Schallquelle ist die Wellenfront der Kugelwelle annähernd eben.**

Druckwelle

Longitudinalwelle

Die Luftmoleküle werden von der **Druckwelle** nicht weitertransportiert, sondern werden in Richtung der Ausbreitung der Welle an ihrem Platz hin und her bewegt. Eine solche Welle, bei der die Oszillatoren in Ausbreitungsrichtung schwingen, wird als **Longitudinalwelle** (Abb. 1) bezeichnet. Die Kenngrößen Amplitude, Frequenz und Phasenlage werden analog zur sinusförmigen Schwingung festgelegt.

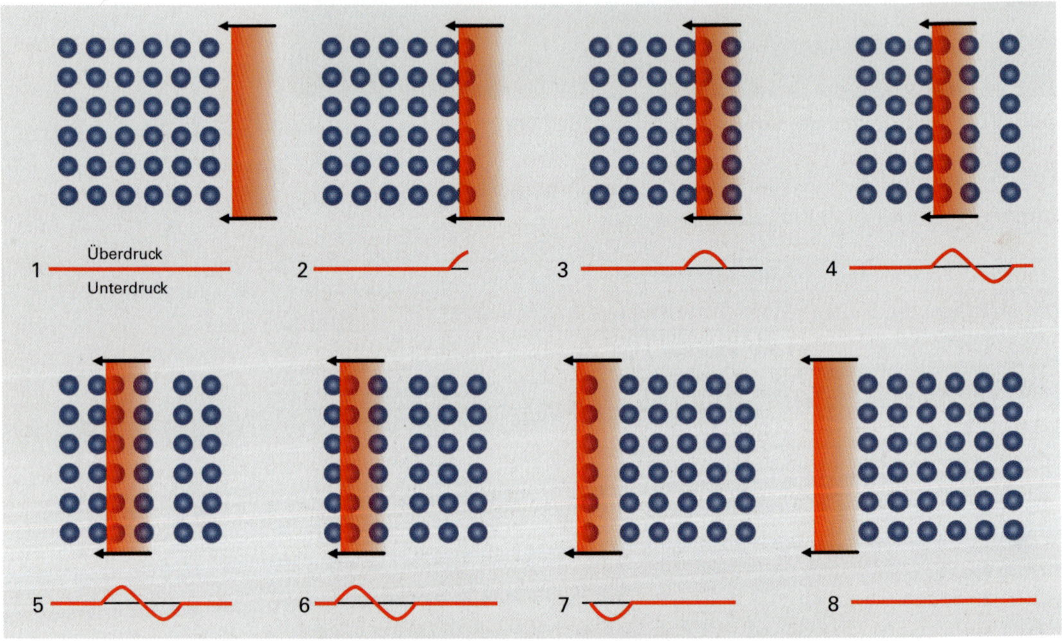

Abb. 1 Schallausbreitung als Longitudinalwelle (Druckwelle)

Schallgeschwindigkeit

Der Zusammenhang zwischen der Wellenlänge λ_S und der Schallfrequenz f_S der Schallwelle wird über die **Schallausbreitungsgeschwindigkeit** c_S beschrieben (Tabelle 1).

$$f_S = c_S/\lambda_S \qquad \text{mit} \qquad c_S = 340 \text{ m/s}$$

Tabelle 1 Frequenz und Schallwellenlänge

Frequenz	Wellenlänge
20 Hz	1700 cm
200 Hz	170 cm
2000 Hz	17 cm
20000 Hz	1,7 cm

→ **In verschiedenen Medien hat eine Schallfrequenz unterschiedliche Wellenlängen, die sich jeweils aus der Schallgeschwindigkeit des Materials ableiten lassen.**

Gerade bei den beschriebenen Science-Fiction-Filmen sind die realen akustischen Bedingungen der Schallausbreitung, wie sie in diesem Kapitel beschrieben sind, aus dramaturgischer Sicht eher hinderlich. Tatsächlich sind im Weltraum aufgrund des fehlenden Schallträgermediums eine Schallausbreitung und damit auch das Hören von Geräuschen nicht möglich. So könnte ein Raumschiff in Wirklichkeit nur völlig geräuschlos vorbeifliegen. Außerdem wäre der Einschlag der Photonentorpedos ohne dazugehörigen Knall genauso unspektakulär wie die völlig lautlose Explosion eines Sterns. Selbst wenn im Weltraum ein gasförmiges Schallträgermedium vorhanden wäre, so müsste der Zuschauer aufgrund der riesigen Entfernungen und der langsamen Schallausbreitung jahrelang auf den Knall der Sternenexplosion warten, die gerade zu sehen war.

10.2.2 Räumliche Ausbreitung von Schallwellen

Die Decke und die Wände eines Aufnahmeraumes im Tonstudio sind mit Noppenschaumstoff und flachen Blechkästen mit gelochter Vorderseite beplankt und auf dem Boden ist Teppichboden verlegt. Zudem ist die innere Scheibe des Doppelscheibenfensters zur Tonregie schräg gekippt eingebaut (Abb. 1).

- Welcher Effekt wird mit diesen besonderen Maßnahmen des Akustikbaus erreicht?

Abb. 1 Innenansicht eines Tonstudios

Wenn sich die Schallwelle auf ihrem Weg zum Ohr oder zum Mikrofon im Raum ausbreitet, trifft sie in der Regel auf Hindernisse wie beispielsweise Boden, Säulen, Wände, Mobiliar oder auch Personen. Diese Hindernisse verändern nicht nur die Richtung der Schallwelle, sondern auch deren Frequenzen, Amplitude und Phasenlage.

In der Raumakustik wirken sich folgende Effekte auf die Eigenschaften der Schallwelle aus:

- Schallreflexion
- Schallbeugung
- Schallbrechung
- Schallabsorption
- Lineare und nicht lineare Verzerrungen

Über diese Effekte prägt jeder Raum den Klang einer Schallquelle auf unterschiedliche Weise, weswegen die gleiche Schallquelle in verschiedenen Räumen unterschiedlich klingt.

Schallreflexion

Schallreflexion

Trifft eine Schallwelle auf eine Fläche, so gelten die gleichen Gesetzmäßigkeiten wie für die Reflexion von Licht, solange die Oberflächenstruktur hinreichend glatt ist. Hinreichend glatt bedeutet, dass die Abmessungen von Fasern, Löchern, Dellen, Vertiefungen, Erhebungen usw. in der Oberfläche kleiner sind als die Wellenlänge des auftreffenden Schalls.

→ **Schallreflexion ist frequenzabhängig.**

Wie Abb. 1 zeigt, wird der auftreffende Schall von einer glatten Fläche (links oben) gerichtet reflektiert, während er von einer rauen oder strukturierten Fläche (rechts oben) diffus abgestrahlt wird, solange die Oberflächenstruktur hinreichend rau ist.

Hinreichend rau bedeutet, dass die Abmessungen von Fasern, Löchern, Dellen, Vertiefungen, Erhebungen usw. in der Oberfläche gleich groß oder größer sind als die Schallwellenlänge.

Bei einer konkaven Fläche (links unten) wird der Schall gebündelt reflektiert, während er bei der Reflexion an einer konvexen Fläche (rechts unten) gestreut wird. In allen Fällen gilt das Reflexionsgesetz.

Einfallswinkel α = Ausfallswinkel β

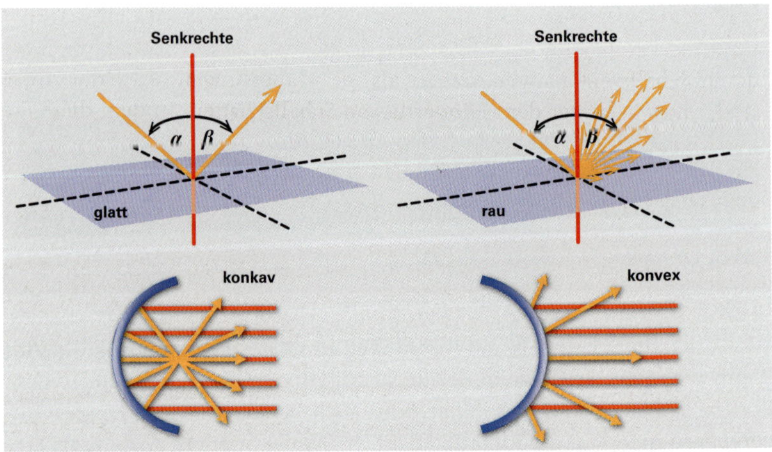

Abb. 1 Schallreflexion an ebenen und gekrümmten Flächen

Ein für die Raumakustik wichtiger Sonderfall ist die Schallreflexion zwischen zwei parallelen Wänden oder zwischen Boden und Zimmerdecke. Hier können sich für solche Frequenzen **Raumresonanzen** ausbilden, bei denen der Abstand der Wände ein ganzzahliges Vielfaches deren halber Schallwellenlänge ist (Abb. 1). Diese Frequenzen werden in diesem Raum besonders verstärkt und dadurch innerhalb des Raums besonders laut wahrgenommen.

Raumresonanz

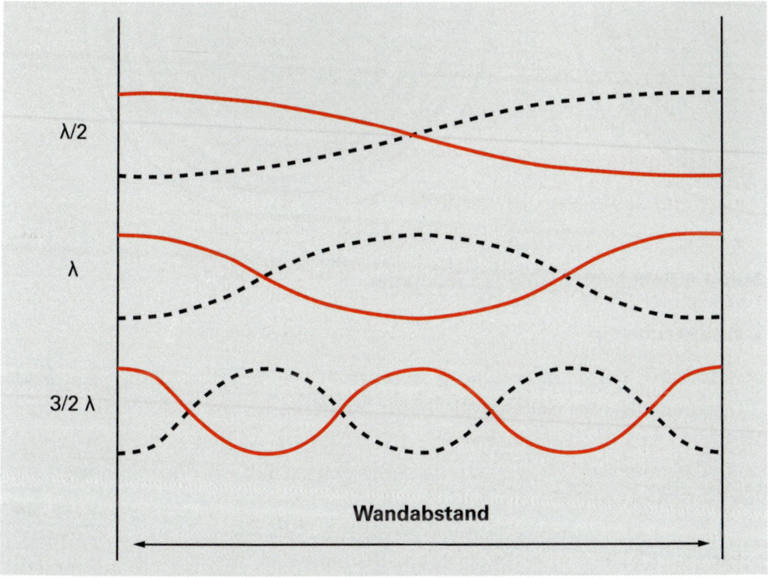

Abb. 1 Raumresonanzen zwischen parallelen Wänden

➜ **In Räumen mit parallelen Wänden entstehen leicht Raumresonanzen.**

Schallbeugung

Steht ein Hindernis, wie beispielsweise eine Säule oder eine Person, zwischen Schallquelle und Schallempfänger (Ohr oder Mikrofon), so kommen tiefere Schallfrequenzen durch Schallbeugung trotzdem beim Empfänger an. Schallbeugung bedeutet, dass die Schallwelle so um das Hindernis herum gebeugt wird, dass sie sich auch hinter dem Hindernis ungestört weiter ausbreiten kann (Abb. 1, Seite 272). Bei höheren Schallfrequenzen, deren Schallwellenlängen kleiner als die Abmessungen des Hindernisses sind, entsteht hinter dem Hindernis ein Schallschatten, in dem diese Frequenzen nicht ankommen.

➜ **Schallbeugung ist frequenzabhängig.**

In der Praxis bildet sich für höhere Frequenzen hinter Personen, Säulen, Möbelstücke oder ähnliche Hindernisse ein Schallschatten, in dem diese höheren Frequenzen nicht oder nur leise zu hören sind.

Tiefere Frequenzen werden dagegen um diese Hindernisse herumgebeugt und können sich daher auch hinter den Hindernissen ungehindert ausbreiten. Im **Schallschatten** ist der Klang daher eher basslastig.

Schallschatten

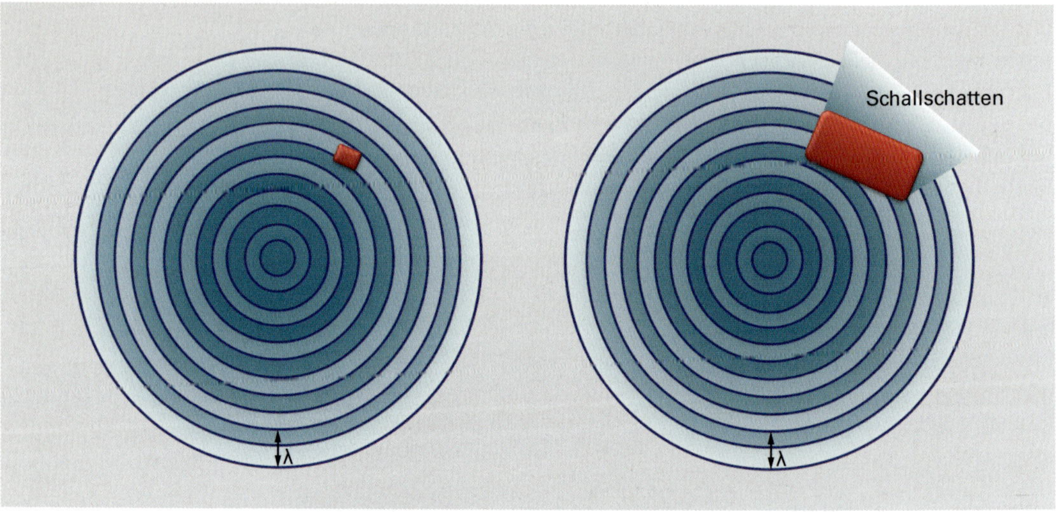

Abb. 1 Schallbeugung und Schallschatten

Schallbrechung

Körperschall

In Analogie zur Lichtbrechung beschreibt die Schallbrechung die Richtungsänderung der Schallwelle beim Übertritt in ein anderes akustisches Medium. Aus der Perspektive der Raumakustik ist hier vor allem interessant, dass die Schallwelle aus der Luft (Luftschall) in Wand, Boden und Decke **(Körperschall)** eindringen und von dort aus im Nachbarraum wieder in die Luft (Luftschall) übertreten kann. Sprecherkabinen und Aufnahmeräume werden deshalb oft nach dem Prinzip „Haus in Haus" erstellt, d. h., sie haben eigene Wände, Böden und Decken. Zudem sind sie nicht direkt, sondern über schalldämmende Materialien mit Böden und Wänden des Gebäudes verbunden, damit die Körperschallweiterleitung möglichst gut unterbunden wird.

→ **Schallbrechung ist der Schallübertritt von einem Medium in ein anderes. Dies geschieht umso leichter, je ähnlicher sich die Materialien sind.**

Schallabsorption

Absorber

Gerade bei der Ausstattung von Sprecherkabinen, Aufnahmestudios und Regieräumen, aber auch bei Konzertsälen spielt die Schallabsorption eine wichtige Rolle. Durch den gezielten Einsatz von schallabsorbierenden Materialien oder Konstruktionen, sogenannten **Absorbern**, können die akustischen Eigenschaften eines Raums gravierend beeinflusst werden.

Die absorbierende Wirkung dieser Materialien oder Konstruktionen beruht in der Regel darauf, den durch die Schalleinwirkung schwingenden Luftmolekülen Bewegungsenergie zu entziehen, um so eine Reflexion des Schalls möglichst stark zu unterbinden.

→ **Schallabsorption beruht auf Mechanismen, die dem Schallfeld Schallenergie entziehen.**

Zur Schalldämmung kommen die in Tabelle 1 dargestellten Methoden auch in Kombination zum Einsatz:

Tabelle 1 Absorbertypen und ihre Wirkungsweise

Absorber	Beispiele	Schallenergiereduktion
offenporiger Absorber (für hohe Frequenzen)	Auf oder vor der Wand angebrachte Schaum- bzw. Faserstoffe, Teppiche, Vorhänge usw.	Die Schallenergie der schwingenden Luftmoleküle wird in den Poren durch Reibung in Wärme umgewandelt, wodurch der Schallwelle Energie entzogen wird.
Resonanzabsorber (für mittlere Frequenzen)	Gelochte oder geschlitzte Frontplatte vor leerem bzw. Faserstoff-gefüllten Hohlraum	Die Schwingungsbewegung der Luftmoleküle wird durch Resonanz im Inneren des Absorbers verstärkt, wodurch stärkere Reibungsdämpfung entsteht.
Plattenabsorber (für tiefe Frequenzen)	Luftdichter, flacher Kasten mit Füllung aus dämpfenden Faserstoffen oder Schaumstoffen	Durch die Luftmolekülschwingungen schwingen die Platten des Absorbers mit, die dann ihrerseits bedämpft werden, wodurch der Schall Energie verliert.

Absorber

Lineare und nicht lineare Verzerrungen

Bei der Ausbreitung der Schallwelle im Raum können sich durch Schallreflexion, -beugung, -brechung und -absorption die Parameter der für einzelne Frequenzen oder auch ganze Frequenzbereiche die Schallamplitude und auch die Phasenlage der Schallschwingung ändern. Bei der Durchleitung von elektrischen (Audio-) Signalen durch Geräte der Medientechnik können ebenfalls frequenzbezogene Änderungen der Signalamplitude und -phasenlage entstehen. Diese Veränderungen werden **lineare Verzerrungen** genannt, wobei zwischen Dämpfungsverzerrung (Amplitudenänderung) und Phasenverzerrung (Änderung der Phasenlage) unterschieden wird.

lineare Verzerrungen

Falls jedoch zusätzliche, ursprünglich nicht vorhandene, Schwingungen auftreten, so handelt es sich dabei um **nichtlineare Verzerrungen**. Häufig werden nichtlineare Verzerrungen bei der Durchleitung von elektrischen (Audio-) Signalen durch Audiogeräte von deren elektronischen Bauteilen verursacht.

nichtlineare Verzerrungen

> Alle bisher genannten akustischen Effekte werden bei der Gestaltung der Raumakustik von Sprecherkabinen, Aufnahmestudios, Regieräumen, aber auch von Konzertsälen mit berücksichtigt. So finden sich auch in dem Aufnahmeraum des Tonstudios eine Reihe verschiedener Maßnahmen, die die Raumakustik beeinflussen. Das Fenster zur Tonregie ist als Doppelscheibe ausgeführt, um die Schallbrechung und damit das Übertreten von Schall aus der Tonregie in den Aufnahmeraum zu unterbinden. Da eine Glasscheibe den Schall gut reflektiert, sorgt die Schrägstellung der Scheibe im Aufnahmeraum dafür, dass die entstehenden Reflexionen in Richtung eines Absorbers abgestrahlt werden. Noppenschaum auf den Wandflächen und der Teppichboden sind poröse Absorber, die die Reflexion von höheren

Frequenzen dämpfen. Die mittleren Frequenzen werden von Resonanzabsorbern, d. h. den flachen Blechkästen mit gelochter Vorderseite gedämpft (Abb. 1).

Abb. 1 Absorbermaterialien im Akustikbau

10.2.3 Zeitliche Ausbreitung von Schallwellen

Eine Präsidentenrede in einer großen Halle in einem US-Spielfilm soll für die deutsche Kinofassung synchronisiert werden. Der Synchronsprecher spricht dazu in einem relativ kleinen Aufnahmeraum eines Synchronstudios bildsynchron die Rede in deutscher Sprache nach. Der Aufnahmeraum ist unter akustischen Gesichtspunkten optimiert.

- Wie kann ein realistischer Klang der Aufnahme erreicht werden?

In einem Konzertsaal (Abb. 2) gelangt der Schall des Flügels beim Konzert über verschiedene Wege zum Zuhörer oder zu einem Mikrofon.

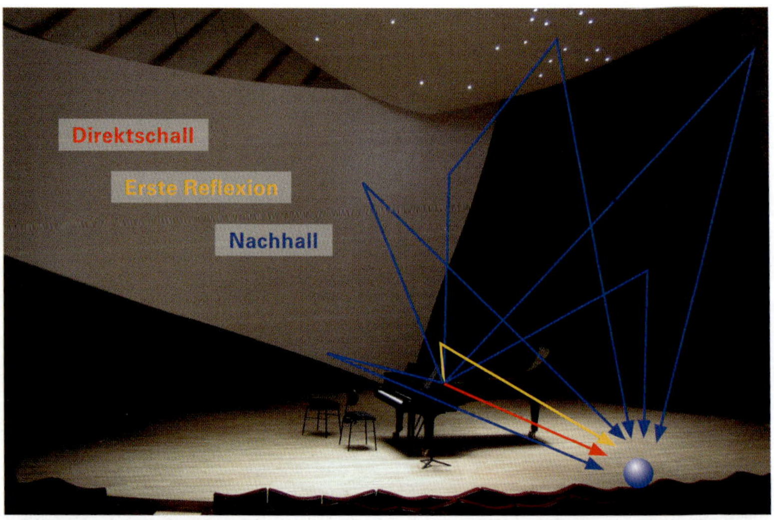

Abb. 2 Schallwege im Raum

Dabei beeinflussen die Raumgeometrie, die Raumakustik und auch der Ort, an dem der Zuhörer sitzt bzw. an dem das Mikrofon aufgestellt wurde, ganz wesentlich den Klangeindruck bzw. den Klang der Aufnahme.

➔ **Jeder Schallweg trägt zum Klang des Raumes bei.**

Durch die verschieden Weglängen und die unterschiedliche Anzahl von Reflexionen an verschiedenen Reflektoren und Absorbern kommt der Schall aus den einzelnen Schallwegen beim Zuhörer jeweils anders, d. h. klanglich verändert, verzerrt und verzögert an. Insgesamt addieren sich die einzelnen **Schallwege** zu einem Gesamtklangbild (Abb. 1), dessen zeitlicher Verlauf sich in drei Phasen aufteilen lässt:

Schallweg

- Direktschall
- Erste Reflexionen
- Nachhall (Nachhallzeit)

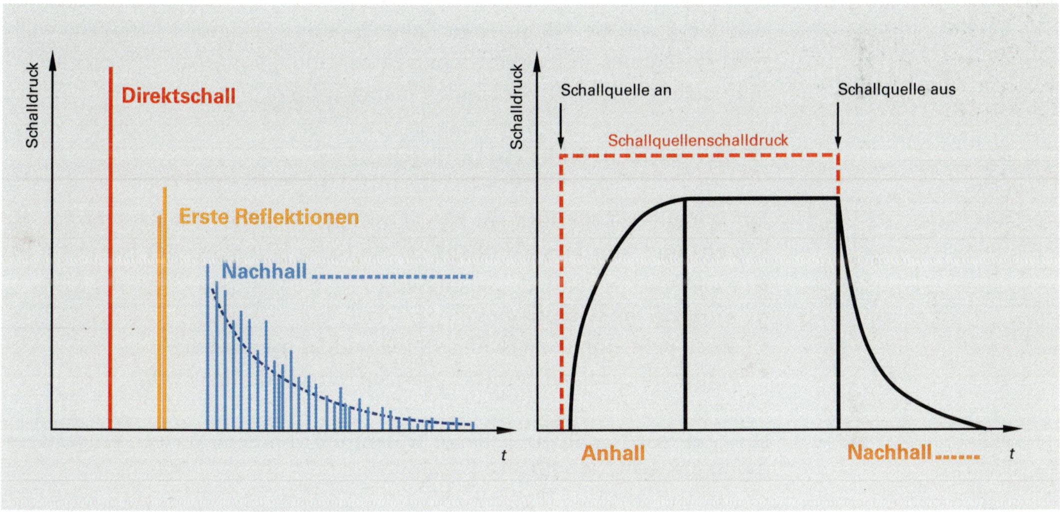

Abb. 1 Zeitlicher Verlauf des Schalls

Der **Direktschall** gelangt auf direktem kürzestem Weg von der **Quelle** zur **Senke**. Er ist hauptsächlich für die gute Verständlichkeit von Sprache und Musik verantwortlich, aber auch dafür, aus welcher Richtung (räumliche Ortung) und mit welcher Lautstärke die Schallquelle wahrgenommen wird. In der Regel hat der Direktschall die höchste Lautstärke.

Direktschall

Quelle: Sender
Senke: Empfänger

➔ **Der Direktschall erzeugt das erste Hörereignis.**

Die **ersten Reflexionen** (engl. early reflections) treffen nach dem Direktschall ein. Kommen sie zwischen 20 ms und 50 ms (das entspricht einem Umweg des Schalls von etwa 7 bis 17 Metern) nach dem Direktschall an, so tragen sie zur guten Verständlichkeit von Sprache und Musik bei, weil sie nicht einzeln wahrgenommen werden. Nach 50 ms werden sie einzeln als Echo wahrgenommen, was die Verständlichkeit von Sprache und Musik reduziert. In jedem Fall sind sie mit dafür verantwortlich, aus welcher Richtung und mit welcher Lautstärke die Schallquelle wahrgenommen wird.

erste Reflexion

Auch dann, wenn die ersten Reflexionen lauter sind als der Direktschall und aus einer völlig anderen Richtung kommen, so bestimmt das erste eintreffende Schallereignis (in dem Fall der leisere Direktschall), wo die Schallquelle räumlich geortet wird. Dieser Effekt wird das „Gesetz der ersten Wellenfront" oder **Haas-Effekt** genannt.

Haas-Effekt

→ **Die ersten Reflexionen mit bis zu 50 ms Delay unterstützen die Sprach- und Musikverständlichkeit des Raumes.**

Nachhall

Nachhallzeit

Als **Nachhall** wird die Gesamtheit der später und leiser eintreffenden Reflexionen bezeichnet, die sich zum diffusen Schall vereinigen, bei dem die Reflexionen nicht mehr einzeln und gerichtet wahrgenommen werden können. Wenn die Schallquelle verstummt, so klingt dieser Diffusschall aus. Die Geschwindigkeit des Ausklingens, die sogenannte **Nachhallzeit** hängt von der Größe des Raumes und von der Absorptionsfähigkeit der Wände, des Bodens und der Decke ab. In einer großen Halle mit Betonwänden kann die Nachhallzeit daher mehrere Sekunden betragen, während sie in einer, unter akustischen Gesichtspunkten gebauten, Sprecherkabine nicht mehr als 0,3 Sekunden betragen sollte.

→ **Der Nachhall bildet ein Diffusschallfeld.**

Ein wichtiges Kriterium für die akustische Qualität von Räumen ist die Sprach- und Musikverständlichkeit, die dann besonders gut ist, wenn im Hinblick auf die zeitliche Ausbreitung von Schallwellen Folgendes gilt:

- Großer Direktschallanteil
- Erste Reflexionen zwischen 20 ms und 50 ms danach
- Optimale Nachhallzeit (bezogen auf Verwendungszweck)

Die optimale Nachhallzeit hängt wesentlich von dem Verwendungszweck des Raumes ab, wie Tabelle 1 zeigt:

Tabelle 1 Optimale Nachhallzeiten für Räume

Verwendungszweck	optimale Nachhallzeit
Sprecherkabine	ca. 0,3 s
Tonstudio	ca. 0,5 s
Theater	ca. 1,0 s
Oper	ca. 1,5 s
Philharmonie	ca. 2,0 s

!

Damit die Synchronaufnahme der Präsidentenrede authentisch klingt, muss sie klanglich ein realistisches Raumabbild in sich tragen, d. h., prinzipiell müsste der Synchronsprecher in einer Halle (Nachhallzeit etwa zwei bis drei Sekunden) aufgenommen werden, um dies zu erreichen. Bei der Aufnahme in dem kleinen, akustisch optimierten Aufnahmeraum sind normalerweise nur Nachhallzeiten zwischen 0,3 und 0,5 Sekunden möglich. Daher muss in der Postproduktion ein Halleffektgerät eingesetzt werden, um auf eine authentische Nachhallzeit zu kommen.

Dennoch ist der Aufnahmeraum, in dem der Sprecher mit einer sehr geringen Nachhallzeit aufgenommen wird, der Halle vorzuziehen, da später in der Tonpostproduktion Dauer, Lautstärke und Klang des Nachhalls flexibel eingestellt werden können.

10.3 Schallmessgrößen

Durch die Fehleinschätzung der Lautstärke bei der Benutzung von Kopfhörern, insbesondere von Modellen, die in den Gehörgang eingeführt werden (Abb. 1), kann es zu einer Gefährdung oder sogar Schädigung des Gehörs kommen.

- Wie kommt es zu einer solchen gefährlichen Fehleinschätzung der Lautstärke?

Abb. 1 Gefahrenquelle Kopfhörer

Schallmessgrößen

Um den Schall für die Audioproduktion handhabbar zu machen, müssen die physikalischen Eigenschaften des Schallfeldes in objektive **Schallmessgrößen** überführt werden. Das menschliche Gehör scheidet hier als Messinstrument aus, da es aufgrund seiner Wahrnehmungseigenschaften nur subjektive Schallempfindungen ermöglicht. Um den menschlichen Höreindruck dennoch messtechnisch darzustellen, werden die objektiven Schallmessgrößen an die Höreigenschaften angepasst.

Von jeder Schallquelle geht eine Druckwelle aus, die sich durch das Schallträgermedium ausbreitet. Trifft diese Druckwelle auf das Trommelfell, so ist der Außendruck auf der Vorderseite des Trommelfells größer als der Druck auf der Innenseite und als Resultat wird das Trommelfell ausgelenkt.

Schalldruck

Je größer dieser Druckunterschied ist, umso stärker wird das Trommelfell ausgelenkt, wodurch die Schallwelle umso lauter wahrgenommen wird. Das Trommelfell nimmt also nur den sogenannten **Schalldruck**, d. h. schallbedingte Druckunterschiede wahr und nicht den absoluten Umgebungsdruck.

Hörschwelle

Die **Hörschwelle** bezeichnet den kleinsten Schalldruck von 20 µPa (Mikro-Pascal), bei dem gerade noch eine Schallwahrnehmung möglich ist. Eine normal laute Unterhaltung in einem Meter Abstand erzeugt einen Schalldruck von etwa 0,02 Pa, während Gehörschäden bei kurzfristiger Schalleinwirkung bei einem Schalldruck von 20 Pa entstehen. Damit ist der Schalldruck bei der Gefährdung des Gehörs 1000000 Mal größer als bei der Hörschwelle:

$$20 \text{ Pa} / 20 \text{ µPa} = 1000000$$

→ **Die Hörschwelle ist ein Druckunterschied von 20 µPa am Trommelfell, bei dem gerade noch ein Hörereignis wahrgenommen wird.**

→ **Der Druckunterschied an der Schmerzschwelle beträgt 20 Pa.**

Um den gesamten Schalldruckbereich sinnvoll darzustellen, wird die lineare Größe „Schalldruck p" (Maßeinheit Pa) in die logarithmische Größe „Schalldruckpegel L_p" (engl. Sound Pressure Level) umgerechnet, die das Verhältnis von Schalldruck p zum Schalldruck der Hörschwelle p_0 wiedergibt. Dieser Pegel wird in Dezibel bzw. dB dargestellt. Durch die dB-Skalierung lässt sich zudem das Verhalten des menschlichen Gehörs sehr gut annähern:

$$L_p = 20 \log (p / p_0) \qquad \text{Einheit dB bzw. } dB_{SPL}$$

mit:
- L_p Schalldruckpegel
- p Schalldruck in Pa
- p_0 Bezugsschalldruck 20 µPa

Schmerzschwelle

Für die Hörschwelle liegt daher der Schalldruckpegel bei 0 dB, während die **Schmerzschwelle** bei etwa 130 dB liegt (Tabelle 1).

Tabelle 1 Schalldruckpegel verschiedener Schallquellen

Schallquelle	p [Pa]	L_p [dB]
Düsenjet, 30 m Abstand	630 Pa	150 dB
Gewehrschuss, 1 m Abstand	200 Pa	140 dB
Gehörschäden bei kurzer Einwirkung	63 Pa	130 dB
Schmerzschwelle	20 Pa	120 dB
Kettensäge, 1 m Abstand	6,3 Pa	110 dB
Discolautsprecher, 1 m Abstand	2,0 Pa	100 dB
Gehörschäden bei längerer Einwirkung	630 mPa	90 dB
stark befahrene Straße, 5 m Abstand	200 mPa	80 dB
Staubsauger, 1 m Abstand	63 mPa	70 dB
normal lautes Gespräch, 1 m Abstand	20 mPa	60 dB
Fernseher, Zimmerlautstärke	6,3 mPa	50 dB
Publikum einer Philharmonie	2,0 mPa	40 dB
ruhiges Schlafzimmer (nachts)	630 µPa	30 dB
Ruhegeräusch TV-Studio	200 µPa	20 dB
Ruhegeräusch schalltoter Raum	63 µPa	10 dB
Hörschwelle	20 µPa	0 dB

Wenn in der Medientechnik die Schallabstrahlung einer Schallquelle gemessen wird, dann geschieht das in der Regel, um die hörbaren Eigenschaften der Schallquelle zu erfassen. Das menschliche Gehör arbeitet aber nicht für jede Schallfrequenz gleichermaßen gut. Die besten Wahrnehmungsergebnisse erzielt das Gehör nur für Frequenzen zwischen 500 Hz und 5000 Hz. Daher stellt die Norm DIN EN 61672-1 2003-10 (DIN-IEC 651) die **Bewertungskurven A, B und C** zur Verfügung, um den gemessenen Schalldruckpegel so zu gewichten, wie er vom Gehör wahrgenommen wird (Abb. 1).

Bewertungskurven A, B und C

→ **A, B und C sind Gewichtungskurven für die Schallpegelmessung.**

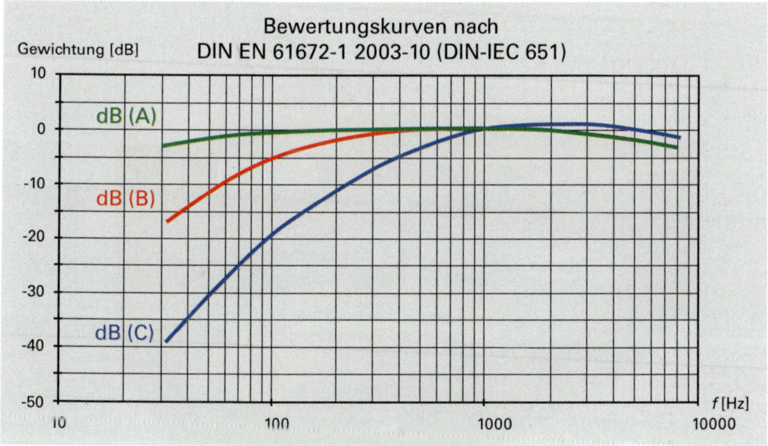

Abb. 1 Bewertungskurven für dB(A), dB(B), dB(C)

Dabei gilt die Bewertungskurve A für normale Lautstärken, während B für höhere und C für sehr hohe Lautstärken verwendet werden. Wenn ein Schalldruckpegel beispielsweise mit der Bewertungskurve A gewichtet gemessen wurde, so wird das Messergebnis dann in dB(A) angegeben.

Bei geringeren Schalldruckpegeln werden die mittleren Frequenzen im Vergleich zu tiefen und hohen Frequenzen lauter wahrgenommen, als das bei größeren Schalldruckpegeln der Fall ist. Diese Eigenschaft des Gehörs muss z. B. auch beim Abhören von Audiosignalen über Lautsprechersysteme berücksichtigt werden. In der Praxis werden hier Audiosignale mithilfe von Equalizern vorbearbeitet, d. h., die Höhen und Tiefen werden im Vorhinein lautstärkebezogen voreingestellt.

→ **Für hohe Lautstärken muss an der Quelle die Loudness-Einstellung (Höhen- und Tiefenanhebung) zurückgenommen werden, da die Wahrnehmungsunterschiede zwischen Mitten, Tiefen und Höhen kleiner werden.**

Die Frequenzabhängigkeit der Lautstärkewahrnehmung, der Hörschwelle sowie der Schmerzschwelle des Gehörs wird in der Norm DIN 45 630 erfasst. Kurven, die eine gleichbleibende Lautstärkewahrnehmung darstellen, zeigen den Schalldruckpegel bzw. den Schalldruck, der erforderlich ist, um bei verschiedenen Frequenzen die gleiche Lautstärkewahrnehmung zu erzielen.

➔ **Die Lautstärkewahrnehmung ist frequenzabhängig. Die beste Lautstärkewahrnehmung des Menschen liegt bei 1 kHz.**

Hörfläche

In der nun folgenden Variante des Fletcher-Munson-Diagramms sind zusätzlich zu den Kurven gleicher Lautheit (sog. Isophone) noch die Bereiche für Sprache und Musik eingetragen, dazu die Begrenzung durch die Hörschwelle und die Schmerzgrenze (Abb. 1). Der Bereich zwischen Hörschwelle und Schmerzgrenze wird **Hörfläche** genannt.

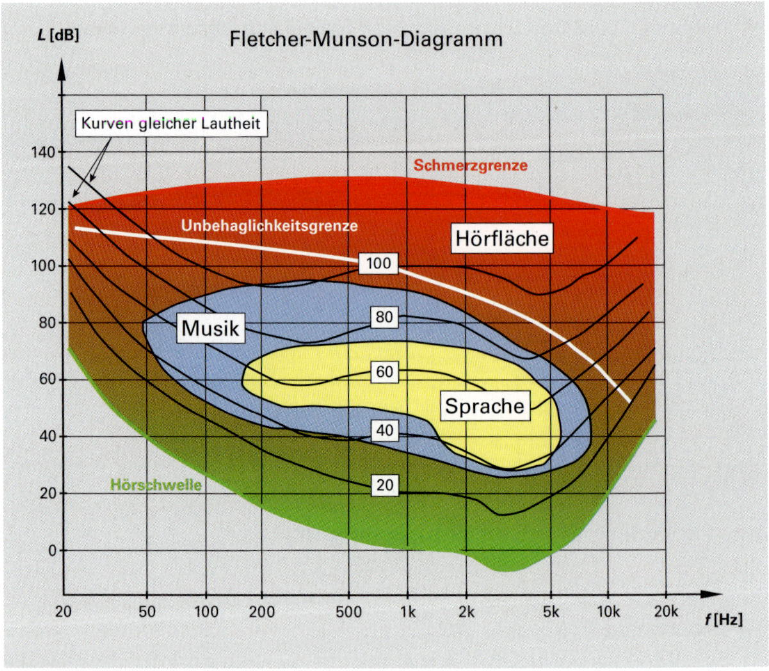

Abb. 1 Erweitertes Fletcher-Munson-Diagramm

Phon

Bei 1 kHz sind die Lautstärkepegel jeweils mit einem **Phon**-Wert bezeichnet, der die subjektiv wahrgenommene Lautstärke beschreibt. Eine Verdopplung der wahrgenommenen Lautstärke entspricht einer Lautstärkepegelzunahme um 10 Phon.

➔ **Die Phonzahl beschreibt die subjektiv wahrgenommene Lautstärke.**

Die Phonwerte sind allerdings nur für die in der Akustik häufig zu Referenzzwecken benutzte Frequenz von 1 kHz gültig. Bei dieser Frequenz von 1 kHz stimmen die Phonwerte exakt mit den Zahlenwerten der dB-Skala überein.

➔ **Die Phonzahl entspricht dem Schalldruckpegel nur bei 1 kHz.**

Der Zusammenhang zwischen dem Lautstärkepegel (in Phon), dem frequenzabhängigen Schalldruckpegel (in dB) und dem frequenzabhängigen Schalldruck (in Pa) wird an folgendem Beispiel deutlich:

Ein 1-kHz-Ton mit einem Schalldruckpegel von 70 dB erzeugt einen Lautstärkepegel von 70 Phon, d. h. eine subjektive Lautstärkewahrnehmung von 70 Phon. Ein 50-Hz-Ton erzeugt ebenfalls einen Lautstärkepegel von 70 Phon, allerdings beträgt der Schalldruckpegel 85 dB. Ein ebenfalls 70 Phon lauter 8-kHz-Ton hat einen Schalldruckpegel von 75 dB (Abb. 1).

Das zeigt sehr deutlich, dass der Mensch, aufgrund der Frequenzabhängigkeit seiner Lautstärkewahrnehmung und der damit verbundenen Fehleinschätzung von Lautstärken, insbesondere bei tieffrequentem und hochfrequentem Schallen Gefahr läuft, potenziell **gehörschädigende** Lautstärken nicht als solche wahrzunehmen.

Hörschäden

→ **Die schädigende Wirkung von tieffrequentem, energiereichem Schall wird häufig fehleingeschätzt.**

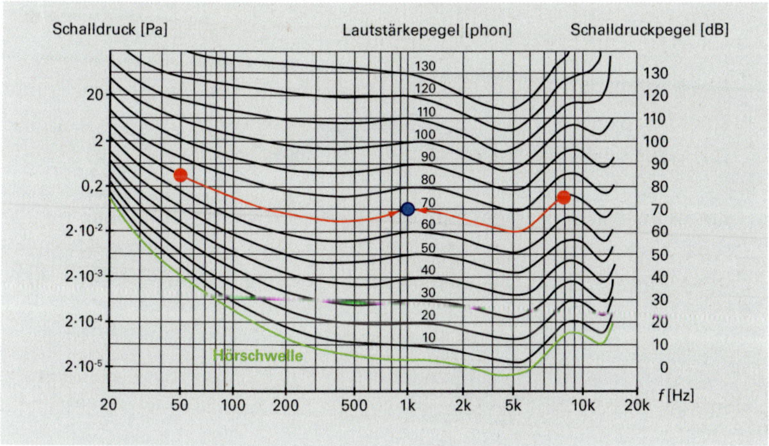

Abb. 1 Phonwerte und Schalldruckpegel

Die beschriebenen Kopfhörer können, da sie unmittelbar am oder sogar im Gehörgang betrieben werden, eine hohe Schallenergie und damit auch einen hohen Schalldruck in das Gehör einkoppeln. Die richtige Einschätzung des Schalldruckpegels und damit der Kräfte, die auf das Hörorgan einwirken, ist aufgrund des frequenzabhängigen Lautstärkepegels in Kombination mit der logarithmischen Lautstärkewahrnehmung für den Kopfhörerbenutzer problematisch.

→ **Die Lautstärke wird in der Regel zu niedrig eingeschätzt.**

So kann in ungünstigen Fällen beispielsweise die Verdopplung des wahrgenommenen Lautstärkepegels, d. h. eine tatsächliche Steigerung um 10 Phon, dazu führen, dass der Schalldruck und damit auch die Kräfte auf das Hörorgan um mehr als das Zehnfache ansteigen.
Zusätzlich zu dieser Problematik adaptiert das Gehör höhere Lautstärken, sodass diese nach längerer Einwirkzeit nicht mehr so laut wahrgenommen werden. Steigt der Schalldruckpegel für längere Zeit über 90 dB oder kurzzeitig über 120 dB, so kann eine Schädigung, zumindest aber eine Gefährdung des Gehörs, nicht ausgeschlossen werden.

10.4 Aufgaben und Übungen

1. Der tiefste Ton eines Instruments hat eine Frequenz von 440 Hz. Berechnen Sie den Frequenzbereich des Instruments für einen Tonumfang von vier Oktaven!

2. Ermitteln Sie mithilfe von Abbildung 1 auf Seite 259, welche Sinusschwingungen Sie überlagern müssen, um ein Rechtecksignal zu erhalten!

3. Erörtern Sie, wie sie die Taste eines elektronischen Keyboards drücken müssen, damit das Gerät für die Signalsynthese alle ADSR-Parameter verwenden muss oder alternativ nur die ADR-Parameter!

4. Berechnen Sie, welcher Frequenzbereich abgedeckt ist, falls ein Tenor und ein Bariton gemeinsam singen!

5. Beschreiben Sie den Unterschied zwischen einer Longitudinal- und einer Transversalwelle und nennen Sie technische Anwendungsbeispiele für beide Wellentypen!

6. Eine Oberfläche hat eine grobe Holzfaserstruktur mit einer durchschnittlichen Faserlänge von 5 cm. Berechnen Sie, ab welcher Frequenz diese Oberfläche den Schall nicht mehr gerichtet, sondern diffus reflektiert!

7. Eine frei stehende zylindrische Säule in einem Raum hat einen Durchmesser von 50 cm. Bestimmen Sie, für welchen Frequenzbereich die Säule einen Schallschatten erzeugt!

8. Erklären Sie, warum „early reflections", die zwischen 20 ms und 50 ms nach dem Direktschall beim Zuhörer eintreffen, die Sprachverständlichkeit verbessern!

9. Berechnen Sie, welchen resultierenden Schalldruckpegel ein 100-Hz-Ton von 90 dB Ausgangsschalldruckpegel hat, wenn er jeweils nach der dB(A)-, der dB(B)- oder der dB(C)-Kurve gewichtet wurde!

10. Ermitteln Sie mithilfe des Fletcher-Munson-Diagramms, welchen Schalldruckpegel ein 4-kHz-Ton von 70 Phon hat!

11 Mikrofontechnik

In der TV-Produktion haben Mikrofone die Aufgabe, hörbaren Schall, d. h. Sprache, Geräusche und Musik in elektrische Audiosignale umzuwandeln, damit diese aufgezeichnet bzw. weiter verarbeitet werden können. Für die vielen verschiedenen Aufnahmesituationen gibt es eine Vielzahl von Mikrofonen, die sich sowohl in ihren akustischen, aber auch elektrischen Eigenschaften unterscheiden. Wichtige Anforderungen an Mikrofone für professionelle Tonaufnahmen sind dabei die einfache Handhabung, die Robustheit sowie die verzerrungsfreie, originalgetreue Schallwandlung.

➜ **Hauptanforderung an Mikrofone ist die verzerrungsfreie und originalgetreue Schallaufnahme.**

Schallaufnahmen mit Mikrofonen spielen in den in Tabelle 1 genannten Arbeitsfeldern eine zentrale Rolle.

Tabelle 1 Arbeitsbereiche rund um die Mikrofontechnik

Bezeichnung	Tätigkeitsfelder
Toningenieur • Tonmeister • Sound Engineer	• Plant den Mikrofoneinsatz • Wählt Mikrofone für das jeweilige Einsatzgebiet aus
Tontechniker • Bühnentechniker • Veranstaltungstechniker	• Baut Mikrofone auf und verkabelt sie • Arbeitet mit Tonmischpulten und Effektgeräten am FoH-Platz
Kamera-Assistent • EB-Assistent • Ton-Assi	• Arbeitet mit EB-Mikrofonen • Führt die EB-Tonmischung während der Kameraaufnahme durch
Boom Operator • Ton-Assi • Tonmann	• Arbeitet mit der Mikrofonangel • Mikrofoniert während der Kameraaufnahme außerhalb des Bildraums

FoH-Platz (Front of House): Standort des Mischpults bei Live-Konzerten in der Regel mittig vor der Bühne.

11.1 Mikrofone in der TV-Produktion

Mikrofone unterscheiden sich hinsichtlich ihrer Bauart und ihres Anwendungsgebiets. Die jeweilige technische Ausführung führt dann zu sehr unterschiedlichen **Mikrofonkenndaten** und damit zu unterschiedlichen Einsatzmöglichkeiten für die einzelnen Mikrofone. Es gibt keine Universalmikrofone, die für jeden Anwendungsfall geeignet sind.

Mikrofonkenndaten

➜ **Mikrofone haben in der Regel klar umrissene Anwendungsgebiete.**

Die Weiterleitung der Mikrofonsignale erfolgt möglichst störsicher über Audioleitungen (Mikrofonkabel) oder über drahtlose Übertragungsstrecken zum Audiomischpult oder zum Aufnahmegerät.

11.1.1 Aufbau von Mikrofonen

Bei der Produktion eines Magazinbeitrags zum Thema „Winterreifen“ soll ein O-Ton eines Servicemitarbeiters in einer Reifendienstwerkstatt aufgenommen werden, während im Bildhintergrund mit einem Pressluft-Schlagschrauber Reifen an Fahrzeugen montiert werden (Abb. 1).

- Mit welchem Empfängertyp lässt sich das akustische Problem lösen?

Abb. 1 Werkstatt eines Reifendienstes als Aufnahmeort

Schallempfänger

Schallwandler

Jedes Mikrofon ist eine Kombination aus zwei Technologien (Abb. 2):
- **Schallempfänger**
- **Schallwandler**

Die Bauweise des Schallempfängers legt fest, für welche Schalleinfallsrichtungen das Mikrofon optimal arbeitet, während der Schallwandlertyp vorgibt, wie der empfangene Schall in ein elektrisches Signal umgewandelt wird. Die einzelnen Mikrofontypen entstehen aus verschiedenen Kombinationen der beiden Funktionseinheiten.

➜ **Jedes Mikrofon besteht aus Schallempfänger und Schallwandler.**

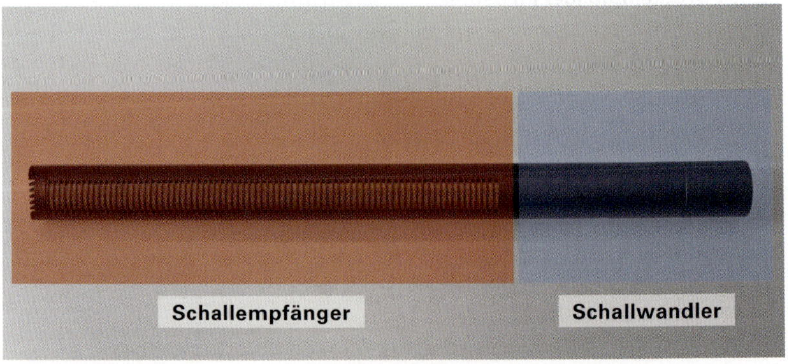

Abb. 2 Schallempfänger und Schallwandler eines Richtmikrofons

Schallempfänger

Richtcharakteristik

Bei den in der Medientechnik gebräuchlichen Mikrofonen finden sich vier verschiedene Schallempfängertypen, die für die jeweilige **Richtcharakteristik** des Mikrofons maßgeblich sind:

- Druckempfänger
- Druckgradientenempfänger
- Druckgradientenempfänger mit akustischem Laufzeitglied
- Interferenzempfänger

Die Richtcharakteristik eines Mikrofons beschreibt, wie das Mikrofon auf die verschiedenen Schalleinfallsrichtungen reagiert. Eine hohe Richtwirkung bedeutet demnach, dass das Mikrofon für eine dieser Schalleinfallsrichtungen besonders empfindlich ist.

➜ **Mikrofone werden bezüglich ihrer Richtcharakteristik klassifiziert.**

Druckempfänger

Die Membran [1] des Druckempfängers schließt ein schalldichtes Gehäuse [2] mit kleiner Druckausgleichsöffnung [3] ab. Durch die auftreffende Schalldruckwelle wird die Membran immer dann ausgelenkt, wenn zwischen dem Gehäuseinneren und dem Außenraum ein Druckunterschied entsteht (Abb. 1).

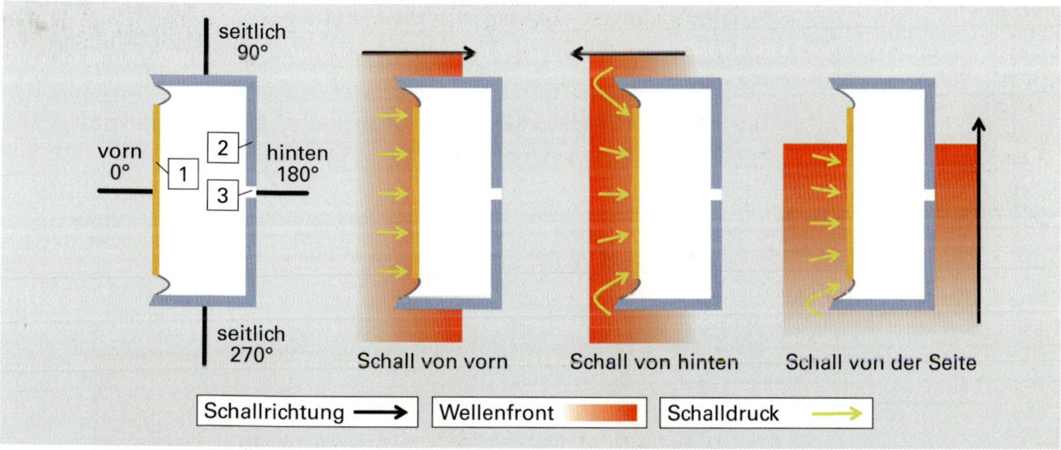

Abb. 1 Druckempfänger im Betrieb

Schallwellen aus allen Raumrichtungen sind in der Lage, diesen Druckunterschied zu erzeugen. Der Druckempfänger reagiert daher unabhängig von der Einfallsrichtung des Schalls.

➜ **Der Druckempfänger reagiert auf Schall aus allen Raumrichtungen.**

Ein Mikrofon, das mit einem Druckempfänger ausgestattet ist, kann daher den Schall omnidirektional aus allen Raumrichtungen nahezu gleich gut aufnehmen.

➜ **Der Druckempfänger besitzt eine Kugelcharakteristik.**

Kugelcharakteristik

Ein dB-Wert im Richtdiagramm bedeutet, dass diese Schallrichtung vom Mikrofon um diesen dB-Wert gedämpft wahrgenommen wird.

Diese Richtcharakteristik, die in diesem Fall Kugelcharakteristik genannt wird, wird in einem Richtdiagramm in Polarkoordinaten dargestellt (Abb. 1). Da die Richtcharakteristik des realen Kugelempfängers frequenzabhängig ist, wird die Richtcharakteristik im Richtdiagramm in der Regel gleichzeitig bei verschiedenen Frequenzen dargestellt.

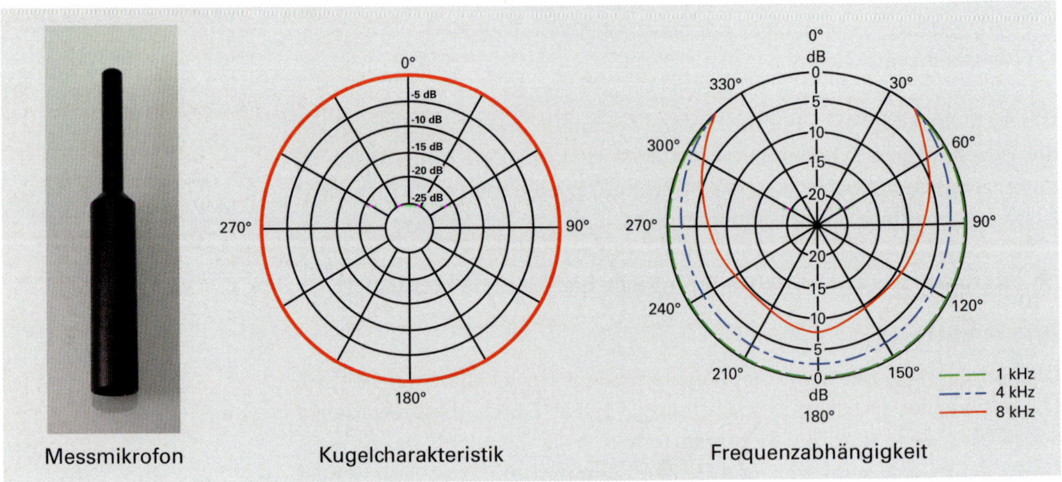

Abb. 1 Druckempfänger mit Kugelcharakteristik

Schallempfänger – Druckgradientenempfänger

Die Membran [1] des Druckgradientenempfängers ist in einem Rahmen [2] aufgehängt und so für Schalldruckwellen von allen Seiten zugänglich. Die Schalldruckwelle lenkt sie nur dann aus, wenn zwischen Vorder- und Rückseite ein Druckunterschied entsteht (Abb. 2).

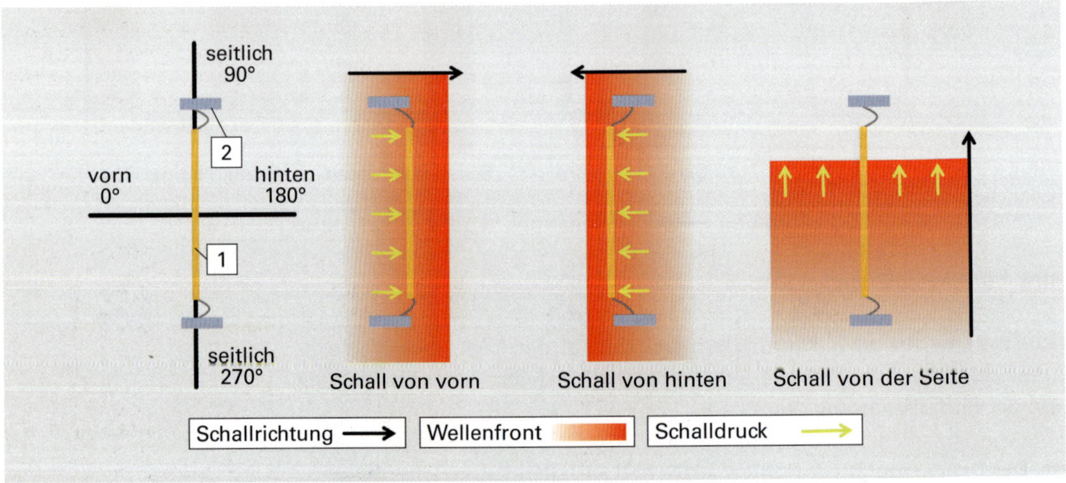

Abb. 2 Druckgradientenempfänger im Betrieb

Schallwellen, die von vorn (0°) oder von hinten (180°) auf die Membran treffen, sind in der Lage, diesen Druckunterschied zu erzeugen. Seitlicher Schall (90°) erzeugt dagegen vor und hinter der Membran den gleichen Druck und lenkt sie deshalb nicht aus.

Ein Mikrofon mit einem Druckgradientenempfänger reagiert auf den Schall von vorn und von hinten, während seitlicher Schall kaum empfangen wird. Abb. 1 zeigt diese **Achtcharakteristik** als Richtdiagramm.

Achtcharakteristik

→ **Der Druckgradientenempfänger besitzt eine Achtcharakteristik.**

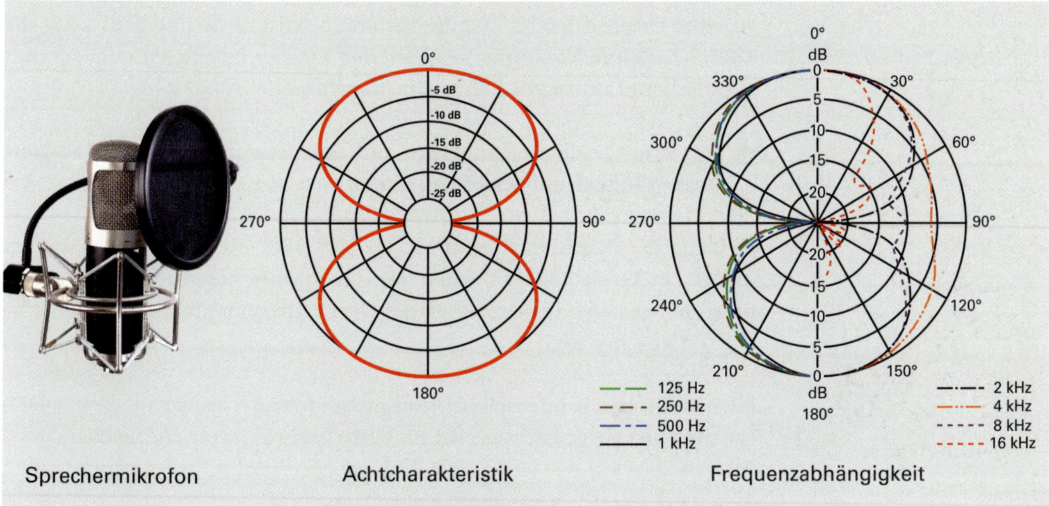

Abb. 1 Druckgradientenempfänger mit Achtcharakteristik

Druckgradientenempfänger mit akustischem Laufzeitglied

Die Membran [1] des Druckgradientenempfängers mit akustischem Laufzeitglied ist in einem Rahmen [2] vor einem Schallverzögerer [3] (Laufzeitglied) aufgehängt. Sie ist so nur auf einer Seite für den Schalldruck ungehindert zugänglich. Auf der anderen Seite muss der Schall den Umweg durch dieses **Laufzeitglied** nehmen, wodurch das Auftreffen der Schallwelle auf der Membran verzögert wird. Wie beim Druckgradientenempfänger wird die Membran nur bei einem Druckunterschied zwischen Vorder- und Rückseite ausgelenkt (Abb. 2).

Laufzeitglied: Schallverzögerer (wie z. B. Kunststoffkanäle), durch den der Weg zur Membran verlängert wird.

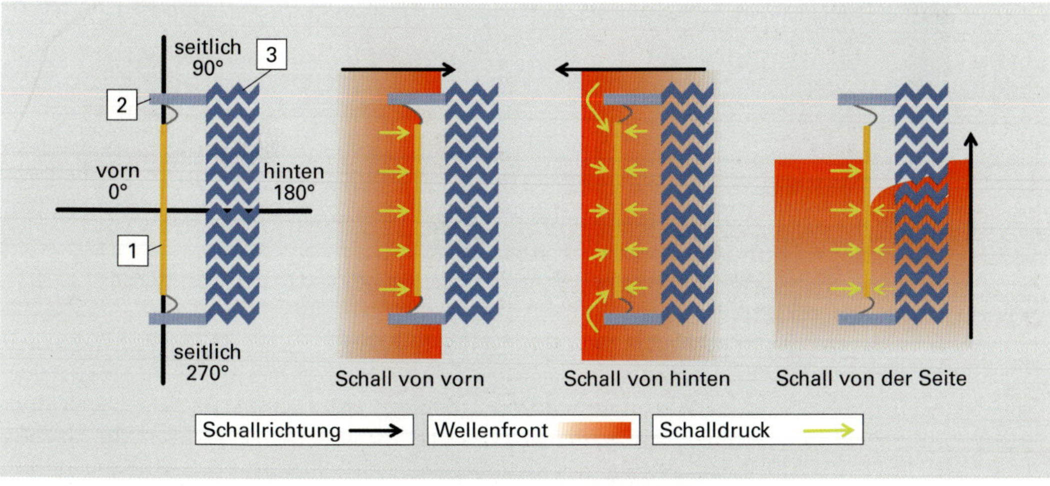

Abb. 2 Druckgradientenempfänger mit akustischem Laufzeitglied im Betrieb

Wenn die Schallwelle exakt von hinten (180°) kommt, sorgt das akustische Laufzeitglied dafür, dass die Schallwelle, die durch das Laufzeitglied läuft, genau so viel Weg zur Membranrückseite zurücklegt wie die außen herum laufende Schallwelle zur Membranvorderseite. Weil beide Schallwege gleich lange dauern, kommen beide Wellen zeitgleich an der Membran an. Daher kommt es zwischen Membranvorderseite und -rückseite nicht zu einer Druckdifferenz und die Membran wird nicht ausgelenkt. Auf die 180°-Schalleinfallsrichtung reagiert der Druckgradientenempfänger mit akustischem Laufzeitglied also sehr unempfindlich.

➔ **Der Druckgradientenempfänger mit akustischem Laufzeitglied reagiert unempfindlich auf Schall von hinten.**

Je mehr die Schalleintrittsrichtungen von 180° abweicht, umso stärker unterscheiden sich die Laufzeiten von innerer und äußerer Schallwelle und umso höher fallen infolgedessen die Druckdifferenz und damit die Membranauslenkung aus.

Ein Mikrofon, das mit einem Druckgradientenempfänger mit akustischem Laufzeitglied ausgestattet ist, hat im einfachsten Fall eine Nierencharakteristik (Cardioide), wie sie in Abb. 1 als Richtdiagramm in Polarkoordinaten dargestellt ist.

Nierencharakteristik

➔ **Der Druckgradientenempfänger mit akustischem Laufzeitglied hat eine Nierencharakteristik (Cardioide)**

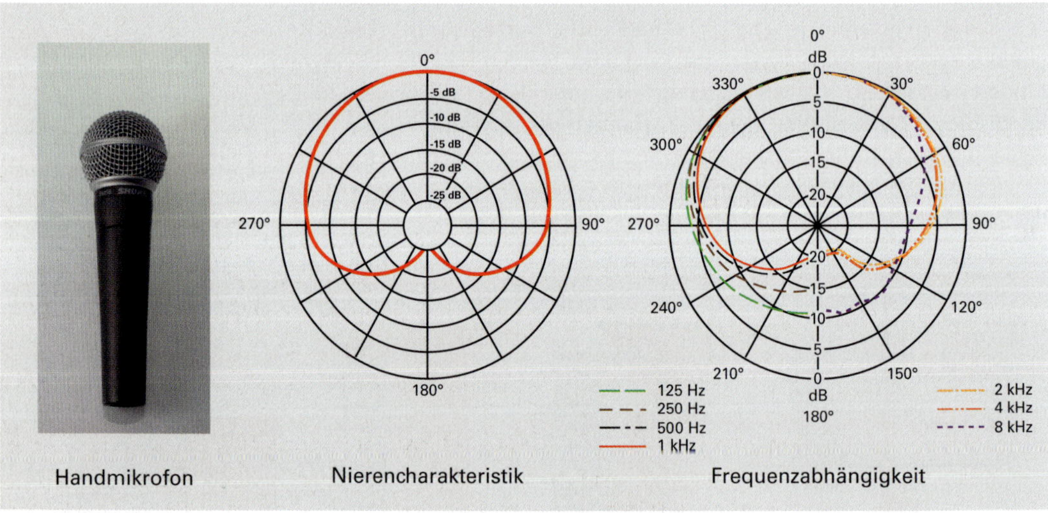

Abb. 1 Druckgradientenempfänger mit LZG und Nierencharakteristik

Superniere

Hyperniere

Je nach Dimensionierung des Laufzeitgliedes ist die Richtcharakteristik unterschiedlich ausgeprägt, d. h. stärker gerichtet als die Nierencharakteristik. Allerdings wird der Empfänger dann wieder für Schall von hinten empfindlich, was von Nachteil ist. Die Richtcharakteristiken, die auf diese Weise hergestellt werden können, heißen **Superniere**- und **Hyperniere**.

Die Abbildung 1 stellt diese beiden Richtcharakteristiken als Richtdiagramm in Polarkoordinaten dar:

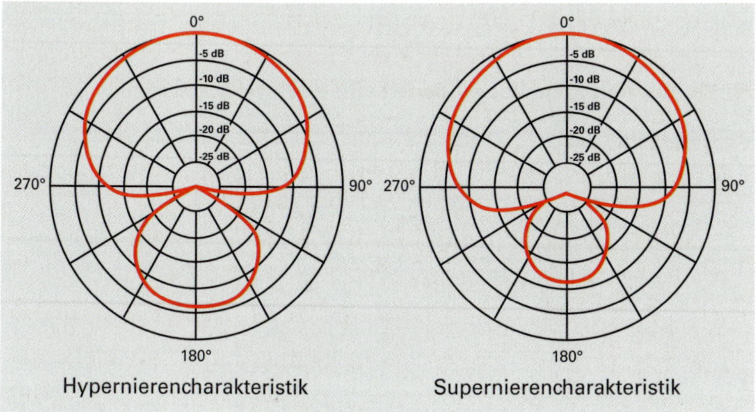

Abb. 1 Hypernieren- und Supernierencharakteristik

Interferenzempfänger

Ein Interferenzempfänger besteht in der Regel aus einem Druckgradientenempfänger mit akustischem Laufzeitglied [1] und einem davor gebauten **Richtrohr** [2], das vorne eine Öffnung [3] besitzt und auf der Seitenfläche mit Schlitzen oder Löchern [4] versehen ist (Abb. 2). Die seitlich durch die Schlitze bzw. Löcher eingetretenen Schalldruckwellen überlagern sich je nach Frequenz gegenphasig (destruktive Interferenz) und können sich dadurch ganz oder teilweise gegenseitig auslöschen. Schalldruckwellen, die frontal (0°) oder von hinten (180°) in das Richtrohr eintreten, erreichen die Membran und können sie deshalb auslenken.

Richtrohr

→ **Interferenzen unterdrücken Schall aus seitlichen Richtungen.**

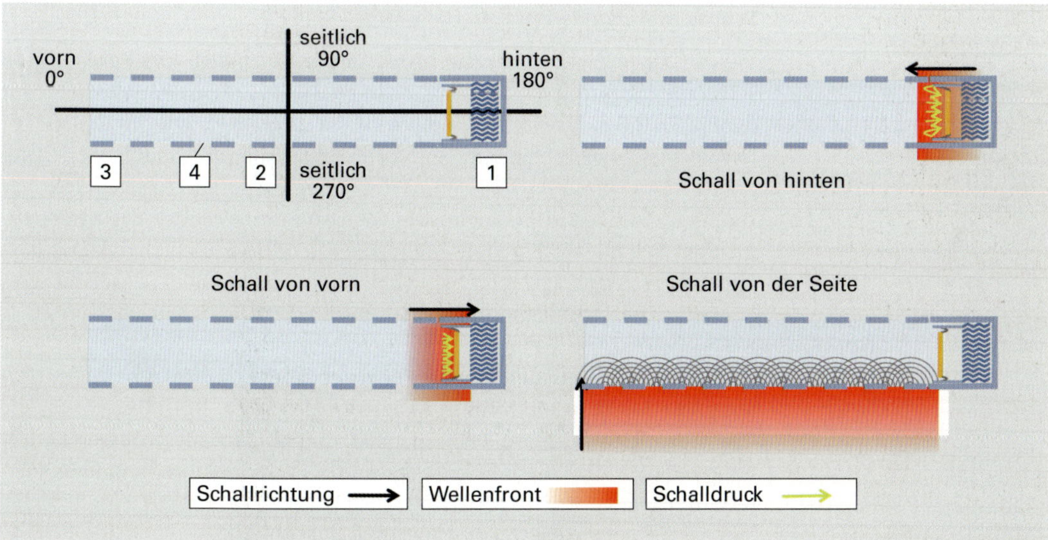

Abb. 2 Interferenzempfänger im Betrieb

Keulencharakteristik

Ein Richtmikrofon, das mit einem Interferenzempfänger ausgestattet ist, reagiert nur auf den Schall von vorn (0°), während Schall von der Seite (90°) oder von hinten (180°) kaum empfangen wird. Abb. 1 zeigt diese Keulencharakteristik sowohl in Polarkoordinaten als auch dreidimensional.

➜ **Ein Interferenzempfänger besitzt eine Keulencharakteristik.**

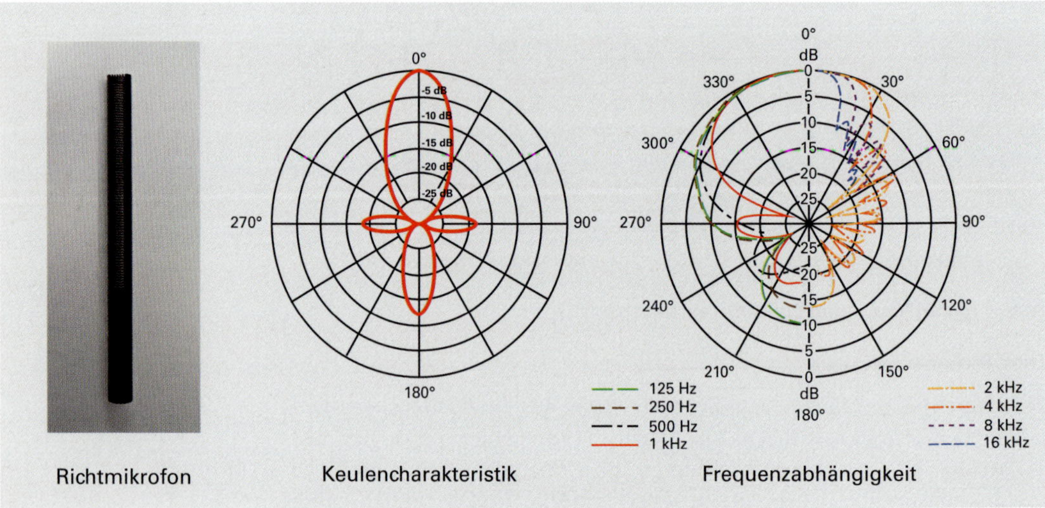

Abb. 1 Interferenzempfänger mit Keulencharakteristik

Wie der Polarkoordinatendarstellung zu entnehmen ist, setzt die Wirkung des Richtrohres erst bei mittleren Frequenzen ein. Für tiefe Frequenzen wird die Richtcharakteristik durch den integrierten Druckgradientenempfänger mit akustischem Laufzeitglied bestimmt, d. h., es entsteht eine Nieren- bzw. Supernieren-Charakteristik.

Schallempfänger – Zusammenfassung

Welche Richtcharakteristik ein Mikrofon besitzt, hängt vom verwendeten Schallempfängertyp ab. Die Richtcharakteristik ist dann entscheidend für die Einsatzmöglichkeiten des Mikrofons, da sie festlegt, wie gut das Mikrofon Störschall von hinten (180°) und von den Seiten (90°) ausblenden kann.

Die Richtcharakteristik hängt dabei auch von der Frequenz des aufzunehmenden Schalls ab. Für tiefe Frequenzen sind alle Richtcharakteristiken schwächer ausgeprägt, d. h., sie sind breiter und runder. Für hohe Frequenzen wirken alle Empfängertypen zunehmend gerichtet und spitzer.

Die Richtcharakteristik bestimmt zudem maßgeblich die Aufnahmeentfernung, die mit dem Mikrofon realisiert werden kann. Mit Mikrofonen, die eine hohe Richtwirkung besitzen, sind Aufnahmen aus größerer Entfernung möglich, was diese Mikrofone für die TV-Produktion besonders interessant macht.

➜ **Die Richtcharakteristik entscheidet über die maximale Aufnahmeentfernung.**

Die folgende Tabelle 1 gibt eine Übersicht über die einzelnen Empfängertypen, deren Richtcharakteristik und das **Dämpfungsverhalten** in der Praxis.

Dämpfungsverhalten

Tabelle 1 Richtcharakteristik von Mikrofonen

Empfängertyp	Richtcharakteristik	Schalldämpfung
Druck	Kugel 	0°: o (keine) 90°: o (keine) 180°: o (keine)
Druckgradient	Acht 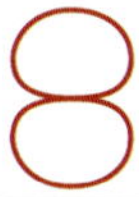	0°: o (keine) 90°: ++ (hoch) 180°: o (keine)
Druckgradient & Laufzeitglied	Niere 	0°: o (keine) 90°: + (mittel) 180°: ++ (hoch)
Druckgradient & Laufzeitglied	Superniere 	0°: o (keine) 90°: + (mittel) 180°: ++ (hoch)
Druckgradient & Laufzeitglied	Hyperniere 	0°: o (keine) 90°: ++ (hoch) 180°: + (mittel)
Interferenz: Druckgradient & Laufzeitglied & Richtrohr	Keule 	0°: o (keine) 90°: ++ (hoch) 180°: ++ (hoch)

Eine besondere Mikrofonbauart ist das Mikrofon mit variabler (umschaltbarer) Richtcharakteristik. In diesem Mikrofon sind zwei separate Empfänger eingebaut, deren Richtcharakteristiken bei der Audiosignalerzeugung auf verschiedene Arten überlagert werden können. Diese **Doppelmembran-Mikrofone** besitzen einen nach vorn und einen nach hinten gerichteten Empfänger mit Nierencharakteristik (Abb. 1).

Doppelmembran-Mikrofon

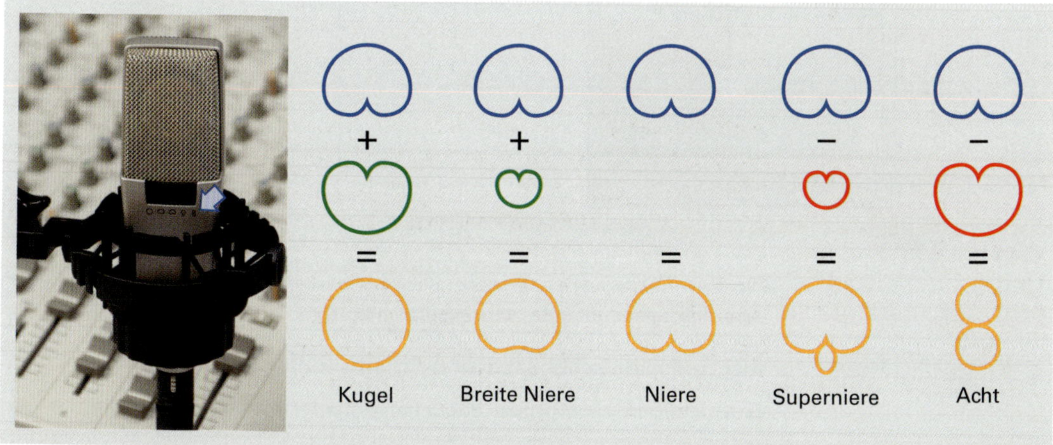

Abb. 1 Doppelmembran-Mikrofon mit umschaltbarer Richtcharakteristik

Schallwandler

Die Aufgabe des Schallwandlers im Mikrofon ist es, die durch den Schalldruck verursachten Membranbewegungen in elektrische Audiosignale umzuwandeln. Prinzipiell kommen dafür eine Reihe physikalischer Verfahren in Frage, jedoch haben sich in der Medientechnik folgende Wandlerprinzipien durchgesetzt:

- Elektrodynamischer Tauchspul-Schallwandler
- Elektrodynamischer Bändchen-Schallwandler
- Elektrostatischer Kondensator-Schallwandler

Alle beweglichen Teile des Schallwandlers müssen ein möglichst geringes Gewicht haben, um den Schall unverzerrt und ungedämpft zu übertragen.

➜ **Schallwandler wandeln akustische Schwingungen in elektrische Signale.**

Elektrodynamischer Tauchspul-Schallwandler

Tauchspul-Schallwandler

Beim elektrodynamischen **Tauchspul-Schallwandler** ist an der Rückseite der Membran [1] eine Spulenwicklung [2] angebracht, die in einem ringförmigen Spalt [3] des Polschuhs [4] eines Permanentmagneten [5] schwingen kann.

Wenn sich nun die Membran bewegt, bewegt sich auch die Spule im Magnetfeld, wodurch in der Spule eine Spannung induziert wird. Je schneller sich die Spule bewegt, umso höher ist die induzierte Spannung, die über die Zuleitungen [6] der Spulenwicklung nach außen geführt und direkt als Mikrofonsignal verwendet (Abb. 1) wird.

➜ **Bei elektrodynamischen Tauchspul-Schallwandlern bewegt sich eine Spule im Magnetfeld.**

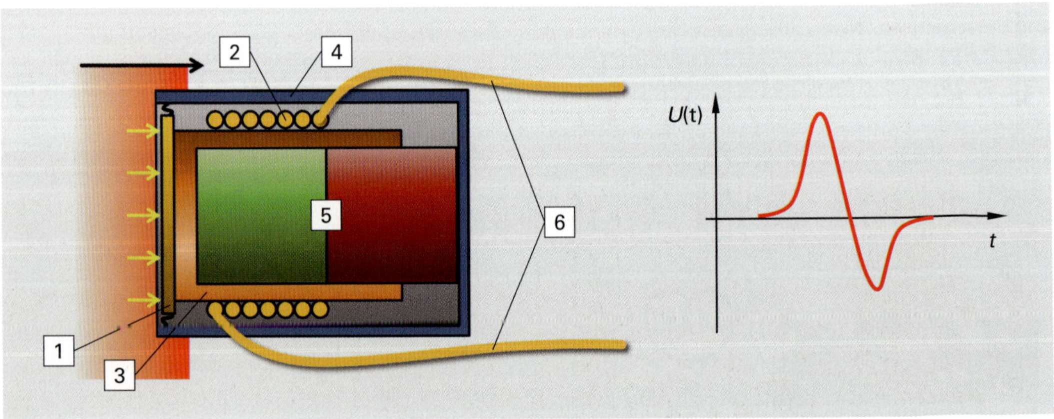

Abb. 1 Schallwandler des Tauchspulenmikrofons

Elektrodynamischer Bändchen-Schallwandler

Beim elektrodynamischen Bändchen-Schallwandler ist die Membran ein bis zu 4 mm breites und bis zu 4 cm langes, sehr dünnes, ziehharmonikaförmig gefaltetes Aluminiumbändchen [1] das sehr lose aufgehängt im Magnetfeld von Permanentmagneten [2] schwingen kann.

Wenn die Schalldruckwelle dieses extrem leichte Bändchen in Bewegung versetzt, so wird durch die Bewegung im Magnetfeld eine Spannung induziert. Diese ist im Vergleich zur Induktionsspannung einer Tauchspule sehr viel kleiner. Diese Spannung wird über die Zuleitungen [3] des Bändchens nach außen geführt und dann von einem in das Mikrofon integrierten Übertrager auf höhere Spannungswerte gebracht, bevor sie als Mikrofonsignal das Mikrofon verlässt (Abb. 1).

Ein Übertrager ist eine Art von Transformator, der Spannungen entsprechend seines Übertragungsfaktors vergrößern oder verkleinern kann.

→ **Bei elektrodynamischen Bändchen-Schallwandlern bewegt sich ein bandförmiger Leiter im Magnetfeld.**

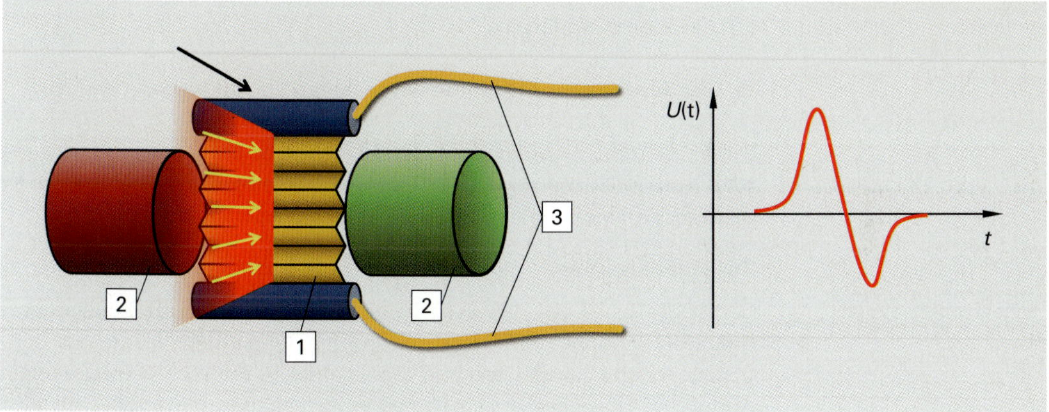

Abb. 1 Schallwandler des Bändchenmikrofons

Schallwandler – Elektrostatischer Kondensator-Schallwandler

Elektrostatischer Wandler

Das Funktionsprinzip des elektrostatischen Schallwandlers ähnelt einem Plattenkondensator, der eine bewegliche Platte hat, mit der seine Kapazität verändert werden kann. Mikrofone mit diesem Schallwandlertyp heißen Kondensatormikrofone (Abb. 2).

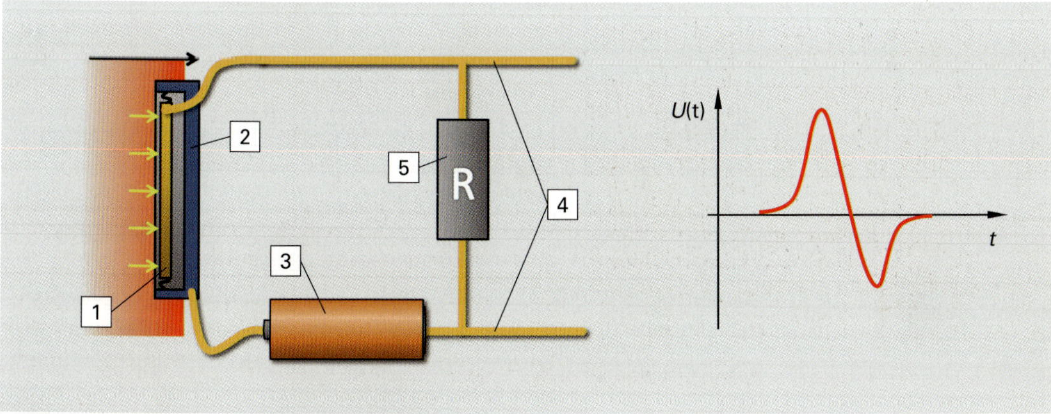

Abb. 2 Schallwandler des Kondensatormikrofons

Beim elektrostatischen Kondensator-Schallwandler ist die Membran eine sehr leichte, dünne, metallisierte Kunststoffscheibe [1], die in einer geringen Entfernung von etwa 5 bis 50 tausendstel Millimeter vor einer festen

Nach Kapitel 1 berechnet sich die Kapazität des Plattenkondensators nach der Formel

$C = \varepsilon_0 \cdot \varepsilon_r \cdot A / d$

d: Abstand der Platten

A: Plattenfläche

ε_0: Dielektrizitätskonstante

ε_r: relative Dielektrizitätszahl

Metallplatte [2] beweglich aufgehängt ist. Die Membran und die feste Metallplatte bilden so zusammen den Plattenkondensator. Wenn sich nun die Membran [1] bewegt, dann verändert sich der Abstand zwischen Membran und Metallplatte [2] und damit die Kapazität des Plattenkondensators permanent.

→ **Bei elektrostatischen Kondensator-Schallwandlern bewegt sich eine Platte eines Plattenkondensators im elektrischen Feld.**

Nur wenn der Kondensator vorher durch eine Energiequelle [3] aufgeladen wurde, fließt durch die Kapazitätsänderung in den Zuleitungen [4] des Schallwandlers ein Strom.

→ **Der Kondensator-Schallwandler muss mit Energie versorgt werden.**

Dieser Stromfluss erzeugt im Widerstand [5] eine der Membranbewegung proportionale Spannung. Ein in das Mikrofon integrierter Verstärker sorgt dann für ein verwertbares Mikrofonsignal am Ausgang des Mikrofons.

Zusammenfassung

Schallwandlertypen

Die Besonderheit bei den **Schallwandlertypen** ist die für Kondensatormikrofone erforderliche Energieversorgung. Ohne diese würde der Kondensator nicht geladen werden können und daher nicht funktionieren. Ansonsten hat jede der Schallwandlertechnologien bestimmte, für den praktischen Einsatz relevante Vor- und Nachteile, die in der folgenden Tabelle 1 dargestellt sind:

Tabelle 1 Vor- und Nachteile der Schallwandlertypen

Wandlertyp	Vorteile	Nachteile
Tauchspul-Schallwandler	• Keine elektrische Versorgung nötig • Nicht anfällig für Windgeräusche • Nicht anfällig für Körperschall	• Träges Impulsverhalten • Kein linearer Frequenzgang • Geringer Aufnahmeabstand
Bändchen-Schallwandler	• Keine elektrische Versorgung nötig • Verbessertes Impulsverhalten • Linearer Frequenzgang	• Anfällig für Windgeräusche • Anfällig für Körperschall • Geringer Aufnahmeabstand
Kondensator-Schallwandler	• Großer Aufnahmeabstand • Linearer Frequenzgang • Sehr gutes Impulsverhalten	• Versorgung erforderlich • Anfällig für Körperschall • Mechanisch empfindlich

Bei der Produktion eines Magazinbeitrags in der Werkstatt eines Reifendienstes ist die Geräuschkulisse das eigentliche akustische Problem. Da im Bildhintergrund für den Zuschauer sichtbar an Fahrzeugen gearbeitet wird,

müssen die dazugehörigen Effektgeräusche auch zu hören sein, sonst wirkt die Aufnahme unrealistisch. Dennoch muss der O-Ton des Werkstattmeisters auch unter diesen erschwerten Bedingungen klar und deutlich zu verstehen sein.
Da Geräusche in der Werkstatt von überall her kommen können, ist in dieser Situation eine Mikrofon-Richtcharakteristik erforderlich, die Schallquellen, die nicht im Bild zu sehen sind, also solche, die von hinten und von der Seite kommen, möglichst stark ausblendet. So scheiden von vorne herein Mikrofone mit Kugel-, Nieren- und Hypernierencharakteristik aus. Schallquellen, die im Bild zu sehen sind, also solche, die von vorne kommen, müssen auf der Aufnahme zu hören sein. Dabei soll allerdings aus Gründen der Verständlichkeit der gesprochene O-Ton deutlich dominieren. Von den verbleibenden Schallempfängertypen kann die Keulencharakteristik einzelne Schallquellen, wie hier den Werkstattmeister, besser hervorheben als die Supernierencharakteristik, die zu den Seiten hin eine zu geringere Dämpfung aufweist.

Effektgeräusch

Effektgeräusche sind Geräusche, die durch im Bild sichtbare, logische Geräuschquellen entstehen: Wenn im Bild gehämmert wird, dann muss das Hämmern aus Gründen der akustischen Logik auch zu hören sein.

11.1.2 Kenndaten von Mikrofonen

Im Fernsehstudio sind die Mikrofone für eine Talkrunde bereits aufgebaut und verkabelt. Der Praktikant, der bei der Inbetriebnahme der Audiostrecke mithelfen soll, klopft zum Funktionstest auf eines der Mikrofone und kassiert dafür vom Toningenieur prompt einen kräftigen Rüffel.

- Warum ist dieser „Klopftest“ kein geeignetes Mittel, eine Audiostrecke zu testen?

Außer dem Impulsverhalten lassen sich alle weitere Eigenschaften von Mikrofonen, die für die Praxis von Bedeutung sind, durch Kenndaten beschreiben, die Mikrofonhersteller zu jedem Mikrofon auf einem Datenblatt angeben:

- Impulsverhalten
- Richtcharakteristik
- Übertragungsbereich
- Übertragungsfaktor
- Übertragungsmaß
- Frequenzgang
- Grenzschalldruck
- Impedanz

Impulsverhalten

Ein Schallimpuls, wie er etwa mit einem Schlagzeug erzeugt werden kann, ist ein kurzes Geräusch mit schnellem, starkem Anstieg und Abfall des Schalldrucks. Aufgrund der hohen Masse der Membran können **dynamische Mikrofone** nur sehr träge auf eine plötzliche Änderung des Schalldrucks reagieren.

Dynamische Mikrofone: Mikrofone mit elektrodynamischem Wandler

Dieses Impulsverhalten führt generell zu entsprechend verfälschten Aufnahmen und letztendlich zu einem bestimmten **charakteristischen Klang** der Aufnahmen mit diesem Mikrofon.

Charakteristischer Klang

Das Impulsverhalten eines Kondensatormikrofons ist aufgrund seiner geringen Membranmasse deutlich agiler: Es reagiert schneller und stärker und es schwingt weniger lange nach (Abb. 1). Dadurch sind die Aufnahmen dem Original wesentlich ähnlicher. Dennoch kann auch der spezifische Klang des dynamischen Mikrofons für die Aufnahme gewünscht sein.

→ **Kondensatormikrofone reagieren im Vergleich zu dynamischen Mikrofonen deutlich empfindlicher.**

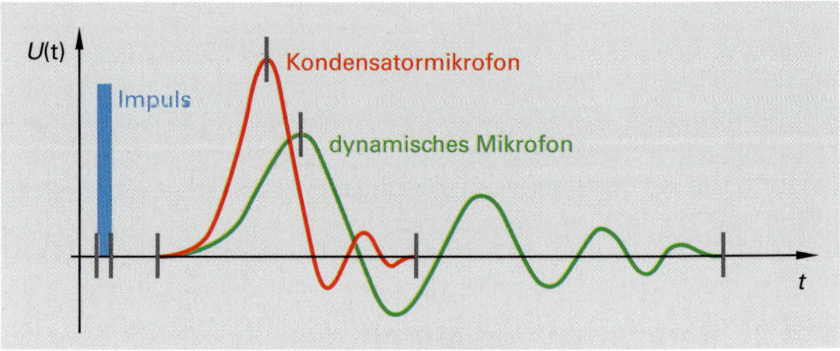

Abb. 1 Reaktionen auf einen Schallimpuls

Richtcharakteristik

Normale Mikrofone können eine der folgenden Richtcharakteristiken aufweisen: Kugel, Acht, Niere, Superniere, Hyperniere, oder Keule. Dagegen lässt sich die Richtcharakteristik umschaltbarer Mikrofone in der Regel zwischen Kugel-Niere-Acht umschalten.

Übertragungsbereich

Trittschall

Mikrofone sollten den Hörbereich des menschlichen Ohres von 20 Hz bis 20 kHz übertragen können. Unter 40 Hz können sich beispielsweise **Trittschall** oder andere tieffrequente Störungen in das Mikrofon einkoppeln, daher wird dieser Bereich mit einem Hochpassfilter weggefiltert.

Übertragungsfaktor

Der Übertragungsfaktor gibt an, wie empfindlich ein Mikrofon ist, d. h,. welche Ausgangsspannung (in mV) aus einem bestimmten Schaldruckpegel (in Pa) bei einer Frequenz von 1 kHz resultiert.

Übertragungsmaß

Wird der Übertragungsfaktor auf einen Referenzwert wie beispielsweise einen Übertragungsfaktor von 1 V/Pa bezogen, kann daraus das Übertragungsmaß in dB ermittelt werden. Hier zeigt sich, dass Kondensatormikrofone in der Praxis einen höheren Pegel liefern als dynamische Mikrofone.

→ **Mikrofone mit hohem Übertragungsmaß benötigen eine geringere Verstärkung des Signals.**

Frequenzgang

Der Frequenzgang eines Mikrofons für Schall von vorn (0°) wird in der Regel als logarithmische Grafik dargestellt. Der Frequenzgang zeigt, in wie weit sich das Übertragungsmaß im gesamten Übertragungsbereich des Mikrofons ändert. Der Idealfall ist ein klangneutrales Mikrofon, das einen linearen Frequenzgang im gesamten Übertragungsbereich aufweist. In der Realität ist ein linearer Frequenzgang jedoch bedingt durch die Bauart des jeweiligen Mikrofons nur schwer oder gar nicht erreichbar und so erzeugt jeder Mikrofontyp bei der Aufnahme eine eigene Klangverfärbung. Aus diesem Grund werden bestimmten Mikrofonen/Frequenzgängen spezielle Einsatzgebiete, z. B. als Gesangs- oder Instrumentalmikrofon zugeordnet (Abb. 1).

→ **Bei Mikrofonen wird ein linearer Frequenzgang angestrebt.**

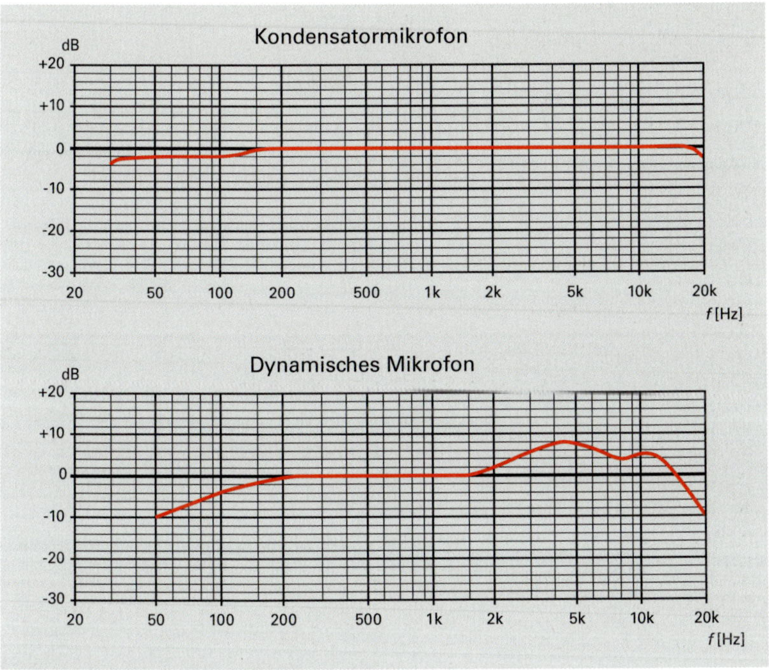

Abb. 1 Frequenzgänge von Mikrofonen

Grenzschalldruck

Als Grenzschalldruck wird der Schalldruck bezeichnet, ab dem das Mikrofon hörbare **Verzerrungen** liefert. Durch den geringen Abstand der Membran zur Gegenelektrode wird diese Grenze bei Kondensatormikrofonen bereits bei einem Schalldruck von etwa 140 dB erreicht, während dynamische Mikrofone wesentlich höhere Schalldruckpegel verarbeiten können.

Verzerrungen

Beide Mikrofontypen können also noch bei Schalldruckpegeln arbeiten, bei denen das Gehör bereits Schaden nehmen würde.

Lastimpedanz

Die **Nennimpedanz** eines Kondensatormikrofons liegt bei etwa 40 Ω, während die Impedanz von dynamischen Mikrofonen etwa 200 Ω beträgt. Damit die Mikrofone nicht überlastet werden, sollten sie mit einer deutlich

Impedanz: Wechselstromwiderstand

höheren (mindestens der fünffachen) Nennabschlussimpedanz abgeschlossen werden. Deshalb sollte die Eingangsimpedanz der angeschlossenen Geräte, wie z. B. Mikrofonverstärker oder Mischpulte, für Kondensatormikrofone mindestens 200 Ω und für dynamische Mikrofone mindestens 1000 Ω betragen.

Kenndaten – Zusammenfassung

Die folgende Tabelle 1 gibt einen Überblick über die wichtigsten Mikrofonkenndaten von dynamischen und Kondensatormikrofonen, die für den praktischen Einsatz der Mikrofone von Bedeutung sind.

Tabelle 1 Typische Kenndaten von Mikrofonen

Kenndaten im Datenblatt	dynamisches Mikrofon	Kondensator-mikrofon
Übertragungsbereich	40 Hz bis 16 kHz	40 Hz bis 20 kHz
Übertragungsfaktor	bis ~ 2 mV/Pa	bis ~ 20 mV/Pa
Übertragungsmaß	bis ~ –54 dB	bis ~ –34 dB
Grenzschalldruck	>> 140 dB	~ 140 dB
Nennimpedanz	~ 200 Ω	~ 40 Ω
Abschlussimpedanz	> 1000 Ω	> 200 Ω

Der „Klopftest“, den der Praktikant durchführt, ist eine starke Stoßbelastung für den Schallwandler im Mikrofon. Wie auch schon der verhältnismäßig geringe Grenzschalldruck von Kondensatormikrofonen zeigt, kann es durch die harten Stöße beim „Klopftest“ zu mechanischen Beschädigungen des Wandlers kommen, da die Membran nur wenige Mikrometer über der Gegenelektrode hängt.
Aber auch bei dynamischen Mikrofonen, deren Membran wesentlich mehr Bewegungsspielraum hat, können die Stöße zu ungewöhnlichen Querschwingungen und damit zu mechanischen Beschädigungen führen.
Abgesehen davon entsteht durch das Klopfen ein sehr starkes Audiosignal, das entsprechend laut am Ende der Signalstrecke über Abhörlautsprecher oder über den Kopfhörer des Toningenieurs wiedergegeben wird. Das erklärt die prompte Reaktion des Toningenieurs.

11.1.3 Mikrofonleitungen

Die Umstellung des analogen terrestrischen Fernsehens auf das digitale terrestrische Fernsehen (DVB-T) im Jahr 2005 wurde von allen Tontechnikern, Toningenieuren, TV- und Studiobetreibern, die mit drahtlosen Mikrofonanlagen arbeiteten, mit großer Sorge erwartet.

- Was hat das Digitale Fernsehen DVB-T mit drahtlosen Mikrofonanlagen zu tun?

Mikrofonleitung

Das Ergebnis einer Mikrofonaufnahme hängt wesentlich davon ab, ob das Mikrofonsignal die nachgeschalteten Signalwege ohne Störungen und Qualitätsverluste durchlaufen kann. Störungen auf **Mikrofonleitungen** sind problematisch, da Mikrofonsignale und damit auch die Störungen in der Regel stark verstärkt werden.

Für eine störungsfreie Arbeit mit Mikrofonleitungen sind deshalb folgende Aspekte von Bedeutung:

- Verlegen von Mikrofonleitungen
- Mikrofonleitungstypen
- Symmetrische Mikrofonleitung
- Unsymmetrische Mikrofonleitung
- Symmetrierung mit einer DI-Box
- Phantomspeisung über die Mikrofonleitung
- Drahtlos-Mikrofonie – Wireless-Technik

Verlegen von Mikrofonleitungen

Mikrofonkabel haben in der Regel eine Abschirmung aus einem flexiblen metallischen Geflecht, um sie gegen Störfelder unempfindlich zu machen. Dieser Schirm kann als metallische Hülle um die Signalleitungen elektrische Störfelder abschirmen. Magnetische Störfelder, wie sie beispielsweise von Lichtleitungen ausgehen, d. h. von Leitungen mit hohen Wechselströmen oder geschalteten Strömen, kann der Schirm einer **Mikrofonleitung** nicht ausreichend abschirmen. Da der Mikrofon-Pegel sehr klein ist, können sogar Signalleitungen mit stärkeren Pegeln störende Einstreuungen verursachen. Um Störungen zu vermeiden, sollten Mikrofonleitungen immer so verlegt werden, dass sie nicht in der Nähe von energiereichen Leitungen oder Signalwegen von Line-Signalen verlaufen.

Der Schirm eines Kabels arbeitet nach dem Prinzip des Faraday´schen Käfigs.

Mikrofonleitung

Die Störung eines Signals durch eine benachbarte Leitung wird als „Übersprechen" bezeichnet.

→ **Audioleitungen sollten räumlich getrennt von Leitungen mit hoher Last geführt werden.**

Mikrofonleitungstypen

Der Ausgang professioneller Mikrofone ist in der Regel ein dreipoliger **XLR**-Stecker, der mit der dreipoligen XLR-Buchse oder über einen Adapter mit der Klinkenbuchse eines Endgeräts wie beispielsweise eines Mischpults oder einer EB-Kamera verbunden wird. Typische Mikrofonleitungen sind daher XLR-Leitungen oder XLR-**Klinke**-Leitungen (Abb. 1).

XLR

Klinke

Abb. 1 XLR- und Klinke-Mikrofonleitungen

Symmetrische Mikrofonleitung

Symmetrischer Ausgang

Mikrofone und Audiogeräte mit **symmetrischem Ausgang** (Abb. 1) erzeugen analog zum empfangenen Schalldruck zwischen den Pins 2 und 3 des XLR-Ausgangs einen Spannungsunterschied. Das eigentliche Audiosignal, das die Schallinformation in sich trägt, ist also dieser Spannungsunterschied zwischen den Pins 2 und 3.

Das Ausgangssignal eines Mikrofons ist ein symmetrisches Signal. Die Spannungen der beiden XLR-Pins sind gleich groß, aber entgegengesetzt gepolt und liegen deshalb genau spiegelsymmetrisch zu einer Symmetrieachse.

Symmetrisch

Balanced

Störungen auf dem niederohmigen Schirm werden sofort abgeleitet, das ist der eigentliche Zweck des Schirms.

Dieses symmetrische Signal kann durch eine **symmetrische** Leitung (engl. **balanced**), d. h. eine abgeschirmte Leitung mit zwei Innenleitern zu einem Endgerät geleitet werden. Werden jetzt auf diesem Signalweg Störungen eingestreut, so treten die Störungen auf beiden Innenleitern gleichzeitig, gleich stark und in der gleichen Richtung auf. Auf den Spannungsunterschied und damit auf das eigentliche Audiosignal können sich die Störungen zwischen den Leitern deshalb nicht auswirken.

→ **Symmetrische Leitungen sind störunempfindlich.**

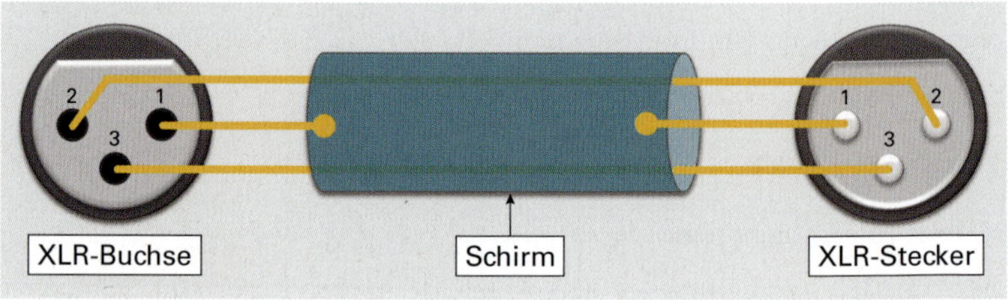

Abb. 1 Symmetrische Signalübertragung

Symmetrische Leitungen gelten daher als besonders störsicher. Sie werden im TV-Bereich möglichst häufig eingesetzt, vor allem aber dort, wo Störungen wahrscheinlich sind oder Mikrofonsignale über weite Strecken transportiert werden müssen.

Unsymmetrische Mikrofonleitung

Unsymmetrisch

Unbalanced

Die Abschirmung einer **unsymmetrischen** Mikrofonleitung (engl. **unbalanced**) mit nur einem Innenleiter ist mit dem XLR-Pin 1 verbunden (Abb. 2). Allerdings wird auch der Pin 3 des Mikrofons mit der Abschirmung der Leitung verbunden.

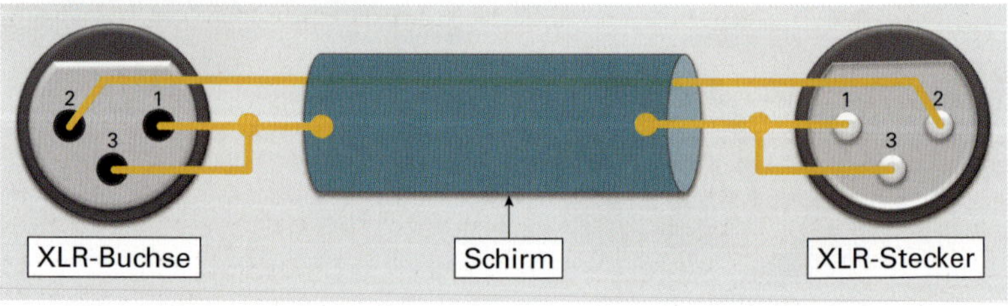

Abb. 2 Unsymmetrische Übertragung

Das Mikrofon erzeugt analog zum empfangenen Schalldruck einen Spannungsunterschied zwischen Pin 2 und 3 des XLR-Ausgangs und damit auf der Leitung einen Spannungsunterschied zwischen Innenleiter und Abschirmung. Da die **Abschirmung** stets auf dem 0-V-Potential liegt, entsteht so ein unsymmetrisches Signal, dem die Leitung ihren Namen verdankt.

Abschirmung

Werden jetzt auf diesem Signalweg Störungen eingestreut, so verändern die Störungen den Spannungsunterschied zwischen Innenleitern und Abschirmung und damit auch das Audiosignal.

Daher gelten unsymmetrische Leitungen als vergleichsweise störanfällig und werden normalerweise nur dort verwendet, wo Störungen unwahrscheinlich sind und wo kürzere Übertragungswege möglich sind.

➜ **Unsymmetrische Leitungen sind störanfälliger als symmetrische.**

Symmetrierung mit einer DI-Box

DI-Box

DI: Direct Injection

Normalerweise dienen die kostengünstigen **DI**-Boxen (Abb. 1) dazu, Audiosignale zu übertragen, ohne dass dabei eine direkte elektrische Verbindung zwischen Eingang und Ausgang besteht. Eine DI-Box kann aber auch zur **Symmetrierung** von Audiosignalen benutzt werden, da sie ein unsymmetrisches Eingangssignal in ein symmetrisches Ausgangssignal umwandelt.

Symmetrierung

➜ **Eine DI-Box kann unsymmetrische Signale symmetrieren.**

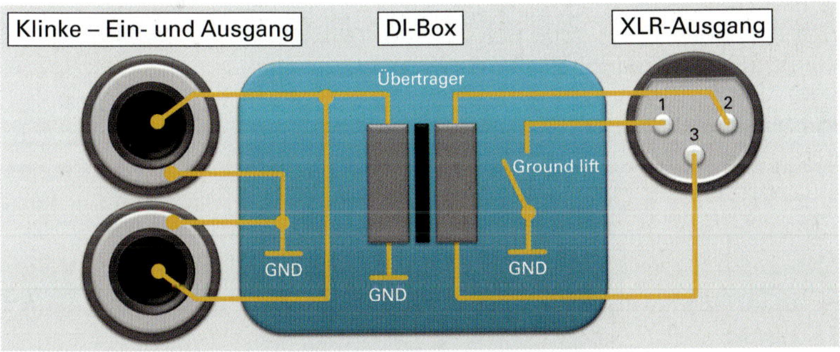

Abb. 1 Symmetrierung von Audiosignalen mit einer DI-Box

Phantomspeisung über die Mikrofonleitung

Phantomspeisung

Der Name „Phantomspeisung" rührt daher, dass die Speisespannung nicht zwischen den beiden Signalleitungen anliegt und dort nicht messbar ist.

Das Kondensatormikrofon funktioniert nur dann, wenn der Kondensator durch eine Spannungsversorgung aufgeladen wurde. Diese Spannungsversorgung kann von externen Geräten wie Mikrofonverstärkern, Mischpulten oder von der EB-Kamera, z. B. in Form einer Phantomspeisung von 48 V über die symmetrische Mikrofonleitung erfolgen.

➜ **Phantomspeisung funktioniert nur bei symmetrischen Leitungen.**

48-V-Speisung

Die Energieversorgung kann aber auch entweder durch eine Batterie in einem im Mikrofon integrierten Batteriefach, ein ansteckbares oder ein externes **Speisemodul** erfolgen. Da sich bei symmetrischen Leitungen Störungen nicht auswirken, weil sie beide Leiter gleichermaßen betreffen,

Speisemodul

wird die Speisespannung – quasi wie eine Störung – an beide Signalleiter angelegt und die Abschirmung als Rückleiter benutzt (Abb. 1).

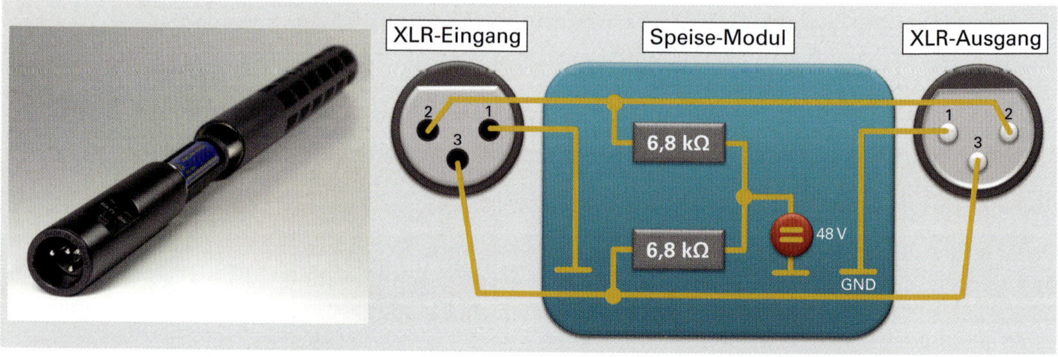

Abb. 1 Speisemodul und das Prinzip der Phantomspeisung

So erzeugt die Phantomspeisung keinen Spannungsunterschied zwischen den Signalleitern im symmetrischen Kabel, obwohl ein Speisestrom fließt. Die Phantomspeisung ist also aus Sicht des Audiosignals unsichtbar – daher der Name.

Wireless

Drahtlos-Strecke

Drahtlos-Mikrofonie – Wireless-Technik

Im TV-Showbereich, aber auch bei Konzerten, kommen häufig drahtlose Audioübertragungsstrecken **(Drahtlos-Strecken)**, zum Teil in großer Zahl, zum Einsatz. Das ermöglicht den Akteuren vor der Kamera viel mehr Bewegungsspielraum, birgt aber auch ein höheres Ausfallrisiko als die herkömmliche Verbindung per Mikrofonleitung.

Eine Drahtlos-Strecke besteht aus einem Sender (Abb. 2), der das Mikrofonsignal am Eingang auf eine Funkträgerfrequenz aufmoduliert und einem Empfänger, der das Funksignal dann demoduliert und das Mikrofonsignal am seinem Ausgang wieder ausgibt.

→ **Drahtlosmikrofone verwenden Trägerfrequenzen zur Funkkommunikation.**

Abb. 2 Funk-Ansteckmikro mit Taschensender

Sendefrequenzen

Seit dem 01.01.2006 und bis zum 31.12.2015 sind die **Sendefrequenzbereiche** 790 - 814 MHz und 838 - 862 MHz allgemein und damit kostenfrei einzelnen Nutzergruppen zur exklusiven Nutzung zugeteilt, wie sie in der nachfolgenden Tabelle 1 dargestellt sind. Die früher übliche kostenpflichtige Einzelzuteilung entfällt.

Tabelle 1 Nutzergruppen für Drahtlos-Mikrofonanlagen

Nutzergruppe	Beispiele
Öffentlich-rechtliche Rundfunkanstalten	ARD-Anstalten, ZDF, Dritte
Private Programmanbieter und Programmproduzenten	RTL, PRO7, Sat1
Sonstige professionelle Veranstalter	Bühnen, Veranstaltungstechnik, Musikgruppen, Theater, Stadthalle
Frequenznutzung innerhalb geschlossener Räume	Messen, Hallen, Studios, Schauspielhäuser
Regie- und Kommandofunk	In-Ear-Monitoring, Regieton, Aufnahmeleitung

Reichweite

Die **Reichweite** einer normalen Mikrofon-Funkstrecke beträgt in der Regel etwa 100 m. Allerdings können im normalen Betrieb auch schon bei kürzeren Distanzen durch Bewegungen des Senders, Reflexionen an Wänden oder die metallische Abschirmung des Funkfeldes durch Dekorationsteile Empfangsstörungen auftreten. Das gilt für Außenproduktionen genauso wie für Produktionen in Studios oder Hallen.

Diversity: Engl. für Vielseitigkeit

Abhilfe schaffen hier **Diversity**-Anlagen mit mehreren Empfangsantennen und zum Teil sogar mehreren Empfängern (Abb. 1).

Abb. 1 Diversity-Anlage

Diversity-Anlagen erreichen durch ihre räumlich getrennten Antennen eine verbesserte Empfangsqualität und -sicherheit. Heute gibt es verschiedene Diversity-Konzepte, die sich, außer im Preis, auch darin unterscheiden, wie die einzelnen Empfangswege zum optimalen Empfang dynamisch selektiert und zusammengeschaltet werden. In der TV-Praxis ist es dennoch sehr empfehlenswert, für wichtige Mikrofonstrecken zusätzlich zur Drahtlos-Strecke auch fertig verkabelte, drahtgebundene Havariemikrofone bereitzuhalten, die im **Havariefall** sofort eingesetzt werden können.

Havarie: produktionsgefährdender Ausfall von Geräten, Signalstrecken oder Produktionsmitteln.

→ **Aufgrund des Risikos von Funkstörungen sollte immer eine drahtgebundene Ersatzstrecke zusätzlich vorverkabelt werden.**

Die Sorge von Tontechnikern, Toningenieuren und TV- und Studiobetreibern bei der Umstellung auf das digitale terrestrische Fernsehen (DVB-T) seit dem Jahr 2004 bezog sich auf die Nutzung der Sendefrequenzen für Drahtlos-Mikrofonanlagen. Das neue „Überallfernsehen" wird in einem Frequenzbereich von 814 bis 838 MHz ausgestrahlt, der bis dahin Drahtlos-Mikrofonanlagen vorbehalten war. Der Verkauf neuer Anlagen, die im DVB-T-Frequenzbereich sendeten, wurde mit der Einführung von DVB-T ab 2004 untersagt. Dennoch war die Sorge berechtigt, denn aufgrund der massiven Störungen durch DVB-T-Sender musste der Großteil der älteren Anlagen auf neue Sendefrequenzen umgerüstet werden, was teilweise mit erheblichen Kosten verbunden war. Dabei bestand zu dem Zeitpunkt bereits eine kostenpflichtig erteilte Betriebszulassung für die alten Sendefrequenzen.

11.2 Mikrofon-Aufnahmepraxis

Die Qualität einer Aufnahme hängt nicht allein davon ab, dass der richtige Mikrofontyp ausgewählt wurde, sondern auch davon, wie mit dem Mikrofon gearbeitet wird. Deshalb beschäftigt sich dieses Kapitel damit, wie bei Aufnahmen gute Ergebnisse erzielt werden können.

11.2.1 Mikrofontypen

Ein EB-Team soll an einem stürmischen Novembertag mit der „Wetterfee im Ostfriesennerz" bei einer Außenaufnahme auf einer Wiese die Wetterprognose für den nächsten Tag aufzeichnen (Abb. 1).

Abb. 1 Wetter beim Außenwetterbericht bei der „Live-Schaltung"

In einem aktuellen NEWS-Journal soll das Material dann als Einspieler verwendet werden, um damit die Wettervorhersage als „Live-Schaltung nach draußen" zu simulieren.

- Welches akustische Problem besteht für die Tonaufnahme?
- Mit welchen Mitteln lassen sich diese Probleme lösen?

In der Medienproduktion kommen hauptsächlich folgende Mikrofontypen zum Einsatz (Abb. 1): Ansteckmikrofone bzw. Lavalier-Mikrofone [1], Handmikrofone [2], Richtmikrofone [3], Großmembranmikrofone [4] und Grenzflächenmikrofone [5]. Für Schallmessungen werden spezielle Messmikrofone [6] verwendet, die eine kugelförmige Richtcharakteristik aufweisen.

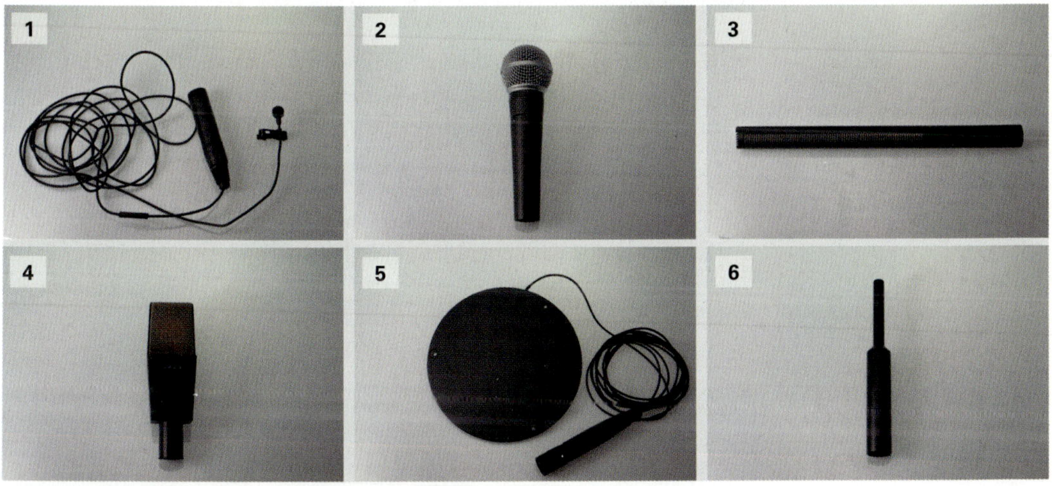

Abb. 1 Mikrofontypen in der Medienproduktion

Ansteckmikrofon

Das Ansteckmikrofon ist ein miniaturisiertes Mikrofon mit der Richtcharakteristik Kugel, das mit Klammern oder Magneten an der Kleidung befestigt werden kann. Aus akustischer Sicht bietet das Ansteckmikrofon stets einen konstanten Sprechabstand von etwa 20 bis 30 cm. Durch die Kugelcharakteristik wirken sich Kopfbewegungen beim Sprechen kaum aus. Allerdings ist die Kugelcharakteristik auch die Ursache für Probleme wie **Kleidergeräusche** oder Rückkopplungen über die Studiobeschallung.

Kleidergeräusche

→ **Bei Ansteckmikrofonen besteht die Gefahr von Kleidergeräuschen.**

Durch die kompakte Bauweise ist es bei Film- und Fernsehproduktionen überall da ideal, wo der Schall versteckt direkt am Objekt abgenommen werden soll. Besonders gefährdet wird das Ansteckmikro (und das Gehör des Toningenieurs) durch ein eingeschaltetes Handy in der Westentasche direkt unter dem Ansteckmikro. Darauf sollte bei Produktionen stets geachtet werden.

Lavalier-Mikrofone sind spezielle Ansteckmikrofone mit einem veränderten Frequenzgang, um die Körperschalleinkopplung aus dem Brustkorb zu reduzieren. Weit verbreitet ist die falsche Annahme, dass Lavalier-Mikrofone und Ansteckmikrofone stets identisch sind.

Lavalier-Mikrofon: benannt nach der französischen Herzogin de la Vallière die zu Zeiten Ludwigs XIV oft eine Edelsteinhalskette trug.

Handmikrofon

Reportagemikrofon

Das robuste Handmikrofon, typischerweise mit Nierencharakteristik, ist weit verbreitet als **Reportagemikrofon** aber auch als typisches Gesangsmikrofon für die Bühne. Durch die Nierencharakteristik braucht mit diesem Mikrofon nicht so genau „gezielt" zu werden, was die Handhabung recht angenehm macht.

Bühnenmonitor

Störgeräusche aus dem Bereich hinter dem Mikrofon werden stark gedämpft, vorausgesetzt, das Mikrofon wird so gehalten, dass der hintere Schalleintritt nicht verdeckt ist. So kann das akustische Laufzeitglied im Mikrofon uneingeschränkt arbeiten und deshalb geht auch von **Bühnenmonitorboxen** keine große Rückkopplungsgefahr aus.

Rückkopplung: Schrilles Pfeifgeräusch, das unbedingt zu vermeiden ist. Es entsteht, wenn das Mikrofonsignal über einen Lautsprecher verstärkt wieder zum Mikrofon gelangt.

→ **Handmikrofone mit Nierencharakteristik sind ideale Bühnenmikrofone, da sie bedingt durch ihre Richtcharakteristik nicht zu Rückkopplungen neigen.**

In der Hip-Hop-Szene ist eine „falsche" Mikrofonhandhabung weit verbreitet (Abb. 1). Hier wird sowohl der Mindestabstand zum Mund nicht eingehalten als auch durch das Umgreifen des Mikrofonkorbs der hintere Schalleintritt verdeckt. Die dadurch entstehenden akustischen Verzerrungen werden bewusst in Kauf genommen oder sind sogar gewollt. Sie haben sich teilweise als charakteristische Soundmerkmale dieser Musikrichtung etabliert.

Abb. 1 Handmikrofon bei einem Hip-Hop-Konzert

Richtmikrofon

Das Richtmikrofon gehört zur Standardausstattung des EB-Teams und ist nahezu ideal für Interviews, Umfragen oder Reportagen in lauter Umgebung. Wenn genau „gezielt" wird, gelingen durch seine Richtcharakteristik (Keule) Tonaufnahmen auch im größten TV-Journalistengedränge, selbst aus größerer Entfernung und nahezu frei von Störgeräuschen. Da es sich um ein Kondensatormikrofon handelt, muss es entweder über ein Speisemodul oder die Phantomspeisung des angeschlossenen Geräts versorgt werden.

→ **Richtmikrofone eignen sich besonders für laute Umgebungen mit omnidirektionalem Schalleintritt.**

Großmembranmikrofon

Großmembranmikrofon

Kleinmembranmikrofon

Mit einem Durchmesser von mindestens einem Zoll (2,54 cm) überragt die Membran von **Großmembranmikrofonen** die der Kleinmembranmikrofone deutlich. Das Großmembranmikrofon besitzt eine höhere Empfindlichkeit und dadurch ein geringeres Grundrauschen als **Kleinmembranmikrofone**, die dafür besser höhere Frequenzen verarbeiten können. Seine hochwertige Zusatzausstattung, wie beispielsweise diverse zuschaltbare Filter und Brummkompensatoren in Kombination mit seinem angenehm warmen Klang machen das Großmembranmikrofon zu einem idealen Mikrofon für Sprachaufnahmen im Audio-Studio.

→ **Das Großmembranmikrofon wird oft in Tonstudios als Gesangsmikrofon benutzt.**

Grenzflächenmikrofon

Grenzflächenmikrofone lassen sich unauffällig oder versteckt auf oder in Oberflächen (Tischplatte, Fußboden, Wänd, usw.) platzieren. Da sich an diesen Oberflächen Maxima des Schalldruckpegels ausbilden, erreichen Grenzflächenmikrofone sogar eine um bis zu 6 dB erhöhte Empfindlichkeit. Bei normalen Mikrofonen kommt es bei der Überlagerung von Direktschall und Bodenreflexion am Ort 3 (Abb. 1) aufgrund der Laufzeitunterschiede und der daraus resultierenden Interferenzen zu Kammfiltereffekten, die den Klang unangenehm verfälschen.

Der Kammfiltereffekt trägt seinen Namen aufgrund des kammförmigen Verlaufs des Frequenzgangs.

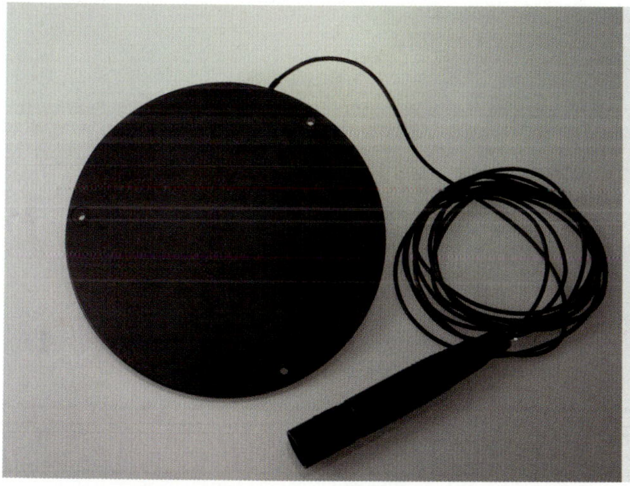

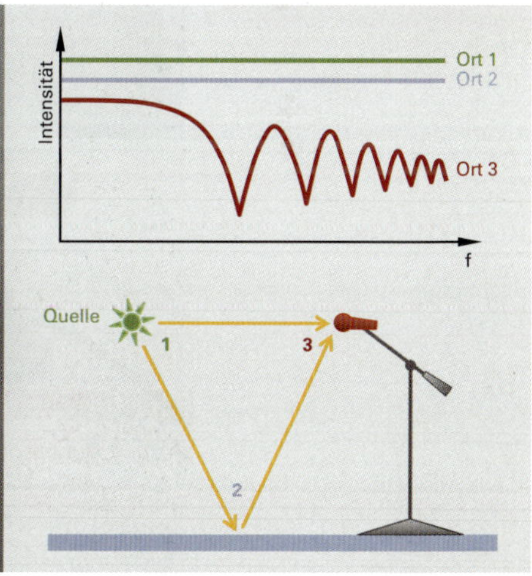

Abb. 2 Grenzflächenmikrofon

Mit ihrer halbkugelförmigen Richtcharakteristik empfängt ein Grenzflächenmikrofon (wie der Ort 2, Abb. 1) nur den Direktschall, wodurch ein extrem linearer Frequenzgang ohne Kammfiltereffekte möglich wird.

→ **Grenzflächenmikrofone werden beispielsweise als Konferenzmikrofone verwendet.**

In den einzelnen Medienproduktionsformen wird schwerpunktmäßig mit einer Auswahl bestimmter Mikrofontypen gearbeitet, die für die jeweilige Produktionsform gut geeignet sind. Die nachfolgende Tabelle 1 gibt hierzu eine Übersicht.

Tabelle 1 Produktionsbereiche und Produktionsformen

Produktion	Beispiele	gebräuchliche Mikofontypen
EB	Interview Statement Reportage	• Richtmikrofone • Handmikrofone • Ansteckmikrofone
TV-Studio	Talkrunde Gameshow Magazin	• Ansteckmikrofone • Handmikrofone • Grenzflächenmikrofone
Audio-Studio	Musik Sprache Hörspiel	• Handmikrofone • Großmembranmikrofone • Grenzflächenmikrofone
TV-Film	Dialog Geräusch Atmo	• Ansteckmikrofone • Richtmikrofone • Grenzflächenmikrofone

Für Mikrofone gibt es eine große Zahl von Zubehörteilen, die für das praktische Arbeiten hilfreich sind (Abb.1).

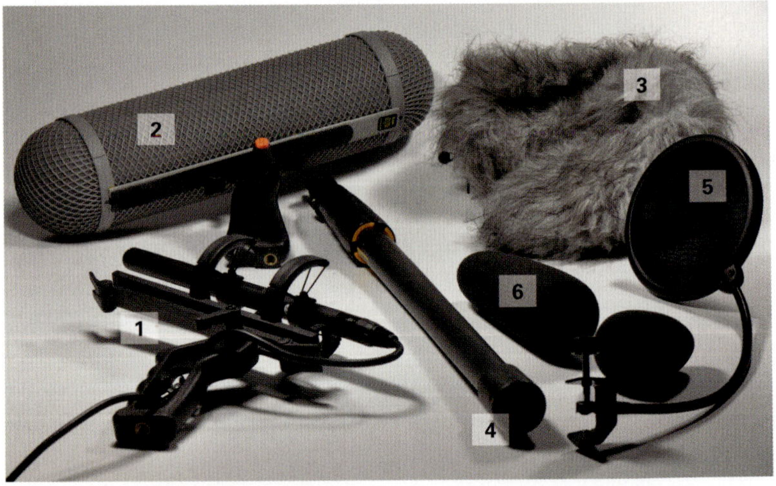

Abb. 1 Mikrofonzubehör

Windschutzkorb

Katze

Mikrofonangel

Speziell für Richtmikrofone (Abb. 1) gibt es einen Handgriff [1], in dem das Richtmikrofon mit Gummiringen gefedert eingehängt wird. Dieser „Pistolengriff" kann in einen **Windschutzkorb** [2] eingeschoben werden, der mögliche Windgeräusche reduziert und dabei das Mikrofon nicht berührt. Bei starkem Wind kann darüber ein Windschutzfell [3] (auch **„Katze"** genannt) gezogen werden. Mikrofone können mit einer ausziehbaren **Mikrofonangel** [4] oder auf einem eventuell fahrbaren Mikrofonboom (auch „Galgen" genannt) aus größerer Entfernung geführt werden. Ansonsten gibt es für Mikrofone eine Reihe verschieden hoher Stative. Da bei Explosivlauten wie B, C, D, K, P und T oder Zischlaute wie CH, F, S,

SCH und Z die Gefahr besteht, beim Sprechen das Mikrofon anzupusten, was dann zu Windgeräuschen führen könnte, gibt es speziell für Sprechermikrofone im Studio den sogenannten Poppschutz [5]. Für EB-Mikrofone gibt es einen **Poppschutz** als Schaumstoffüberzug [6], der von TV-Sendern oft mit dem Senderlogo bedruckt wird.

Poppschutz

Bei der Außenaufnahme der Wetterprognose aus muss auf der Ostseeinsel Hiddensee mit viel Wind gerechnet werden. Nicht nur der Wind erzeugt beim eingesetzten Mikrofon laute, hörbare Störgeräusche, die gesamte Umgebung des Sets, d. h. Bäume, Gräser usw. erzeugen ebenfalls zusätzliche Störgeräusche. Wegen der lauten Umgebung empfiehlt sich hier der Einsatz des Richtmikrofons, das aufgrund des Windes mit Windschutzkorb und Windschutzfell versehen werden muss.

!

11.2.2 Durchführen von Mikrofonaufnahmen

Bei dem TV-Mitschnitt des Vortrags eines Gesangssolisten in einer Kathedrale soll eine Mikrofonaufnahme erfolgen, die einen realistischen klanglichen Eindruck der Größe des Raumes vermittelt.

- Welches Mikrofon ist für diese Anforderung geeignet und wie sollte es für die Aufnahme positioniert werden?

?

Das Ergebnis einer Mikrofonaufnahme hängt davon ab, wie in folgenden Bereichen gearbeitet wurde:

- Einhalten des Aufnahmeabstands
- Vermeiden störender Effekte
- Einrichten der Aufnahmesituation

Aufnahmeabstand

Eine wichtige Rolle im Bezug auf die Sprachverständlichkeit und den **Mikrofonabstand** spielt der Diffusschall (Hall) im Aufnahmeraum. Eine Schallquelle gibt permanent Schallenergie in den Raum ab, die dann den Raum mit diffusem Schall füllt.

Mikrofonabstand

Der Hallradius definiert einen Bereich um eine Schallquelle herum, in dem sich der direkte Schall deutlich und damit gut verständlich vom Diffusschallfeld abhebt (Abb. 1).

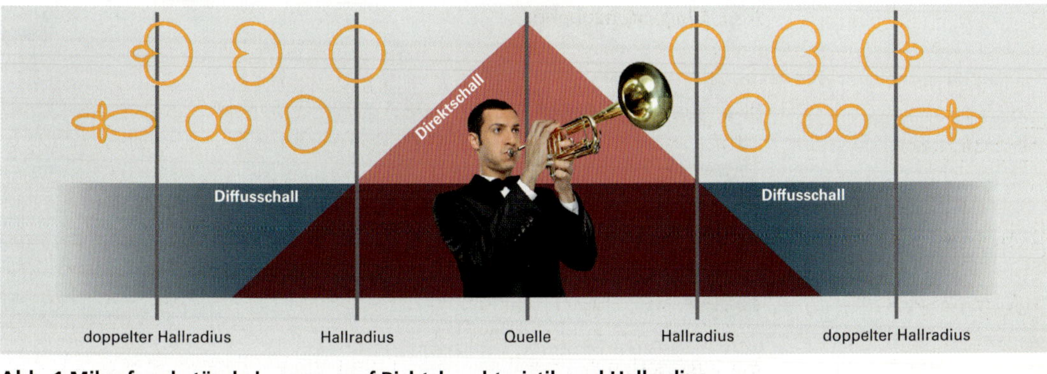

Abb. 1 Mikrofonabstände bezogen auf Richtcharakteristik und Hallradius

Auf freien Flächen außerhalb von geschlossenen Räumen kann der Hallradius daher 100 Meter und mehr betragen, während er in stark verhallten Innenräumen in der Größenordnung von wenigen Metern liegt.

Solange sich Mikrofone nahe genug an der Schallquelle befinden, ist die Sprachverständlichkeit der Aufnahme gut. Je größer der Abstand zur Quelle wird, umso schlechter ist die Quelle zu verstehen und umso stärker wird der Diffusschall im Vergleich zum Direktschall aufgenommen. Mikrofone mit Kugelcharakteristik sollten daher innerhalb dieses Hallradius aufgestellt werden. Je stärker die Richtwirkung eines Mikrofons ausgeprägt ist, umso weiter kann das Mikrofon außerhalb des Hallradius aufgestellt werden, ohne dass sich die Sprachverständlichkeit verschlechtert.

→ **Das Mikrofon sollte sich innerhalb des Hallradius befinden.**

Störende Effekte

Mikrofonaufnahmen können durch eine Reihe störender Effekte stark beeinträchtigt werden. Durch einfache Maßnahmen gelingt es in der Regel jedoch, die Auswirkungen dieser Effekte zu minimieren:

- Kammfiltereffekt
- Nahbesprechungseffekt
- Körperschalleinkopplung
- Rückkopplung

Durch den Kammfiltereffekt werden bestimmte Frequenzen stark bedämpft. Der Klang wird unlebendig und leer.

Klangverfälschungen

Kammfiltereffekt

Zum Kammfiltereffekt und den dadurch verursachten unangenehmen **Klangverfälschungen** kommt es immer dann, wenn der Direktschall durch Schallreflexionen mit geringfügig größerer Laufzeit überlagert wird. Ursache dafür sind in der Regel schallreflektierenden Böden oder Tischplatten (Abb.1).

Abb. 1 Typische Situation mit Kammfiltereffekt

Das Problem kann durch schallabsorbierende Bodenbeläge bzw. Tischdecken, durch das Schrägstellen der Tischplatte oder durch die Verwendung eines Grenzflächenmikrofons beseitigt werden.

➜ **Kammfiltereffekte treten auf, wenn Reflexionsflächen in der Nähe des Mikrofons sind.**

Nahbesprechungseffekt

Der **Nahbesprechungseffekt**, d. h. eine Anhebung tiefer Frequenzen, entsteht und wird immer stärker, je stärker sich eine Schallquelle dem Mikrofon nähert. Dieser Effekt tritt bei allen Mikrofonen mit Druckgradientenempfängern auf, also nicht bei Mikrofonen mit Druckempfängern und dazugehöriger Kugelcharakteristik.

Nahbesprechung

Marktschreier auf dem Jahrmarkt halten sich das Mikrofon häufig direkt an die Lippen, wodurch sich die Sprache extrem basslastig anhört.

Sollte sich ein ausreichender Mikrofonabstand nicht einrichten lassen, wie es beim Live-Gesang manchmal vorkommt, kann diesem Effekt entgegengewirkt werden, indem die tiefen Frequenzen unter 400 Hz am Mischpult bedämpft werden. Besondere Gesangsmikrofone verfügen über zuschaltbare Roll-Off- oder Cut-Off-Filter, mit denen der Frequenzgang stark korrigiert werden kann.

➜ **Der Nahbesprechungseffekt wird durch einen ausreichenden Mikrofonabstand verhindert.**

siehe hierzu auch Abb. 1, Seite 306

Körperschalleinkopplung

Die **Körperschalleinkopplung** ist die Einkopplung tiefer Frequenzen über das Mikrofongehäuse, beispielsweise **Trittschall** und **Greifgeräusche**. Auch von diesem Problem sind Druckempfänger in der Regel weniger stark betroffen.

Körperschall, Trittschall

Greifgeräusche

Körperschalleinkopplungen können durch die gleichen Maßnahmen kompensiert werden wie der Nahbesprechungseffekt. Zudem gelingt eine Körperschallentkopplung durch die Aufhängung des Mikrofons in einem schwingungsgedämpften oder schwingungsisolierten Mikrofonstativ.

Rückkopplung

Rückkopplungen entstehen, wenn der von Mikrofonen aufgenommene Schall über Beschallungseinrichtungen verstärkt wiedergegeben wird und dabei vom Mikrofon wieder aufgenommen wird. Dieses Problem betrifft vor allem Mikrofone mit Kugelcharakteristik, also Druckempfänger, da diese Schall aus allen Richtungen aufnehmen.

Rückkopplung

➜ **Mikrofone mit Kugelcharakteristik sind anfällig für Rückkopplungen.**

Da Rückkopplungen normalerweise nur für die jeweilige Resonanzfrequenz des Mikrofons auftreten, reicht es unter Umständen schon aus, diese Frequenz über das Tonmischpult selektiv zu bedämpfen.

Mikrofone mit Nierencharakteristik o. Ä. können bezüglich der Beschallungseinrichtung und insbesondere bezüglich der Bühnenmonitore so aufgestellt werden, dass sie den wiedergegebenen Schall möglichst nicht mit aufnehmen.

Sobald das Mikrofon auf der Bühne verstellt oder bewegt wird, ist die Gefahr von Rückkopplungen wieder gegeben.

Mikrofone mit Nierencharakteristik nehmen den Schall, der von hinten kommt, aus einem Raumwinkel von ca. 90 Grad nicht mit auf (Abb. 1).

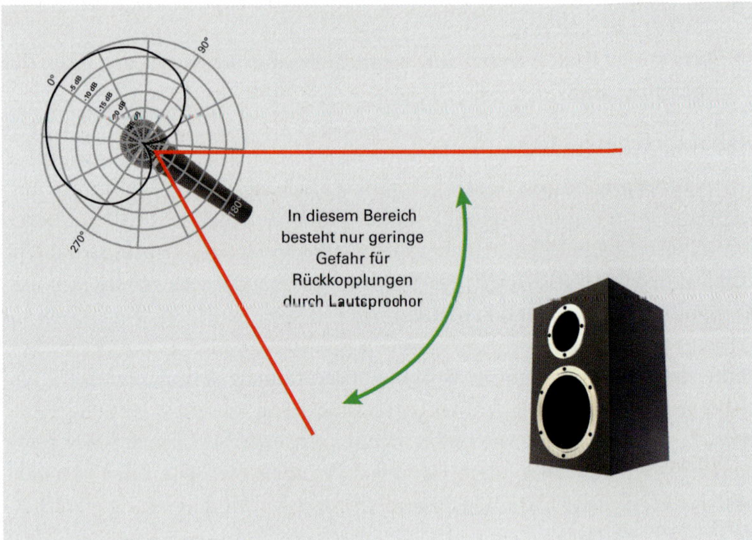

Abb. 1 Verhindern von Rückkopplungen

Aufnahmesituation

In der Medienproduktion unterscheiden sich folgende Aufnahmesituationen bezüglich des Mikrofoneinsatzes grundlegend:

- EB-Aufnahmen
- Studioaufnahmen
- Bühnenaufnahmen

EB-Aufnahmen

Bei der EB-Mikrofonie entscheidet neben der Art des Beitrags die akustische Umgebung über die Auswahl des Mikrofons (Abb. 2).

Abb. 2 EB-Außenaufnahmen mit Richtmikrofon

Bei Außenaufnahmen, wie Interviews, Statements oder Umfragen, ist die Umgebung in der Regel so laut, dass nur Richtmikrofone den Umgebungslärm ausreichend unterdrücken. Hier sind Windschutzkorb und Windschutzfell oft hilfreich.

Handmikrofone mit Nierencharakteristik sind eigentlich nur für mäßig laute Umgebungen geeignet. Ansonsten müsste der Mikrofonabstand deutlich reduziert werden, was unter Umständen zu Nahbesprechungseffekten führen könnte. Andererseits kann so der **Poppschutz** mit aufgedrucktem Senderlogo gut in Szene gesetzt werden.

Poppschutz

Ansteckmikrofone sind aufgrund der Kugelcharakteristik eigentlich nur für Innenaufnahmen geeignet. Für spontane Interviews oder Umfragen sind sie nicht geeignet, da sie aufwendig verkabelt werden müssen.

→ **Ansteckmikrofone sind normalerweise für Außenaufnahmen ungeeignet.**

Studioaufnahmen

Bei vielen Studiosendungen werden Ansteckmikrofone in Kombination mit Taschensendern verwendet. Alternativ sollten immer funktionsfähige, drahtgebundene Havariemikrofone mit Schaumstoff-Poppschutz, in der Regel als Handmikrofone mit Kleinmembran und Nierencharakteristik, bereitliegen.

Für Sprecher- oder Gesangsaufnahmen im Tonstudio kommen in der Regel Großmembranmikrofone zum Einsatz. Ein Vorsatz-Poppschutz entschärft nicht nur Zisch- und **Explosionslaute**, sondern sorgt auch für einen gleichbleibend richtigen Abstand zwischen Sprecher und Mikrofon (Abb. 1).

Explosionslaut

Abb. 1 Studioaufnahmen mit Großmembranmikrofon

Für Instrumentalaufnahmen müssen aus der Vielzahl von verschiedenen Mikrofonen diejenigen ausgewählt werden, die für das Schallabstrahlverhalten und das Dynamik- bzw. Frequenzspektrum des jeweiligen Instruments optimal sind.

→ **Die Aufnahme von Instrumenten erfolgt durch instrumentenspezifisch ausgewählte Mikrofone.**

Bühnen-Aufnahmen

Rückkopplungsrisiko

Da Musikproduktionen auf der Bühne (Abb. 1) in der Regel mit Lautsprechern arbeiten, besteht hier ein hohes **Rückkopplungsrisiko**. Mikrofone mit Kugelcharakteristik sind deshalb nicht zu gebrauchen.

Bei szenischen Bühnenproduktionen, in denen Mikrofone in der Regel nicht in der Hand gehalten oder auf Stativen montiert werden können, sind oft Spezialmikrofone und Funkmikrofone im Einsatz, angefangen von der Grenzfläche bis hin zum Headset-Mikrofon.

Abb. 1 Bühnenaufnahme mit Handmikrofon

Um bei der Mikrofonaufnahme in einer Kathedrale einen realistischen klanglichen Eindruck von der Größe des Raumes zu vermitteln, sind mehrere Möglichkeiten realisierbar.
Falls der Beitrag später abgemischt werden kann, sind möglichst separate Aufnahmen von Solist und Raum optimal. Die Aufnahme des Solisten wird mit einem stärker gerichteten Mikrofon mit möglichst geringem Abstand durchgeführt.
Zusätzlich erfolgt eine Raumaufnahme mit einem Mikrofon mit Nierencharakteristik, das in den Raum gerichtet wird. So kann das Verhältnis zwischen Gesang und Diffusschallfeld später genau angeglichen werden – der Raum kann „zugemischt" werden.
Falls nur ein Mikrofon verwendet werden kann, entscheidet der mögliche Aufnahmeabstand über die Richtcharakteristik: Befindet sich der Mikrofonstandort außerhalb des wenige Meter großen Hallradius, sollte ein Richtmikrofon mit starker Richtwirkung gewählt werden, um den Gesang auf dem Diffusschallfeld herauszuheben. Sind nähere Mikrofonpositionen möglich, sollte auf breitere Richtcharakteristiken zurückgegriffen werden, damit der Raumeindruck erhalten bleibt.

11.2.3 Stereo- und Mehrkanalaufnahmen

Bei einer Einstellung einer Fernsehfilmproduktion fährt ein Lastwagen von rechts vorne nach links hinten durch das Bild. Am Set wird die Tonaufnahme in zwei Varianten realisiert: als Mono- und als Stereoaufnahme (Abb. 1).

- Welche räumlichen Informationen sind in den jeweiligen Tonaufnahmen enthalten?

Abb. 1 Fernsehfilmaufnahme eines vorbeifahrenden Fahrzeugs

Beim binauralen Hören lokalisiert der Mensch Schallquellen im Raum durch den Vergleich von Intensität, Auftreffzeitpunkt und Klang des Schalls an beiden Ohren.

Um einen räumlichen Schalleindruck zu erhalten, müssen daher mindestens zwei unterschiedliche Mikrofonsignale einer Schallquelle aufgezeichnet werden, die dann dem jeweiligen Ohr zugeführt werden.

Aufnahmearten

Der räumliche Höreindruck einer Mikrofonaufnahme hängt von der Anzahl und der Position der beteiligten Mikrofone ab. Unterschieden werden hier drei **Aufnahmearten**:
- Monoaufnahmen
- Stereoaufnahmen
- Mehrkanalaufnahmen

Monoaufnahmen

Bei einer Monoaufnahme ist nur ein Mikrofon beteiligt. Auch dann, wenn diese Monoaufnahme über alle Kanäle von Stereo- und Mehrkanal-Wiedergabesystems gleichzeitig abgespielt werden, entsteht kein räumlicher Höreindruck. Die Schallquelle ist nicht lokalisierbar.

→ **Monoaufnahmen liefern keine räumlichen Höreindrücke.**

Stereoaufnahmen

An Stereoaufnahmen, die aus einem rechten und einem linken Kanal bestehen, sind mindestens zwei Mikrofone beteiligt. Schallquellen, die in einer solchen Stereoaufnahme aufgenommen wurden, können in Querrichtung, d. h. horizontal von rechts bis links lokalisiert werden. Eine Ortung in den anderen Raumrichtungen, d. h. horizontal (vorn/hinten) oder vertikal (oben/unten), ist mit einer Stereoaufnahme nicht möglich.

➜ **Stereoaufnahmen liefern einen Rechts-Links-Höreindruck.**

Bei Stereoaufnahmen werden in der Regel zwei verschiedene Aufnahmeverfahren angewendet:
- Intensitätsstereophonie
- Laufzeitstereophonie

Intensitätsstereophonie

Intensitätsunterschied

Bei diesem Verfahren werden zwei Mikrofone dicht beieinander aufgestellt (Abb. 1), sodass sich kein nennenswerter Laufzeitunterschied ergibt. Die räumliche Information der Audiosignale entsteht allein durch **Intensitätsunterschiede**, die auf der unterschiedlichen Anordnung der Mikrofone beruhen.

➜ **Die Intensitätsstereophonie liefert einen Rechts-Links-Höreindruck, basierend auf der Schallintensität von rechts und links.**

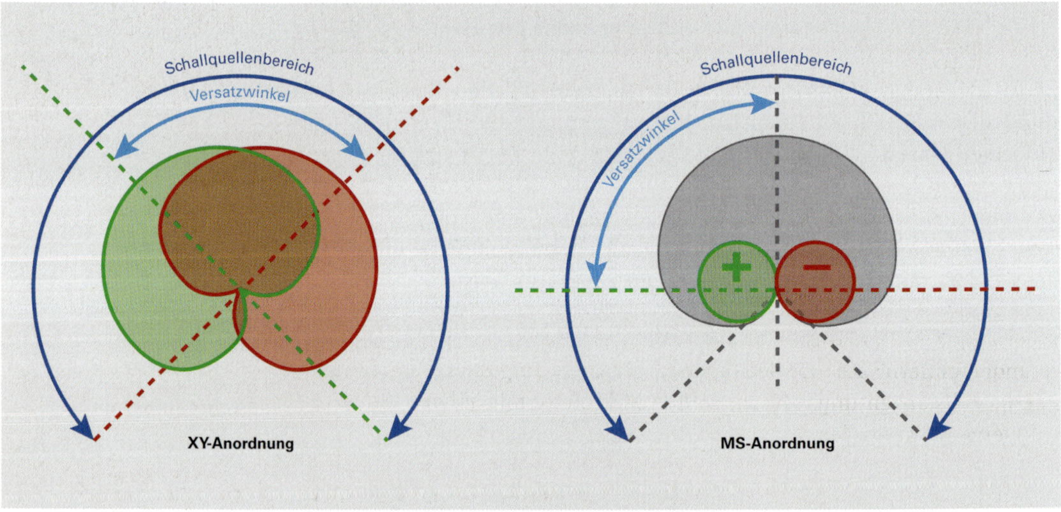

Abb. 1 Intensitätsstereophonie mit der XY- und MS-Anordnung

XY-Anordnung

Bei der **XY-Anordnung** (links im Bild) werden zwei Mikrofone mit Nierencharakteristik über Kreuz positioniert. Alternativ kann hier auch ein Stereomikrofon verwendet werden, in das zwei getrennte Mikrofonsysteme integriert sind, die gegeneinander verdreht werden können. Für weit ausgedehnte Schallquellen wie Orchester kann der Winkel zwischen den beiden Mikrofonen bis zu 180° betragen.

Für „normalbreite“ Schallquellen wird in der Regel ein Winkel von etwa 130° gewählt. Die Stereokanäle kommen direkt von den Mikrofonen:

Linker Kanal: X Rechter Kanal: Y

MS-Anordnung

Bei der Mitte-Seite-Anordnung, kurz **MS-Anordnung** (rechts im Bild), wird ein Mikrofon mit beliebiger Richtcharakteristik auf die Schallquelle gerichtet (M-Signal), während ein Mikrofon mit Acht-Charakteristik den seitlichen Schall aufnimmt (S-Signal). Die Stereokanäle werden hier folgendermaßen gebildet:

Linker Kanal: M + S Rechter Kanal: M – S

Laufzeitstereophonie

Laufzeitunterschied

Im Gegensatz zur Intensitätsstereophonie erzeugt hier der Abstand zwischen den Mikrofonen einen **Laufzeitunterschied** (Abb. 1). Die räumliche Information der Audiosignale liegt in den Laufzeitunterschieden, die auf der räumlichen Anordnung der Mikrofone beruhen.

→ **Die Laufzeitstereophonie liefert einen Rechts-Links-Höreindruck basierend auf der Schallverzögerung von rechts und links.**

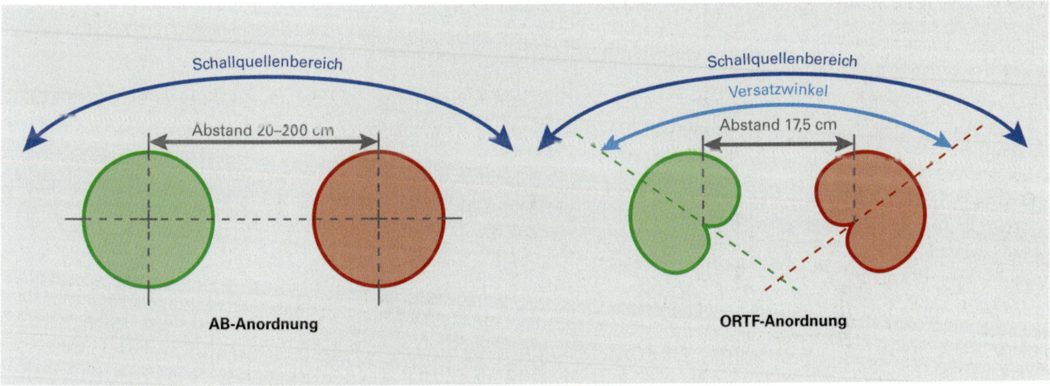

Abb. 1 Laufzeitstereophonie mit der AB- und ORTF-Anordnung

AB-Anordnung

Bei der **AB-Anordnung** werden zwei Mikrofone mit beliebiger, in der Regel kugelförmiger Richtcharakteristik zwischen 20 cm bis 200 cm voneinander entfernt auf die Schallquelle gerichtet aufgestellt. Für kleinere Mikrofondistanzen unter 20 cm sollten Mikrofone mit höherer Richtwirkung eingesetzt werden.

ORTF-Anordnung

ORTF: Office de Radiodiffusion Télévision Francaise, öffentlich-rechtliche Rundfunkanstalt Frankreichs (1964 bis 1974)

Die in der Praxis am häufigsten eingesetzte **ORTF-Anordnung** ist keine reine Laufzeitstereophonie, sondern eine Mischung zwischen XY-Anordnung und AB-Anordnung.

Zwei Mikrofone mit Nieren- oder Hypernierencharakteristik werden hier exakt im Abstand der Ohren (17 cm) voneinander entfernt und in einem Winkel von 110° zueinander montiert. Die Stereokanäle werden hier folgendermaßen gebildet:

Linker Kanal: A(X) Rechter Kanal: B(Y)

Eine Stereoaufnahme ist bei TV-Produktionen immer dann sinnvoll, wenn, zwei Audiokanäle zur Verfügung stehen und die Schallquellen im Bild räumlich-akustisch dargestellt werden sollen. Dann ist die Stereoaufnahme eine interessante Alternative zur Aufzeichnung einzelner Sprecher mit Ansteckmikrofonen oder Richtmikrofonen.

On-Interview: Fragensteller und Interviewter sind im Bild.

Zweiereinstellung: Zwei Personen im Bild.

Mastershot: Zweiereinstellung, zeigt Fragesteller und Befragten in einer halbtotalen Einstellung.

Eine solche Situation ist beispielsweise ein **On-Interview** mit der typischen **Zweiereinstellung** als **Mastershot**. Hier wäre die 90°-XY-Anordnung der MS-Anordnung vorzuziehen, da das M-Mikrofon ins Leere zeigen würde.

Bei größeren Talkrunden oder wenn Personen kreisförmig angeordnet sitzen, kann (und muss) der Winkel der XY-Anordnung entsprechend bis auf maximal 180° vergrößert werden.

Aus der ORTF-Anordnung sind weitere, leicht abgewandelte Anordnungen hervorgegangen, die ebenfalls auf der Laufzeitstereophonie mit gekreuzten Mikrofonen basieren. Hier werden allerdings zum Teil andere Mikrofondistanzen und andere Kreuzungswinkel verwendet.

Mehrkanalaufnahmen

Surroundsound

Bei Mehrkanalaufnahmen oder auch **Surroundsound**-Aufnahmen werden im Gegensatz zur zweikanaligen Stereoaufnahme bis zu acht Kanäle separat aufgezeichnet. Weit verbreitet ist das sogenannte 5.1-Verfahren (Abb. 1).

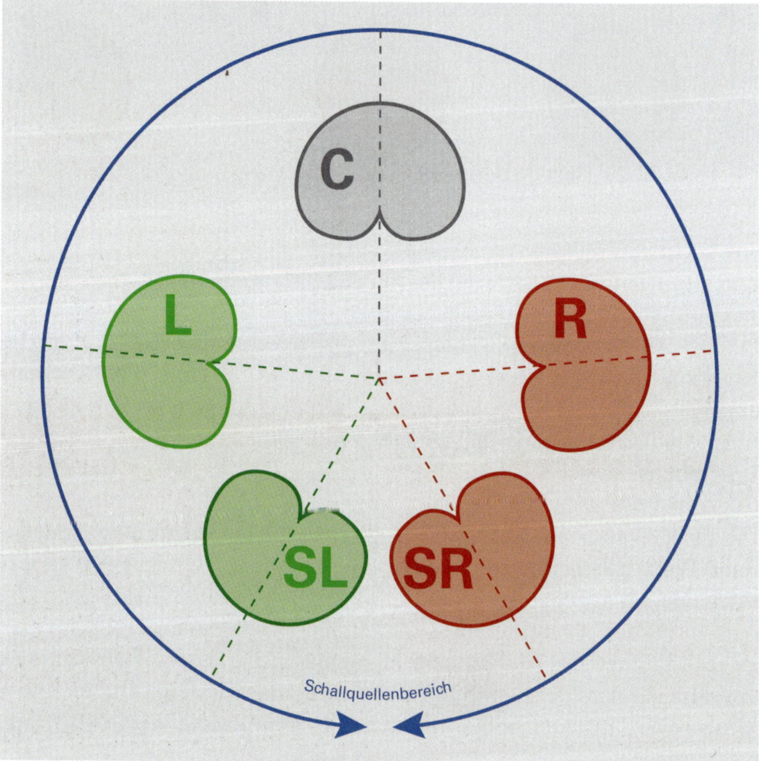

Abb. 1 Mikrofonanordnung für 5.1-Surroundaufnahmen

Bei diesem sechskanaligen System werden fünf Kanäle und der Low-Frequency-Enhancement-Kanal **(LFE-Kanal)** für den Subwoofer aufgezeichnet.

LFE-Kanal

Insgesamt benötigt das Verfahren nur fünf Mikrofone mit Nierencharakteristik: Center (C), Rechts (R), Links (L), Surround Rechts (SR) und Surround Links (SL), da das Subwoofersignal (LFE-Kanal) aus den anderen Signalen gewonnen wird.

Bei dem vorbeifahrenden Lastwagen unterscheiden sich Mono- und Stereoaufnahme deutlich voneinander.
Da in der Monoaufnahme die räumliche Information nicht enthalten ist, erzeugt der vorbeifahrende Lastwagen lediglich eine Änderung der Lautstärke des Motorengeräuschs. Beim Abhören der Monospur entsteht der Eindruck, dass sich das Fahrzeug vom Hörort entfernt, weil das Motorengeräusch schnell leiser wird.
Bei der Stereoaufnahme bleibt die räumliche Information als Rechts-Links- und als Vorn-Hinten-Information erhalten. Zuerst liegt der Lautstärkeschwerpunkt auf dem rechten Kanal, bevor er beim Vorbeifahren des Lastwagens auf den linken Kanal übergeht.
Beim Abhören der Stereospur entsteht der Eindruck, dass sich das Fahrzeug von rechts vorne nach links hinten bewegt, weil das Motorengeräusch bei der Wanderung von links nach rechts leiser wird (Abb. 1).

Abb. 1 Höreindruck des vorbeifahrenden Lastwagens

11.3 Aufgaben und Übungen

1. Erörtern Sie, ob jeder Schallempfängertyp mit jedem Schallwandlertyp sinnvoll kombiniert werden kann oder ob bestimmte Kombinationen entweder technisch nicht realisierbar bzw. ohne sinnvollen praktischen Anwendungsbezug sind!

2. Erörtern Sie, wieso die Druckausgleichsöffnung im Druckempfänger nicht dazu führt, dass der Druckempfänger sich wie ein Druckgradientenempfänger verhält!

3. Erklären Sie die genaue Funktionsweise des akustischen Laufzeitgliedes beim Druckgradientenempfänger mit akustischem Laufzeitglied und die Aufgabe der Schlitze und Löcher im Rohr des Interferenzempfängers!

4. Erklären Sie, weshalb bei vielen Empfängertypen die Richtcharakteristik für sehr tiefe Frequenzen in Richtung der Kugelcharakteristik tendiert!

5. Erklären Sie, weshalb Kondensatormikrofone eine Speisung benötigen und wie diese (Phantom-)Speisung technisch realisiert wird!

6. Die Phantomspeisung wird zwischen den beiden Signalleitungen und dem Schirm der Mikrofonanschlüsse angelegt. Erörtern Sie für dynamische Mikrofone und Kondensatormikrofone, was es für Folgen hätte, wenn die Speisung stattdessen zwischen den beiden Signalleitungen angeschlossen würde!

7. Das ideale Mikrofon hat einen linearen Frequenzgang. Erklären Sie, was ein linearer Frequenzgang für die Qualität der Aufnahme bedeutet!

8. Erklären Sie, warum symmetrische Leitungen im Vergleich mit unsymmetrischen Leitungen so störsicher sind und was in diesem Zusammenhang eine DI-Box bewirkt!

9. Erörtern Sie die Möglichkeiten, den Kammfiltereffekt zu verhindern, wenn zur Aufnahme lediglich normale Mikrofone und keine Grenzflächenmikrofone zur Verfügung stehen!

10. Erklären Sie, wieso Sie sich mit einem Mikrofon mit Kugelcharakteristik maximal bis zum Hallradius von der Quelle entfernt aufhalten müssen, während mit einem Mikrofon mit Keulencharakteristik noch bei einer doppelt so großen Aufnahmedistanz deutlich verständliche Aufnahmen möglich sind!

12 Lautsprechertechnik

Lautsprecher sind die Gegenstücke zu Mikrofonen. Ihre Aufgabe besteht darin, elektrische Audiosignale in hörbaren Schall umzuwandeln.

Lautsprecher befinden sich in der TV-Produktion zum Beispiel in den TV- bzw. Hörfunkregien und an Computerschnittplätzen, also überall dort, wo Audiosignale abgehört bzw. kontrolliert werden müssen. Bei TV-Shows werden Lautsprecher darüber hinaus benutzt, um das Publikum und die Showbühne zu beschallen.

Für die Beschallung der Showbühne oder des Publikumsbereichs ist es häufig erforderlich, dass mit Lautsprechern auch über größere Entfernungen ein ausreichend hoher Schalldruckpegel erreicht wird, während es die wichtigste Anforderungen an Regielautsprecher ist, eine möglichst verfälschungsfreie Wiedergabe der Audiosignale zu erreichen.

Die Schallwiedergabe über Lautsprecher betrifft die in der Tabelle 1 aufgelisteten Arbeitsfelder.

Tabelle 1 Arbeitsbereiche rund um die Beschallungstechnik

Bezeichnung	Tätigkeitsfelder
Toningenieur • Tonmeister • Sound Engineer	• Arbeitet mit Monitorlautsprechern • Überwacht Audioaufnahmen und hört diese über Monitorlautsprecher ab
Bühnentechniker • Bühnentechniker • Veranstaltungstechniker	• Arbeitet mit PA-Anlagen • Baut Beschallungssysteme auf und betreibt diese bei Live-Veranstaltungen
Akustikplaner • Akustikingenieur • Akustiker	• Plant Beschallungsanlagen • Plant und baut akustische Alarmierungs- und Beschallungssysteme
Tontechniker • Sound Technician • Ton-Ing	• Sorgt für den Ton im Studio • Betreibt Beschallungsanlagen in TV- und Hörfunkstudios

12.1 Lautsprecher in der TV-Produktion

Beim Begriff „Lautsprecher" fällt auf, dass dieser nicht eindeutig verwendet wird. Einerseits ist damit oft die gesamte Lautsprecherbox gemeint, andererseits wird so auch das einzelne Lautsprecherchassis, der Schallwandler in der Lautsprecherbox, bezeichnet.

Wenn im Folgenden der Begriff „Lautsprecher" benutzt wird, ist stets die gesamte **Lautsprecherbox** gemeint, also das **Lautsprecherchassis** und das Lautsprechergehäuse.

Lautsprecherbox

Lautsprecherchassis

12.1.1 Aufbau von Lautsprechern

Bei der Studioproduktion eines Musiktitels sind die Instrumentalaufnahmen bereits durchgeführt worden, und als nächstes stehen nun die

Gesangsaufnahmen im Aufnahmestudio an. Über einen Kopfhörer kann die Sängerin während der Gesangsaufnahme das Playback der Instrumentalaufnahmen hören (Abb. 1).

- Wieso werden für das Playback keine Lautsprecher, sondern ein Kopfhörer benutzt?
- Macht es einen Unterschied, ob für die Aufnahme ein geschlossener oder ein offener Kopfhörer benutzt wird?

Abb. 1 Gesangsaufnahmen mit Instrumental-Playback im Audiostudio

Jeder Lautsprecher ist in technischer Hinsicht eine Kombination aus den folgenden beiden Funktionseinheiten (Abb. 2):

- Lautsprecherchassis
- Lautsprechergehäuse

Lautsprechergehäuse

Die Bauweise des Lautsprecherchassis, d. h. des Schallwandlers, gibt das physikalische Prinzip vor, nach dem elektrische Audiosignale in akustischen Schall umgewandelt werden, während durch die Ausgestaltung des **Lautsprechergehäuses** festgelegt wird, wie der Schall abgestrahlt wird.

Abb. 2 Lautsprecherbox und Lautsprecherchassis

Lautsprecherchassis

Die Aufgabe des Chassis als Schallwandler im Lautsprecher ist es, elektrische Audiosignale in Membranbewegungen umzuwandeln und so Schallwellen zu produzieren. Prinzipiell kommen dafür eine Reihe physikalischer Verfahren in Frage, die technisch zum Teil sehr aufwendig sind. In der Medientechnik werden jedoch hauptsächlich die folgenden beiden **Wandlerprinzipien** eingesetzt:

- Elektrodynamischer Konusschallwandler
- Elektrodynamischer Kalottenschallwandler

Wandlerprinzip

Alle beweglichen Teile des Schallwandlers müssen möglichst leicht sein, damit möglichst wenig Energie verloren geht, dabei aber möglichst stabil sein, da sie große Kräfte aushalten müssen. Zudem sollen sie nicht zu **Eigenschwingungen** neigen, um so keine zusätzlichen Verfälschungen bei der Schallwiedergabe zu erzeugen.

Eigenschwingungen: Unerwünschte Bewegungen von Gehäuse und Chassis.

➜ **Das Lausprecherchassis wandelt Audiosignale in Schallwellen.**

Konusschallwandler

Beim elektrodynamischen Konusschallwandler ist an der Rückseite der konusförmigen Membran [1] eine Spulenwicklung [2] angebracht, die in dem ringförmigen Spalt [3] des Polschuhs [4] eines Permanentmagneten [5] schwingen kann und die über die extrem flexiblen Zuleitungen [6] mit Spannungssignalen versorgt wird. Damit kein Staub in den engen Luftspalt eindringen kann, ist die Schwingspule mit einem Staubschutzdeckel versehen, der auch Staubschutzkalotte [7] genannt wird. Damit die Membran keine unkontrollierten Bewegungen seitwärts machen kann, was zur Beschädigung der Spulenwicklung führen könnte, wird sie von einer Sicke [8] aus weichem Material und der Zentrierspinne [9] im stabilen Lautsprecherkorb [10] geführt (Abb. 1).

Konusschallwandler

Prinzipiell sind die elektrodynamischen Wandler von elektrodynamischen Lautsprechern und elektrodynamischen Mikrofonen identisch aufgebaut.

Ovale Membrane neigen eher zu Eigenschwingungen als runde Membrane, da sie nicht so ideal geformt sind.

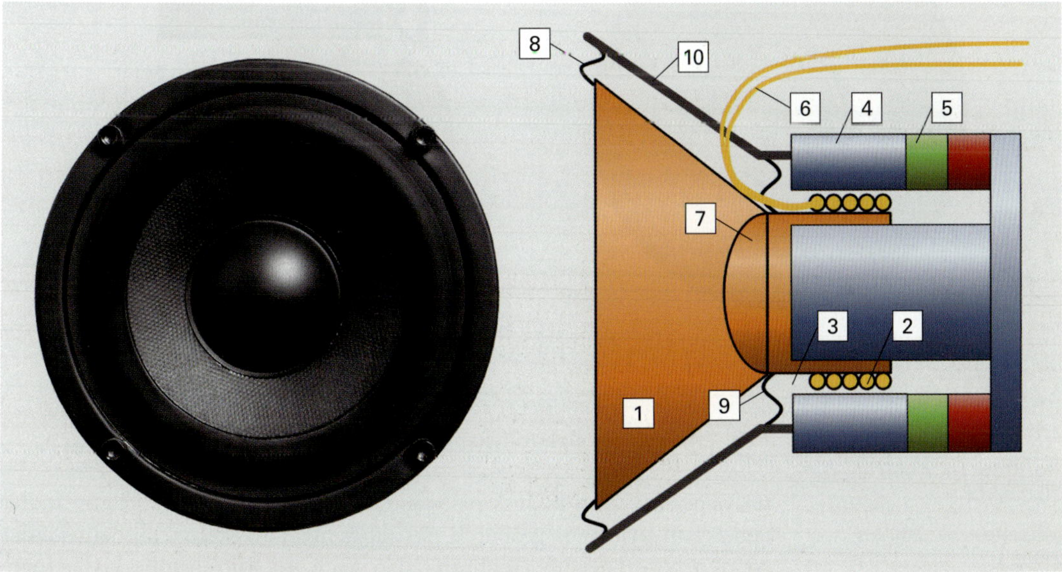

Abb. 1 Aufbau des elektrodynamischen Konusschallwandlers

Wird jetzt ein verstärktes Audiosignal über die Zuleitungen an die Spulenwicklung angelegt, so bewegt sich die Spule im Luftspalt und damit auch die Membran entsprechend der Signalform. Mit zunehmender Signalspannung steigt deshalb auch die Bewegungsamplitude der Membran.

Partialschwingungen

Bei höheren Frequenzen schwingt aufgrund der Massenträgheit nicht mehr die gesamte Membran, sondern nur noch der Mittelteil. Es entstehen auf diese Weise Biegeschwingungen innerhalb der Membran, sogenannte **Partialschwingungen**, und der Abstrahlwinkel wird kleiner.

➜ **Bei hohen Frequenzen wird der Konusschallwandler aufgrund der Massen, die bewegt werden müssen, träge.**

Kalottenschallwandler

Zentrierspinne

Beim elektrodynamischen Kalottenschallwandler wird ausschließlich die Staubschutzkalotte als Membran [1] verwendet. An der Rückseite ist eine Spulenwicklung [2] angebracht, die in dem ringförmigen Spalt [3] des Polschuhs [4] eines Permanentmagneten [5] schwingen kann und die über die extrem flexiblen Zuleitungen [6] mit Spannungssignalen versorgt wird. Auch hier wird die Membran von den verstärkten Audiosignalen über die Zuleitungen in Bewegung versetzt. Damit die Membran jedoch keine unkontrollierten Seitwärtsbewegungen machen kann, wird sie von einer **Zentrierspinne** [7] in der Lautsprechermontageplatte [8] bei der Bewegung geführt (Abb. 1).

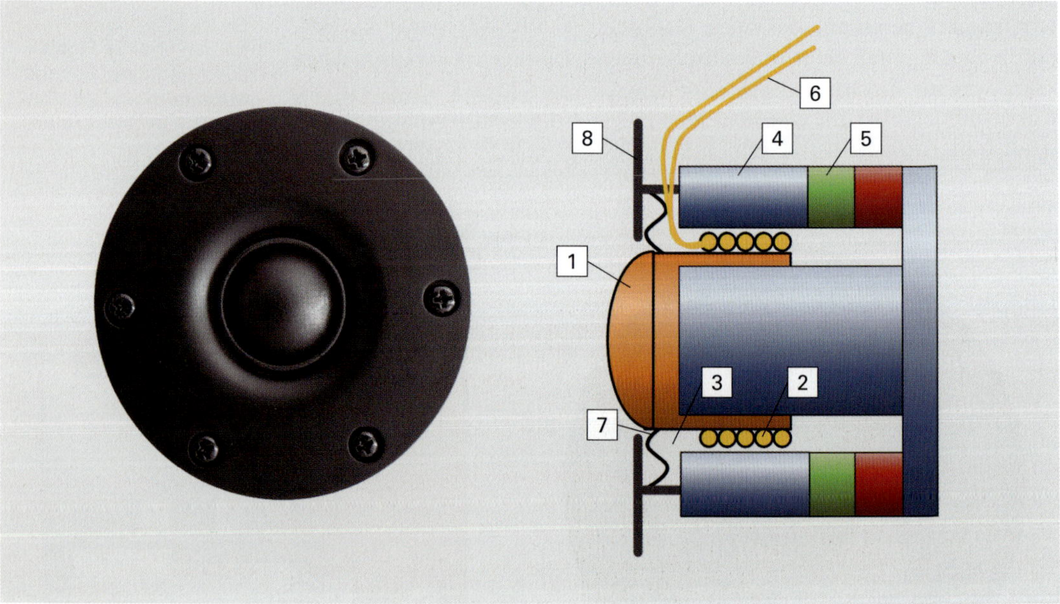

Abb. 1 Aufbau des elektrodynamischen Kalottenschallwandlers

Hochton: ca. 2 000 bis 20 000 Hz

Mittelton: ca. 200 bis 2 000 Hz

Tiefton: bis 200 Hz

Im Gegensatz zum Konusschallwandler strahlt der Kalottenschallwandler den Schall in einem größeren Abstrahlwinkel ab. Kalottenschallwandler werden bevorzugt im **Hochton-** aber auch im **Mitteltonbereich** eingesetzt. Für den **Tieftonbereich** ist der Membrandurchmesser zu klein.

→ **Hohe Frequenzen kann der Kalottenschallwandler aufgrund der geringen Massen, die bewegt werden müssen, gut übertragen.**

Zusammenfassung

Der deutliche Unterschied zwischen den beiden Schallwandlertypen ist die Luftmenge, die mitbewegt werden muss (Tabelle 1). Diese ist direkt von der Membranfläche abhängig.

Tabelle 1 Vor- und Nachteile der Lautsprecherchassistypen

Chassistyp	Eigenschaften	Einsatzbereich
Konus-schallwandler	• Bewegt großes Luftvolumen • Träges Impulsverhalten durch große Membranmasse • Hoher Schalldruck • Schmaler Abstrahlwinkel	• Tieftonbereich • Mitteltonbereich
Kalotten-Schallwandler:	• Bewegt kleines Luftvolumen • Gutes Impulsverhalten durch kleine Membranmasse • Geringer Schalldruck • Breiter Abstrahlwinkel	• Mitteltonbereich • Hochtonbereich

Lautsprechergehäuse

Lautsprecherchassis

Wenn sich die Membran eines **Lautsprecherchassis** bei der Schallerzeugung bewegt, schiebt sie eine bestimmte Luftmenge in Form einer Druckwelle vor sich her. Vor der Membran entsteht so ein (Schall-) Überdruck, während hinter der Membran gleichzeitig ein gleich großer Unterdruck entsteht. Ohne Gehäuse ergibt sich die in Abb. 1 dargestellte Luftbewegung.

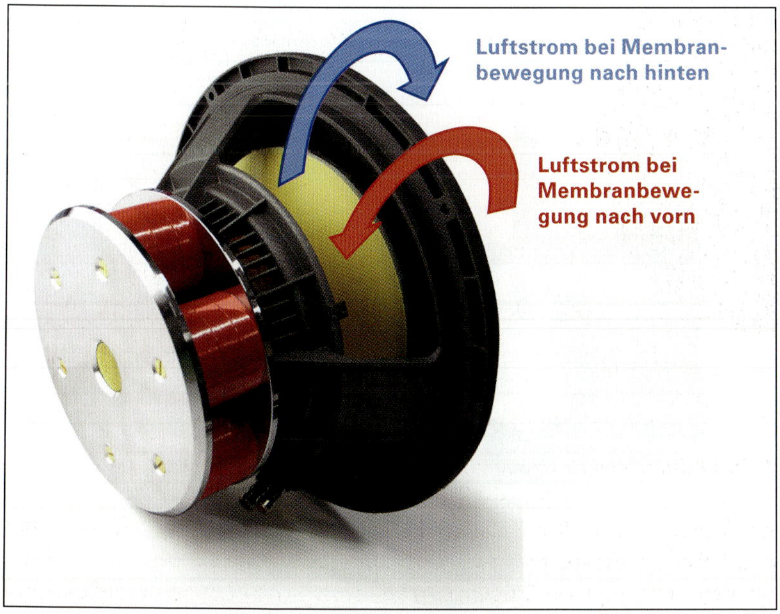

Abb. 1 Luftbewegung bei einem freistehenden Lautsprecherchassis

akustischer Kurzschluss

Ohne Lautsprechergehäuse können sich der Überdruck vor der Membran und der Unterdruck hinter der Membran gegenseitig ausgleichen. Es entsteht ein sogenannter **akustischer Kurzschluss**, der den Schalldruckpegel der Schalldruckwelle erheblich reduziert. Um diesen Druckausgleich zu verhindern, müssen die unterschiedlichen Druckbereiche vor und hinter der Membran voneinander getrennt werden.

→ **Ein akustischer Kurzschluss hat einen drastischen Leistungsverlust zur Folge.**

Eine wichtige Aufgabe des Lautsprechergehäuses ist es, diesen akustischen Kurzschluss zu unterbinden. Bei den, in der Medientechnik gebräuchlichen, Lautsprechern finden sich verschiedene Gehäusebauformen, die für die jeweilige Schallabstrahlung des Lautsprechers maßgeblich sind:

- Offene Schallwand
- Geschlossenes Gehäuse
- Bassreflex
- Transmissionline
- Horn
- Kopfhörer

Offene Schallwand

Gitarrenverstärker

Die einfachste Möglichkeit, die sogenannte offene Schallwand, verlängert den Weg zwischen der Membranvorderseite und der Rückseite und damit den Weg für den akustischen Kurzschluss (Abb. 1). Typische Beispiele für Lautsprecher vom Typ offene bzw. nach hinten offene Schallwand sind Fernseher oder **Gitarrenverstärker**.

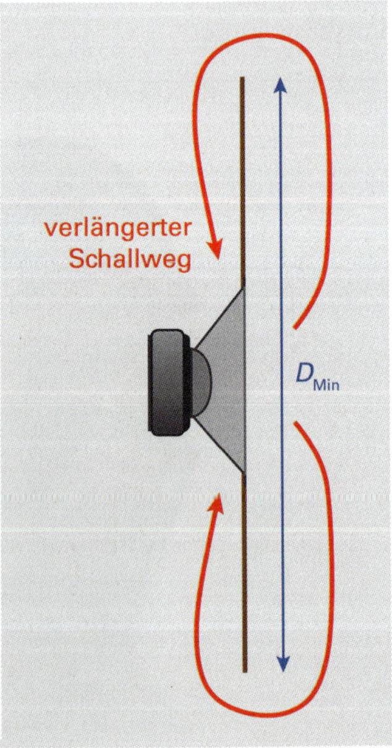

Abb. 1 Offene Schallwand als Lautsprechergehäuse

Der Mindestdurchmesser D_{Min} dieser Schallwand berechnet sich für die tiefste Schallfrequenz f_g, die der Lautsprecher noch wiedergeben können muss, nach der folgenden Formel:

$$D_{\text{Min}} = c_0 / (2 \cdot f_g) \quad \text{mit } [c_0 = 343 \text{ m/s}]$$

c_0: Luftschallgeschwindigkeit

Je tiefer diese Frequenz liegt, umso größer wird der daraus resultierende erforderliche Schallwanddurchmesser. Exemplarisch zeigt die Tabelle 1 einige Beilspiele dafür.

Tabelle 1 Frequenzabhängiger Schallwanddurchmesser

tiefste Schallfrequenz f_g	Durchmesser der Schallwand D_{Min}
1000 Hz	0,17 m
500 Hz	0,34 m
100 Hz	1,7 m
50 Hz	3,4 m
20 Hz	8,6 m

→ **Für tiefe Frequenzen muss die offene Schallwand sehr groß sein.**

Geschlossene Box

Eine luftdicht geschlossene Box entspricht einer **offenen Schallwand mit unendlich großem Durchmesser** (Abb. 1), denn ein akustischer Kurzschluss findet nicht mehr statt. Theoretisch können so auch tiefste Frequenzen störungsfrei wiedergegeben werden.

Unendlich große Schallwand

Abb. 1 Geschlossene Box als Lautsprechergehäuse

→ **Eine geschlossene Box gleicht einer unendlich großen offenen Schallwand.**

Der Vorteil der geschlossenen Box liegt in der kompakten Größe und dem einfachen Aufbau. Der Großteil der Regielautsprecher und **HiFi**-Lautsprecher wird nach dem Prinzip der geschlossenen Box gebaut. Nachteilig ist jedoch, dass das eingeschlossene Luftvolumen wie eine **pneumatische Federung**

HiFi: High Fidelity

Pneumatische Federung: Luftpolsterfederung

wirkt, d. h., das Lautsprecherchassis muss bei der Bewegung nach außen gegen den Unterdruck im Inneren der Box ankämpfen. Dadurch werden insbesondere sehr tiefe Frequenzen (durch die entsprechend großen Membranbewegungen) nur mäßig gut wiedergegeben. Zudem können sich im Inneren der Box stehende Schallwellen bilden, die zu einem unausgewogenen Klangbild der Box führen. Eine lockere Befüllung der Box mit Dämm-Material dämpft diese stehenden Wellen und sorgt so für ein klareres Klangbild.

Bassreflex-Box

Ventiliertes Gehäuse

Im Gegensatz zur luftdicht geschlossenen Box ist der Innenraum der Bassreflex-Box über ein Bassreflex-Rohr mit dem Außenraum verbunden. Deshalb gehört dieser Boxentyp zu den **ventilierten, d. h. belüfteten Gehäusen** (Abb. 1). Das Loch in der Box verbessert so die Basswiedergabe für mittlere und hohe Bässe im Vergleich zur geschlossenen Box deutlich, da über das Reflexrohr der Druckausgleich erfolgen kann. Für den Tiefbassbereich geht durch die Öffnung aber gleichzeitig der Vorteil der unendlich großen Schallwand verloren, sodass jetzt unterhalb einer, durch die Reflexrohrlänge bestimmten Tiefbassfrequenz wieder ein akustischer Kurzschluss stattfindet.

Abb. 1 Bassreflex-Box als Lautsprechergehäuse

➜ **Eine Bassreflexbox ist eine ventilierte (belüftete) Box.**

Das eingeschlossene Luftvolumen zwischen Chassis und Reflexrohrausgang wirkt als Resonator. Für die Resonanzfrequenzen hat die Bassreflex-Box eine erhöhte Schallabstrahlung. Unterhalb dieser Resonanzfrequenz sorgt der akustische Kurzschluss dann allerdings für eine deutlich schlechtere Wiedergabe der noch tieferen Frequenzen.

Transmissionline-Box

Transmissionline

Bei der Transmissionline-Box wird das Problem des akustischen Kurzschlusses der Bassreflexbox dadurch gelöst, dass der gesamte Innenraum der Box aus einer gefalteten Röhre – der **Transmissionline** – besteht. Dadurch wird der Weg für den akustischen Kurzschluss im Vergleich zur Bassreflexbox erheblich verlängert, wodurch die tiefste darstellbare Frequenz deutlich nach unten verschoben wird. Unterhalb der Resonanzfrequenz dieser langen Röhre kommt es dann genau wie bei der Bassreflex-Box zu einem akustischen Kurzschluss mit einer verschlechterten Wiedergabe dieser tieferen Frequenzen (Abb. 1).

Abb. 1 Transmissionline-Box als Lautsprechergehäuse

In der Röhre stellt sich bei Resonanz eine $\lambda/4$-Schwingung ein. Bei einer Resonanzfrequenz von 50 Hz und der daraus resultierenden Wellenlänge von etwa 8,6 Metern beträgt die erforderliche $\lambda/4$-Röhrenlänge schon 2,1 Meter. Aus diesem Grund wird die Röhre gefaltet im Gehäuse untergebracht.

Schallwellenlänge:
$\lambda = c_0/f$
mit c_0 = 343 m/s

Lautsprechergehäuse – Hornlautsprecher

Bei dieser Gehäusebauform wird der Schall über ein trichterförmiges, in der Regel **exponentiell geformtes Horn** abgestrahlt (Abb. 2).

Exponentialhorn

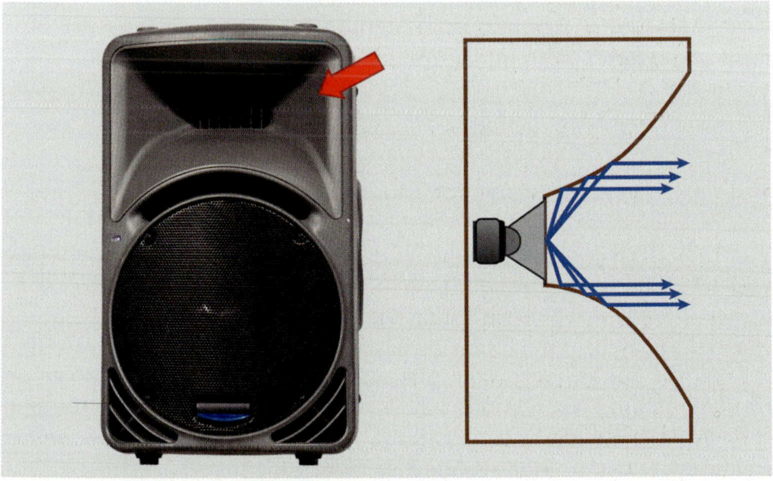

Abb. 2 Hornlautsprecher für den Mitteltonbereich

Die Breite der Hornöffnung muss dabei mindestens der abgestrahlten Schallwellenlänge entsprechen. Die Richtwirkung eines Hornlautsprechers ist erheblich besser als bei einem normalen Lautsprecher mit anderer Gehäusebauform, da auch der ansonsten seitlich abgestrahlte Schall der Box nun ebenfalls nach vorn gelenkt wird. Der bekannteste Anwendungsfall des Hornlautsprechers dürfte wohl das Megaphon sein.

➜ **Hornlautsprecher haben eine gute Richtwirkung.**

Folded Horn Box

Hornlautsprecher werden vor allem für den Mittel- und Hochtonbereich verwendet. Für den Tieftonbereich würde das Horn gigantische Ausmaße einnehmen, beispielsweise ca. 7 m Hornbreite bei 50 Hz. Daher wird hier normalerweise der Gehäusetyp **„Folded Horn Box"** verwendet, der einen Schallaustritt besitzt, der die gesamte Front der Box ausfüllen kann (Abb. 1).

Abb. 1 Folded-Horn-Box für den Tieftonbereich

Kopfhörer

Der wichtigste Vorteil von Kopfhörern ist, dass sie im Gegensatz zu anderen Lautsprechern nur mit Direktschall und damit unabhängig von jeglicher Raumakustik arbeiten. Ein Kriterium zur Unterscheidung der Bauformen von Kopfhörern ist die Art, wie sie getragen werden:

In-Ear

- **In-Ear**
- offener Kopfhörer (auf dem Ohr aufliegend)
- geschlossener Kopfhörer (das Ohr umschließend)

TV-Korrespondenten und Moderatoren arbeiten im TV-Bereich häufig mit dem sogenannten In-Ear-Monitoring. Die dabei verwendeten In-Ear-Kopfhörer werden in der Regel individuell für den jeweiligen Träger vom Hörgeräteakustiker in den Gehörgang eingepasst.

Speziell für Studiokameraleute gibt es den geschlossenen Kopfhörer als Headset mit nur einer Ohrmuschel. Kopfhörer, die auf dem Ohr aufliegen, werden teilweise von Ton-Assistenten im EB-Bereich verwendet, wobei weit häufiger Ohr umschließende Kopfhörer zum Einsatz kommen.

Der geschlossene Kopfhörer erzeugt durch die fehlende Verbindung zum Außenraum einen höheren Schalldruck im Bassbereich und gleichzeitig dringt kaum Schall von innen nach außen (Abb. 1, Seite 331).

Im Gegensatz dazu hat der offene Typ durch die Abstrahlungsverluste eine reduzierte Effizienz im Bassbereich und der Kopfhörerschall ist auch außerhalb des Kopfhörers wahrnehmbar.

Geschlossene Kopfhörer

→ **Geschlossene Kopfhörer und In-Ear-Systeme können im Ohr einen höheren Schalldruck erzeugen als offene.**

Abb. 1 Kopfhörer als Sonderformen von Lautsprechergehäusen

Lautsprechergehäuse – Zusammenfassung

Lautsprechergehäuse dienen in der Regel vorrangig der Verbesserung des Wiedergabeverhaltens bei tiefen Frequenzen. Sie helfen bei geeigneter Dimensionierung, den Frequenzgang linearer zu machen. Die nachfolgende Tabelle 1 zeigt die Gehäusetypen in einem Überblick.

Tabelle 1 Vor- und Nachteile der Lautsprechergehäusetypen

Gehäusetyp	Vorteile	Nachteile
Schallwand	einfachster, billiger Aufbau	riesige Abmessungen für tiefe Frequenzen
Geschlossen	gut abstimmbar, auch tiefste Frequenzen	hohe Dämpfung für tiefe Frequenzen
Bassreflex	gutes Tieftonverhalten	akustischer Kurzschluss bei sehr tiefen Frequenzen
Transmissionline	gutes Tieftonverhalten	akustischer Kurzschluss bei tiefsten Frequenzen
Horn	hoher Schalldruckpegel	riesige Abmessungen für tiefe Frequenzen
Kopfhörer	Direktschallbetrieb	außergewöhnliche Wiedergabesituation

!

Bei der Studioproduktion von Musiktiteln werden alle Schallquellen möglichst separat voneinander aufgenommen. Nur so ist eine unabhängige Abmischung möglich. Der Gesang kann deshalb nicht zu einem Lautsprecher-Playback aufgenommen werden, denn dieses würde dann Bestandteil der Gesangsaufnahme werden. Der Gesang könnte dann nicht mehr unabhängig von den Instrumentalaufnahmen gemischt werden.
Im Audiostudio-Bereich wird normalerweise nur mit Ohr umschließenden Kopfhörern gearbeitet. Würde für das Playback hier ein offener Typ benutzt, bestünde ähnlich wie beim Lautsprecherplayback die Gefahr, dass das Playback Teil der Gesangsaufnahme wird, weil sich Kopfhörerschall in das Gesangsmikrofon einkoppelt. Deshalb ist hier ein geschlossener Typ besser geeignet.

12.1.2 Lautsprechertypen

?

In TV-Regieräumen werden als Lautsprecher zum Mithören und zur Kontrolle des Sendetons häufig hochwertige Aktivboxen verwendet. Auch in Audiostudios und an Videoschnittplätzen finden sich diese Aktivboxen (Abb. 1).

- Warum werden bei der Ausstattung von TV- und Audioproduktionsräumen häufig Aktivboxensysteme den passiven vorgezogen?

Eine Aktivbox hat im Gegensatz zu einer Passivbox einen eingebauten Leistungsverstärker.

Abb. 1 Aktivboxen

Mehrwegbox

Lautsprecherchassis mit großem Membrandurchmesser übertragen tiefe Frequenzen gut, während sie bei höheren Frequenzen Schwächen zeigen. Bei Lautsprechern mit kleiner Membran ist dies genau umgekehrt. Mit einem Lautsprecherchassistyp allein ist daher der gesamte Frequenzbereich des Hörschalls nicht zufriedenstellend abzudecken. Aus diesem Grund werden verschiedene Lautsprecherchassis zu **Mehrwegelautsprecherboxen** zusammengestellt.

→ **Mehrwegesysteme können den gesamten Frequenzbereich exakter wiedergeben.**

Die gebräuchlichsten Varianten sind die Zwei- und Dreiwegesysteme (Abb. 1).

Abb. 1 Zwei- und Dreiwegelautsprecherboxen

Damit jedes der eingebauten Chassis nur den Frequenzbereich wiedergibt, für den es optimal arbeiten kann, wird das Frequenzspektrum des vom Leistungsverstärker kommenden Lautsprechersignals mit einer aus Filtern bestehenden **passiven Frequenzweiche** aufgeteilt und so den einzelnen Chassis zugeführt (Abb. 2).

passive Frequenzweiche

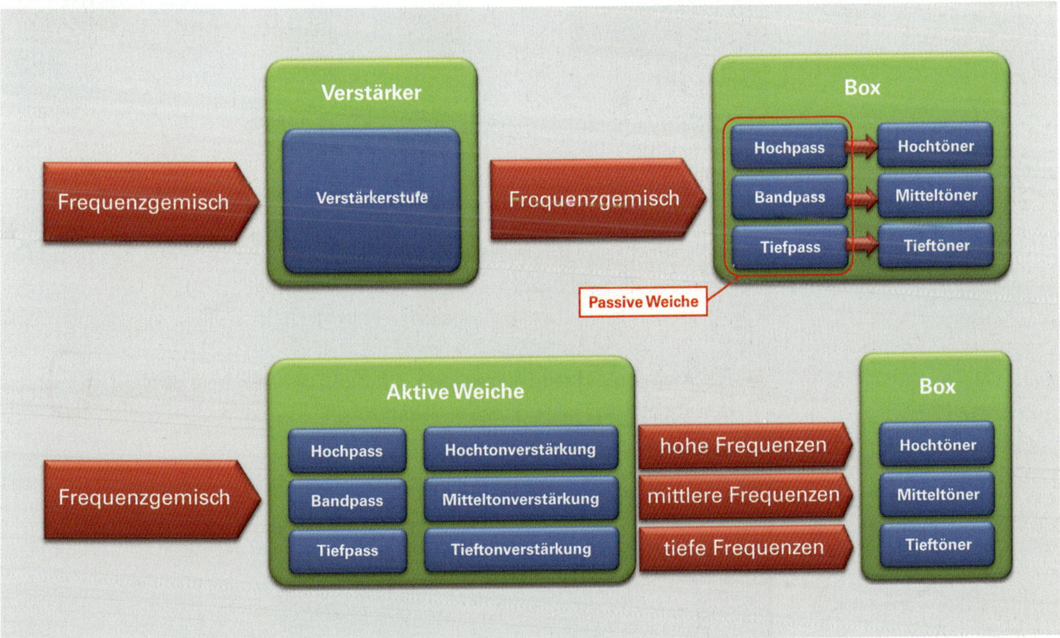

Abb. 2 Passive und aktive Frequenzweiche

Alternativ dazu kann auch eine **aktive Frequenzweiche** verwendet werden, die die Frequenzaufteilung bereits vor der Leistungsverstärkung

aktive Frequenzweiche

durchführt. So kommt es im Gegensatz zu passiven Weichen nicht zu Leistungsverlusten in der Weiche. Zudem kann jedes Chassis über einen eigenen Leistungsverstärker separat betrieben und eingestellt werden.

→ **Aktive Frequenzweichen ermöglichen eine bessere Abstimmung zwischen Chassis und Verstärker als passive Frequenzweichen.**

Die Frequenzweiche eines Dreiwegesystems besteht aus folgenden Filtern:
- Tiefpassfilter vor dem Tieftöner
- Bandpassfilter vor dem Mitteltöner
- Hochpassfilter vor dem Hochtöner

Passivbox

Bei Lautsprecherboxen wird zwischen **Passivboxen** und Aktivboxen unterschieden. Passive Boxen werden über einen externen Leistungsverstärker betrieben, während bei aktiven Boxen der Leistungsverstärker in das Gehäuse integriert ist (Abb. 1).

Abb. 1 Aktivbox mit eingebautem Leistungsverstärker

Aktivbox

In der Praxis muss für **Aktivboxen** ein Netzanschluss vorhanden sein, um den integrierten Leistungsverstärker zu betreiben. Dafür wird der Eingang einer Aktivbox nur mit einer normalen Signalleitung versorgt, während für Passivboxen Lautsprecherleitungen mit ausreichend großem Leitungsquerschnitt und begrenzter Leitungslänge erforderlich sind.

→ **Bei Aktivboxen sind Verstärker, Chassis und Gehäuse perfekt aufeinander abgestimmt.**

Die beschriebene Verwendung von Aktivboxen anstelle von Passivboxen ist bei der Ausstattung von TV-Produktionsräumen gängige Praxis. Einer der Hauptvorteile der (hochwertigen) Aktivboxen besteht darin, dass hier Leistungsverstärker, Frequenzweiche, Gehäuse und Chassis aus „einem Guss" sind, d. h., sie sind bereits herstellerseitig optimal aufeinander abgestimmt. Zudem können Aktivboxen an jeder beliebigen Stelle in den Audiosignalweg integriert werden, da der Eingang der Aktivbox ein normaler Audio-Signaleingang ist. So können zwischen Aktivbox und Signalquelle große Strecken liegen. Dagegen sind bei Passivboxen bedingt durch die hohen Stromstärken entsprechend große Leitungsquerschnitte erforderlich.

Zudem sind Lautsprecherkabel im Gegensatz zu Audiosignalleitungen nicht abgeschirmt. Deshalb würde die Verwendung von Passivboxen gerade im Studiobau für Einschränkungen bei der Leitungsführung sorgen.

12.1.3 Kenndaten von Lautsprechern

Lautsprecher, die in Regie- und Produktionsräumen verwendet werden, müssen besonderen Qualitätsansprüchen genügen. So wird beispielsweise darauf geachtet, dass die Lautsprecher am Arbeitsplatz des Toningenieurs einen linearen Frequenzverlauf aufweisen.

- Aus welchem Grund ist ein linearer Frequenzverlauf bei Abhörlautsprechern wichtig?

Die Eigenschaften von Lautsprechern, die für die Praxis von Bedeutung sind, lassen sich durch Kenndaten beschreiben, die Lautsprecherhersteller zu jedem Lautsprecher auf einem technischen Datenblatt angeben:

- Frequenzgang
- Abstrahlverhalten
- Kennschalldruck
- Wirkungsgrad
- Nennimpedanz
- Belastbarkeit
- Klirrfaktor

Frequenzgang

Linearer Frequenzgang

Der Frequenzgang eines Lautsprechers zeigt dessen Wiedergabeverhalten im Frequenzbereich. Ein idealer Lautsprecher würde einen **linearen Frequenzgang** im gesamten Hörspektrum (20 Hz bis 20 kHz) aufweisen (Abb. 1). In der Realität erreichen einzelne Lautsprecherchassis nur in bestimmten Bereichen eine kleiner als +/- 0,5 dB betragende Abweichung von der Idealkurve. Mithilfe gut abgestimmter Frequenzweichen in Mehrwegeboxen können die linearen Bereiche der einzelnen Chassis quasi „aneinandergereiht" werden, sodass sich insgesamt ein linearer Betrieb über den größten Teil des Frequenzbereichs von 20 Hz bis 20 kHz ergibt.

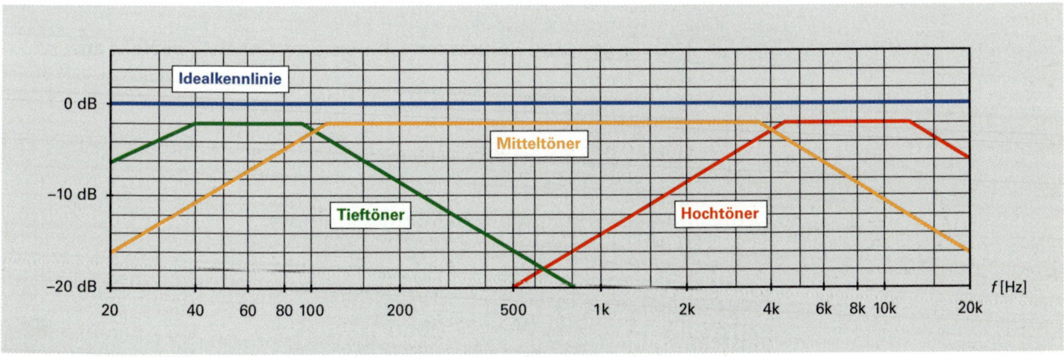

Abb. 1 Linearer Frequenzgang eines Mehrwegelautsprechers

→ **Der Frequenzgang einer Lautsprecherbox sollte möglichst linear sein.**

Abstrahlverhalten

Gerichtete Schallabstrahlung

Das Abstrahlverhalten von Lautsprechern ist stark frequenzabhängig. Während bei tiefen Frequenzen der Schall nahezu ungerichtet abgestrahlt wird, entsteht mit zunehmenden Frequenzen eine **immer stärker ausgeprägte Richtwirkung** (Abb. 1).

Wegen dieser ungerichteten Abstrahlung im Tieftonbereich ist z. B. eine genaue Ausrichtung von Subwoofern unwichtig.

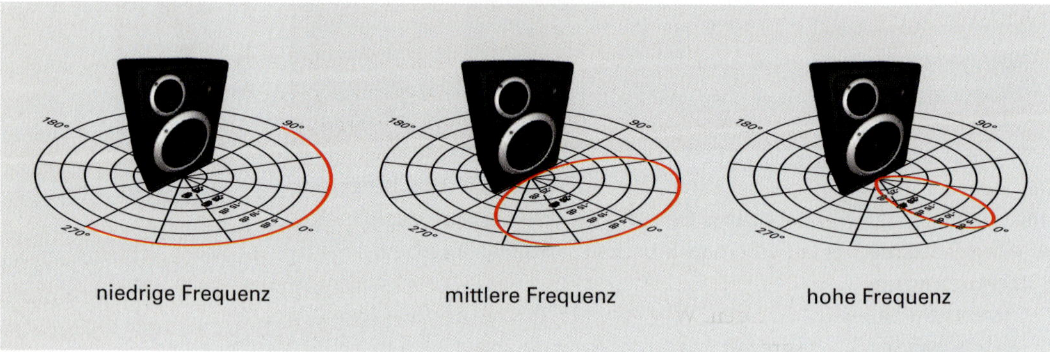

Abb. 1 Frequenzabhängige Abstrahlcharakteristik von Lautsprechern

- **Für den Tieftonbereich tendiert die Abstrahlcharakteristik aller Boxenbauformen in Richtung Halbkugel.**

Kennschalldruck P_{Kenn}

Der Kennschalldruck ist der Schalldruck, den ein Lautsprecher in einem Meter Abstand erzeugt, wenn er mit einem Sinuston mit einem Watt elektrischer Leistung versorgt wird. Diese Angabe bezieht sich in der Regel auf ein Frequenzband von 150 Hz bis 4 kHz. Ein guter Lautsprecher erzeugt beispielsweise bei der Versorgung mit 1 Watt elektrischer Leistung in einem Meter Entfernung einen Kennschalldruck von 92 dB/W/m.

Wirkungsgrad W

Der Wirkungsgrad eines Lautsprechers gibt an, wie effektiv der Lautsprecher die zugeführte elektrische Energie in Schallenergie umwandelt. In der Regel liegt dieser Wert bei unter 1 %. Für einen Lautsprecher mit 92 dB/W/m liegt der Wirkungsgrad etwa bei 0,01 bzw. 1 %.

Umrechnung Kennschalldruck in Wirkungsgrad:

$$W = 10^{((P_{Kenn} - 112\ \text{dB})/10)}$$

Umrechnung Wirkungsgrad in Kennschalldruck:

$$P_{Kenn} = 112\ \text{dB} + 10 \log W$$

Nennimpedanz

Impedanz

Die **Nennimpedanz** eines Lautsprechers ist der frequenzabhängige Widerstand, mit dem ein Lautsprecher den Ausgang des Leistungsverstärkers belastet. Je kleiner die Impedanz eines Lautsprechers ist, umso mehr Ausgangsstromstärke muss der Leistungsverstärker liefern. Daher geben die

Hersteller von Leistungsverstärkern an, welche Impedanz der angeschlossene Lautsprecher mindestens haben muss.

Die typischen Impedanzen der gängigsten Lautsprecherboxen betragen 4 Ω, 8 Ω oder 16 Ω. Wenn Lautsprecher in Serien- oder Parallelschaltungen zusammengeschaltet werden, kann die Gesamtimpedanz nach den Regeln für Serien- oder Parallelschaltung von Ohm'schen Widerständen berechnet werden.

Belastbarkeit

Über die maximale Belastbarkeit (in Watt) gibt der Lautsprecherhersteller an, wie viel elektrische Leistung der Leistungsverstärker maximal dauerhaft an die Lautsprecherbox abgeben darf, ohne dass diese **Verzerrungen** erzeugt bzw. beschädigt wird.

Verzerrungen

Diese Belastungsgrenze kann als Sinusleistung (Dauerbelastungsgrenze bei 1-kHz-Sinuston), als Musikleistung (Dauerbelastungsgrenze bei musikähnlichem Frequenzgemisch) oder als Peakleistung (Kurzzeitbelastung mit einem Puls) angegeben werden. Weil die Peakleistung deutlich höher liegt als die Dauerbelastungsgrenzen, wird dieser praxisferne Wert in der Regel als Verkaufsargument bei minderqualitativen Produkten benutzt, um dem Kunden eine hohe Lautsprecherbelastbarkeit zu suggerieren.

→ **Die Angabe der Peakbelastbarkeit dient oft werblichen Zwecken.**

Kenndaten – Klirrfaktor

Klirrfaktor

Der Klirrfaktor gibt an, zu wie viel Prozent das Signal durch die Lautsprecherwiedergabe verzerrt wird, daher sollte dieser Wert möglichst klein sein. Qualitativ hochwertige Audioelektronik erreicht beispielsweise Klirrfaktoren von unter 1 %, während Lautsprecher, beispielsweise durch Querschwingungen in der Aufhängung der Membran, nur auf Klirrfaktoren zwischen 3 % und 7 % kommen, die mit zunehmender Belastung weiter ansteigen können.

> Für Regielautsprecher wird in der Regel ein linearer Frequenzgang gefordert, d. h., sie müssen eine klangneutrale Wiedergabe gewährleisten, wobei Abweichungen um +/- 0,5 dB nicht hörbar sind und Abweichungen um bis zu +/-2 dB kaum störend wirken.
> Die Klangneutralität ist wichtig, da der Toningenieur diese Lautsprecher als Referenz für die Klangeinstellung des Sendetons nutzt. Würden die Regielautsprecher im Tieftonbereich eine positive Abweichung vom linearen Frequenzgang aufweisen, so würde der Toningenieur die tiefe Frequenzen mehr bedämpfen, was dazu führt, dass der Sendeton unbemerkt höhenlastig wird.

12.2 Lautsprecherpraxis

Die Qualität einer Wiedergabe hängt nicht allein davon ab, ob der richtige Lautsprechertyp ausgewählt wurde, sondern auch davon, in welcher akustischen Umgebung der Lautsprecher betrieben wird und wie die Abhörsituation gestaltet wurde. Deshalb beschäftigt sich dieses Kapitel damit, wie bei der Lautsprecherwiedergabe gute Ergebnisse zu erzielen sind.

12.2.1 Lautsprecher im Stereobetrieb

Für den Start der Serienproduktion einer Musik-CD soll eine Endabmischung der Master-Version hergestellt werden. Verschiedene Toningenieure vertreten den Standpunkt, dass es sinnvoller sei, anstelle von qualitativ hochwertigen Aktivboxen für eine solche Endabmischung marktübliche und weit verbreitete Passivlautsprecherboxen aus dem Consumer-Bereich als Abhörlautsprecher zu benutzen.

- Welche Argumente sprechen für einen solchen Standpunkt?

Stereosignal

Bei der Wiedergabe eines **Stereosignals** über ein Stereolautsprechersystem wird der Schall räumlich wiedergegeben. Es sind daran offensichtlich nur zwei physikalische Schallquellen beteiligt. Dennoch werden beim Hören des Stereosignals auch Schallquellen aus Raumrichtungen wahrgenommen, die sich zwischen den beiden Lautsprechern befinden. Da es sich dabei nicht um reale Schallquellen handelt, werden diese Schallquellen **Phantomschallquellen** genannt (Abb. 1).

Phantomschallquelle

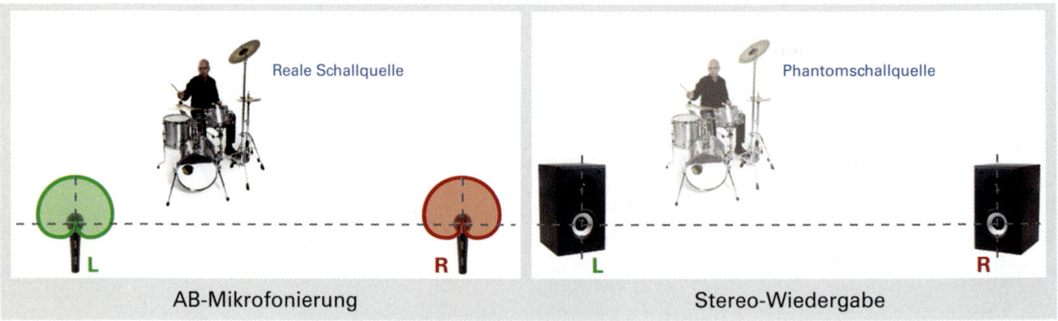

Abb. 1 Real- und Phantomschallquellen bei der Stereowiedergabe

Diese Phantomschallquellen entstehen bei Laufzeitunterschieden der beiden Lautsprechersignale von weniger als 1,5 ms (durch Laufzeitstereophonie) und/oder bei Pegeldifferenzen von bis zu 15 dB (durch Intensitätsstereophonie).

➜ **Eine Phantomschallquelle ist eine vom Hörer wahrgenommene Schallquelle zwischen den Boxen.**

Damit die räumliche Wiedergabe des Stereosignals optimal funktioniert, sollte sich der Zuhörer dabei idealerweise mittig vor den beiden Lautsprechern befinden.

Stereodreieck

Die Lautsprecher und der Hörort bilden das sogenannte **„Stereodreieck“**, ein gleichseitiges Dreieck, in dem die Lautsprecher und der Hörort in einem Winkel von 60° zueinander stehen. Aufgrund der frequenzabhängigen Abstrahlcharakteristik müssen dabei die Lautsprecher exakt auf den Zuhörer ausgerichtet werden.

➜ **Das Stereodreieck ist ein gleichseitiges Dreieck. Die Lautsprecher stehen im 60°-Winkel zueinander und zum Hörer.**

Die raumakustischen Bedingungen, d. h. die Abstände von Wänden, Zimmerecken, Boden und Decke sowie die Montageart sollten bei beiden Lautsprechern identisch sein (Abb. 1).

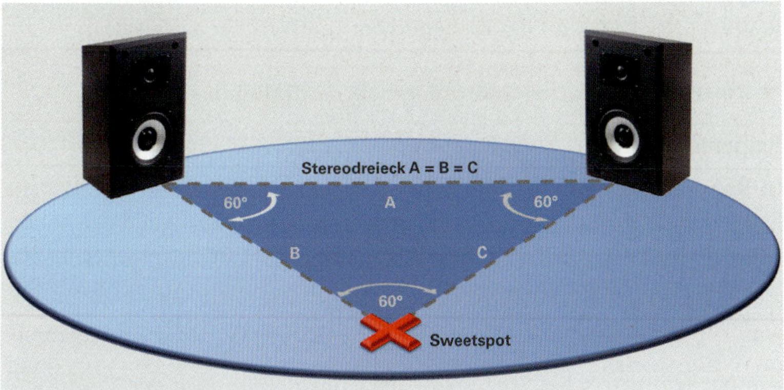

Abb. 1 Korrekte Abhörsituation bei der Stereowiedergabe

In der TV-Produktion werden Lautsprecher hauptsächlich in den folgenden drei Wiedergabesituationen eingesetzt:
- Nahfeldmonitoring
- Regiemonitoring
- Studio- und Bühnenmonitoring

In jedem dieser Gebiete werden unterschiedliche Anforderungen an die Schallwiedergabe gestellt, sodass jeweils unterschiedliche Lautsprecher in verschiedenen Aufstellungsvarianten eingesetzt werden.

Nahfeldmonitoring

Nahfeldmonitoring

Beim **Nahfeldmonitoring** (Nearfieldmonitoring) werden die Lautsprecher häufig auf oder direkt neben der Meterbridge des Tonmischpultes aufgestellt (Abb. 2).

Abb. 2 Nahfeldmonitoring im Tonstudio

Vorwiegend wird diese Abhörsituation in der Tonregie, aber auch bei Videoschnittplätzen eingerichtet. Durch die geringe Abhörentfernung von zum Teil unter einem Meter überwiegt der Direktschall der Lautsprecher deutlich gegenüber dem diffusen Schallfeld des Raumes, wodurch sich die Raumakustik kaum auf das Klangbild der Lautsprecher auswirkt.

→ **Nearfieldmonitoring findet innerhalb des Hallradius statt.**

Regiemonitoring

In Regieräumen sind die Abhörabstände zwangsläufig größer, sodass die Raumakustik trotz der geringen Nachhallzeit nun das Klangbild der Abhörsituation mitprägt. Hier kommt es darauf an, dass die Lautsprecher im Stereodreieck so aufgestellt werden, dass sich die Raumeffekte auf beide Stereokanäle gleichermaßen und damit symmetrisch auswirken.

Um ein symmetrisches Schallfeld zu erzeugen, muss auch der Raum symmetrisch aufgebaut sein. Zudem sollten Diffusschallfeld und mögliche Raumresonanzen durch Dämpfungsmaßnahmen abgeschwächt werden.

Studio- und Bühnenmonitoring

Das Monitoring im Studio und auf der Bühne beschallt einen Bereich, in dem auch Mikrofonaufnahmen stattfinden. Durch die höheren Schalldruckpegel besteht hier eine erhöhte Gefahr für Rückkopplungen, die immer dann entstehen, wenn der vom Mikrofon aufgenommene Schall leistungsverstärkt über den Lautsprecher wieder zum Mikrofon gelangt.

Um Rückkopplungen nicht durch selektive Frequenzbedämpfung oder das generelle Absenken der Verstärkung bekämpfen zu müssen, sollten Lautsprecher das Mikrofon aus einer Raumrichtung treffen, für die es unempfindlich ist.

Für die Endabmischung zur Serienproduktion der Musik-CD kann es tatsächlich sinnvoll sein, statt der teuren Studiomonitorboxen weit verbreitete Passivlautsprecherboxen aus dem Consumer-Bereich zum Abhören zu verwenden. Der Tonigenieur kann dann die Endabmischung für diesen mittelqualitativen Lautsprecherklang optimieren und so sicherstellen, dass sich das Ergebnis der Abmischung zu Hause auf der Musikanlage des CD-Käufers ähnlich anhört.

12.2.2 Lautsprecher im Mehrkanalbetrieb

Der Raumeindruck der Stereoaufnahme ist bei der Wiedergabe über Kopfhörer besser als bei der Wiedergabe über ein Stereolautsprecherpaar, aber schlechter als bei einer Mehrkanalaufnahme über ein Mehrkanalsystem.

- Wie kommen diese Unterschiede in der räumlichen Schallwahrnehmung zustande?

Ein **mehrkanaliges Wiedergabesystem** besteht in der 5.1-Variante aus dem Subwoofer **(LFE)** und fünf gleichen Lautsprechern: dem Centerlautsprecher (C), dem rechten (R) und linken (L) Frontlautsprecher sowie dem rechten (SR) und linken (SL) Surroundlautsprecher.

Mehrkanalige Wiedergabe

LFE: Low Frequency Enhancement ist der Kanal für den Subwoofer.

Alle Lautsprecher sollten bezogen auf den Hörort den gleichen Abstand haben und mit Ausnahme des Subwoofers auf Ohrhöhe aufgestellt und auf den Hörort ausgerichtet sein. Die vorderen Lautsprecher bilden mit dem Hörort ein gleichseitiges Stereodreieck mit einem Innenwinkel von 60°, während der Centerlautsprecher genau mittig vor dem Hörort steht. Die Position des Subwoofers ist dabei unkritisch, da die tiefen Frequenzen vom Gehör kaum räumlich geortet werden können. Die beiden **Surroundlautsprecher** stehen in einem Winkel von 100° bis 120° zum Centerlautsprecher.

Surroundlautsprecher

➜ **Alle Lautsprecher bis auf den Subwoofer sollten auf Hörhöhe aufgestellt sein.**

Die Entfernung der Lautsprecher vom Hörort hängt von der Nachhallzeit des Raumes ab. In gut gedämmten Räumen wie beispielsweise in einem Tonstudio mit geringer Nachhallzeit können größere Lautsprecherabstände gewählt werden, während die erforderlichen Lautsprecherabstände in schlecht gedämmten Räumen in die Region des Nearfieldmonitorings kommen können. Die Abbildung 1 zeigt, wie ein mehrkanaliges Wiedergabesystem aufgestellt werden sollte.

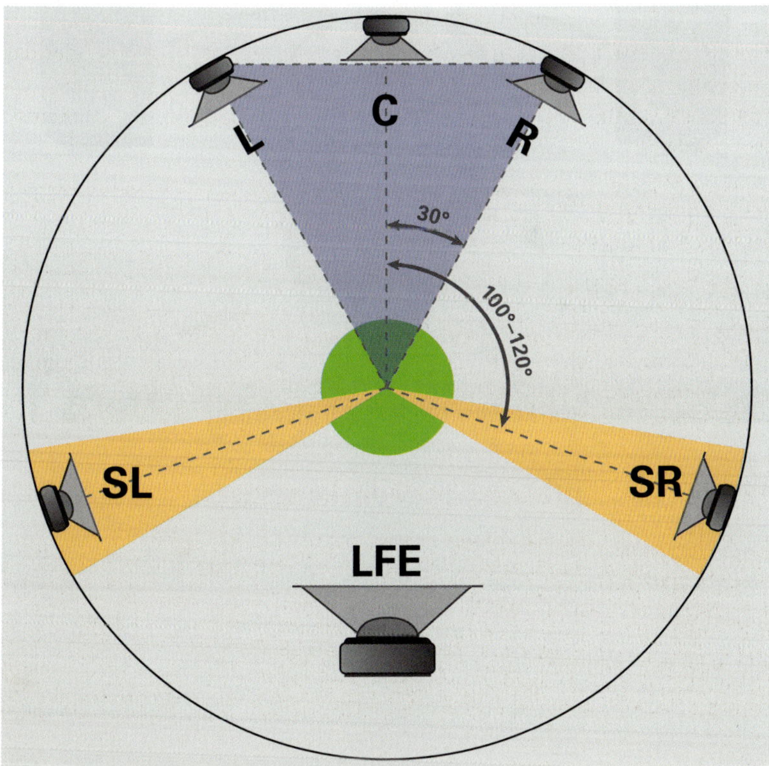

Abb. 1 Wiedergabe von 5.1-Mehrkanalton

Um Surroundsound in einer Tonregie abzumischen, wird das Wiedergabesystem so aufgestellt, dass sich der Arbeitsplatz des Toningenieurs am Hörort des Surroundsystems befindet. Die Lautsprecher sollten dabei einen ausreichenden Abstand zu Wänden, Decke und Boden haben.

Crosstalk-Fehler

Crosstalk: Übersprechen des einen Kanals in den jeweils anderen.

Bei der Wiedergabe der Stereoaufnahme erzeugt das Stereolautsprecherpaar einen zweidimensionalen Raumeindruck: Phantomschallquellen können von vorne links bis vorne rechts geortet werden. Eine Stereoaufnahme ähnelt dabei dem binauralen Hören. Um bei der Wiedergabe der Aufnahme einen optimalen Raumeindruck zu erhalten, sollte deshalb jeweils ein Stereokanal jeweils nur mit einem Ohr abgehört und so auch nur einem Ohr zugeordnet werden.
Bei der Wiedergabe über ein Stereolautsprecherpaar entsteht hier ein **Crosstalk-Fehler**, d. h., der linke Kanal beschallt auch das rechte Ohr und umgekehrt. Diesen Nachteil hat die Kopfhörerwiedergabe nicht. Hier werden die Kanäle ohne Crosstalk dem jeweils richtigen Ohr zugeordnet. Damit ist die Kopfhörerwiedergabe viel näher an der Stereoaufnahmesituation als die Lautsprecherwiedergabe, wodurch auch die Qualität des Raumeindrucks steigt (Abb. 1).

→ **Lautsprecherpaare erzeugen im Gegensatz zu Kopfhörern Crosstalk-Fehler**

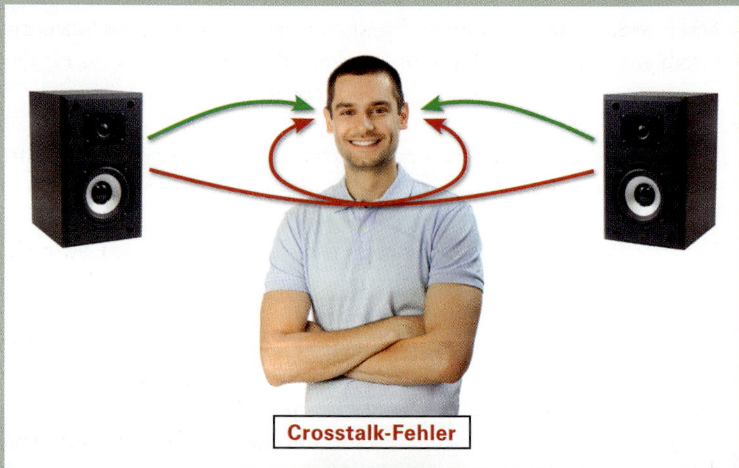

Abb. 1 Crosstalk-Fehler bei der Lautsprecherwiedergabe

Der Kopfhörer ermöglicht allerdings als zweikanaliges System keine Vorne-Hinten-Ortung, wie es eine Mehrkanalwiedergabe kann. Die mehrkanalige Lautsprecherwiedergabe hat allerdings den gleichen Crosstalk-Fehler wie die Stereolautsprecherwiedergabe.

12.3 Aufgaben und Übungen

1. Erörtern Sie, wieso es bei Gitarrenverstärkern völlig ausreichend ist, den Gehäusetyp „Offene Schallwand“ zu verwenden!

2. Berechnen Sie für eine runde „Offene Schallwand“ mit einem Durchmesser von einem Meter, bei welcher Frequenz der akustische Kurzschluss einsetzt!

3. Erörtern Sie, um welchen Gehäusetyp es sich handelt, wenn Sie ein Lautsprecherchassis von 110 mm Durchmesser auf die Öffnung eines drei Meter langen Kunststoffrohres mit einem Durchmesser von 110 mm montieren und berechnen Sie die Resonanzfrequenz des Gesamtsystems!

4. Erklären Sie, wieso ein Hornlautsprecher mit einem Exponentialhorn den Schall stark gebündelt abstrahlt!

5. Recherchieren Sie, woran es liegt, dass im High-End-HiFi-Bereich vorwiegend Zweiwegelautsprecher und nicht Dreiwegesysteme zum Einsatz kommen!

6. Erklären Sie, wieso es notwendig ist, vor den Tieftöner in der Lautsprecherbox einen Tiefpassfilter zu schalten, der verhindert, dass mittlere und hohe Frequenzen zum Tieftöner gelangen!

7. Vergleichen Sie Passivboxen und Aktivboxen und tragen Sie jeweils drei Vor- und Nachteile beider Systeme zusammen!

8. Erklären Sie, warum alle Lautsprechertypen bei tiefen Frequenzen eine annähernd halbkugelförmige Abstrahlcharakteristik aufweisen!

9. Ein Audioverstärker hat zwei Lautsprecherausgänge mit einer zulässigen Ausgangsimpedanz von 4 Ω. Entwickeln Sie eine Möglichkeit, wie Sie insgesamt acht Lautsprecher mit jeweils 4 Ω Impedanz gleichzeitig an diesem Verstärker betreiben können, ohne den Verstärker dabei zu überlasten!

10. Erklären Sie, wieso Sie den Subwoofer eines 5.1-Surroundsystems beliebig im Raum positionieren können, ohne dass es dem Klang des Systems schadet!

Sachwortverzeichnis

Bildquellenverzeichnis

Cinetext Bild & Textarchiv GmbH, Frankfurt am Main: 138/1

DocCheck Medical Services GmbH – Frank Geisler, Köln: 138/2, 243/2

Fotolia.com, Berlin: 9/1 © Cybrain, 28/1 © Firma V, 30/2 © auris, 38/1 © Tan Kian Khoon, 45/1 © Tsian, 46/1 © Inspir8tion, 55/1 © Robert Kneschke, 56/1 © Entropia, 56/2+57/1 © streetphotoru, 65/1a © Leonid Nyshko, 65/1b © Silvio De Boni, 68/1 © ktsdesign, 70/1 © Fotoskat, 73/1 © N-Media-Images, 76/1a © Sergey Galushko, 76/1b © stockfoto, 94/1 © unpict, 95/1 © Eisenhans, 117/1-3 © Rudolf Ullrich, 119/1 © Visty, 131/1 © DeshaCAM, 137/1 © Haider Yousuf, 140/1 © Johanna Goodyear, 144/2 © fovito, 151/1a © Gliesche, 151/1b © Leonid Nyshko, 151/1c © John Casey, 164/1 © Martin Lehotkay, 171/2 © serterius, 173/1 © Tan Kian Khoon, 179/2a © soundsnaps, 179/2b © Andrey Zyk, 179/2c © Petro Teslenko, 180/1 © Michal Zurawski, 185/1a © snedelchev, 185/1b © caseta, 186/1 © Yury Ponomarev, 187/1 © Kalle Kolodziej, 188/1a © O. Fischer, 188/1b © itsallgood, 189/1 © Pepsona, 190/1 © lunamarina, 190/2 © Carlos Santa Maria, 192/1a © jeffrey van daele, 192/1b © Dieter Brockmann, 192/2 © Andrey Zyk, 193/1 © Tan Kian Khoon, 210/1a+c © travis manley, 210/1b+d © biker3, 221/1 © Amir Kaljikovic, 224/1 © DeshaCAM, 225/1b © O.M., 234/1 © Dani Vincek, 235/1 © M.Rosenwirth, 236/1 © O.M., 237/1 © BildPix.de, 239/1 © Ferenc Szelepcsenyi, 241/1 © Phase4Photography, 243/1 © Andrea Danti, 245/1 © Konstantin Sutyagin, 251/1a © Glamshot, 251/1b © endrille, 252/1 © Mauro Rodrigues, 253/1 © Carlos_muc, 258/1 © Alenavlad, 259/1 © icholakov, 267/1 © psdesign1, 274/1a © sumnersgraphicsinc, 274/1b © Phillips Visuals, 274/1c © Sean Gladwell, 274/2 © Alexander Shumilov, 277/1 © dani kreienbühl, 284/1 © Uwe Annas, 287/1 © macroart, 291/1 © Smileus, 299/1 © jonathan, 302/2 © Luminis, 304/1 © Christian Schwier, 306/1 © Kzenon, 309/1 © Ljupco Smokovski, 310/1 © pressmaster, 312/1a © Luminis, 312/1b © vege, 312/2 © Jerome Dancette, 313/1 © Tatjana Rittner, 314/1 © olly, 315/1+319/1 © Imaginis, 322/1 © Marco Wydmuch, 322/2a © vege, 322/2b © Timur Anikin, 323/1 © Viktor Senkov, 324/1 © MADDRAT, 325/1 © Vasca, 326/1 © Maksim Samasiuk, 327/1 © pzAxe, 328/1 © ArtHdesign, 329/1 © Sascha Burkard, 329/2 © chaoss, 330/1 © TEA, 331/1 © Christian Piskorz, 332/1 © Karramba Production, 333/1a © silver-john, 333/1b © chaoss, 336/1 © endrille, 338/1a © Luminis, 338/1b © fred goldstein, 338/1c+339/1 © Vladimir Kolesnikov, 339/2 © markus_atelier, 342/1a © vgstudio, 342/1b © Vladimir Kolesnikov